应用型本科院校"十四五"新工科理念建设项目

成人自考指定用书

U0159282

土木工程施工

主　编／胡利超　高涌涛

副主编／谢冰莹　王照安

　　　　朱　永　刘玉丁

西南交通大学出版社

·成都·

CONTENTS 目 录

第1章　土方工程

1.1　土方工程的内容和施工要点

土方工程是土木工程施工中主要的分部工程之一，任何一项工程施工都是从土方工程开始的。

1.1.1　土方工程的内容

在土木工程施工中，常见的土方工程有：

（1）场地平整，其中包括确定场地设计标高，计算挖、填土方量，合理地进行土方调配等。

（2）开挖沟槽、基坑、竖井、隧道，修筑路基、堤坝，其中包括施工排水、降水、土壁边坡和支护结构等。

（3）土方回填与压实，其中包括土料选择、填土压实的方法及密实度检验等。

此外，在土方工程施工前，应完成场地清理、地面水的排除和测量放线工作；在施工中，则应及时采取有关技术措施，预防产生流砂、管涌和塌方现象，确保施工安全。

1.1.2　土方工程的施工要点

土方工程施工，要求标高、断面准确，土体有足够的强度和稳定性，土方量少，工期短，费用省。但由于土方工程施工具有面广量大、劳动繁重、施工条件复杂等特点，因此，在施工前，要做好土方工程施工的组织规划工作。

（1）为了减轻繁重的体力劳动、提高劳动生产率、加快工程进度、降低工程成本，在组织土方工程施工时，应尽可能采用先进的施工工艺和施工组织，实现土方工程施工综合机械化。

（2）要合理安排施工计划，尽量避开冬雨季施工；否则，应做好相应的准备工作。

（3）为降低土方工程施工费用、减少运输量和占用农田，要对土方进行合理调配、统筹安排。

（4）施工前要进行调查研究，了解土壤的种类和工程性质，土方工程的施工工期、质量要求及施工条件，施工地区的地形、地质、水文、气象等资料，以便编制切实可行的施工组织设计，拟订合理的施工方案。

1.2　土的工程性质及工程分类

土的工程性质对土方工程施工有直接影响，也是进行土方施工设计必须掌握的基本资料。土的工程性质主要有土的密度、土的含水量、土的渗透性和土的可松性。

1.2.1　土的密度

与土方工程施工有关的土的密度是天然密度 ρ 和干密度 ρ_d。土的天然密度是指土在天然状态下单位体积的质量，它影响土的承载力、土压力及边坡的稳定性。土的干密度是指单位体积土中固体颗粒的质量，即土体空隙中无水时的单位土重，它在一定程度上反映了土颗粒排列的紧密程度，可用来作为填土压实质量的控制指标。

1.2.2　土的含水量

土的含水量 w 是土中所含水的质量与土的固体颗粒质量之比，以百分数表示，即

$$w=\frac{m_w}{m_s}\times100\% \qquad (1.1)$$

式中　　m_w——土中水的质量；

　　　　m_s——土中固体颗粒经温度为 105 ℃ 烘干后的质量。

1.2.3　土的渗透性

土的渗透性是指水在土体中渗流的性能，一般用渗透系数 K 表示，即单位时间内水透过土层的能力，常见土的渗透系数见表 1.1。土根据渗透系数不同，可分为透水性土和不透水性土。

在土方填筑时，根据不同土层的渗透系数，确定其填铺顺序；在降低地下水时，根据土层的渗透系数来确定降水方案和计算涌水量。

表 1.1　土的渗透系数

土的种类	K / (m/d)	土的种类	K / (m/d)
亚黏土、黏土	<0.1	含黏土的中砂及纯细砂	20～25
亚黏土	0.1～0.5	含黏土的细砂及纯中砂	35～50
含亚黏土的粉砂	0.5～10	纯粗砂	50～75
纯粉砂	1.5～5.0	粗砂夹卵石	50～100
含黏土的粉砂	10～15	卵石	100～200

1.2.4　土的可松性

自然状态下的土，经过开挖后，其体积因松散而增大，回填以后虽经压实，仍不能恢复成原来的体积，这种性质称为土的可松性。各类土的可松性系数见表 1.2。

表 1.2　各种土的可松性参考值

土的类别	体积增加百分数		可松性系数	
	最初	最后	最初 K_s	最后 K_s'
一类土（种植土除外）	8～17	1～2.5	1.08～1.17	1.01～1.03
一类土（植物性土、泥炭）	20～30	3～4	1.20～1.30	1.03～1.04
二类土	14～28	2.5～5	1.14～1.28	1.02～1.05
三类土	24～30	4～7	1.24～1.30	1.04～1.07
四类土（泥灰岩、蛋白石除外）	26～32	6～9	1.26～1.32	1.06～1.09
四类土（泥灰岩、蛋白石）	33～37	11～15	1.33～1.37	1.11～1.15
五至七类土	30～45	10～20	1.30～1.45	1.10～1.20
八类土	45～50	20～30	1.45～1.50	1.20～1.30

土的可松性程度用可松性系数表示。土经开挖后的松散体积与原自然状态下的体积之比，称为最初可松性系数；土经回填压实后的体积与原自然状态下的体积之比，称为最终可松性系数。即

$$K_s = \frac{V_2}{V_1}, \quad K_s' = \frac{V_3}{V_1} \tag{1.2}$$

式中　K_s——土的最初可松性系数；

　　　K_s'——土的最终可松性系数；

　　　V_1——土在天然状态下的体积；

　　　V_2——土在开挖后的松散体积；

　　　V_3——土经回填压实后的体积。

1.3　场地平整

场地平整就是将原始地面改造成满足人们生活、生产所需要的场地平面，如满足后续建筑场地与已有建筑场地的标高对应关系，满足整个场地的排水要求等，并要力求场地内挖填平衡且总的土方量最小的过程。因此，必须针对具体情况进行科学合理的设计。

1.3.1　场地设计标高的确定

场地设计标高是进行场地平整和土方量计算的依据。在确定场地设计标高时，需要考虑以下因素：

（1）应满足建筑功能、生产工艺和运输的要求，同时需要考虑最高洪水水位的要求。

（2）应充分利用地形，尽量使挖填方平衡，尽量减少总的土方量。

（3）要有一定的排水坡度，使其能满足排水要求。

一般情况下，可按下列方法步骤确定场地设计标高。

1. 初步计算场地设计标高

初步确定场地设计标高根据场地挖填土方量平衡的原则进行，即场地内挖方总量等于填方总量。其确定方法和步骤如下：

（1）分方格网。在具有等高线的地形图上将施工区域划分为若干个方格，方格边长 a 一般为 $10 \sim 40$ m，通常取 20 m，如图 1.1（a）所示。

（2）确定各方格的角点高程。可以根据地形图上相邻两等高线的高程，用线性插入法求出。

（3）按挖填方平衡原则确定场地设计标高 H_0，如图 1.1（b）所示，即

$$H_0 n a^2 = \sum \left(a^2 \frac{H_{11} + H_{12} + H_{21} + H_{22}}{4} \right)$$

$$H_0 = \sum \left(\frac{H_{11} + H_{12} + H_{21} + H_{22}}{4n} \right) \tag{1.3}$$

式中　H_0——所计算的场地设计标高（m）；

　　　a——方格边长（m）；

　　　n——方格数；

　　　H_{11}、H_{12}、H_{21}、H_{22}——任一方格的四个角点的标高（m）。

从图 1.1（a）可以看出，H_{11} 系一个方格的角点标高，H_{12} 及 H_{21} 系相邻两个方格的公共角点标

高，H_{22} 系相邻的四个方格的公共角点标高。如果将所有方格的四个角点相加，则类似 H_{11} 这样的角点标高加一次，类似 H_{12}、H_{21} 的角点标高需加两次，类似 H_{22} 的角点标高要加四次。如令 H_1 为一个方格仅有的角点标高，H_2 为两个方格共有的角点标高，H_3 为三个方格共有的角点标高，H_4 为四个方格共有的角点标高，则场地设计标高 H_0 的计算公式可改写为下列形式

$$H_0 = \frac{\sum H_1 + 2\sum H_2 + 3\sum H_3 + 4\sum H_4}{4n} \tag{1.4}$$

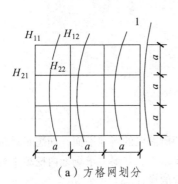
（a）方格网划分

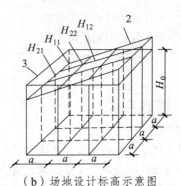
（b）场地设计标高示意图

1—等高线；2—自然地面；3—场地设计标高平面。

图 1.1　场地设计标高 H_0 计算示意图

2. 场地设计标高的调整

按上述公式计算的场地设计标高 H_0 仅为一理论值，在实际运用中还需考虑以下因素进行调整。

1）土的可松性影响

由于土具有可松性，如按挖填平衡计算得到的场地设计标高进行挖填施工，填土多少有富余，特别是当土的最后可松性系数较大时更不容忽视。如图 1.2 所示，设 Δh 为土的可松性引起设计标高的增加值，则设计标高调整后的总挖方体积 V_w' 应为

$$V_w' = V_w - F_w \times \Delta h \tag{1.5}$$

总填方体积 V_t' 应为

$$V_t' = V_w' K_s' = (V_w - F_w \times \Delta h) K_s' \tag{1.6}$$

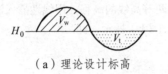
（a）理论设计标高

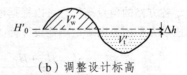
（b）调整设计标高

图 1.2　设计标高调整计算示意

此时，填方区的标高也应与挖方区一样提高 Δh，即

$$\Delta h = \frac{V_t' - V_t}{F_t} = \frac{(V_w - F_w \times \Delta h) K_s' - V_t}{F_t} \tag{1.7}$$

移项整理简化得（当 $V_t = V_w$）

$$\Delta h = \frac{V_w (K_s' - 1)}{F_t + F_w K_s'} \tag{1.8}$$

故考虑土的可松性后，场地设计标高调整为

$$H_0' = H_0 + \Delta h \quad\quad (1.9)$$

式中 V_t、V_w——按理论设计标高计算的总挖方、总填方体积；

$\quad\quad F_w$、F_t——按理论设计标高计算的挖方区、填方区总面积；

$\quad\quad K_s'$——土的最后可松性系数。

2）场地挖方和填方的影响

由于场地内存在大型基坑挖出的土方、修筑路堤填高的土方，以及经过经济比较而将部分挖方就近弃土于场外或将部分填方就近从场外取土，上述情况均会引起挖填土方量的变化。必要时，亦需调整设计标高。

为了简化计算，场地设计标高的调整值 H_0' 可按下列近似公式确定，即

$$H_0' = H_0 + \frac{Q}{na^2} \quad\quad (1.10)$$

式中 Q——场地根据 H_0 平整后多余或不足的土方量。

3）场地泄水坡度的影响

按上述计算和调整后的场地设计标高平整后，场地是一个水平面。但实际上由于排水的要求，场地表面均有一定的泄水坡度，平整场地的表面坡度应符合设计要求；如无设计要求时，一般应向排水沟方向做成不小于 2‰ 的坡度。所以，在计算的 H_0 或经调整后的 H_0' 基础上，要根据场地要求的泄水坡度，最后计算出场地内各方格角点实际施工时的设计标高。当场地为单向泄水及双向泄水时，场地各方格角点的设计标高求法如下：

（1）单向泄水时场地各方格角点的设计标高（图 1.3（a））。

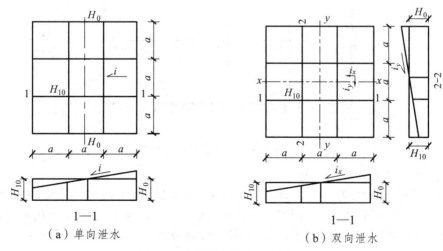

（a）单向泄水　　　　　　　　（b）双向泄水

图 1.3　场地泄水坡度示意图

以计算出的设计标高 H_0 或调整后的设计标高 H_0' 作为场地中心线的标高，场地内任意一个方格角点的设计标高为

$$H_{dn} = H_0 \pm li \quad\quad (1.11)$$

式中 H_{dn}——场地内任意一点方格角点的设计标高（m）；

l——该方格角点至场地中心线的距离（m）；

i——场地泄水坡度（不小于 2‰）；

±——该点比 H_0 高则取" + "，反之取" – "。

例如，图 1.3（a）中场地内角点 10 的设计标高：

$$H_{d10} = H_0 - 0.5ai$$

（2）双向泄水时场地各方格角点的设计标高（图 1.3（b））。

以计算出的设计标高 H_0 或调整后的标高 H_0' 作为场地中心点的标高，场地内任意一个方格角点的设计标高为

$$H_{dn} = H_0 \pm l_x i_x \pm l_y i_y \qquad (1.12)$$

式中　l_x、l_y——该点于 x-x、y-y 方向上距场地中心线的距离（m）；

　　　i_x、i_y——场地在 x-x、y-y 方向上的泄水坡度。

例如，图 1.3（b）中场地内角点 10 的设计标高

$$H_{d10} = H_0 - 0.5ai_x - 0.5ai_y$$

【例 1.1】　某建筑场地的地形图和方格网如图 1.4 所示，方格边长为 20 m × 20 m，x-x、y-y 方向上泄水坡度分别为 2‰和 3‰。由于土建设计、生产工艺设计和最高洪水位等方面均无特殊要求，试根据挖填平衡原则（不考虑可松性）确定场地中心设计标高，并根据 x-x、y-y 方向上泄水坡度推算各角点的设计标高。

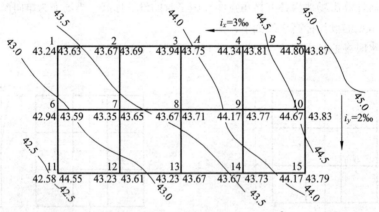

图 1.4　某建筑场地方格网布置图[*]

【解】　① 计算角点的自然地面标高。

根据地形图上标设的等高线，用插入法求出各方格角点的自然地面标高。由于地形是连续变化的，可以假定两等高线之间的地面高低是呈直线变化的。如角点 4 的地面标高（H_4），从图 1.4 中可看出，处于与两等高线相交的 AB 直线上。由图 1.5，根据相似三角形特性，可写出：

$$h_x : 0.5 = x : l$$

则　　　　　　　　　$h_x = \dfrac{0.5}{l} x$

得　　　　　　　　　$H_4 = 44.00 + h_x$

―――――――――

*　编者注：本书图中尺寸未标注单位者，除标高为 m 外，其余皆为 mm。

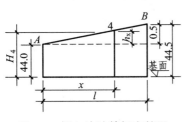

图 1.5　插入法计算标高简图

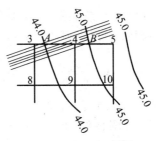

图 1.6　插入法的图解法

在地形图上，只要量出 x（角点 4 至 44.0 等高线的水平距离）和 l（44.0 等高线和 44.5 等高线与 AB 直线相交的水平距离）的长度，便可算出 H_4 的数值。但是，这种计算是烦琐的，所以，通常采用图解法来求得各角点的自然地面标高。如图 1.6 所示，用一张透明纸，上面画出 6 根等距离的平行线（线条尽量画细些，以免影响读数的准确），把该透明纸放到标有方格网的地形图上，将 6 根平行线的最外两根分别对准点 A 与点 B，这时 6 根等距离的平行线将 A、B 之间的 0.5 m 的高差分成 5 等份，于是便可直接读得角点 4 的地面标高 $H_4 = 44.34$。其余各角点的标高均可类此求出。用图解法求得的各角点标高见图 1.4 方格网角点左下角。

② 计算场地设计标高 H_0（略）。

1.3.2　场地及边坡土方量计算

场地土方量的计算方法有两种：方格网法和断面法。场地地形较为平坦时，一般采用方格网法；场地地形较为复杂或挖填深度较大、断面不规则时，一般采用断面法。

1. 方格网法

1）划分方格网并计算场地各方格角点的施工高度

根据已有地形图（一般用 1∶500 的地形图）划分若干个方格网，尽量与测量的纵横坐标网对应，方格一般采用 10 m×10 m～40 m×40 m，将角点自然地面标高和设计标高分别标注在方格网点的左下角和右下角（图 1.7）。角点设计标高与自然地面标高的差值即各角点的施工高度，表示为

$$h_n = H_{dn} - H_n \tag{1.13}$$

式中　h_n——角点的施工高度，以"+"为填，以"-"为挖，标注在方格网点的右上角；

H_{dn}——角点的设计标高（若无泄水坡度时，即为场地设计标高）；

H_n——角点的自然地面标高。

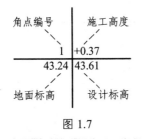

图 1.7

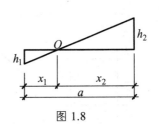

图 1.8

2）计算零点位置

在一个方格网内同时有填方或挖方时，要先算出方格网边的零点位置，即不挖不填点，并标注

于方格网上。由于地形是连续的，连接零点得到的零线即成为填方区与挖方区的分界线（表 1.3）。
零点的位置按相似三角形原理（图 1.8）用下式计算：

$$x_1 = \frac{h_1}{h_1 + h_2} \times a \ , \quad x_2 = \frac{h_2}{h_1 + h_2} \times a \qquad\qquad (1.14)$$

式中　x_1、x_2——角点至零点的距离（m）；

　　　　h_1、h_2——相邻两角点的施工高度（m），均用绝对值；

　　　　a——方格网的边长（m）。

　　3）边坡土方量计算

　　为了维持土体的稳定，场地的边沿不管是挖方区还是填方区均需做成相应的边坡，因此在实际
工程中还需要计算边坡的土方量。边坡土方量计算较简单，但限于篇幅这里就不介绍了，图 1.9 所
示是场地边坡的平面示意图。

表 1.3　方格土方工程量计算公式

项 目	图 示	计 算 公 式
1 点填方或挖方（三角形）		$V = \dfrac{1}{2}bc \cdot \dfrac{\Sigma h}{3} = \dfrac{bch_3}{6}$ 当 $b = c = a$ 时，$V = \dfrac{a^2 h_3}{6}$
2 点填方或挖方（梯形）		$V_- = \dfrac{b+c}{2} \cdot a \cdot \dfrac{\Sigma h}{4} = \dfrac{a}{8}(b+c)(h_1+h_3)$ $V_+ = \dfrac{d+e}{2} \cdot a \cdot \dfrac{\Sigma h}{4} = \dfrac{a}{8}(d+e)(h_2+h_4)$
3 点填方或挖方（五边形）		$V = \left(a^2 - \dfrac{bc}{2}\right)\dfrac{\Sigma h}{5} = \left(a^2 - \dfrac{bc}{2}\right)\dfrac{h_1 + h_2 + h_4}{5}$
4 点填方或挖方（正方形）		$V = \dfrac{a^2}{4} \cdot \Sigma h = \dfrac{a^2}{4}(h_1 + h_2 + h_3 + h_4)$

　　注：1. a——方格网的边长（m）；b、c——零点到一角的边长（m）；h_1、h_2、h_3、h_4——方格网四角点的施工高程（m），
　　　　用绝对值带入；Σh——填方或挖方施工高程的总和（m），用绝对值带入；V——挖方或填方体积（m³）。
　　　　2. 本表公式是按各计算图形底面积乘以平均施工高程而得出的。

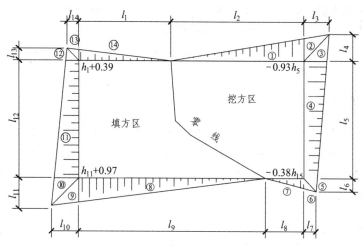

图 1.9　场地边坡平面图

2. 断面法

沿场地的纵向或相应方向取若干个相互平行的断面（可利用地形图定出或实地测量定出），将所取的每个断面（包括边坡）划分成若干个三角形和梯形，如图 1.10 所示。对于某一断面，其中三角形和梯形的面积为

$$f_1 = \frac{h_1}{2}d_1, \quad f_2 = \frac{h_1 + h_2}{2}d_2, \quad \cdots, \quad f_n = \frac{h_n}{2}d_n \tag{1.15}$$

该断面面积为

$$F_i = f_1 + f_2 + \cdots + f_n$$

若

$$d_1 = d_2 = \cdots = d_n = d$$

则

$$F_i = d(h_1 + h_2 + \cdots + h_n) \tag{1.16}$$

图 1.11 所示是用断面法求面积的一种简便方法，叫"累高法"。此法不需用公式计算，只要将所取的断面绘于普通坐标纸上（d 取等值），用透明纸尺从 h_1 开始，依次量出（用大头针向上拨动透明纸尺）各点标高（h_1、h_2、$\cdots$），累计得出各点标高之和，然后将此值与 d 相乘，即可得出所求断面面积。

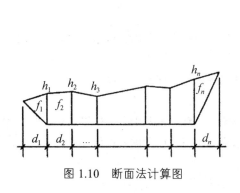

图 1.10　断面法计算图

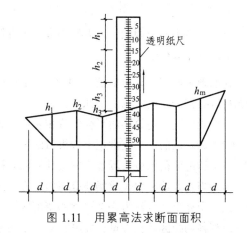

图 1.11　用累高法求断面面积

各个断面面积求出后，即可计算土方体积。设备断面面积分别为 F_1、F_2、$\cdots$、F_n，相邻两断面之间的距离依次为 l_1、l_2、$\cdots$、l_n，则所求土方体积为

$$V = \frac{F_1 + F_2}{2} l_1 + \frac{F_2 + F_3}{2} l_2 + \cdots + \frac{F_{n-1} + F_n}{2} l_n \tag{1.17}$$

1.3.3　土方调配

土方调配是指对挖土的利用、堆土和填土的取得三者之间关系进行的综合处理，确定挖-填方区的调配方向和数量，使土方工程的施工费用少、工期短、施工方便。土方调配步骤包括：划分调配区、计算土方调配区之间的平均运距、确定土方的最优调配方案、绘制土方调配图表。

1. 土方调配原则

土方调配原则主要有：

（1）应力求达到挖、填平衡和运输量最小的原则。这样可以降低土方工程的成本。然而，仅限于场地范围的平衡，往往很难满足运输量最小的要求。因此，还需根据场地和其周围地形条件综合考虑，必要时可在填方区周围就近借土，或在挖方区周围就近弃土，而不是只局限于场地以内的挖、填平衡，这样才能做到经济合理。

（2）应考虑近期施工与后期利用相结合的原则。当工程分期分批施工时，先期工程的土方余额应结合后期工程的需要而考虑其利用数量与堆放位置，以便就近调配。堆放位置的选择应为后期工程创造良好的工作面和施工条件，力求避免重复挖运。如先期工程有土方欠额时，可由后期工程地点挖取。

（3）尽可能与大型地下建筑物的施工相结合。当大型建筑物位于填土区而其基坑开挖的土方量又较大时，为了避免土方的重复挖、填和运输，该填土区暂时不予填土，待地下建筑物施工之后再行填土。为此，在填方保留区附近应有相应的挖方保留区，或将附近挖方工程的余土按需要合理堆放，以便就近调配。

（4）调配区大小的划分应满足主要土方施工机械工作面大小（如铲运机铲土长度）的要求，使土方机械和运输车辆的效率能得到充分发挥。

总之，进行土方调配，必须根据现场的具体情况、有关技术资料、工期要求、土方机械与施工方法，结合上述原则，予以综合考虑，从而做出经济合理的调配方案。

2. 土方调配区的划分

场地土方平衡与调配，需编制相应的土方调配图表，以便施工中使用。其方法如下：

1）划分调配区

在场地平面图上先划出挖、填区的分界线（零线），然后在挖方区和填方区适当地分别划出若干个调配区。划分时应注意以下几点：

（1）划分应与建筑物的平面位置相协调，并考虑开工顺序、分期开工顺序。

（2）调配区的大小应满足土方机械的施工要求。

（3）调配区范围应与场地土方量计算的方格网相协调，一般可由若干个方格组成一个调配区。

（4）当土方运距较大或场地范围内土方调配不能达到平衡时，可考虑就近借土或弃土，一个借土区或一个弃土区可作为一个独立的调配区。

计算各调配区的土方量，并将它标注于图上。

2）求出每对调配区之间的平均运距

平均运距即挖方区土方重心至填方区土方重心的距离。因此，求平均运距，需先求出每个调配区的土方重心。其方法如下：

取场地或方格网中的纵横两边为坐标轴，以一个角作为坐标原点，分别求出各区土方的重心坐标 x_0、y_0：

$$x_0 = \frac{\sum(x_iV_i)}{\sum V_i}, \quad y_0 = \frac{\sum(y_iV_i)}{\sum V_i} \tag{1.18}$$

式中　x_i、y_i——第 i 块方格的重心坐标；

　　　V_i——第 i 块方格的土方量。

填、挖方区之间的平均运距 L_0 为

$$L_0 = \sqrt{(x_{0t}-x_{0w})^2 + (y_{0t}-y_{0w})^2} \tag{1.19}$$

式中　x_{0t}、y_{0t}——填方区的重心坐标；

　　　x_{0w}、y_{0w}——挖方区的重心坐标。

为了简化 x_i、y_i 的计算，可假定每个方格（完整的或不完整的）上的土方是各自均匀分布的，于是可用图解法求出形心位置以代替方格的重心位置。

各调配区的重心求出后，标于相应的调配区上，然后用比例尺量出每对调配区重心之间的距离，此即相应的平均运距（L_{11}、L_{22}、L_{33}、…）。

所有填挖方调配区之间的平均运距均需一一计算，并将计算结果列于土方平衡与运距表内。

当填、挖调配区之间的距离较远，采用自行式铲运机或其他运土工具沿现场道路或规定路线运土时，其运距应按实际情况进行计算。土方调配的最优方案可以不止一个，这些方案的调配区或调配土方量可以不同，但它们的总土方运输量都是相同的，有若干最优方案可以提供更多的选择余地。

1.4　土方开挖

基坑土方开挖的顺序、方法必须与设计工况相一致，并遵循"开槽支撑，先撑后挖，分层开挖，严禁超挖"的原则。

1.4.1　开挖方式

基坑开挖方式，要根据基坑面积大小、开挖深度、支护结构形式、土质情况和工程环境条件等因素而定。目前常用的开挖方式有以下几种：

1. 分段分块开挖

当基坑平面不规则、开挖深浅不一、土质又较差时，为了加快支撑的形成，减少时效影响，可采用分块开挖方式。

分段分块的大小、位置和开挖顺序要根据开挖场地工作面条件、基坑平面和开挖深浅情况及施工工期的要求来决定。分段长度一般不大于 25 m。

分块开挖时，对土质条件好的，在开挖完一块土方后，应立即施工一块混凝土垫层或基础。必要时可在已封底的基底上与支护结构之间加斜撑，以保证支护结构的稳定性。对土质较差的，分块开挖时，不要一次挖到底，而是在靠近支护结构处，暂留一定宽度和深度的被动土区作为放坡，待

被动土区外的土方挖完并浇筑好混凝土垫层后，再突击开挖这部分被动土区的土方，边开挖边浇筑混凝土垫层。

2. 分层开挖

当基坑较深、土质较软又不允许分段分块施工混凝土垫层或基础时，可采用分层开挖方式。

分层开挖的厚度，对软土地基一般为 2~3 m，硬质土一般不应超过 5 m。第一层开挖后，在确保运土汽车不陷入的情况下，才进行第二层开挖；否则，要填筑一定厚度的砂石来稳定基底后才能再开挖第二层。最后一层，机械开挖到坑底标高以上 0.3 m 处，留下 0.3 m 厚的余土，在施工混凝土垫层前采用人工挖土方法完成。

开挖顺序宜采用分层、对称的原则进行。根据现场工作面和出土方向情况，一般可从基坑中间向两边平行对称开挖，或从基坑两端对称开挖。如土方场内运输的出口在场地的东面，为保持东面出口的畅通，挖土顺序就宜先西面后东面。

进行两层或多层开挖时，一种是挖土机和运土汽车下至基坑内施工，这时需在基坑适当位置留设 1∶8~1∶10 的坡道，供运土汽车上下，坡道两侧须加固。当基坑太短时，可视场地情况，把坡度设在基坑外，或基坑内外结合。也可采用阶梯式分层开挖方法，即接力挖土法，每个阶梯台作为挖土机的接力作业平台，第一层挖出的土直接装车，第二层由另一台挖土机停在下面作业平台上，将挖出的第二层土甩给上面的一台挖土机，再由上面一台挖土机装车，将土运至指定的堆土场。

3. "中心岛"式开挖

"中心岛"式开挖是先挖去基坑中心部位的土，而周边一定范围内的土暂不开挖，以平衡支护结构外面产生的侧压力；待中心部位挖土结束，浇筑好混凝土垫层或施工完地下结构后，在支护结构与岛式部位之间设置临时斜撑或对撑，然后再进行支护结构内四周土方的开挖和结构施工。

4. "盆"式开挖

"盆"式开挖采取与岛式开挖相反的施工顺序，即先开挖基坑四周或两侧的土，中间留土墩，再进行周边支撑，浇筑混凝土垫层或地下结构施工，然后进行中间余留土墩的开挖和施工。

"中心岛"式开挖和"盆"式开挖两种开挖方式的优点是基坑内有较大空间，有利于机械化施工，加快施工进度；同时，还可以防止基坑底面回弹变形（隆起）过大等。但基坑土方分两次开挖，就要考虑两次开挖面的边坡稳定，防止塌方，必要时，要对开挖面做临时土体加固措施。同时，这种分次开挖和分开施工底板与地下结构的做法，要在设计允许条件下才可采用。

不论是先开挖中心还是先开挖四周或两侧，其关键是通过控制被动土压力的留土宽度和坡度来控制被动土压力区的本身稳定和对支护结构起被动土压力作用。

"中心岛"的范围，在满足被动土压力区土体稳定的条件下，应尽量大一些，以使第一次土方开挖范围加大；"中心岛"与支护结构之间支撑的长度减短，不仅可以节约支撑材料，同时可方便施工。但要注意的是，"中心岛"结构范围必须是结构施工能设置施工缝的部位。

这两种开挖方式较适用于土质较好的黏性土和密实的砂质土。对特别大型的基坑，其内支撑体系设置有困难时，采用这种方式，可以节省投资，加快施工进度。

1.4.2 土方边坡与土壁支撑

土壁的稳定，主要由土体内摩擦阻力和黏结力来保持平衡。一旦失去平衡，土体就会塌方，这不仅会造成人身安全事故，同时亦会影响工期，有时还会危及附近的建筑物。

造成土壁塌方的原因主要有：

① 边坡过陡，使土体的稳定性不足导致塌方，尤其是在土质差、开挖深度大的坑槽中；

② 雨水、地下水渗入土中泡软土体，从而增加土的自重同时降低土的抗剪强度，这是造成塌方的常见原因；

③ 基坑上口边缘附近大量堆土或停放机具、材料，或由于行车等动荷载，使土体中的剪应力超过土体的抗剪强度；

④ 土壁支撑强度破坏失效或刚度不足导致塌方。

为了防止塌方，保证施工安全，在基坑（槽）开挖时，可采取以下措施。

1. 放足边坡

土方边坡坡度大小的留设应根据土质、开挖深度、开挖方法、施工工期、地下水水位、坡顶荷载及气候条件等因素确定。一般情况下，黏性土的边坡可陡些，砂性土则应平缓些；当基坑附近有主要建筑物时，边坡应取 1∶1.0 ~ 1∶1.5。

根据《建筑路桥市政工程施工工艺标准》QCJJT-JS02—2004 的建议，在天然湿度的土中，当挖土深度不超过下列数值时，可不放坡、不支撑。

深度 ≤ 1.0 m，密实、中密的砂土和碎石类土（充填物为砂土）；

深度 ≤ 1.25 m，硬塑、可塑的黏质砂土及砂质黏土；

深度 ≤ 1.5 m，硬塑、可塑的黏土和碎石类土（充填物为黏性土）；

深度 ≤ 2.0 m，坚硬的黏土。

挖方深度超过上述规定时，应考虑放坡或做成直立壁加支撑。

《建筑地基基础工程施工质量验收标准》GB 50202—2018 规定，临时性挖方的边坡值应符合表 1.4 的规定。

表 1.4　临时性挖方边坡值

土的类别		边坡值（高∶宽）
砂土	不包括细砂、粉砂	1∶1.25 ~ 1∶1.50
黏性土	硬	1∶0.75 ~ 1∶1.00
	硬、塑	1∶1.00 ~ 1∶1.25
	软	1∶1.50 或更缓
碎石类土	充填坚硬、硬塑黏性土	1∶0.50 ~ 1∶1.00
	充填砂土	1∶1.00 ~ 1∶1.50

注：1. 本表适用于无支护措施的临时性挖方工程的边坡坡率。
　　2. 设计有要求时，应符合设计标准。
　　3. 本表适用于地下水位以上的土层。采用降水或其他加固措施时，可不受本表限制，但应计算复核。
　　4. 一次开挖深度，软土不应超过 4 m，硬土不应超过 8 m。

2. 设置支撑

为了缩小施工面、减少土方，或受场地的限制不能放坡时，可设置土壁支撑。如表 1.5 所列为一般沟槽支撑方法，主要采用横撑式支撑；表 1.6 所列为一般浅基坑支撑方法，主要采用结合上端放坡并加以拉锚等单支点板桩或悬臂式板桩支撑，或采用重力式支护结构如水泥搅拌桩等；表 1.7 所列为深基坑的支护方法，主要采用多支点板桩。

表 1.5　一般沟槽的支撑方法

支撑方式	简　图	支撑方式及适用条件
间断式水平支撑		两侧挡土板水平放置，用工具式或木横撑将木楔顶紧，挖一层土，支顶一层； 适于能保持立壁的干土或天然湿度的黏土类土，地下水很少，深度在 2 m 以内
断续式水平支撑		挡土板水平放置，中间留出间隔，并在两侧同时对称立竖楞木，再用工具式或木横撑上下顶紧； 适于能保持直立壁的干土或天然湿度的黏土类土，地下水很少，深度在 3 m 以内
连续式水平支撑		挡土板水平连续放置，不留间隙，然后两侧同时对称立竖楞木，上下各顶一根撑木，端头加木楔顶紧； 适于较松散的干土或天然湿度的黏土类土，地下水很少，深度为 3~5 m
连续或间断式垂直支撑		挡土板垂直放置，连续或留适当间隙，然后每侧上下各水平顶一根楞木，再用横撑顶紧； 适于土质较松散或湿度很高的土，地下水较少，深度不限
水平垂直混合支撑		沟槽上部连续或水平支撑，下部设连续或垂直支撑； 适于沟槽深度较大，下部有含水土层的情况

表 1.6　一般浅基坑的支撑方法

支撑方式	简　图	支撑方式及适用条件
斜柱支撑		水平挡土板钉在柱桩内侧，柱桩外侧用斜撑支顶，斜撑底端支在木桩上，在挡土板内侧回填土； 适于开挖较大型、深度不大的基坑或使用机械挖土
锚拉支撑		水平挡土板支在柱桩的内侧，柱桩一端打入土中，另一端用拉杆与锚桩拉紧，在挡土板内侧回填土； 适于开挖较大型、深度不大的基坑或使用机械挖土而不能安设横撑时使用
短柱横隔支撑		打入小短木桩，部分打入土中，部分露出地面，钉上水平挡土板，在背面填土捣实； 适于开挖宽度大的基坑，当部分地段下部放坡不够时使用
临时挡土墙支撑		沿坡脚用砖、石叠砌或用草袋装土砂堆砌，使坡脚保持稳定； 适于开挖宽度大的基坑，当部分地段下部放坡不够时使用

表 1.7　一般深基坑的支撑方法

支护（撑）方式	简　图	支护（撑）方式及适用条件
型钢桩横挡板支撑		沿挡土位置预先打入钢轨、工字钢或 H 型钢桩，间距 1~1.5 m，然后边挖方，边将 3~6 cm 厚的挡土板塞进钢桩之间挡土，并在横向挡板与型钢桩之间打入楔子，使横板与土体紧密接触； 适于地下水位较低，深度不很大的一般黏性或砂土层中应用
钢板桩支撑		在开挖基坑的周围打钢板桩或钢筋混凝土板桩，板桩入土深度及悬臂长度应经计算确定，如基坑宽度很大，可加水平支撑； 适于一般地下水、深度和宽度不很大的黏性砂土层中应用

支护（撑）方式	简　图	支护（撑）方式及适用条件
钢板桩与钢构架结合支撑	钢板桩　钢横撑 钢支撑 钢横撑 钢柱	在开挖的基坑周围打钢板桩，在柱位置上打入暂设的钢柱，在基坑中挖土，每下挖 3～4 m，装上一层构架支撑体系，挖土在钢构架网格中进行，亦可预先打入钢柱，随挖随接长支柱； 适于在饱和软弱土层中开挖较大、较深基坑，钢板桩刚度不够时采用
挡土灌注桩支撑	锚桩　钢横撑 拉杆　钻孔灌注桩	在开挖基坑的周围，用钻机钻孔，现场灌注钢筋混凝土桩，达到强度后，在基坑中间用机械或人工挖土，下挖 1 m 左右装上横撑，在桩背面装上拉杆与已设锚桩拉紧，然后继续挖土至要求深度。桩间土方挖成外拱形，使之起土拱作用。如基坑深度小于 6 m，或邻近有建筑物，亦可不设锚拉杆，采取加密桩距或加大桩径处理。 适于开挖较大、较深（>6 m）基坑，邻近有建筑物，不允许支护，背面地基有下沉、位移时采用
挡土灌注桩与土层锚杆结合支撑	钢横撑 钻孔灌注桩 土层锚桩	同挡土灌注桩支撑，但在桩顶不设锚桩锚杆，而是挖至一定深度，每隔一定距离向桩背面斜下方用锚杆钻机打孔，安放钢筋锚杆，用水泥压力灌浆；达到强度后，安上横撑，拉紧固定，在桩中间进行挖土，直至设计深度。如设 2～3 层锚杆，可挖一层土，装设一次锚杆。 适于大型较深基坑，施工期较长，邻近有高层建筑，不允许支护，邻近地基不允许有任何下沉位移时采用
挡土灌注桩与旋喷桩组合支护	挡土灌注桩 旋喷桩 1—1 1 旋喷桩 1 挡土灌注桩	系在深基坑内侧设置直径 0.6～1.0 m 的混凝土灌注桩，间距 1.2～1.5 m；在紧靠混凝土灌注桩的外侧设置直径 0.8～1.5 m 的旋喷桩，以旋喷水泥浆方式使形成的水泥土桩与混凝土灌注桩紧密结合，组成一道防渗帷幕，既可起抵抗土压力、水压力作用，又起挡水抗渗作用；挡土灌注桩与旋喷桩采取分段间隔施工。当基坑为淤泥质土层时，有可能在基坑底部产生管涌、涌泥现象，亦可在基坑底部以下用旋喷桩封闭。在混凝土灌注桩外侧设旋喷桩，有利于支护结构的稳定，防止边坡坍塌、渗水和管涌等现象发生。 适于土质条件差、地下水位较高，要求既挡土又挡水防渗的支护工程

支护（撑）方式	简　图	支护（撑）方式及适用条件
双层挡土灌注桩支护	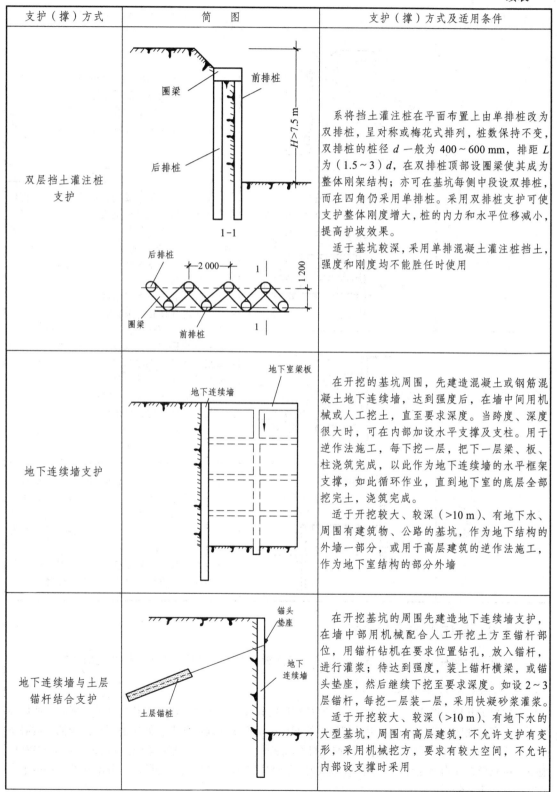	系将挡土灌注桩在平面布置上由单排桩改为双排桩，呈对称或梅花式排列，桩数保持不变，双排桩的桩径 d 一般为 $400\sim600$ mm，桩距 L 为 $(1.5\sim3)\,d$，在双排桩顶部设圈梁使其成为整体刚架结构；亦可在基坑每侧中段设双排桩，而在四角仍采用单排桩。采用双排桩支护可使支护整体刚度增大，桩的内力和水平位移减小，提高护坡效果。 适于基坑较深，采用单排混凝土灌注桩挡土，强度和刚度均不能胜任时使用
地下连续墙支护		在开挖的基坑周围，先建造混凝土或钢筋混凝土地下连续墙，达到强度后，在墙中间用机械或人工挖土，直至要求深度。当跨度、深度很大时，可在内部加设水平支撑及支柱。用于逆作法施工，每下挖一层，把下一层梁、板、柱浇筑完成，以此作为地下连续墙的水平框架支撑，如此循环作业，直到地下室的底层全部挖完土，浇筑完成。 适于开挖较大、较深（>10 m）、有地下水、周围有建筑物、公路的基坑，作为地下结构的外墙一部分，或用于高层建筑的逆作法施工，作为地下室结构的部分外墙
地下连续墙与土层锚杆结合支护		在开挖基坑的周围先建造地下连续墙支护，在墙中部用机械配合人工开挖土方至锚杆部位，用锚杆钻机在要求位置钻孔，放入锚杆，进行灌浆；待达到强度，装上锚杆横梁，或锚头垫座，然后继续下挖至要求深度。如设 $2\sim3$ 层锚杆，每挖一层装一层，采用快凝砂浆灌浆。 适于开挖较大、较深（>10 m）、有地下水的大型基坑，周围有高层建筑，不允许支护有变形，采用机械挖方，要求有较大空间，不允许内部设支撑时采用

支护（撑）方式	简 图	支护（撑）方式及适用条件
土层锚杆支护		沿开挖基坑，边坡每2~4 m设置一层水平土层锚杆，直到挖土至要求深度。 适于较硬土层或破碎岩石中开挖较大、较深基坑、邻近有建筑物必须保证边坡稳定时采用
板桩（灌注桩）中央横顶支撑		在基坑周围打板桩或设挡土灌注桩，在内侧放坡挖中间部分土方到坑底，先施工中间部分结构至地面，然后再利用此结构作支承向板桩（灌注桩）支水平横顶撑，挖除放坡部分土方，每挖一层支一层水平横顶撑，直到设计深度，最后再建该部分结构。 适于开挖较大、较深的基坑，支护桩刚度不够，又不允许设置过多支撑时用
板桩（灌注桩）中央斜顶支撑		在基坑周围打板桩或设挡土灌注桩，在内侧放坡挖中间部分土方到坑底，并先施工好中间部分基础，再从基础向桩上方支斜顶撑，然后再把放坡的土方挖除，每挖一层，支一层斜撑，直至坑底，最后建该部分结构。 适于开挖较大、较深基坑、支护桩刚度不够、坑内不允许设置过多支撑时用
分层板桩支撑		在开挖厂房群基础时，周围先打支护板桩，然后在内侧挖土方至群基础底标高，再在中部主体深基础四周打二级支护板桩，挖主体深基础土方，施工主体结构至地面，最后施工外围群基础。 适于开挖较大、较深基坑，当中部主体与周围群基础标高不等，而又无重型板桩时采用

1.4.3 基坑土方开挖方式

基坑开挖分两种情况：一是无支护结构基坑的放坡开挖；二是有支护结构基坑的开挖。

1. 无支护结构基坑放坡开挖工艺

采用放坡开挖（图1.12（a））时，一般基坑深度较浅，挖土机可以一次开挖至设计标高，所以在地下水位高的地区，软土基坑采用反铲挖土机配合运土汽车在地面作业。如果地下水位较低、坑底坚硬，也可以让运土汽车下坑，配合正铲挖土机在坑底作业。当开挖基坑深度超过4 m时，若土质较好、地下水位较低，并当场地允许、有条件放坡时，边坡宜设置阶梯平台，分阶段、分层开挖，每级平台宽度不宜小于1.5 m。

在采用放坡开挖时，要求基坑边坡在施工期间保持稳定。基坑边坡坡度应根据土质、基坑深度、开挖方法、留置时间、边坡荷载、排水情况及场地大小确定。放坡开挖应有降低坑内水位和防止坑外水倒灌的措施。若土质较差且基坑施工时间较长，边坡坡面可采用钢丝网喷浆进行护坡，以保持基坑边坡稳定。

放坡开挖基坑内作业面大，方便挖土机械作业，施工程序简单、经济效益好。但在城市密集地区施工时，条件往往不允许采用这种开挖方式。

2. 支护结构基坑的开挖工艺

支护结构基坑的开挖按其坑壁结构可分为直立壁无支撑开挖、直立壁内支撑开挖和直立壁拉锚（或土钉、土锚杆）开挖（图1.12（b）、（c）、（d））。有支护结构基坑开挖的顺序、方法必须与设计工况一致，并遵循"开槽支撑，先撑后挖，分层开挖，严禁超挖"和"分层、分段、对称、限时"的原则。

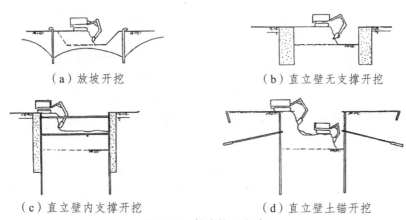

（a）放坡开挖　　　　　　　　　　（b）直立壁无支撑开挖

（c）直立壁内支撑开挖　　　　　　（d）直立壁土锚开挖

图1.12　基坑挖土方式

1）直立壁无支撑开挖工艺

这是一种重力式坝体结构，一般采用水泥土搅拌桩作坝体材料，也可采用粉喷桩等复合桩体作坝体。重力式坝体既挡土又止水，给坑内创造了宽敞的施工空间和可降水的施工环境。

基坑深度一般在5～6 m，故可采用反铲挖土机配合运土汽车在地面作业。由于采用止水重力坝的基坑，地下水位一般都比较高，因此很少使用正铲下坑挖土作业。

2）直立壁内支撑开挖工艺

在基坑深度大，地下水位高，周围地质和环境又不允许做拉锚和土钉、土锚杆的情况下，一般采用直立壁内支撑开挖形式。基坑采用内支撑，能有效控制侧壁的位移，具有较高的安全度，但减小了施工机械的作业面，影响挖土机械、运土汽车的效率，增加了施工难度。

采用直立壁内支撑的基坑，深度一般较大，超过挖土机的挖掘深度时，需分层开挖。在施工过程中，土方开挖和支撑施工需交叉进行。内支撑是指随着土方的分层、分区开挖，形成支撑施工工作面，然后施工内支撑，待内支撑达到一定强度以后进行下一层（区）土方的开挖，形成下一道内支撑施工工作面，重复上述施工步骤，从而逐步形成支护结构体系。所以，基坑土方开挖必须和支撑施工密切配合，根据支护结构设计的工况，先确定土方分层、分区开挖的范围，然后分层、分区开挖基坑土方。在确定基坑土方分层、分区开挖范围时，还应考虑土体的时空效应、支撑施工的时间、机械作业面的要求等。

当有较密内支撑或为了严格限制支护结构的位移时，常采用盆式开挖顺序，即在尽量多挖去基坑下层中心区域的土方后，架设十字对撑式钢管支撑并施加预紧力，或在挖去本层中心区域土方后，浇筑钢筋混凝土支撑，并逐个区域挖去周边土方，逐步形成对围护壁的支撑。这时使用的机械一般为反铲和抓铲挖土机。必要时，还可对挡墙内侧四周的土体进行加固，以提高内侧土体的被动土压力，满足控制挡墙变形的要求。图 1.13 所示为某广场基坑盆式开挖及支撑施工顺序示意图。

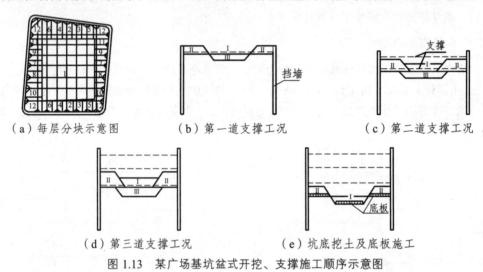

（a）每层分块示意图　　（b）第一道支撑工况　　（c）第二道支撑工况

（d）第三道支撑工况　　（e）坑底挖土及底板施工

图 1.13　某广场基坑盆式开挖、支撑施工顺序示意图

3）直立壁土钉（或土锚杆或拉锚）开挖

当周围的环境和地质可以允许进行拉锚或采用土钉和土层锚杆时，应选用此方式，因为直壁拉锚开挖使坑内的施工空间宽敞，挖土机械效率较高。在土方施工中，需进行分层、分区段开挖，穿插进行土钉（或土锚杆）施工。土方分层、分区段开挖的范围应和土钉（或土锚杆）的设置位置一致，以满足土钉（土锚杆）施工机械的要求，同时也要满足土体稳定性的要求。

4）岛式开挖工艺

为了利用基坑中心部分土体搭设栈桥以加快土方外运、提高挖土速度，设直立壁土钉（或土锚杆）的基坑开挖或者采用周边桁架空间支撑系统的基坑开挖有时采用岛式开挖顺序（图 1.14 所示为某工程采用岛式开挖及支撑的施工顺序示意图），即先挖除挡墙内四周土方，待周边支撑形成后再开挖中间岛区的土方。中间环形桁架空间支撑系统形成一定强度后即可穿插开挖中间岛区土（图中 4 部分），同时钢筋混凝土支撑继续养护缩短了挖土时间。该开挖方式的缺点是由于先挖挡墙内四周的土方，挡墙的受荷时间长，在软黏土中时间效应显著，有可能增大支护结构的变形量，所以应用较少。

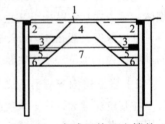

图 1.14　岛式开挖及支撑的施工顺序示意图

3. 基坑土方开挖中应注意的事项

（1）支护结构与挖土应紧密配合，遵循先撑后挖、分层分段、对称、限时的原则。

挖土与坑内支撑安装要密切配合，每次开挖深度不得超过将要加支撑位置以下 500 mm，防止立柱及支撑失稳。每次挖土深度与所选用的施工机械有关。当采用分层分段开挖时，分层厚度不宜大于 5 m，分段的长度不大于 25 m，并应快挖快撑，时间不宜超过 1 ~ 2 d，以充分利用土体结构的空间作用，减少支护结构的变形。为防止地基一侧失去平衡而导致坑底涌土、边坡失稳、坍塌等情况，深基坑挖土时应注意对称分层开挖的方法。另外，如前所述，土方开挖宜选用合适的施工机械、开挖程序及开挖路线；而且开挖中除设计允许外，挖土机械不得在支撑上作业或行走。

（2）要重视打桩效应，防止桩位移和倾斜。

对一般先桩、后挖土的工程，如果打桩后紧接着开挖基坑，由于开挖时地基卸土，打桩时积聚的土体应力释放，再加上挖土高差形成侧向推力，土体易产生一定的水平位移，使先打设的桩易产生水平位移和倾斜，所以打桩后应有一段停歇时间，待土体应力释放、重新固结后再开挖。同时，挖土要分层、对称，尽量减少挖土时的压力差，保证桩位正确。对于打预制桩的工程，必须先打工程桩再施工支护结构，否则也会由于打桩挤土效应，引起支护结构位移变形。

（3）注意减少坑边地面荷载，防止开挖完的基坑暴露时间过长。

基坑开挖过程中，不宜在坑边堆置弃土、材料和工具设备等，尽量减轻地面荷载，严禁超载。基坑开挖完成后，应立即验槽，并及时浇筑混凝土垫层，封闭基坑，防止暴露时间过长。如发现基底土超挖，应用素混凝土或砂石回填夯实，不能用素土回填。若挖方后不能立即转入下道工序或雨期挖方时，应在坑槽底标高上保留 15 ~ 30 cm 厚的土层不挖，待下道工序开工前再挖掉。冬期挖方时，每天下班前应挖一步（30 cm 左右）虚土或用草帘覆盖，以防地基土受冻。

（4）当挖土至坑槽底 50 cm 左右时，应及时抄平。

一般在坑槽壁各拐角处和坑槽壁每隔 2 ~ 4 m 处测设一水平小木桩或竹片桩，作为清理坑槽底和打基础垫层时控制标高的依据。

（5）在基坑开挖和回填过程中应保持井点降水工作的正常进行。

土方开挖前应先做好降水、排水施工，待降水运转正常并符合要求后，方可开挖土方。开挖过程中，要经常检查降水后的水位是否达到设计标高要求，要保持开挖面基本干燥，如坑壁出现渗漏水，应及时进行处理。通过对水位观察井和沉降观测点的定时测量，检查是否对邻近建筑物等产生不良影响，进而采取适当措施。

（6）开挖前要编制包含周详安全技术措施的基坑开挖施工方案，以确保施工安全。

4. 基坑支护工程的现场监测

在深基坑施工、使用过程中，出现荷载、施工条件变化的可能性较大，设计计算值与支护结构的实际工作状况往往不很一致。因此在基坑开挖过程中必须系统地进行监控，以防不测。基坑工程事故调查表明，在发生重大事故前，或多或少都有预兆，如果能切实做好基坑监测工作，及时发现事故预兆并采取适当措施，则可避免许多重大基坑事故的发生，减少基坑事故所带来的经济损失和社会影响。目前，开展基坑现场监测可以避免基坑事故的发生已形成共识。《建筑基坑支护技术规程》JGJ 120—2012 规定，基坑支护设计应根据支护结构类型和地下水控制方法，按表 1.8 选择基坑监测项目，并应根据支护结构的具体形式、基坑周边环境的重要性及地质条件的复杂性确定监测点部位及数量。

由于基坑开挖到设计深度以后，土体变形、土压力和支护结构的内力仍会继续发展、变化，因此基坑监测工作应从基坑开挖以前制订监控方案开始，直至地下工程施工结束，全过程进行监测。基坑监控方案应包括监控目的、监控项目、监控报警值、监控方法及精度要求、监控点的布置、检测周期、工序管理和记录制度以及信息反馈系统等。

表 1.8　基坑监测项目选择

监测项目	支护结构安全等级		
	一级	二级	三级
支护结构顶部水平位移	应测	应测	应测
基坑周边建（构）筑物、地下管线、道路沉降	应测	应测	应测
坑边地面沉降	应测	应测	宜测
支护结构顶部深部位移	应测	应测	选测
锚杆拉力	应测	应测	选测
支撑轴力	应测	应测	选测
挡土构件内力	应测	宜测	选测
支撑立柱沉降	应测	宜测	选测
挡土构件、水泥土墙沉降	应测	宜测	选测
地下水位	应测	应测	宜测
水压力	宜测	选测	选测
孔隙水压力	宜测	选测	选测

注：表中各监测项目中，仅选择实际基坑支护形式所含有的内容。

从表 1.8 中可以看出，任何基坑侧壁安全等级的支护结构水平位移均属于应测项目。实际上，在深基坑开挖施工监测中，支护结构水平位移一般有两个测试项目，即围护桩（墙）顶面水平位移监测和围护桩（墙）侧向变形监测，而在不同深度上各点的水平位移监测，称为围护桩（墙）的测斜监测。

围护桩（墙）的顶面水平位移监测，是深基坑开挖施工监测的一项基本内容，通过围护桩（墙）顶面水平位移监测，可以掌握围护桩（墙）的基坑挖土施工过程中顶面的平面变形情况，并与设计值进行比较，分析其对周围环境的影响。另外，围护桩（墙）顶面水平位移数值可以作为测斜、测试孔口的基准点。围护桩（墙）顶面水平位移测试一般选用精度为 2″级的经纬仪。围护桩（墙）顶面水平位移监测点应沿其结构体延伸方向布设，水平位移观测点间距宜为 10～15 m，其测试方法有准直线法、控制线偏离法、小角度法、交会法等。

围护桩（墙）在基坑外侧水土压力作用下，会发生变形。要掌握围护桩（墙）的侧向变形，即在不同深度处各点的水平位移，可通过对围护桩（墙）的测斜监测来实现。

基坑变形的监控值，若设计有指标规定，以设计要求为依据；如无设计指标，可按表 1.9 的规定执行。

表 1.9　基坑变形的监控值　　　　　单位：cm

基坑类别	围护结构墙顶位移监控值	围护结构墙体最大位移监控值	地面最大沉降监控值
一级	3	5	3
二级	6	8	6
三级	8	10	10

注：1. 符合下列情况之一者，为一级基坑：
　　①重要工程或支护结构作主体结构的一部分；
　　②开挖深度大于 10 m 的基坑；
　　③与邻近建筑物、重要设施的距离在开挖深度以内的基坑；
　　④基坑范围内有历史文物、近代优秀建筑、重要管线等需严加保护的基坑。
　　2. 三级基坑为开挖深度小于 7 m，且周围环境无特别要求的基坑。
　　3. 除一级和三级外的基坑属二级基坑。
　　4. 当周围已有的设施有特殊要求时，尚应符合这些要求。

1.5　土方填筑

1.5.1　土料选择与填筑要求

为了保证填土工程的质量，必须正确选择土料和填筑方法。

对填方土料应按设计要求验收后方可填入；如设计无要求，一般按下述原则进行。

碎石类土、砂土（使用细、粉砂时应取得设计单位同意）和爆破石砟可用作表层以下的填料；含水量符合压实要求的黏性土，可用作各层填料；碎块草皮和有机质含量大于 8% 的土，仅用于无压实要求的填方。含有大量有机物的土，容易降解变形而降低承载能力；含水溶性硫酸盐大于 5% 的土，在地下水的作用下，硫酸盐会逐渐溶解消失，形成孔洞，影响密实性。因此，前述两种土以及淤泥和淤泥质土、冻土、膨胀土等均不应作为填土。

填土应分层进行，并尽量采用同类土填筑。如采用不同土填筑时，应将透水性较大的土层置于透水性较小的土层之下，不能将各种土混杂在一起使用，以免填方内形成水囊。

碎石类土或爆破石砟作填料时，其最大粒径不得超过每层铺土厚度的 2/3；使用振动碾时，不得超过每层铺土厚度的 3/4。铺填时，大块料不应集中，且不得填在分段接头或填方与山坡连接处。

当填方位于倾斜的山坡上时，应将斜坡挖成阶梯状，以防填土横向移动。

回填基坑和管沟时，应从四周或两侧均匀地分层进行，以防基础和管道在土压力作用下产生偏移或变形。

回填以前，应清除填方区的积水和杂物；如遇软土、淤泥，必须进行换土回填。在回填时，应防止地面水流入，并预留一定的下沉高度（一般不得超过填方高度的 3%）。

1.5.2　填土压实方法

填土的压实方法一般有：碾压、夯实、振动压实以及利用运土工具压实。对于大面积填土工程，多采用碾压和运土工具压实；对较小面积的填土工程，则宜用夯实机具进行压实。

1. 碾压法

碾压法是利用机械滚轮的压力压实土壤，使之达到所需的密实度。碾压机械有平碾、羊足碾和气胎碾。

平碾又称光轮压路机（图 1.15），是一种以内燃机为动力的自行式压路机。其按重量等级分为轻型（30～50 kN）、中型（60～90 kN）和重型（100～140 kN）三种，适于压实砂类土和黏性土，适用土类范围较广。轻型平碾压实土层的厚度不大，但土层上部变得较密实，当用轻型平碾初碾后，再用重型平碾碾压松土，就会取得较好的效果。如直接用重型平碾碾压松土，则由于强烈的起伏现象，其碾压效果较差。

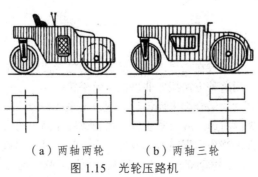

（a）两轴两轮　　（b）两轴三轮
图 1.15　光轮压路机

羊足碾见图 1.16 和图 1.17，一般无动力，靠拖拉机牵引。羊足碾有单筒、双筒两种；根据碾压要求，又可分为空筒及装砂、注水等三种。羊足碾虽然与土接触面积小，但对单位面积的压力比较大，土的压实效果好。羊足碾只能用来压实黏性土。

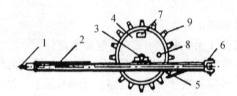

1—前拉头；2—机架；3—轴承座；4—碾筒；5—铲刀；
6—后拉头；7—装砂口；8—水口；9—羊足头。

图 1.16　单筒羊足碾构造示意图

图 1.17　羊足碾

气胎碾又称轮胎压路机（图 1.18），它的前后轮分别密排着四个、五个轮胎，既是行驶轮，也是碾压轮。由于轮胎弹性大，在压实过程中，土与轮胎都会发生变形，而随着几遍碾压后铺土密实度的提高，沉陷量逐渐减少，因而轮胎与土的接触面积逐渐缩小，但接触应力则逐渐增大，最后使土料得到压实。气胎碾由于在工作时是弹性体，其压力均匀，填土压实质量较好。

碾压法主要用于大面积的填土，如场地平整、路基、堤坝等工程。

用碾压法压实填土时，铺土应均匀一致，碾压遍数要一样，碾压方向应从填土区的两边逐渐压向中心，每次碾压应有 15～20 cm 的重叠；碾压机械开行速度不宜过快，一般平碾不应超过 2 km/h，羊足碾控制在 3 km/h 之内，否则会影响压实效果。

2. 夯实法

夯实法是利用夯锤自由下落的冲击力来夯实土壤的，主要用于小面积的回填土或作业面受到限制的环境下。夯实法分人工夯实和机械夯实两种。人工夯实所用的工具有木夯、石夯等；常用的夯实机械有夯锤、内燃夯土机、蛙式打夯机和利用挖土机或起重机装上夯板后的夯土机等，其中蛙式打夯机（图 1.19）轻巧灵活，构造简单，在小型土方工程中应用最广。

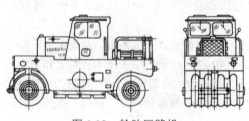

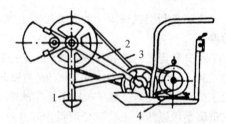

图 1.18　轮胎压路机

1—夯头；2—夯架；3—三角胶带；4—底盘。

图 1.19　蛙式打夯机

3. 振动压实法

振动压实法是将振动压实机放在土层表面，借助振动机构使压实机振动土颗粒，土的颗粒发生相对位移而达到紧密状态。用这种方法振实非黏性土效果较好。

近年来，又将碾压和振动法结合起来而设计和制造了振动平碾、振动凸块碾等新型压实机械。振动平碾适用于填料为爆破碎砟石、碎石类土、杂填土或轻亚黏土的大型填方；振动凸块碾则适用于亚黏土或黏土的大型填方。当压实爆破石砟或碎石类土时，可选用重 8～15 t 的振动平碾，铺土厚度为 0.6～1.5 m，先静压，后振动碾压，碾压遍数由现场试验确定，一般为 6～8 遍。

1.5.3 影响填土的压实因素

填土压实质量与许多因素有关，其中主要影响因素为：压实功、土的含水量以及每层铺土厚度。

1. 压实功的影响

填土压实后的密度与压实机械在其上所施加的功有一定的关系。土的密度与所耗的功的关系见图 1.20。当土的含水量一定，在开始压实时，土的密度急剧增加，待到接近土的最大密度时，压实功虽然增加许多，而土的密度则没有变化。实际施工中，对不同的土应根据选择的压实机械和密实度要求选择合理的压实遍数。此外，松土不宜用重型碾压机械直接滚压，否则土层有强烈起伏现象，效率不高。如果先用轻碾，再用重碾压实就会取得较好的效果。

2. 含水量的影响

在同一压实功条件下，填土的含水量对压实质量有直接影响。较为干燥的土，由于土颗粒之间的摩阻力较大而不易压实。当土具有适当含水量时，水起了润滑作用，土颗粒之间的摩阻力减小，从而易压实。每种土壤都有其最佳含水量。土在这种含水量的条件下，使用同样的压实功进行压实，所得到的密度最大（图 1.21）。各种土的最佳含水量 w_{op} 和所能获得的最大干密度，可由击实试验取得。施工中，土的含水量与最佳含水量之差可控制在 $-4\% \sim +2\%$ 范围内。

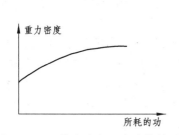

图 1.20 土的密度和压实功的关系

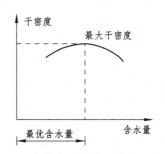

图 1.21 土的含水量对其压实质量的影响

3. 铺土厚度的影响

土在压实功的作用下，压应力随深度增加而逐渐减小（图 1.22），其影响深度与压实机械、土的性质和含水量等有关。铺土厚度应小于压实机械压土时的有效作用深度，而且还应考虑最优土层厚度。铺得过厚，要压很多遍才能达到规定的密实度；铺得过薄，则要增加机械的总压实遍数。最优的铺土厚度应能使土方压实而机械的功耗费最少（表 1.10）。

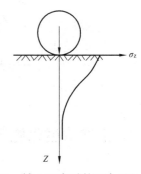

图 1.22 铺土厚度对其压实质量的影响

表 1.10 填方每层的铺土厚度和压实遍数

压实机械	每层铺土厚度/mm	每层压实遍数
平碾	200~300	6~8
羊足碾	200~350	8~16
蛙式打夯机	200~250	3~4
人工打夯	不大于 200	3~4

1.5.4 密实度检验中的分层压实系数

填方压实后，应具有一定的密实度。密实度应按设计规定控制干密度 ρ_{cd} 作为检查标准。土的控制干密度与最大干密度之比称为压实系数 λ_c。对于一般场地平整，其压实系数为 0.9 左右，对于地基填土（在地基主要受力层范围内），为 0.93~0.97。各结构类型不同填土部位的压实系数见表 1.11。

表 1.11 填土压实系数

结构类型	填土部位	压实系数 λ_c
砌体承重结构和框架结构	在地基主要持力层范围内	>0.96
	在地基主要持力层范围以下	0.93~0.96
简支结构和排架结构	在地基主要持力层范围内	0.94~0.97
	在地基主要持力层范围以下	0.91~0.93
一般工程	基础四周或两侧一般回填土	0.9
	室内地坪、管道地沟回填土	0.9
	一般堆放物件场地回填土	0.85

填方压实后的干密度，应有 90% 以上符合设计要求，其余 10% 的最低值与设计值的差，不得大于 0.08 g/cm³，且应分散，不宜集中。

检查土的实际干密度，一般采用环刀取样法，或用小轻便触探仪直接通过锤击数来检验。其取样组数为：基坑回填每 30~50 m³ 取样一组（每个基坑不少于一组）；基槽或管沟回填每层按长度 20~50 m 取样一组；室内填土每层按 100~500 m² 取样一组；场地平整填方每层按 400~900 m² 取样一组。取样部位应在每层压实后的下半部。试样取出后，先称出土的湿密度并测定含水量，然后用式（1.20）计算土的实际干密度 ρ_d：

$$\rho_d = \frac{\rho}{1+w} \tag{1.20}$$

式中　ρ——土的湿密度（g/cm³）

　　　w——土的湿含水量。

如用式（1.20）算得的土的实际干密度 $\rho_d \geqslant \rho_{cd}$，则压实合格；若 $\rho_d < \rho_{cd}$，则压实不够，应采取相应措施，提高压实质量。

1.6　土方机械化施工

土方工程的施工过程包括土方开挖、运输、填筑与压实等。由于土方工程量大、劳动繁重，施工时应尽可能采用机械化、半机械化施工，以减轻繁重的体力劳动、加快施工进度、降低工程造价。

1.6.1　推土机施工

推土机是土方工程施工的主要机械之一，是在履带式拖拉机上安装推土铲刀等工作装置而成的机械。按铲刀的操纵机构不同，推土机分为索式和液压式两种。索式推土机的铲刀借本身自重切入土中，在硬土中切土深度较小。液压式推土机由于用液压操纵，能使铲刀强制切入土中，切入深度较大。同时，液压式推土机铲刀还可以调整角度，具有更大的灵活性，是目前常用的一种推土机（图 1.23）。

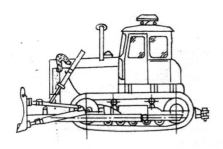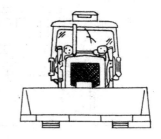

图 1.23　液压式推土机外形图

推土机操纵灵活、运转方便、所需工作面较小、行驶速度快、易于转移、能爬 30°左右的缓坡，因此应用范围较广，适用于开挖一至三类土。其多用于挖土深度不大的场地平整，开挖深度不大于 1.5 m 的基坑，回填基坑和沟槽，堆筑高度在 1.5 m 以内的路基、堤坝，平整其他机械卸置的土堆；推送松散的硬土、岩石和冻土，配合铲运机进行助铲；配合挖土机施工，为挖土机清理余土和创造工作面。此外，推土机将铲刀卸下后，还能牵引其他无动力的土方施工机械，如拖式铲运机、松土机、羊足碾等，进行土方其他施工过程的施工。

推土机的运距宜在 100 m 以内，效率最高的推运距离为 40 ~ 60 m。为提高生产率，可采用下述方法：

1. 下坡推土

推土机顺地面坡势沿下坡方向推土（图 1.24），借助机械往下的重力作用，可增大铲刀切土深度和运土数量，可提高推土机能力和缩短推土时间，一般可提高生产率 30% ~ 40%。但坡度不宜大于 15°，以免后退时爬坡困难。

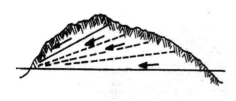

图 1.24　下坡推土法　　　　　　　　　　　　　图 1.25　槽形推土

2. 槽形推土

当运距较远、挖土层较厚时，利用已推过的土槽再次推土，可以减少铲刀两侧土的散漏（图 1.25）。这样作业可提高效率 10% ~ 30%。槽深以 1 m 左右为宜，槽间土埂宽约 0.5 m。在推出多条槽后，再将土埂推入槽内，然后运出。

此外，对于推运疏松土壤，且运距较大时，还应在铲刀两侧装置挡板，以增加铲刀前土的体积，减少土向两侧散失。在土层较硬的情况下，则可在铲刀前面装置活动松土齿，当推土机倒退回程时，即可将土翻松。这样，便可减少切土时的阻力，从而可提高切土运行速度。

3. 并列推土

对于大面积的施工区，可用 2 ~ 3 台推土机并列推土（图 1.26）。推土时两铲刀相距 15 ~ 30 cm，这样可以减少土的散失而增大推土量，能提高生产率 15% ~ 30%。但平均运距不宜超过 50 ~ 75 m，亦不宜小于 20 m，且推土机数量不宜超过 3 台；否则倒车不便，行驶不一致，反而影响生产率的提高。

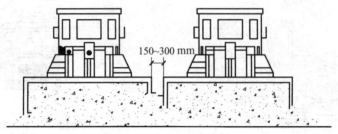

图 1.26　并列推土

4. 分批集中，一次推送

若运距较远而土质又比较坚硬时，由于切土的深度不大，宜采用多次铲土，分批集中，再一次推送的方法，使铲刀前保持满载，以提高生产率。

1.6.2　铲运机施工

铲运机是一种能够独立完成铲土、运土、卸土、填筑、整平的土方机械。按行走机构可分为拖式铲运机（图 1.27）和自行式铲运机（图 1.28）两种。拖式铲运机由拖拉机牵引，自行式铲运机的行驶和作业都靠本身的动力设备。

铲运机的工作装置是铲斗，铲斗前方有一个能开启的斗门，铲斗前设有切土刀片。切土时，铲斗门打开，铲斗下降，刀片切入土中。铲运机前进时，被切入的土挤入铲斗；铲斗装满土后，提起土斗，放下斗门，将土运至卸土地点。

铲运机对行驶的道路要求较低、操纵灵活、生产率较高。可在一至三类土中直接挖、运土，常用于坡度在 20° 以内的大面积土方挖、填、平整和压实，大型基坑、沟槽的开挖，路基和堤坝的填筑，不适于砾石层、冻土地带及沼泽地区使用。坚硬土开挖时要用推土机助铲或用松土机配合。

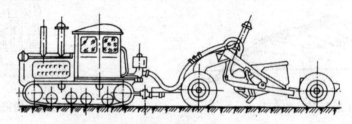

图 1.27　C6-2.5 型拖式铲运机外形图

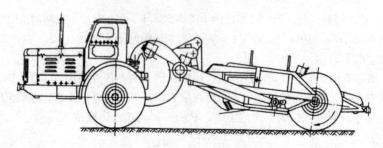

图 1.28　C3-6 型自行式铲运机外形图

在土方工程中，常使用的铲运机的铲斗容量为 2.5 ~ 8 m³。自行式铲运机适用于运距在 800 ~

3 500 m 的大型土方工程施工，以运距在 800～1 500 m 范围内时生产效率最高。拖式铲运机适用于运距为 80～800 m 的土方工程施工，而运距在 200～350 m 时，效率最高；如果采用双联铲运或挂大斗铲运时，其运距可增加到 1 000 m。运距越长，生产率越低，因此，在规划铲运机的运行路线时，应力求符合经济运距的要求。为提高生产率，一般采用下述方法：

1. 合理选择铲运机的开行路线

在场地平整施工中，铲运机的开行路线应根据场地挖、填方区分布的具体情况合理选择，这对提高铲运机的生产率有很大关系。铲运机的开行路线，一般有以下几种；

1）环形路线

当地形起伏不大、施工地段较短时，多采用环形路线（图 1.29（a））。环形路线每一循环只完成一次铲土和卸土，挖土和填土交替；挖填之间距离较短时，则可采用大循环路线（图 1.29（b）），一个循环能完成多次铲土和卸土，这样可减少铲运机的转弯次数，提高工作效率。

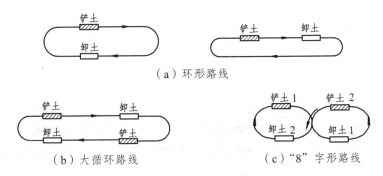

（a）环形路线

（b）大循环路线　　　　　（c）"8"字形路线

图 1.29　铲运机开行路线

2）"8"字形路线

当施工地段较长或地形起伏较大时，多采用"8"字形开行路线（图 1.29（c））。这种开行路线，铲运机在上下坡时斜向行驶，受地形坡度限制小；一个循环中两次转弯方向不同，可避免机械行驶时的单侧磨损；一个循环完成两次铲土和卸土，减少了转弯次数及空车行驶距离，从而亦可缩短运行时间，提高生产率。

尚需指出，铲运机应避免在转弯时铲土，否则，铲刀受力不均易引起翻车事故。因此，为了充分发挥铲运机的效能，保证能在直线段上铲土并装满土斗，要求铲土区应有足够的最小铲土长度。

2. 下坡铲土

铲运机利用地形进行下坡推土，借助铲运机的重力，加深铲斗切土深度，缩短铲土时间；但纵坡不得超过 25°，横坡不大于 5°，铲运机不能在陡坡上急转弯，以免翻车。

1）跨铲法（图 1.30）

铲运机间隔铲土，预留土埂。这样，在间隔铲土时可形成一个土槽，减少向外撒土量；铲土埂时，铲土阻力减小。一般土埂高不大于 300 mm，宽度不大于拖拉机两履带间的净距。

2）推土机助铲（图 1.31）

地势平坦、土质较坚硬时，可用推土机在铲运机后面顶推，以加大铲刀切土能力，缩短铲土时间，提高生产率。推土机在助铲的空隙可兼做松土或平整工作，为铲运机创造作业条件。

3）双联铲运法（图 1.32）

当拖式铲运机的动力有富余时，可在拖拉机后面串联两个铲斗进行双联铲运。对坚硬土层，可用双联单铲，即一个土斗铲满后，再铲另一斗土；对松软土层，则可用双联双铲，即两个土斗同时铲土。

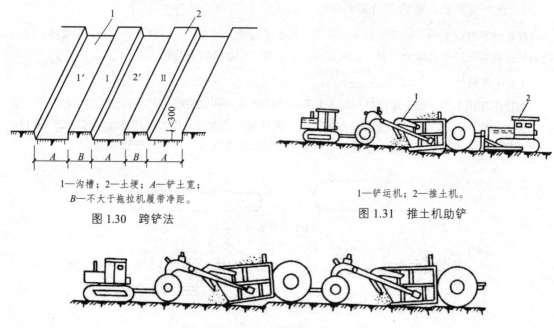

1—沟槽；2—土埂；A—铲土宽；
B—不大于拖拉机履带净距。

图 1.30　跨铲法

1—铲运机；2—推土机。

图 1.31　推土机助铲

图 1.32　双联铲运法

4）挂大斗铲运

在土质松软地区，可改挂大型铲土斗，以充分利用拖拉机的牵引力来提高工效。

1.6.3　单斗挖土机施工

单斗挖土机是基坑（槽）土方开挖常用的一种机械。按其行走装置的不同，分为履带式和轮胎式两类。根据工作的需要，其工作装置可以更换。依其工作装置的不同，分为正铲、反铲、拉铲和抓铲四种。

1. 正铲挖土机

正铲挖土机的挖土特点是：前进向上，强制切土。它适用于开挖停机面以上的一至三类土，且需与运土汽车配合完成整个挖运任务，其挖掘力大，生产率高。开挖大型基坑时需设坡道，挖土机在坑内作业，因此适宜在土质较好、无地下水的地区工作；当地下水位较高时，应采取降低地下水位的措施，把基坑土中的水疏干。

1）正铲挖土机的作业方式

根据挖土机的开挖路线与汽车相对位置不同，其卸土方式有侧向卸土和后方卸土两种。

（1）正向挖土，侧向卸土（图 1.33（a））。

即挖土机沿前进方向挖土，运输车辆停在侧面卸土（可停在停机面上或高于停机面）。此法挖土机卸土时动臂转角小，运输车辆行驶方便，故生产效率高，应用较广。

（2）正向挖土，后方卸土（图1.33（b））。

即挖土机沿前进方向挖土，运输车辆停在挖土机后方装土。此法挖土机卸土时动臂转角大、生产率低，运输车辆要倒车进入，一般在基坑窄而深的情况下采用。

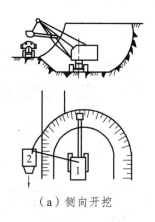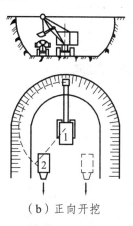

（a）侧向开挖　　　　　　　　　　（b）正向开挖

1—正铲挖土机；2—自卸汽车。

图1.33　正铲挖土机开挖方式

2）正铲挖土机的工作面

挖土机的工作面是指挖土机在一个停机点进行挖土的工作范围。工作面的形状和尺寸取决于挖土机的性能和卸土方式。根据挖土机的作业方式不同，挖土机的工作面分为侧工作面与正工作面两种。

挖土机侧向卸土方式就构成了侧工作面，根据运输车辆与挖土机的停放标高是否相同又分为高卸侧工作面（车辆停放处高于挖土机停机面）及平卸侧工作面（车辆与挖土机在同一标高），高卸、平卸侧工作面的形状及尺寸分别见图1.34（a）和图1.34（b）。

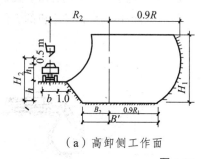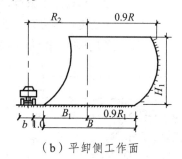

（a）高卸侧工作面　　　　　　　　（b）平卸侧工作面

图1.34　侧工作面尺寸

挖土机后向卸土方式则形成正工作面，正工作面的形状和尺寸是左右对称的，其中右半部与图1.34（b）平卸侧工作面的右半部相同。

3）正铲挖土机的开行通道

在正铲挖土机开挖大面积基坑时，必须对挖土机作业时的开行路线和工作面进行设计，确定出开行次序和次数，称为开行通道。当基坑开挖深度较小时，可布置一层开行通道（图1.35）。基坑开挖时，挖土机开行三次。第一次开行采用正向挖土、后方卸土的作业方式，为正工作面；挖土机进入基坑要挖坡道，坡道的坡度为1∶8左右。第二、三次开行时采用侧方卸土的平侧工作面。

当基坑宽度稍大于正工作面的宽度时，为了减少挖土机的开行次数，可采用加宽工作面的办法，挖土机按"之"字形路线开行（图1.36（a））。

当基坑的深度较大时，开行通道可布置成多层，图 1.36（b）所示即为三层通道的布置。

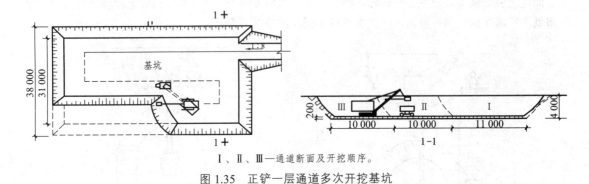

Ⅰ、Ⅱ、Ⅲ—通道断面及开挖顺序。

图 1.35　正铲一层通道多次开挖基坑

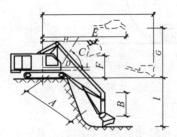

（a）一层通道"之"字形开挖　　　　　（b）三层通道布置

图 1.36　正铲开挖基坑

2. 反铲挖土机

反铲挖土机的挖土特点是：后退向下，强制切土。其挖掘力比正铲小，能开挖停机面以下的一至三类土（机械传动反铲只宜挖一、二类土），不需设置进出口通道，适用于一次开挖深度在 4 m 左右的基坑、基槽、管沟，亦可用于地下水水位较高的土方开挖。在深基坑开挖中，依靠止水挡土结构或井点降水，反铲挖土机通过下坡道，采用台阶式接力方式挖土也是常用方法。反铲挖土机可以与自卸汽车配合，装土运走，也可弃土于坑槽附近。履带式机械传动反铲挖土机的工作性能见图 1.37，履带式液压反铲挖土机的工作性能见图 1.38。

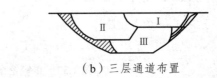

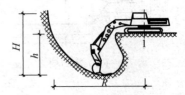

H—最大挖土高度；h—最大挖土深度；R—最大挖土半径。

图 1.37　履带式机械传动反铲挖土机工作尺寸　　　图 1.38　履带式液压反铲挖土机工作尺寸

反铲挖土机的作业方式可分为沟端开挖（图 1.39（a））和沟侧开挖（图 1.39（b））两种。

沟端开挖，挖土机停在基坑（槽）的端部，向后倒退挖土，汽车停在基槽两侧装土。其优点是挖土机停放平稳，装土或甩土时回转角度小，挖土效率高，挖的深度和宽度也较大。基坑较宽时，可多次开行开挖（图 1.40）。

沟侧开挖，挖土机沿基槽的一侧移动挖土，将土弃于距基槽较远处。沟侧开挖时开挖方向与挖土机移动方向相垂直，所以稳定性较差，而且挖的深度和宽度均较小，一般只在无法采用沟端开挖或挖土不需运走时采用。

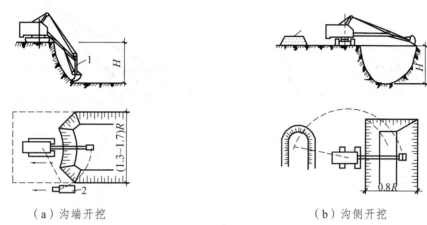

（a）沟端开挖　　　　　　　　　　　　（b）沟侧开挖

1—反铲挖土机；2—自卸汽车；3—弃土堆。

图 1.39　反铲挖土机开挖方式

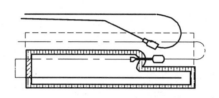

图 1.40　反铲挖土机多次开行挖土

3. 拉铲挖土机

拉铲挖土机（图 1.41）的土斗用钢丝绳悬挂在挖土机长臂上，挖土时土斗在自重作用下落到地面切入土中。其挖土特点是：后退向下，自重切土。其挖土深度和挖土半径均较大，能开挖停机面以下的一、二类土，但不如反铲动作灵活准确。拉铲挖土机适用于开挖较深较大的基坑（槽）、沟渠，挖取水中泥土以及填筑路基、修筑堤坝等。

履带式拉铲挖土机的挖斗容量有 0.35 m³、0.5 m³、1 m³、1.5 m³、2 m³ 等数种。其最大挖土深度由 7.6 m（W_3-30）到 16.3 m（W_1-200）。

拉铲挖土机的开挖方式与反铲挖土机的开挖方式相似，可沟侧开挖也可沟端开挖。

4. 抓铲挖土机

机械传动抓铲挖土机（图 1.42）是在挖土机臂端用钢丝绳吊装一个抓斗。其挖土特点是：直上直下，自重切土。其挖掘力较小，能开挖停机面以下的一、二类土，适用于开挖软土地基坑，特别是其中窄而深的基坑、深槽、深井，采用抓铲效果理想。抓铲还可用于疏通旧有渠道以及挖取水中淤泥等，或用于装卸碎石、矿渣等松散材料。抓铲也有采用液压传动操纵抓斗作业的，其挖掘力和精度优于机械传动抓铲挖土机。

5. 挖土机和运土车辆配套计算

基坑开挖采用单斗（反铲等）挖土机施工时，需用运土车辆配合，将挖出的土随时运走。因此，挖土机的生产率不仅取决于挖土机本身的技术性能，而且还应与所选运土车辆的运土能力相协调。为使挖土机充分发挥生产能力，应配备足够数量的运土车辆，以保证挖土机连续工作。

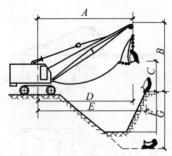

图 1.41　履带式拉铲挖土机

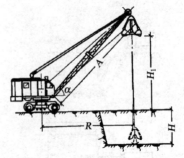

图 1.42　履带式抓铲挖土机

1）挖土机数量的确定

挖土机的数量 N，应根据土方量大小和工期要求来确定，可按下式计算：

$$N = \frac{Q}{P} \cdot \frac{1}{T \cdot C \cdot K} \quad （台）$$ （1.21）

式中　Q——土方（m^3）；

　　　P——挖土机生产率（m^3/台班）；

　　　T——工期（工作日）；

　　　C——每天工作班数；

　　　K——时间利用系数（0.8～0.9）。

单斗挖土机的生产率 P，可查定额手册或按下式计算：

$$P = \frac{8 \times 3\,600}{t} \cdot q \cdot \frac{K_c}{K_s} \cdot K_B \quad （m^3/台班）$$ （1.22）

式中　t——挖土机每斗作业循环延续时间（s），如 W100 正铲挖土机为 25～40 s；

　　　q——挖土机斗容量（m^3）；

　　　K_c——土斗的充盈系数（0.8～1.1）；

　　　K_s——土的最初可松性系数（查表 1.1）；

　　　K_B——工作时间利用系数（0.7～0.9）。

在实际施工中，若挖土机的数量已经确定，也可利用公式来计算工期。

2）运土车辆配套计算

运土车辆的数量 N_1，应保证挖土机连续作业，可按下式计算：

$$N_1 = \frac{T_1}{t_1}$$ （1.23）

式中　T_1——运土车辆每一运土循环延续时间（min），

$$T_1 = t_1 + \frac{2l}{v_c} + t_2 + t_3$$ （1.24）

　其中　l——运土距离（m）；

　　　v_c——重车与空车的平均速度（km/h），一般取 20～30 km/h；

　　　t_2——卸土时间，一般为 1 min；

　　　t_3——操纵时间（包括停放待装、等车、让车等），一般取 2～3 min。

　　　t_1——运土车辆每车装车时间（min）；

$$t_1 = n \cdot t$$

式中　n——运土车辆每车装土次数：

$$n = \frac{Q_1}{q \cdot \dfrac{K_c}{K_s} \cdot r} \tag{1.25}$$

其中　Q_1——运土车辆的载重量（t）；

　　　r——实土密度（t/m³），一般取 1.7 t/m³。

1.7　排水、降水

在开挖基坑或沟槽时，土壤的含水层常被切断，地下水将会不断地渗入坑内。雨季施工时，地面水也会流入坑内。为了保证施工的正常进行，防止边坡塌方和地基承载能力的下降，必须做好基坑降水工作。降水方法可分为明排水法（如集水井、明渠等）和人工降低地下水法两种。

1.7.1　明排水法

现场常采用的方法是截流、疏导、抽取。截流即是将流入基坑的水流截住；疏导即将积水疏干；抽取是在基坑或沟槽开挖时，在坑底设置集水井，并沿坑底的周围或中央开挖排水沟，使水由排水沟流入集水井内，然后用水泵抽出坑外（图 1.43）。

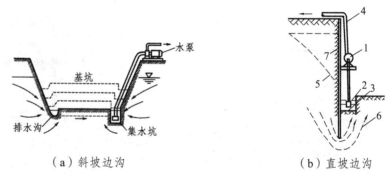

（a）斜坡边沟　　　　　　　　　　（b）直坡边沟

1—水泵；2—排水沟；3—集水井；4—压力水管；5—降落曲线；6—水流曲线；7—板桩。

图 1.43　集水井降低地下水位

四周的排水沟及集水井一般应设置在基础范围以外、地下水流的上游。基坑面积较大时，可在基础范围内设置盲沟排水。根据地下水量、基坑平面形状及水泵能力，集水井每隔 20 ~ 40 m 设置一个。

集水井的直径或宽度，一般为 0.6 ~ 0.8 m；其深度随着挖土的加深而加深，要始终低于挖土面 0.7 ~ 1.0 m，井壁可用竹、木等简易加固。当基坑挖至设计标高后，井底应低于坑底 1 ~ 2 m，并铺设 0.3 m 碎石滤水层，以免在抽水时将泥砂抽出，并防止井底的土被搅动。坑壁必要时可用竹、木等材料加固。

1.7.2　人工降低地下水位

人工降低地下水位就是在基坑开挖前，预先在基坑四周埋设一定数量的滤水管（井），在基坑开挖前和开挖过程中,利用真空原理,不断抽出地下水,使地下水位降低到坑底以下(图1.44),从根本上解决地下水涌入坑内的问题(图1.45(a));防止边坡由于受地下水流的冲刷而引起塌方(图1.45(b));使坑底的土层消除了地下水位差引起的压力,也防止了坑底土的上冒(图1.45(c));没有了水压力,使板桩减少了横向荷载(图1.45(d));由于没有地下水的渗流,也就防止了流砂现象的产生(图1.45(e))。降低地下水位后,由于土体固结,还能使土层密实,增加地基土的承载能力。

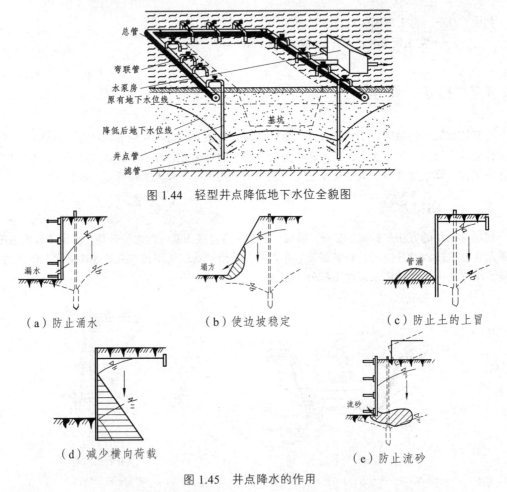

图 1.44　轻型井点降低地下水位全貌图

(a)防止涌水　　　　　(b)使边坡稳定　　　　　(c)防止土的上冒

(d)减少横向荷载　　　　　　　(e)防止流砂

图 1.45　井点降水的作用

上述几点中,防治流砂现象是井点降水的主要目的。

流砂现象产生的原因,是水在土中渗流所产生的动水压力对土体作用的结果。如图1.46(a)所示,对截取的一段砂土脱离体(两端的高低水头分别是 h_1、h_2)进行受力分析,容易得出动水压力的存在和大小(图1.46(b))。

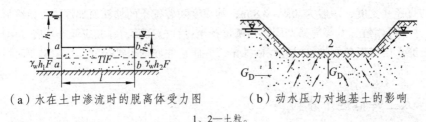

(a)水在土中渗流时的脱离体受力图　　　(b)动水压力对地基土的影响

1、2—土粒。

图 1.46　动水压力原理图

水在土中渗流时，作用在砂土脱离体中的全部水体上的力有：

$\gamma_w h_1 F$——作用在土体左端 a—a 截面处的总水压力，其方向与水流方向一致（γ_w 为水的重度，F 为土截面面积）；

$\gamma_w h_2 F$——作用在土体右端 b—b 截面处的总水压力，其方向与水流方向相反；

TlF——水渗流时整个水体受到土颗粒的总阻力（T 为单位体积土体阻力），方向假设向右。

由静力平衡条件 $\sum X = 0$（设向右的力为正）有

$$\gamma_w h_1 F - \gamma_w h_2 F + TlF = 0$$

得　　　　　　$T = -\dfrac{h_1 - h_2}{l}\gamma_w$（"−"表示实际方向与假设方向相反，即向左）　　（1.26）

式中　水头差 $\dfrac{h_1 - h_2}{l}$ 与渗透路径之比，称为水力坡度，以 i 表示。即式（1.26）可写成

$$T = -i\gamma_w \quad\quad\quad\quad (1.27)$$

设水在土中渗流时对单位体积土体的压力为 G_D，由作用力与反作用力相等、方向相反的定律可知：

$$G_D = -T = i\gamma_w \quad\quad\quad\quad (1.28)$$

我们称 G_D 为动水压力，其单位为 N/cm³ 或 kN/cm³。由（1.28）式可知，动水压力 G_D 的大小与水力坡度成正比，即水位差 $h_1 - h_2$ 越大，则 G_D 越大；而渗透路径 L 越长，则 G_D 越小；动水压力的作用方向与水流方向（向右方向）相同。当水流在水位差的作用下对土颗粒产生向上的压力时，动水压力不但使土粒受到了水的浮力，而且还使土粒受到向上的动水压力作用。如果动水压力等于或大于土的浮重度 γ_w'，即

$$G_D \geqslant \gamma_w'$$

则土粒失去自重，处于悬浮状态，土的抗剪强度等于零，土粒能随着渗流的水一起流动，这种现象就叫"流砂现象"。

细颗粒（颗粒粒径在 0.005～0.05 mm）、均匀颗粒、松散（土的天然孔隙比大于 75%）、饱和的土容易发生流砂现象，但是否出现流砂现象的重要条件是动水压力的大小，即防治流砂应着眼于减小或消除动水压力。

防治流砂的方法主要有：水下挖土法、打板桩法、抢挖法、地下连续墙法、枯水期施工法及井点降水等。

① 水下挖土法即不排水施工，使坑内外的水压互相平衡，不致形成动水压力，如沉井施工，不排水下沉，进行水中挖土、水下浇筑混凝土，是防治流砂的有效措施。

② 打板桩法。将板桩沿基坑周围打入不透水层，便可起到截住水流的作用；或者打入坑底面一定深度，这样将地下水引至桩底以下才流入基坑，不仅增加了渗流长度，而且改变了动水压力方向，从而可达到减小动水压力的目的。

③ 抢挖法即抛大石块、抢速度施工。如在施工过程中发生局部的或轻微的流砂现象，可组织人力分段抢挖，挖至标高后，立即铺设芦席并抛大石块，增加土的压重以平衡动水压力，力争在未产生流砂现象之前，将基础分段施工完毕。

④ 地下连续墙法。此法是沿基坑的周围先浇筑一道钢筋混凝土的地下连续墙，从而起到承重、截水和防流砂的作用，它又是深基础施工的可靠支护结构。

⑤ 枯水期施工法即选择枯水期间施工，因为此时地下水位低，坑内外水位差小，动水压力减小，从而可预防和减轻流砂现象。

以上这些方法都有较大的局限，应用范围狭窄。采用井点降水方法降低地下水位到基坑底以下，使动水压力方向朝下，增大土颗粒间的压力，则不论细砂、粉砂都一劳永逸地消除了流砂现象。实际上，井点降水方法是避免流砂危害的常用方法。

1.7.3　井点降水

1. 井点降水的种类

井点降水有两类：一类为轻型井点（包括电渗井点与喷射井点）；另一类为管井井点（包括深井泵）。各种井点降水方法一般根据土的渗透系数、降水深度、设备条件及经济性选用，可参照表 1.12 选择，其中轻型井点应用最为广泛。

表 1.12　各种井点的适用范围

井点类型		土层渗透系数/（m/d）	降低水位深度/m
轻型井点	一级轻型井点	0.1～50	3～6
	二级轻型井点	0.1～50	6～12
	喷射井点	0.1～5	8～20
	电渗井点	<0.1	根据选用的井点确定
管井井点	管井井点	20～200	3～5
	深井井点	10～250	>15

2. 一般轻型井点

轻型井点设备由管路系统和抽水设备组成（图 1.47）。管路系统包括：滤管、井点管、弯联管及总管等。滤管（构造见图 1.48）为进水设备，通常采用长 1.0～1.5 m、直径 38 mm 或 51 mm 的无缝钢管，管壁钻有直径为 12～18 mm 的呈梅花形排列的滤孔，滤孔面积为滤管表面积的 20%～25%。骨架管外面包以两层孔径不同的滤网，内层为 30～50 孔/cm² 的黄铜丝或尼龙丝布的细滤网，外层为 3～10 孔/cm² 的同样材料粗滤网或棕皮。为使流水畅通，在骨架管与滤管之间用塑料管或梯形铅丝隔开，塑料管沿骨架管绕成螺旋形。滤网外面再绕一层粗铁丝保护网，滤管下端为一铸铁塞头。滤管上端与井点管连接。

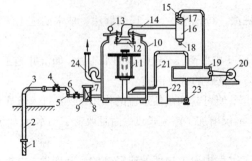

1—滤管；2—井点管；3—弯管；4—阀门；5—集水总管；6—闸门；
7—滤网；8—过滤箱；9—掏砂孔；10—水气分离器；11—浮筒；
12—阀门；13—真空计；14—进水管；15—真空计；
16—副水气分离器；17—挡水板；18—放水口；
19—真空泵；20—电动机；21—冷却水管；
22—冷却水箱；23—循环水泵；
24—离心水泵。

图 1.47　轻型井点设备工作原理

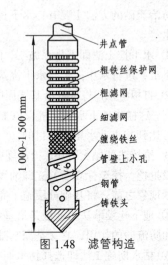

图 1.48　滤管构造

（图 1.48 标注：井点管；粗铁丝保护网；粗滤网；细滤网；缠绕铁丝；管壁上小孔；钢管；铸铁头；1 000～1 500 mm）

井点管为直径 38 mm 或 51 mm、长 5 ~ 7 m 的钢管，可整根或分节组成。井点管的上端用弯联管与总管相连。

集水总管为直径 100 ~ 127 mm 的无缝钢管，每段长 4 m，其上装有与井点管连接的短接头，间距为 0.8 ~ 1.6 m。

抽水设备常用的有真空泵、射流泵和隔膜泵井点设备。

一套抽水设备的负荷长度（即集水总管长度）为 100 ~ 120 m。常用的 W5、W6 型干式真空泵，其最大负荷长度分别为 100 m 和 120 m。

3. 轻型井点的布置

井点系统的布置，应根据基坑大小与深度、土质、地下水位高低与流向、降水深度要求而定。

1）平面布置

当基坑或沟槽宽度小于 6 m，且降水深度不超过 5 m 时，可用单排线状井点（图 1.49），布置在地下水流的上游一侧，两端延伸长度不小于坑槽宽度。

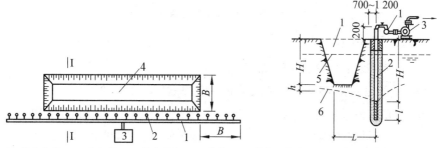

1—集水总管；2—井点管；3—抽水设备；4—基坑；5—原地下水位线；6—降低后的地下水位线。

图 1.49　单排线状井点布置

如宽度大于 6 m 或土质不良，则用双排线状井点（图 1.50），位于地下水流上游一排井点管的间距应小些，下游一排井点管的间距可大些。面积较大的基坑宜用环状井点（图 1.51），有时亦可布置成 U 形，以利挖土机和运土车辆出入基坑。井点管距离基坑壁一般可取 0.7 ~ 1.2 m，以防局部发生漏气。井点管间距一般为 0.8 m、1.2 m、1.6 m，由计算或经验确定。井点管在总管四角部位适当加密。

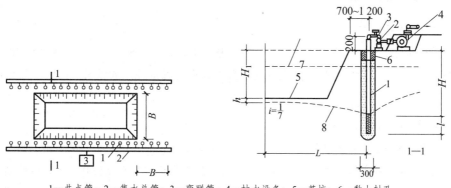

1—井点管；2—集水总管；3—弯联管；4—抽水设备；5—基坑；6—黏土封孔；
7—原地下水位线；8—降低后的地下水位线。

图 1.50　双排线状井点布置

2）高程布置

轻型井点的降水深度，从理论上讲可达 10.3 m，但由于管路系统的水头损失，其实际降水深度一般不超过 6 m。井点管埋设深度 H（不包括滤管）按下式计算：

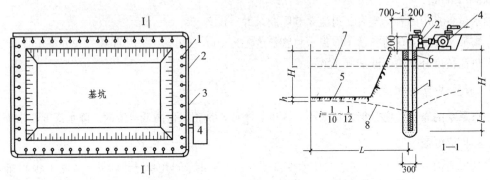

1—井点管；2—集水总管；3—弯联管；4—抽水设备；5—基坑；6—黏土封孔；
7—原地下水位线；8—降低后地下水位线。

图 1.51　环形井点布置图

$$H \geqslant H_1 + h + iL \tag{1.29}$$

式中　H_1——井点管埋设面至基坑底面的距离（m）；

h——降低后的地下水位至基坑中心底面的距离，一般取 0.5 ~ 1.0 m。

i——水力坡度，根据实测：单排井点 1/4 ~ 1/5，双排井点 1/7，环状井点 1/10 ~ 1/12；

L——井点管至基坑中心的水平距离，当井点管为单排布置时，L 为井点管至对边坡脚的水平距离。

根据（1.29）式算出的 H 值，如大于 6 m，则应降低井点管抽水设备的埋置面，以适应降水深度要求。即将井点系统的埋置面接近原有地下水位线（要事先挖槽），个别情况下甚至稍低于地下水位（当上层土的土质较好时，先用集水井排水法挖去一层土，再布置井点系统），就能充分利用抽吸能力，使降水深度增加。井点管露出地面的长度一般为 0.2 ~ 0.3 m，以便与弯联管连接，滤管必须埋在透水层内。

当一级轻型井点达不到降水要求时，可采用二级井点降水，即先挖去第一级井点所疏干的土，然后再在其底部装设第二级井点（图 1.52）。

4. 轻型井点的计算

井点系统的设计计算必须建立在可靠资料的基础上，如施工现场地形图、水文地质勘察资料、基坑的设计文件等。设计内容除井点系统的布置外，还需确定井点的数量、间距、井点设备的选择等。

1）计算井点系统的涌水量

井点系统所需井点管的数量，是根据其涌水量来确定的；而井点系统的涌水量，则是按水井理论进行计算的。根据井底是否到达不透水层，水井可分为完整井与不完整井：凡井底到达含水层下面的不透水层顶面的井称为完整井，否则称为不完整井。根据地下水有无压力，又分为无压井与承压井，如图 1.53 所示。各类井的涌水量计算方法不同，其中以无压完整井的理论较为完善。

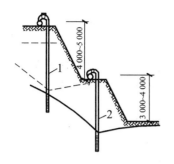

1—一级井点管；2—二级井点管。

图 1.52　二级轻型井点示意图

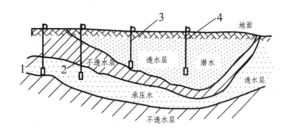

1—承压完整井；2—承压非完整井；3—无压完整井；
4—无压非完整井。

图 1.53　水井的分类

（1）无压完整井的环状井点系统涌水量。

对于无压完整井（图 1.54（a））的环状井点系统，涌水量计算公式为

$$Q = 1.366K\frac{(2H-S)S}{\lg R - \lg x_0} \tag{1.30}$$

式中　Q——井点系统的涌水量（m^3/d）；

K——土的渗透系数（m/d），可以由实验室或现场抽水试验确定；

H——含水层厚度（m）；

S——基坑中心降水深度（m）；

R——抽水影响半径（m）；

x_0——井点管围成的大圆井半径或矩形基坑环状井点系统的假想圆半径（m）。

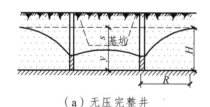

（a）无压完整井

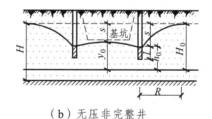

（b）无压非完整井

图 1.54　环状井点系统涌水量计算简图

应用式（1.30）计算涌水量时，需事先确定 x_0、R、K 值的数据。由于式（1.30）的理论推导是从圆形井点系统假设而来的，试验证明，对于矩形基坑，当其长宽比不大于 5 时，可以将环状井点系统围成的不规则平面形状化成一个假想半径为 x_0 的圆井进行计算，计算结果符合工程要求。即

$$\pi x_0^2 = F, \quad x_0 = \sqrt{\frac{F}{\pi}} \tag{1.31}$$

式中　F——环状井点系统包围的面积（m^2）。

注意：当矩形基坑的长宽比大于 5，或基坑宽度大于 2 倍的抽水影响半径 R 时，就不能直接利用现有的公式进行计算，此时需将基坑分成几小块使其符合公式的计算条件，然后分别计算每小块的涌水量，再相加即得总涌水量。

抽水影响半径 R 系指井点系统抽水后地下水位降落曲线稳定时的影响半径，与土的渗透系数、含水层厚度、水位降低值及抽水时间等因素有关。在抽水 2～5 d 后，水位降落漏斗基本稳定，此时抽水影响半径可近似地按下式计算：

$$R = 1.95S\sqrt{HK} \tag{1.32}$$

（2）无压非完整井的环状井点系统涌水量。

在实际工程中往往会遇到无压非完整井的井点系统（图 1.54（b）），这时地下水不仅从井的侧面流入，还从井底渗入，因此涌水量要比完整井大。为了简化计算，仍可采用公式（1.30）。此时，仅将式中 H 换成有效含水深度 H_0，即

$$Q = 1.366K\frac{(2H_0 - S)S}{\lg R - \lg x_0} \tag{1.33}$$

同样，式（1.32）换成

$$R = 1.95S\sqrt{H_0 K} \tag{1.34}$$

H_0 可查表 1.13 确定，当算得的 H_0 大于实际含水层的厚度 H 时，仍取 H 值，视为无压完整井。

表 1.13　有效深度 H_0 值

$s'/(s'+l)$	0.2	0.3	0.5	0.8
H_0	$1.2(s'+l)$	$1.5(s'+l)$	$1.7(s'+l)$	$1.85(s'+l)$

注：s' 为井点管中水位降落值；l 为滤管长度。$s'/(s'+l)$ 的中间值可采用插入法求 H_0。

（3）承压完整井的环状井点系统涌水量。

承压完整环状井点系统涌水量计算公式为

$$Q = 2.73K\frac{MS}{\lg R - \lg x_0} \tag{1.35}$$

式中　M——承压含水层深度（m）；

2）确定井点管数量及井管间距

确定井点管数量先要确定单根井管的出水量。单根井点管的最大出水量为

$$q = 65\pi dl\sqrt[3]{K} \tag{1.36}$$

式中　d——滤管直径（m）；

　　　l——滤管长度（m）；

　　　K——渗透系数（m/d）。

井点管最少数量由下式确定：

$$n = 1.1 \times \frac{Q}{q} \tag{1.37}$$

式中　1.1——考虑井点管堵塞等因素的放大备用系数。

井点管最大间距为

$$D = \frac{L}{n} \tag{1.38}$$

式中　L——集水总管长度（m）。

实际采用的井点管间距 D 应当与总管上接头尺寸相适应，即采用 0.8 m、1.2 m、1.6 m 或 2.0 m。

3）井点管的埋设与使用

（1）井点管的埋设。

轻型井点的施工，大致包括下列几个过程：准备工作，井点系统的埋设、使用及拆除。

准备工作包括井点设备、动力、水源及必要材料的准备，排水沟的开挖，附近建筑物的标高观测以及防止附近建筑物沉降措施的实施。

埋设井点的程序是：先排放总管，再埋设井点管，用弯联管将井点管与总管接通，然后安装抽水设备。

井点管的埋设一般用水冲法进行，并分为冲孔（图 1.55（a））与埋管（图 1.55（b））两个过程。

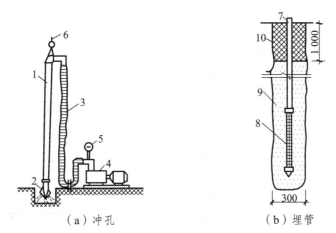

（a）冲孔　　　　　　　（b）埋管

1—冲管；2—冲嘴；3—胶皮管；4—高压水泵；5—压力表；6—起重机吊钩；
7—井点管；8—滤管；9—填砂；10—黏土封口。

图 1.55　井点管的埋设

冲孔时，先用起重设备将冲管吊起并插在井点的位置上，然后开动高压水泵，将土冲松，冲管则边冲边沉。冲孔直径一般为 300 mm，以保证井管四周有一定厚度的砂滤层，冲孔深度宜比滤管底深 0.5 m 左右，以防冲管拔出时，部分土颗粒沉于底部而触及滤管底部。

井孔冲成后，立即拔出冲管，插入井点管，并在井点管与孔壁之间迅速填灌砂滤层，以防孔壁塌土。砂滤层的填灌质量是保证轻型井点顺利抽水的关键。一般宜选用干净粗砂，填灌均匀，并填至滤管顶上 1 ~ 1.5 m，以保证水流畅通。

井点填砂后，在地面以下 0.5 ~ 1.0 m 范围内须用黏土封口，以防漏气。

井点管埋设完毕后，应接通总管与抽水设备进行试抽水，检查有无漏水、漏气，出水是否正常，有无淤塞等现象，如有异常情况，应检修好后方可使用。

（2）井点管的使用。

轻型井点使用时，应保证连续不断抽水，并准备双电源。若时抽时停，滤网易于堵塞，也容易抽出土粒，使水混浊，并引起附近建筑物由于土粒流失而沉降开裂。正常出水规律是"先大后小，先混后清"。抽水时需要经常观测真空度以判断井点系统工作是否正常，真空度一般应不低于 55.3 ~ 66.7 kPa；造成真空度不够的原因较多，但通常是由于管路系统漏气，此时应及时检查并采取措施。

井点管淤塞，一般可根据听管内水流声响，手扶管壁有振动感，夏、冬季手摸管子有夏冷、冬暖感等简便方法检查。如发现淤塞井点管太多，严重影响降水效果时，应逐根用高压水反向冲洗或拔出重埋。

地下构筑物竣工并进行回填土后，方可拆除井点系统。拔出井点管多借助于倒链、起重机等，所留孔洞用砂或土填实，对地基有防渗要求时，地面上 2 m 应用黏土填实。

5. 回灌井点法

轻型井点降水有许多优点，在基础施工中应用广泛，但其影响范围较大，影响半径可达百米甚至数百米，且会导致周围土壤固结而引起地面沉陷。特别是在弱透水层和压缩性大的黏土层中降水时，由于地下水流造成的地下水位下降、地基自重应力增加和土层压缩等，会产生较大的地面沉降；又由于土层的不均匀性和降水后地下水位呈漏斗曲线，四周土层的自重应力变化不一而导致不均匀沉降，会使周围建筑基础下沉或房屋开裂。因此，在建筑物附近进行井点降水时，为防止降水影响或损害区域内的建筑物，就必须阻止建筑物下地下水的流失。除可在降水区域和原有建筑物之间的土层中设置一道固体抗渗屏幕（如水泥搅拌桩、灌注桩加压密注浆桩、旋喷桩、地下连续墙）外，较经济也比较常用的是用回灌井点补充地下水的办法来保持地下水位。回灌井点就是在降水井点与要保护的已有建（构）筑物之间打一排井点，在井点降水的同时，向土层中灌入足够数量的水，形成一道隔水帷幕，使井点降水的影响半径不超过回灌井点的范围，从而阻止回灌井点外侧的建（构）筑物下的地下水流失（图 1.56）。这样，也就不会因降水而使地面沉降，或减少沉降值。

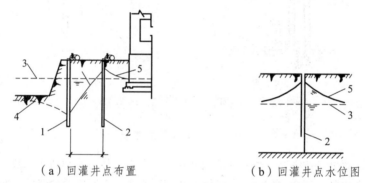

（a）回灌井点布置　　　　　（b）回灌井点水位图

1—降水井点；2—回灌井点；3—原水位线；4—基坑内降低后的水位线；5—回灌后水位线。

图 1.56　回灌井点布置

为了防止降水和回灌两井相通，回灌井点与降水井点之间应保持一定的距离，一般不宜小于 6 m，否则基坑内水位无法下降，失去降水的作用。回灌井点的深度一般应以控制在长期降水曲线下 1 m 为宜，并应设置在渗透性较好的土层中。

为了观测降水及回灌后四周建筑物、管线的沉降情况及地下水位的变化情况，必须设置沉降观测点及水位观测井，并定时测量记录，以便及时调节灌、抽量，使灌、抽基本达到平衡，确保周围建筑物或管线等的安全。

6. 其他井点简介

1）喷射井点

当基坑开挖较深，采用多级轻型井点不经济时，宜采用喷射井点。其降水深度可达 20 m，特别适用于降水深度超过 6 m，土层渗透系数为 0.1 ~ 2 m/d 的弱透水层。

喷射井点根据其工作时使用液体和气体的不同，分为喷水井点和喷气井点两种。其设备主要由喷射井管、高压水泵（或空气压缩机）和管路系统组成（图 1.57）。喷射井管由内管和外管组成，在内管下端装有喷射扬水器与滤管相连。当高压水（0.7 ~ 0.8 MPa）经内外管之间的环形空间通过扬水器侧孔流向喷嘴喷出时，在喷嘴处由于过水断面突然收缩变小，使工作水流具有极高的流速（30 ~ 60 m/s），在喷口附近造成负压形成一定真空，因而将地下水经滤管吸入混合室与高压水汇合；流经扩散管时，由于截面扩大，水流速度相应减小，使水的压力逐渐升高，沿内管上升经排水总管排出。

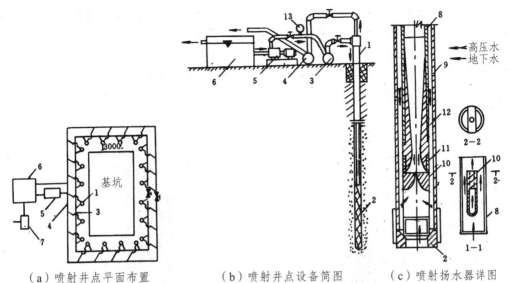

（a）喷射井点平面布置　　　（b）喷射井点设备简图　　　（c）喷射扬水器详图

1—喷射井管；2—滤管；3—进水总管；4—排水总管；5—高压水泵；6—集水池；7—水泵；
8—内管；9—外管；10—喷嘴；11—混合室；12—扩散管；13—压力表。

图 1.57　喷射井点设备及平面布置简图

2）电渗井点

电渗井点适用于土的渗透系数小于 0.1 m/d，用一般井点不可能降低地下水位的含水层中，尤其宜用于淤泥排水。

电渗井点（图 1.58）的原理是在降水井点管的内侧打入金属棒（钢筋或钢管），连以导线，当通以直流电后，土颗粒会发生从井点管（阴极）向金属棒（阳极）移动的电泳现象，而地下水则会出现从金属棒（阳极）向井点管（阴极）流动的电渗现象，从而达到软土地基易于排水的目的。

电渗井点是以轻型井点管或喷射井点管作阴极，$\phi 20 \sim \phi 25$ 的钢筋或 $\phi 50 \sim \phi 75$ 的钢管为阳极，埋设在井点管内侧，与阴极并列或交错排列。当用轻型井点时，两者的距离为 0.8 ~ 1.0 m；当用喷射井点时则为 1.2 ~ 1.5 m。阳极入土深度应比井点管深 500 mm，露出地面 200 ~ 400 mm。阴、阳极数量相等，分别用电线连成通路，接到直流发电机或直流电焊机的相应电极上。

3）管井井点

管井井点（图 1.59），就是沿基坑每隔 20 ~ 50 m 距离设置一个管井，每个管井单独用一台水泵（潜水泵、离心泵）不断抽水来降低地下水位的井点。用此法可降低地下水位 5 ~ 10 m，适用于土的渗透系数较大（$K = 20 \sim 200$ m/d）且地下水量大的砂类土层中。

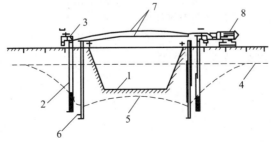

1—基坑；2—井点管；3—集水总管；4—原地下水位；5—降低后地下水位；
6—钢管或钢筋；7—线路；8—直流发电机或电焊机。

图 1.58　电渗井点降水示意图

如要求降水深度较大，在管井井点内采用一般离心泵或潜水泵不能满足要求时，可采用特制的深井泵，其降水深度可达 50 m。

近年来，在上海等地区应用较多的是带真空的深井泵，每一个深井泵由井管和滤管组成，单独配备一台电动机和一台真空泵，开动后达到一定的真空度，则可达到深层降水的目的，在渗透系数较小的淤泥质黏土中亦能降水。

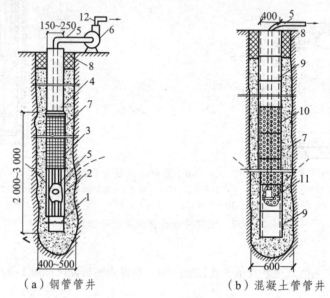

（a）钢管管井　　　　　（b）混凝土管管井

1—沉砂管；2—钢筋焊接骨架；3—滤网；4—管身；5—吸水管；6—离心泵；7—小砾石过滤层；
8—黏土封口；9—混凝土实管；10—混凝土过滤管；11—潜水泵；12—出水管。

图 1.59　管井井点

复习思考题

1. 常见土方工程有哪些？
2. 简述土方工程施工的特点。
3. 土方工程施工机械的种类有哪些？试述其作业特点和适用范围。
4. 试述土方填筑方法及对土料要求、压实要求。
5. 影响填土压实质量的因素有哪些？如何检查压实质量？
6. 基坑排水、降水的方法各有哪几种？各自适用范围如何？
7. 常用支护结构有哪几种？各适用于何种情况？
8. 试述轻型井点及管井井点的组成与布置要求。
9. 简述流砂产生的原因及流砂防治的具体措施。

第 2 章　地基处理与桩基础工程

2.1　地基处理

2.1.1　地基加固原理

地基处理的目的是采用各种地基处理措施和方法实现对地基岩土体的改良和加固，其作用主要有：① 提高地基的抗剪切强度和承载能力；② 降低地基的压缩性；③ 改善地基的透水特性；④ 改善地基的动力特性并提高地基抗震性能；⑤ 改善特殊岩土地基的不良工程特性。

天然地基的工程性质通常呈现不确定性、复杂性和区域性等特点，因此，对具有各种问题的地基进行妥善的加固和处理，不仅可以提高工程安全度、保证工程质量，而且可以加快工程建设速度、节省工程建设投资。

当工程结构的荷载较大，地基土质又较软弱（强度不足或压缩性大），不能作为天然地基时，可针对不同情况，采取各种人工加固处理的方法，以改善地基性质，提高承载力，增加稳定性，减少地基变形和基础埋置深度。

地基加固的原理是"将土质由松变实""将土的含水量由高变低"，由此即可达到地基加固的目的。工程实践中的各种加固方法，诸如机械碾压法、重锤夯实法、挤密桩法、化学加固法、预压固结法、深层搅拌法等，均是从这一加固原理出发的。

但须指出，在拟订地基加固处理方案时，应充分考虑地基与上部结构共同工作的原则，从地基处理、建筑、结构设计和施工方面均应采取相应的措施进行综合治理，绝不能单纯对地基进行加固处理，否则，不仅会增加工程费用，反而难以达到理想的效果。其具体的措施有：

（1）改变建筑体形，简化建筑平面。

（2）调整荷载差异。

（3）合理设置沉降缝。沉降缝位置宜设在：① 地基不同土层的交接处，或地基同一土层厚薄不一处；② 建筑平面的转折处，③ 荷载或高度差异处；④ 建筑结构或基础类型不同处；⑤ 分期建筑的交界处；⑥ 局部地下室的边缘；⑦ 过长房屋的适当部位。

（4）采用轻型结构、柔性结构。

（5）加强房屋的整体刚度，如采用横墙承重方案或增加横墙，增设圈梁，减小房屋的长高比，采用筏式基础、筏片基础、箱形基础等。

（6）对基础进行移轴处理，当偏心荷载较大时，可使基础轴线偏离柱的轴线。

（7）施工中正确安排施工顺序和施工进度，如对相邻的建筑，应先施工重、高（即荷载重、高度大）的建筑，后施工轻、低（即荷载轻、高度小）的建筑。对软土地基则应放慢施工速度，以便使地基能排水固结，提高承载力；否则，施工速度过快，将造成较大的孔隙水压力，甚至使地基发生剪切破坏。

2.1.2 地基处理方法

当结构物的天然地基可能发生下述情况之一和其中几个时，都必须对地基土采用适当的加固或改良措施，以提高地基土的承载力，保证地基稳定，减少结构物的沉降或不均匀沉降。

（1）强度和稳定性问题。即当地基的抗剪强度不能承担上部结构的自重及外荷载时，地基将会产生局部或整体剪切破坏。

（2）压缩及不均匀沉降问题。当地基在上部结构的自重及外荷载作用下产生过大的变形时，会影响其上部结构的正常使用。沉降量较大时，不均匀沉降也比较大；当超过结构所能容许的不均匀沉降时，结构可能开裂破坏。

（3）地下水流失及流砂和管涌问题。

（4）动力荷载作用下土的液化、失稳和震陷问题。

地基处理方法分类多种多样，往往同一种处理方法具有多种效果，而且地基处理新方法不断出现，传统方法的功能也在不断扩大，这都使分类越来越困难。因此，地基处理方法分类不宜太细。根据加固原理，地基处理方法的大致分类及其适用条件见表 2.1。

表 2.1　地基处理方法分类及适用范围

地基处理方法	地基处理原理	施工方法		适用范围
排水固结法	软黏性土地基在荷载作用下，土中孔隙水排除，空隙比减小，地基固结变形，超静水压力消散，土的有效应力增大，地基土强度提高	堆载预压法		软黏土地基
		砂井法	袋装砂井	透水性低的软弱黏土地基
			塑料排水板	
			塑料管	
		砂井堆载预压法		
		降低地下水位法		饱和粉细砂地基
		真空预压法		软黏土地基
		电渗法		饱和黏土地基
振动挤密法	采用一定的手段，通过振动、挤压使地基土体空隙比减小、强度提高	表面压实法		浅层疏松黏性土、松散砂性土、湿陷性黄土及杂填土地基
		重锤夯实法		高于地下水位 0.8 m 以上稍湿的黏性土、砂土、湿陷性黄土、杂填土和分层填土地基
		强夯法		碎石土、砂土、低饱和度的黏性土、粉土、湿陷性黄土及填土地基的深层加固
		振冲、挤密法		松散的砂性土（小于 0.005 mm 的黏粒含量<10%）
		灰土挤密桩		地下水位以上，天然含水 12%～25%、厚度 5～10 m 的素填土、杂填土、湿陷性黄土、含水率大的软弱地基
		砂石桩		松散砂土、素填土和杂填土地基
		水泥粉煤灰碎石桩（CFG桩）		黏性土、粉土、砂土和自重固结的素填土；对淤泥土质按经验或现场试验确定其适用性

续表

地基处理方法	地基处理原理	施工方法	适用范围
置换及拌入法	以砂、碎石等材料置换软弱地基，或在部分土体内掺入水泥、石灰等形成加固体，与未加固部分形成复合地基，从而提高地基承载力，减小压缩量	换土垫层法	软弱浅层地基处理
		高压旋喷注浆法	淤泥、淤泥质土、流塑、软塑或可塑性黏土、粉土、砂土黄土、素填土和碎石土地基
		深层搅拌桩	加固较深较厚的淤泥、淤泥土质、粉土和承载力小于 0.12 MPa 的饱和黏土及软黏土、沼泽地带泥炭土等地基
		振冲置换法（碎石桩）	软黏性土地基
		石灰桩	
灌浆法	用气压、液压或电化学原理把某些能固化的浆液注入各种介质的裂缝或空隙，以改变地基力学性质	渗入灌浆发	砂及砂砾、湿陷性黄土、黏性土地基
		劈裂灌浆法	
		压密灌浆发	
		电动化学灌浆	
加筋法	通过在土层中埋设高强度的土工合成物、拉筋受力杆件等，达到提高土的承载力、减少沉降的目的	土工合成材料法	软弱地基或用作反滤层、排水和隔离材料
		土钉墙	地下水位以上或经人工降低地下水位后的人工填土、黏性土地基
		加筋土	人工填筑的砂性土地基
冷热处理法	通过人工冷却，使地基冻结；或在软弱黏性土地基的钻孔中加热，通过焙烧使周围地基减少含水量，提高强度，减少压缩性	冻结法	饱和的砂土或软黏土中的临时性措施
		烧结法	

1. 换土垫层法

当建筑物基础下的持力层比较软弱，不能满足上部荷载对地基的要求时，常采用换土垫层法来处理软弱地基。换土垫层法是先将基础底面以下一定范围内的软弱土层挖去，然后回填强度较高、压缩性较低、没有侵蚀性的材料，如中粗砂、碎石或卵石、灰土、素土、石屑、矿渣等，再分层夯实后作为地基的持力层。

1）换土垫层法的原理

当软弱土地基的承载力和变形满足不了建筑物的功能要求而软弱土层的厚度又不是很大时，将基础底面一定范围内的软弱土层部分或全部挖除，然后分层换填强度较大的砂、砂石、素土、灰土、炉渣、粉煤灰或其他性能稳定、无侵蚀性的材料，并压实（夯实、振实）至要求的密实度为止，这种地基处理方法称为换土垫层法。

换土垫层法的加固原理是根据土中附加应力的分布规律，让垫层承受上部较大的应力，软弱层承担较小的应力，以满足上部结构对地基的要求。

2）垫层的分类和适用范围

垫层按其换填材料的不同，可分为砂垫层、砂卵石垫层、砂石垫层、碎石垫层、素土垫层、灰土垫层、粉煤灰垫层、矿渣垫层和水泥土垫层等。由于各种材料具有不同的性质，换填后所形成的垫层，其作用也就不相同。因此，必须根据具体的工程情况和地基条件，选择恰当的换填材料，以满足其垫层作用的要求。

如一般地基上荷载较大的工程，垫层的主要作用是提高地基强度和减小其变形，此时应选择砂石、水泥土等强度高、压缩性低的材料；又如软土地基垫层的主要作用是加速排水固结，应选用砂石等透水性大的材料，而不得使用素土、灰土等材料。

选择换填材料时，除应满足其垫层作用的要求外，还应注意就地取材，充分利用地方材料，这样不仅材料来源丰富可保证工程的需要，而且价格便宜可降低工程费用。换填法适用于淤泥、淤泥质土、湿陷性黄土、素填土、杂填土地基及暗沟、暗塘等的浅层处理。

对于大面积填土，往往是压缩层深度大、沉降量绝对值也大，且沉降持续时间较长。采用大面积填土作为建筑地基，应符合《建筑地基基础设计规范》GB 50007—2011 的有关设计规定。换土垫层按其回填的材料可分为灰土垫层、砂垫层以及碎（砂）石垫层等。

3）灰土垫层

灰土垫层是将基础底面下一定范围的软弱土层挖去，用按一定体积比配合的石灰和黏性土拌和均匀后在最优含水量情况下分层回填夯实或压实而成。它适用于地下水位较低，基槽经常处于较干燥状态下的一般黏性土地基的加固。

4）砂垫层和砂石垫层

砂垫层和砂石垫层是将基础下面一定厚度的软弱土层挖除，然后用强度较高的砂或碎石等回填，并经分层夯实至密实，作为地基的持力层，以起到提高地基承载力、减少沉降、加速软弱土层排水固结、防止冻胀和消除膨胀土的胀缩等作用。施工前应将坑（槽）底浮土清除，且保证边坡稳定，防止塌方。槽底和两侧如有孔洞、沟、井和墓穴等，应在未做垫层前加以处理。施工中应按回填要求进行。

2. 夯实地基法

夯实地基法就是利用打夯工具或机具（如木人、石硪、铁硪、蛙式打夯机、火力夯、电力夯、重锤夯、强力夯等）夯击土壤，排出土壤中的水分，加速土壤的固结，以提高土壤的密实度和承载力的方法。其中，强力夯是用起重机械将大吨位夯锤（一般不小于 8 t）起吊到很高处（一般不小于6 m），自由落下，对土体进行强力夯实。其作用机理是用很大的冲击能（一般为 500 ~ 800 kJ），使土中出现冲击波和很大的应力，迫使土中孔隙压缩，土体局部液化，夯击点周围产生裂隙，形成良好的排水通道，土体迅速固结，适用于黏性土、湿陷性黄土及人工填土地基的深层加固。但强力夯所产生的振动对现场周围已建成或在建的建筑物及其他设施有影响时，不得采用，必要时，应采取防振措施。

1）夯实机理

非饱和土体是由固相、液相和气相三部分组成的。冲击引起的振动在土中以振动波的形式向地下传播，这种振动波可分为体波和面波两大类。体波包括压缩波和剪切波，可在土体内部传播；而面波如瑞利波，只能在地表土层中传播。压缩波的质点运动属于平行于波阵方向的一种推拉运动，这种波使孔隙水压力增大，同时还使土粒错位。剪切波的质点运动引起和波阵面方向正交的横向位移，而瑞利波的质点运动则由水平和竖向分量所组成。剪切波和瑞利波的水平分量使土颗粒受剪，可使土得到密实；瑞利波的竖向分量起到松动的作用。巨大的夯击能量产生的冲击波和动应力在土中传播，使孔隙中气泡迅速排出或压缩，孔隙体积减小，形成较密实的结构。这种体积变化和塑性变化使土体在外荷载作用下达到新的稳定状态。可以认为非饱和土的夯实变形主要是由土颗粒的相对位移引起的。

夯击点位置可根据基础平面形状进行布置：对于某些基础面积较大的建筑物或构筑物，为便于施工，可按等边三角形或正方形布置夯点；对于办公楼、住宅建筑等，可根据承重墙位置布置夯点，一般采用等腰三角形布点，这样可保证横向承重墙以及纵墙和横墙交界处墙基下均有夯点；对于工业厂房，可以按柱网来设置夯击点。强夯夯击点布置宜采用等边三角形或正方形。对独立基础或条形基础，可根据基础形状与宽度相应布置。

夯点间距根据地基土的性质和要求加固深度来确定，以保证夯击能量能传递到深处和保护邻近夯坑周围所产生的辐射向裂隙。对于细颗粒土，为便于超孔隙水压力消散，夯点间距不宜过小，要求加固深度较大时，第一遍的夯点间距要适当大些。《建筑地基处理技术规范》JGJ 79—2012 规定，强夯第一遍夯击点间距可取夯锤直径的 2.5 ~ 3.5 倍，第二遍夯击点位于第一遍夯击点之间，以后各遍夯击点间距可适当减小。强夯置换法夯击点间距一般比强夯法大，其间距应根据荷载大小和原土的承载力选定，当满堂布置时可取夯锤直径的 2 ~ 3 倍，对独立基础或条形基础可取夯锤直径的 1.5 ~ 2.0 倍。墩的计算直径可取夯锤直径的 1.1 ~ 1.2 倍。

2）重锤夯实法

重锤夯实法是用起重机械将夯锤提升到一定高度时，利用自由下落的冲击能重复夯打击实地基土表面，使其形成一层比较密实的硬壳层，从而使地基得到加固。

（1）重锤夯实设备。

重锤夯实使用的起重设备是带有摩擦式卷扬机的起重机。夯锤形状为一截头圆锥体，可用 C20 钢筋混凝土制作，其底部可采用 20 mm 厚钢板，以使重心降低。锤底直径一般为 0.7 ~ 1.5 m，锤重不小于 1.5 t。锤重与底面积的关系应符合锤重在底面上的单位静压力为 150 ~ 200 kPa。

（2）重锤夯实技术要求。

重锤夯实的效果与锤重、锤底直径、落距、夯实遍数和土的含水量有关。重锤夯实的影响深度大致相当于锤底直径，落距一般取 2.5 ~ 4.5 m，夯打遍数一般取 6 ~ 8 遍。随着夯实遍数的增加，夯沉量逐渐减少。所以，任何工程在正式夯实前，应先进行试夯，确定夯实参数。在试夯及地基夯实时，必须使土处在最优含水量范围内，才能得到最好的夯实效果。基坑（槽）的夯实范围应大于基础底面，每边应比基础设计宽度加宽 0.3 m 以上，以便于底面边角夯打击实。基坑（槽）边坡应适当放缓。夯实前，坑（槽）底面应高出设计标高，预留土层的厚度可为试夯时的总夯沉量再加 50 ~ 100 mm。在大面积基坑或条形基槽内夯打时，应按一夯挨一夯的顺序进行。在一次循环中，同一夯位应连夯两击，下一循环的夯位应与前一循环错开 1/2 锤底直径，落锤应平稳，夯位应准确。在独立柱基基坑内夯打时，一般采用先周边后中间或先外后里的跳夯法进行。夯实完后应将基坑（槽）表面修整至设计标高。

3）强夯法

强夯法是用起重机械将重锤（一般 10 ~ 40 t）吊起从高处（一般 6 ~ 30 m）自由落下，对地基反复进行强力夯实的地基处理方法。强夯所产生的振动和噪声很大，对周围建筑物和其他设施有影响，在城市中心不宜采用，必要时应采取挖防震沟（沟深要超过建筑物基础深）等防震、隔振措施。

（1）强夯机具设备。

强夯法的主要设备包括夯锤、起重设备、脱钩装置等。

① 夯锤。夯锤可用钢材制作，或以钢板为外壳、内部焊接骨架后灌注混凝土制成（夯锤底面为方形或圆形）。锤底面积宜按土的性质确定，锤底接地静压力值可取 25 ~ 40 kPa，对于细颗粒土，锤底接地静压力宜取较小值。夯锤的底面宜对称设置若干个与其顶面贯通的排气孔，孔径可取 250 ~ 300 mm。

② 起重机械。宜选用起重能力 15 t 以上的履带式起重机或其他专用起重设备，但必须满足夯

锤起吊重量和提升高度的要求，并均需设安全装置，防止夯击时臂杆后仰。

③ 自动脱钩装置。要求有足够强度，起吊时不产生滑钩；脱钩灵活，能保持夯锤平稳下落；挂钩方便、迅速。

④ 检测设备。检测设备包括标准贯入度、静力触探或轻便触探等设备以及土工常规试验仪器。

（2）施工工艺和技术要求。

① 工艺流程。场地平整→布置夯位→机械就位→夯锤起吊至预定高度→夯锤自由下落→按设计要求重复夯击→低能量夯实表层松土。

② 施工技术要求。强夯施工场地应平整并能承受夯击机械荷载，施工前必须清除所有障碍物及地下管线。

强夯机械必须符合夯锤起吊重量和提升高度要求，并设置安全装置，防止夯击时起重机臂杆在突然卸重时发生后倾和减小臂杆的振动。安全装置一般采用在臂杆的顶部用两根钢丝绳锚系到起重机前方的推土机上。不进行强夯施工时，推土机可作平整场地用。

强夯施工必须严格按照试验确定的技术参数进行控制。强夯时，首先应检验夯锤是否处于中心，若有偏心应采取在锤边焊钢板或增减混凝土等方法使其平衡，防止夯坑倾斜。夯击时，落锤应保持平稳，夯位要正确，如有错位或坑底倾斜度过大，应及时用砂土将坑整平，予以补夯后方可进行下一道工序。夯击深度应用水准仪测量控制，每夯击一遍后，应测量场地下沉量，然后用土将夯坑填平，方可进行下一遍夯实。施工平均下沉量必须符合设计要求。

对于淤泥及淤泥质土地基的强夯，通常采用开挖排水盲沟（盲沟的开挖深度、间距、方向等技术参数应根据现场水文、地质条件确定），或在夯坑内回填粗骨料进行置换强夯。

强夯时会对地基及周围建筑物产生一定的振动，夯击点宜距现有建筑物 15 m 以上，如间距不足，可在夯点与建筑物之间开挖隔振沟带，其沟深要超过建筑物的基础深度，并有足够的长度，或把强夯场地包围起来。

施工完毕后应按《建筑地基基础工程施工质量验收标准》GB 50202—2018 规定的项目和标准进行验收，验收合格后方可进行下一道工序的施工。

根据实践经验，我国科研人员修正了法国梅纳最初提出的公式，按下式计算有效加固深度：

$$h = \alpha\sqrt{M \cdot H} \tag{2.1}$$

式中　H——加固土深度（m）；

　　　M——夯锤重量（kN）；

　　　h——落距（m）；

　　　α——折减系数，与土质、锤型、能级、施工工艺等有关，一般黏性土取 0.5、砂性土取 0.7、黄土取 0.35。

3. 预压法

预压法就是利用压路机、羊足碾、轮胎碾等机械碾压地基土壤，使地基压实排水固结的方法。也可采用预压固结法，即先在地基范围的地面上，堆置重物预压一段时间，使地基压密，以提高承载力，减少沉降量。为了在较短时间内取得较好的预压效果，要注意改善预压层的排水条件，常用的方法有砂井堆载预压法、袋装砂井堆载预压法、塑料排水带堆载预压法和真空预压法。

1）砂井堆载预压法

砂井堆载预压法是指在预压层的表面铺砂层，并用砂井穿过该土层，以利排水固结（图 2.1）。砂井直径一般为 300~400 mm，间距为砂井直径的 6~9 倍。

2）袋装砂井堆载预压法

袋装砂并堆载预压法是将砂先装入用聚丙烯编织布或玻璃纤维布、黄麻片、再生布等所制成的砂袋中，再将砂袋置于井中。井径一般为 70~120 mm，间距为 1.5~2.0 m。此法不会产生缩颈、断颈现象，透水性好，费用低，施工速度快。

3）塑料排水带堆载预压法

塑料排水带堆载预压法是将塑料排水带用插排机将其插入软土层中，组成垂直和水平排水体系，然后堆载预压，土中孔隙水沿塑料带的沟槽上升溢出地面，从而使地基沉降固结。

4）真空预压法

真空预压法是利用大气压力作为预压荷载，无须堆载加荷。它是在地基表面砂垫层上覆盖一层不透气的塑料薄膜或橡胶布，四周密封，与大气隔绝，然后用真空设施进行抽气，使土中孔隙水产生负压力，将土中的水和空气逐渐吸出，从而使土体固结（图 2.2）。为了加速排水固结，也可在加固部位设置砂井、袋装砂井或塑料排水带等竖向排水系统。

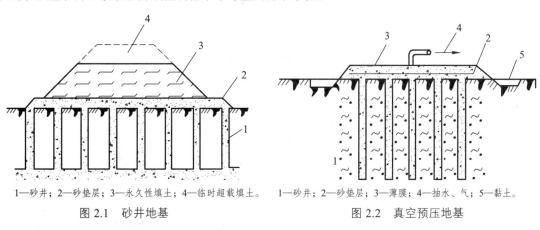

1—砂井；2—砂垫层；3—永久性填土；4—临时超载填土。

图 2.1　砂井地基

1—砂井；2—砂垫层；3—薄膜；4—抽水、气；5—黏土。

图 2.2　真空预压地基

4. 挤密桩施工法

先用带桩靴的工具式桩管打入土中，挤压土壤形成桩孔，然后拔出桩管，再在桩孔中灌入砂石或石灰、素土、灰土等填充料进行捣实，或者随着填充料的灌入逐渐拔出桩管。这种方法最适用于加固松软饱和土地基，其原理就是挤密土壤、排水固结，以提高地基的承载力，所以也称为挤密桩。桩的填充料是水泥、石屑、碎石、粉煤灰和水的拌和物，是一种低强度混凝土桩，是近年发展起来的处理软弱地基的一种新方法，具有较好的技术性能和经济效果，不但能提高地基的承载力，还可将荷载传递到深层地基中去。

此外，根据地基土质不同，亦可采用振动成孔器或振冲器成孔后灌入砂石挤密土壤。

1）灰土挤密桩

灰土挤密桩是利用锤击将钢管打入土中，侧向挤密土体形成桩孔，将管拔出后，在桩孔中分层回填 2∶8 或 3∶7 灰土并夯实而成，它与桩间土共同组成复合地基，承受上部荷载。

2）砂石桩

砂桩和砂石桩统称砂石桩，是利用振动、冲击或水冲等方式在软弱地基中成孔后，再将砂或砂卵石（或砾石、碎石）挤压入土孔中，形成大直径的由砂或砂卵（碎）石所构成的密实桩体，以起到挤密周围土层、增加地基承载力的作用。

3）水泥粉煤灰碎石桩

水泥粉煤灰碎石桩（Cement Fly-ash Gravel Pile）简称 CFG 桩，是近年发展起来的处理软弱地基的一种新方法。它是在碎石桩的基础上掺入适量石屑、粉煤灰和少量水泥，加水拌和后制成的具有一定强度的桩体，其工艺流程见图 2.3。

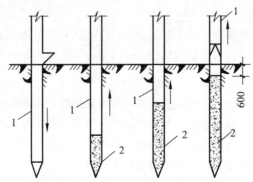

（a）打入桩管（b）灌水泥、粉煤灰（c）成桩（d）碎石振动拔管

1—桩管；2—水泥粉煤灰碎石桩。

图 2.3　水泥粉煤灰碎石桩工艺流程

（1）主要施工机具设备。

CFG 桩施工主要使用的机具设备有长螺旋钻机、振动沉拔管桩机或泥浆护壁成孔桩所采用的钻机和混合料输送泵。

（2）材料和质量要求。

① 水泥。根据工程特点、所处环境以及设计、施工的要求，可选用强度等级为 32.5 以上的普通硅酸盐水泥。施工前，对所用水泥应检验其初终凝时间、安定性和强度，作为生产控制和进行配合比设计的依据，必要时应检验水泥的其他性能。

② 褥垫层材料。褥垫层材料宜用中砂、粗砂、碎石或级配砂石等，最大粒径不宜大于 30 mm；不宜选用卵石，卵石咬合力差，施工扰动容易使褥垫层厚度不均匀。

③ 碎石、石屑、粉煤灰。碎石粒径为 20～50 mm，松散密度 1.39 t/m³，杂质含量小于 5%；石屑粒径为 2.5～10 mm，松散密度为 1.47 t/m³，杂质含量小于 5%；粉煤灰应选用Ⅲ级及Ⅲ级以上等级粉煤灰。

（3）施工工艺流程。

CFG 桩复合地基技术采用的施工方法有长螺旋钻孔灌注成桩，振动沉管灌注成桩，长螺旋钻孔、管内泵压混合料灌注成桩等。

① 长螺旋钻孔灌注成桩适用于地下水位以上的黏性土、粉土、素填土、中等密实以上的砂土。

② 振动沉管灌注成桩适用于粉土、黏性土及素填土地基。

③ 长螺旋钻孔、管内泵压混合料灌注成桩适用于黏性土、粉土、砂土以及对噪声或泥浆污染要求严格的场地。

（4）施工技术要求。

① 施工前应按设计要求由实验室进行配合比试验，施工时按配合比配制混合料。长螺旋钻孔、管内泵压混合料成桩施工的坍落度宜为 160～200 mm，振动沉管灌注成桩施工的坍落度宜为 30～50 mm，振动沉管灌注成桩后桩顶浮浆厚度应小于 200 mm。

② 桩机就位后，应调整沉管与地面垂直，确保垂直度偏差不大于 1%；对满堂布桩基础，桩位偏差不应大于 0.4 倍桩径；对条形布桩，桩位偏差不应大于 0.25 倍桩径；对单排布桩，桩位偏差不应大于 60 mm。

③ 应控制钻孔或沉管入土深度，确保桩长偏差在 ± 100 mm 范围内。

④ 长螺旋钻孔、管内泵压混合料成桩施工在钻至设计深度后，应准确掌握提拔钻杆时间，混合料泵送量应与拔管速度相配合，遇到饱和砂土或饱和粉土层时，不得停泵待料；沉管灌注成桩施工拔管速度应均匀，宜控制在 1.2 ~ 1.5 m/min，如遇淤泥土或淤泥质土，拔管速度可适当放慢。

⑤ 施工时，桩顶标高应高出设计标高，高出长度应根据桩距、布桩形式、现场地质条件和施打顺序等综合确定，一般不应小于 0.5 m。

⑥ 成桩过程中，抽样做混合料试块，每台机械一天应做一组（3 块）试块（边长 150 mm 的立方体），标准养护，测定其立方体 28 d 的抗压强度。

⑦ 冬期施工时混合料入孔温度不得低于 5 ℃，对桩头和桩间土应采取保温措施。

⑧ 施工完毕待桩体达到一定强度后（一般为 3 ~ 7 d），方可进行土方开挖。挖至设计标高后，应清除桩间土，剔除多余的桩头。在清土和截桩时，不得造成桩顶标高以下桩身断裂和扰动桩间土。

⑨ 褥垫层厚度宜为 150 ~ 300 mm，由设计确定。施工时虚铺厚度 $h = \Delta H / \lambda$，其中 λ 为夯填度，一般取 0.87 ~ 0.90。虚铺完成后宜采用静力压实至设计厚度；当基础底面下桩间土的含水量较小时，也可采用动力夯实法。对较干的砂石材料，虚铺后可适当洒水再进行碾压或夯实。

5. 深层搅拌法

深层搅拌法是指用旋喷或深层搅拌加固地基的方法。其原理是利用高压射流切削土壤，旋喷浆液（水泥浆、水玻璃、丙凝等），搅拌浆土，使浆液和土壤混合，凝结成坚硬的柱体或土壁。同理，化学加固中的硅化法、水泥硅化法和电动硅化法均是将水玻璃和氯化钙或水泥浆注入土中，使其扩散生成二氧化硅的胶体与土壤胶结"岩化"，亦是基于拌和的结果。

深层搅拌法是利用水泥浆作固化剂，采用深层搅拌机在地基深部就地将软土和固化剂充分拌和，利用固化剂和软土发生一系列物理、化学反应，使之凝结成具有整体性、水稳性好和较高强度的水泥加固体。它可与天然地基形成竖向承载的复合地基，也可作为基坑工程中的围护挡墙、被动区加固、防渗帷幕以及大体积水泥稳定土等，加固体形状可分为柱状、壁状、格栅状和块状等。

1）主要施工机具

深层搅拌法所用的施工机具主要有深层搅拌机、起重机、灰浆搅拌机、灰浆泵、冷却泵、机动翻斗车等。常用深层搅拌机的主要性能见表 2.2。

表 2.2　常用深层搅拌机的技术性能

功能项目	型 号			
	SJB-1	SJB30	SJB40	GPP-5
电机功率/kW	2×30	2×30	2×40	—
额定电流/A	—	2×60	2×75	—
搅拌轴转数/（r/min）	46	43	43	28、50、92
额定扭矩/（N·m）	—	2×6 400	2×8 500	—
搅拌轴数量/根	2	2	2	—
搅拌头距离/mm		515	515	—
搅拌头直径/mm	700 ~ 800	700	700	500
一次处理面积/m²	0.71 ~ 0.88	0.71	0.71	—
加固深度/m	12	10 ~ 12	15 ~ 18	12.5
外形尺寸（主机）/mm	—	950×482×1 617	950×482×1 737	4 140×2 230×15 490

续表

功能项目	型 号			
	SJB-1	SJB30	SJB40	GPP-5
总重量（主机）/t	4.5	2.25	2.45	—
最大送粉量/（kg/min）	—	—	—	100
储料量/kg	—	—	—	200
送料管直径/mm	—	—	—	50
最大送粉压力/MPa	—	—	—	0.5

2）对材料的要求

深层搅拌桩加固软土的固化剂可选用水泥，掺入量一般为加固土重的 7%～15%，每加固 1 m，土体掺入水泥约 110～160 kg。SJB-1 型深层搅拌机还可用水泥砂浆作固化剂，其配合比为 1∶1～1∶2（水泥∶砂）。为增强流动性，可掺入水泥重量 0.2%～0.25%的木质素磺酸钙减水剂，另加 1%的硫酸钠和 2%的石膏以促进速凝、早强。水灰比为 0.43～0.50；水泥砂浆稠度为 11～14 cm。

3）施工工艺与施工方法

（1）工艺流程。

水泥土搅拌桩的施工程序为：地上（下）清障→深层搅拌机定位、调平→预搅下沉至设计加固深度→配制水泥浆（粉）→边喷浆（粉）边搅拌提升至预定的停浆（灰）面→重复搅拌下沉至设计加固深度→重复喷浆（粉）或仅搅拌、提升至预定的停浆（灰）面→关闭搅拌机、清洗→移至下一根桩。

（2）施工要点。

① 施工时，先将深层搅拌机用钢丝绳吊挂在起重机上，用输浆胶管将储料罐、灰浆泵与深层搅拌机接通，开通电动机，借设备自重以 0.38～0.75 m/min 的速度沉至要求的加固深度；再以 0.3～0.5 m/min 的均匀速度提起搅拌机，与此同时开动灰浆泵，将水泥浆从深层搅拌机中心管不断压入土中，由搅拌叶片将水泥浆与深层处的软土搅拌，边搅拌边喷浆直到提至设计标高停浆，即完成一次搅拌过程。用同样的方法再一次重复搅拌下沉和重复搅拌喷浆上升，即完成一根柱状加固体。其外形呈"8"字形（轮廓尺寸：纵向最大为 1.3 m，横向最大为 0.8 m），一根接一根搭接，搭接宽度根据设计要求确定，一般宜大于 200 mm，以增强其整体性，即形成壁状加固体。几个壁状加固体连成一片，即形成块状体。

② 搅拌桩的桩身垂直偏差不得超过 1.5%，桩位的偏差不得大于 50 mm，成桩直径和桩长不得小于设计值。当桩身强度及尺寸达不到设计要求时，可采用复喷的方法。搅拌次数以一次喷浆、二次搅拌或二次喷浆、二次搅拌为宜，且最后一次提升搅拌宜采用慢速提升。

③ 施工时设计停浆面一般应高出基础底面标高 0.5 m，在基坑开挖时，应将高出的部分挖去。

④ 施工时若因故停喷浆，宜将搅拌机下沉至停浆点以下 0.5 m，待恢复供浆时，再喷浆提升。若停机时间超过 3 h，应清洗管路。

⑤ 壁状加固时，桩与桩的搭接时间不应大于 24 h，如间歇时间过长，应采取钻孔留出样头或局部补桩、注浆等措施。

⑥ 搅拌桩施工完毕应养护 14 d 以上才可开挖基坑，基底标高以上 300 mm 应采用人工开挖。

图 2.4 所示为水泥土深层搅拌桩施工工艺流程。深层搅拌机定位启动后，叶片旋转切削土壤，借设备自重下沉至设计深度；然后缓慢提升搅拌机，同时喷射水泥浆或水泥砂浆进行搅拌，待搅拌机提升到地面时，再原位下沉提升搅拌一次，这样便可使浆土均匀混合形成水泥土桩。

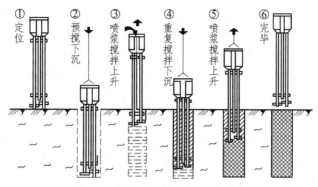

图 2.4　深层搅拌桩施工工艺流程

水泥土桩由于水泥在土中形成水泥石骨架，使土颗粒凝聚、固结，从而成为具有整体性、水密性较好、强度较高的水泥加固体。在工程中除用于对软土地基进行深层加固外，也常用于深基坑的支护结构和防水、防流砂的防渗墙。

图 2.5 所示则为单管旋喷桩的施工流程。它是利用钻机把带有特殊喷嘴的注浆管钻至设计深度后，用高压脉冲泵将水泥浆液由喷嘴向四周高速喷射切削土层，与此同时将旋转的钻杆徐徐提升，使土体与水泥浆在高压射流作用下充分搅拌混合，胶结硬化后即形成具有一定强度的旋喷桩。

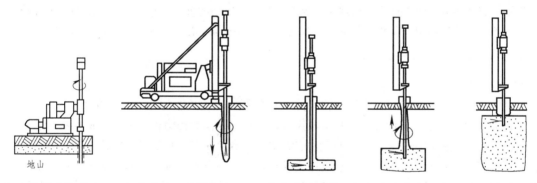

（a）钻机就位钻孔　（b）钻孔至设计标高　（c）旋喷开始　（d）边旋喷边提升　（e）旋喷结束成桩

图 2.5　单管旋喷桩施工工艺流程

单管旋喷浆液射流衰减大，成桩直径较小，为了获得大直径截面的桩，可采用二重管（即两根同心管，分别喷水、喷浆）旋喷或三重管（三根同心管，分别喷水、喷气、喷浆）旋喷。单管法和二重管法还可用注浆管射水成孔，无须用钻机成孔。

喷浆方式有旋喷、定喷和摆喷三种，能分别获得柱状、壁状和块状加固体。为此，旋喷法可用于处理地基，控制加固范围；可用于桩、地下连续墙、挡土墙、防渗墙、深基坑支护结构的施工和防管涌、流砂的技术措施。

2.2　桩基础工程

深基础一般在软弱土层上修筑建筑物，浅层地基的强度和变形不能满足要求时采用。深基础分为桩基础、墩柱式基础、沉井基础、地下连续墙等。桩基础是用承台或梁将沉入土中的桩联系成一个整体，以便承受上部结构荷载的一种基础。作为一种柱状构件，桩基础的作用是将上部结构的荷载传递到较硬、较密实、压缩性较小的土层或岩石上。桩基础按受力情况分为端承桩和摩擦桩，按材料分为木桩、混凝土桩、钢筋混凝土桩、预应力混凝土桩和钢桩。

钢筋混凝土预制桩能承受较大的荷载，沉降变形小，施工速度快，故在工程中被广泛应用，常用的有实心方桩和预应力管桩。实心方桩截面边长一般为 200 ~ 600 mm；单根桩的最大长度根据打桩架的高度而定，一般在 27 m 以内；如需打入 30 m 以上的桩，则将桩预制成几段，在打桩过程中逐段接长。预应力管桩在工厂采用成套钢管胎膜离心法生产，可大大减轻桩的自重；桩外径多为400 ~ 500 mm，壁厚为 80 ~ 100 mm；每节桩长度为 5 m、10 m、12 m 不等；桩段之间可用焊接或法兰螺栓连接，首节桩底端可设桩尖，亦可开口。

本节着重介绍预制钢筋混凝土实心方桩的施工，分预制桩和就地灌注桩两种。

2.2.1 钢筋混凝土预制桩施工

钢筋混凝土桩坚固耐久、不受地下水和潮湿的影响，可做成各种需要的断面和长度，能承受较大的荷载，应用广泛。

预制桩分为实心桩和管桩。实心桩大多为方形，断面一般为 200 mm × 200 mm ~ 450 mm × 450 mm，单桩长度一般为 27 m，必要时可到 31 m，超过 30 m 时一般分段预制，打桩过程中接桩。管桩一般在工厂内用离心法预制而成，与实心桩相比大大降低自重，外径有 400 mm、550 mm。

钢筋混凝土预制桩施工过程包括预制、起吊、运输、堆放和沉桩。对于这些不同的施工过程要根据工艺条件、土质情况、荷载特点等予以综合考虑，以便拟出合理的施工方案和技术措施。

1. 桩的预制、起吊、运输和堆放

1）桩的预制

较短的桩（10 m 以下）一般在预制厂预制，较长的桩一般在场内或场地附近预制。

预制时，两个以上吊点的桩根据打桩顺序来确定桩尖朝向，因为桩架上的滑轮有左右之分。钢筋混凝土预制桩的制作有并列法、间隔法、叠浇法、翻模法等，现场多采用叠浇法、间隔法制作。制作程序如下：现场布置→场地平整→浇地坪混凝土→支模→绑扎钢筋，安装吊环→浇筑桩混凝土→养护至 30%强度拆模→支土层模，涂刷隔离剂→重叠生产浇筑第 2 层桩→养护→起吊→运输→堆放。

预制场地要求：平整夯实，防止浸水沉陷。桩的制作场地应平整、坚实，不得产生不均匀沉降。当场地限制，叠浇预制桩时，其层数应根据地面承载能力和施工要求而定，一般不超过 4 层，必须在邻桩和下层桩达到设计强度等级的 30%后方可进行。重叠浇筑层数不宜超过 4 层，水平方向可采用间隔法施工。桩与桩、桩与底模间应涂刷隔离剂，防止黏结。

预制桩一般从通用图集中选取。纵向钢筋直径不宜小于 14 mm。配筋率与沉桩方法有关：锤击沉桩不宜小于 0.8%，静力压桩不宜小于 0.4%。制作时桩的纵向钢筋宜对焊连接，接头位置应相互错开。桩的主筋位置必须正确，保护层厚度不能过厚，以 25 mm 为宜，以防打桩时剥落。桩尖一般用钢板或粗钢筋制作，与钢筋骨架焊牢。桩顶设置钢筋网片，上下两端一定范围内的箍筋应加密（图 2.6）。

桩的混凝土强度等级不宜低于 C30（静压法沉桩时不宜低于 C20），混凝土浇筑时应由桩顶向桩尖连续浇筑，一次完成，不得中断。洒水养护时间不少于 7 d。桩的制作偏差应符合有关规范要求。桩顶应制作平整，否则易打偏或打坏。每根桩上标明编号和制作日期、（不设吊环时）绑扎位置。

桩的质量要求：

（1）表面平整、密实，掉角深度不得大于 10 mm，局部蜂窝和掉角面积不超过桩全面积的 0.5%，且不得过分集中。

（2）混凝土收缩裂纹深度不超过 20 mm，宽度不大于 0.25 mm。

（3）桩顶、桩尖不得有蜂窝、麻面、裂缝和掉角。

2）桩的起吊

预制桩需待桩身混凝土达到设计强度的 70%方可起吊，强度达到 100%才能运输和打桩，否则需作抗裂验算。

吊点位置确定原则：3 个及以下的吊点，按正、负弯矩相等计算；3 个以上的吊点，按反力相等计算。

当桩的混凝土达到设计强度的 70%后方可起吊，达到 100%后方可运输和打桩。如提前起吊，必须做强度和抗裂度验算，并采取相应的保证措施。由于桩的抗弯能力低，起吊弯矩往往是控制纵向钢筋的主要因素，因此吊点应符合设计规定，满足起吊弯矩最小（或正负弯矩相等）的原则（图 2.7）。在起吊和运输时必须做到平稳，不得损坏。如桩未设吊钩，捆绑时钢丝绳与桩之间应加衬垫，以免损坏棱角。

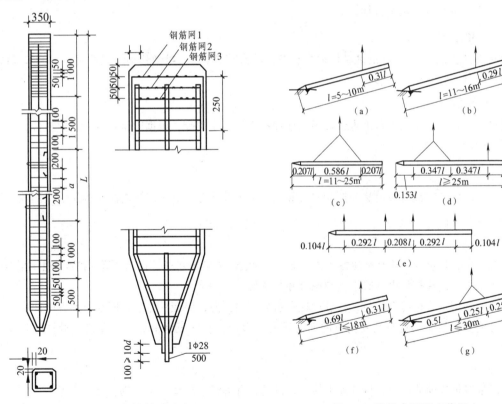

图 2.6　预制桩构造示意图　　　　图 2.7　桩的合理吊点位置

3）桩的运输和堆放

打桩前，需将桩从预制处运至现场堆放或直接运到桩架前以备打入土中。宜根据打桩顺序和速度，随打随运，这样可以减少二次搬运。

运桩前应检查混凝土质量、尺寸、桩靴牢固性及打桩标志；运到现场后检查外观，不合要求时，要与设计共同研究解决。

桩的运输方式：当运距较小时，桩采用滚筒（垫托板）、卷扬机或汽车、拖拉机运输；当运距较大时，采用轻便轨道小平台车运输。桩在运输中的支点应与吊点一致。

桩堆放时，场地须平整、坚实、排水畅通。垫木间距应与吊点位置相同，各层垫木应位于同一垂直线土。堆放层数不宜超过 4 层；对不同规格、不同材质的桩应分别堆放。

2．沉桩前的准备工作

桩基础施工以前，应根据工程规模大小和复杂程度，编制分部工程施工方案，其内容包括：施工方法；沉桩机具设备的选择；现场准备工作；沉桩顺序和进度要求；现场平面布置；桩的预制、运输、堆放；质量安全措施以及劳动力、材料、机具设备供应计划等。

现场准备：处理障碍物、平整场地、抄平放线、铺设水电管网、沉桩机械设备的进场和安装以及桩的供应。

1）处理障碍物

处理空中、地上、地下的障碍物，如电线、旧建筑基础等，并对周围 10 m 内的建筑作全面检查，对危房和危险构筑物进行加固。

2）平整场地

建筑物基线以外 4～6 m 的区域作适当平整，做到平整坚实，桩架移动路线坡度小于 1%，修筑运输道路，落实排水措施。

3）抄平放线

现场或附近设两个以上水准点，抄平场地和检查桩入土深度，根据建筑物的轴线定桩位，偏差不大于 20 mm。

3．沉桩方式

预制桩的沉桩方法有锤击法、振动法、静压法及水冲法等，其中以锤击法与静压法应用较多。

1）锤击沉桩

（1）打桩设备。

打桩设备包括桩锤、桩架及动力装置三部分，通过动力装置将桩锤提起，落到桩顶产生冲击力，使桩沉入土中。选择打桩设备时主要考虑桩锤与桩架。

桩架的作用是将桩提升就位，打桩过程中引导桩的方向，保证桩能沿着所要求的方向冲击。

动力装置包括驱动桩锤及卷扬机的动力设备（锅炉、空气压缩机等）和管道、滑轮组和卷扬机等。

① 桩锤。

桩锤是对桩施加冲击力、打桩入土的主要机具，有落锤、汽锤、柴油锤、液压锤等。

Ⅰ．落锤。落锤采用人力或卷扬机起吊桩锤，然后使其自由下落。利用锤的重力夯击桩顶，使之入土。落锤为铸铁块，质量为 0.5～1.5 t。其构造简单、使用方便、费用低，能随意调整其落锤高度，但施工速度慢、效率低，且桩顶易被打坏。落锤在软土层中应用较多，适用于施打小直径的钢筋混凝土预制桩或小型钢桩。

Ⅱ．汽锤。汽锤是以蒸汽或压缩空气为动力进行锤击的，前者需要配备一套锅炉设备对桩锤外供蒸汽。根据其工作情况又可分为单动汽锤与双动汽锤。单动汽锤（图 2.8）质量为 1～15 t，常用为 3～10 t，冲击体只在上升时耗用动力，下降时依靠自重。单动汽锤冲击力较大，每分钟锤击数为 25～30 次，效率较高，可以施打各种类型的桩。双动汽锤（图 2.9）质量一般为 1～7 t。其外壳（汽缸）固定在桩头上，锤在外壳内上下运动。冲击体的升降均由蒸汽或压缩空气推动。双动汽锤冲击次数多达每分钟 100～200 次，工作效率高，因此适宜打各种类型的桩，还可用于拔桩、打斜桩及水下打桩。

Ⅲ. 柴油锤。柴油锤（图 2.10）是利用柴油燃烧爆炸，推动锤体往复运动打击桩体。汽缸下落时打桩，同时压缩缸内气体至燃烧，产生压力使汽缸上抛，进行第二次冲击。柴油锤按构造分为筒式、活塞式和导杆式 3 种，重 0.3～10 t。其体积小、锤击能量大、打桩迅速，每分钟锤击次数约 40～80 次，施工效率高。柴油锤可用于各类型桩及各种土层，但不适于硬土和松软土作业。在过软的土中作业往往会由于贯入度过大，汽缸燃烧时不能提供足够的反作用力，汽缸上升的高度不够，再次下落时不能保证将汽缸内的气体压缩到燃烧，柴油锤将停止工作。此外，由于振动、噪声、废气污染等公害，柴油锤在城市中施工受到一定限制。

Ⅳ. 液压锤。液压锤通过液压油提升和降落冲击缸体，缸体下部充满氮气。缸体下落时，冲击头先对桩头施加压力，可压缩的氮气再对桩施加压力，使压力施加过程加长，能获得更大的贯入度。液压锤分单作用液压锤和双作用液压锤。对于前者，冲击缸体通过液压装置提升后快速释放，自由下落打击桩体；对于后者，下落时以液压驱使下落，冲击缸体能获得更大加速度、更高的冲击速度与冲击能量，因此每一击能获得更大的贯入度。

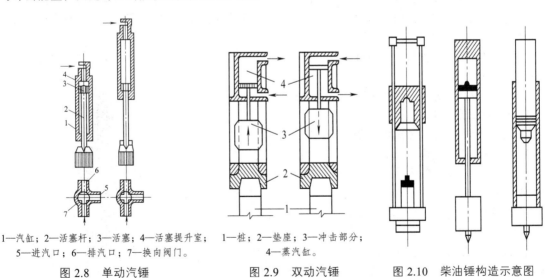

1—汽缸；2—活塞杆；3—活塞；4—活塞提升室；　　1—桩；2—垫座；3—冲击部分；
5—进汽口；6—排汽口；7—换向阀门。　　　　　　4—蒸汽缸。

　　图 2.8　单动汽锤　　　　　　图 2.9　双动汽锤　　　　图 2.10　柴油锤构造示意图

液压锤具有很好的工作性能，不排出废气、无噪声、冲击频率高，并适合于水下打桩；但其构造复杂，造价高。软土中其启动性比柴油锤有很大改善；但因其结构复杂，维修保养工作量大、价格高，且作业效率比柴油锤低。

用锤击沉桩时，选择桩锤是关键。一是锤的类型；二是锤的质量。锤击应有足够的冲击能量，锤重应大于或等于桩重。实践证明，当锤重为桩重的 1.5～2.0 倍时，效果比较理想。桩锤过重，易将桩打坏。桩锤过轻，锤击能量的很大一部分被桩身吸收，回跳严重。施工中多采用"重锤轻击"方法，落距小、频率高，不易产生回跃与桩头受损，桩容易入土。锤重可参考表 2.3 进行选择。

表 2.3　锤重选择参考

锤型		柴油锤/t					
		2.0	2.5	3.5	4.5	6.0	7.2
锤的动力性能	冲击部分质量/t	2.0	2.5	3.5	4.5	6.0	7.2
	总质量/t	4.5	6.5	7.2	9.6	15.0	18.0
	冲击力/kN	2 000	2 000~2 500	2 500~4 000	4 000~5 000	5 000~700	7 000~10 000
	常用冲程/m	1.8~2.3					
桩的截面尺寸	混凝土预制桩的边长或直径/cm	25~35	35~40	40~45	45~50	50~55	55~60
	钢管桩直径/cm	40			60	90	90~100
持力层	黏性土粉土 一般进入深度/m	1.0~2.0	1.5~2.5	2.0~3.0	2.5~3.5	3.0~4.0	3.0~5.0
	静力触探比贯入阻力 P_t 平均值/MPa	3	4	5	>5		
	砂土 一般进入深度/m	0.5~1.0	0.5~1.5	1.0~2.0	1.5~2.5	2.0~3.0	2.5~3.5
	标准贯入击数 N（维修正）	15~25	20~30	30~40	40~45	45~50	50
常用的控制贯入度/（cm/10 击）		—	2~3	—	3~5	4~8	
设计单位桩极限承载力/kN		400~1 200	800~1 600	2 500~4 000	3 000~5 000	5 000~7 000	7 000~10 000

② 桩架。

桩架的作用是吊桩就位、支持桩身、悬吊桩锤、在打桩过程中引导桩和桩锤的方向、保证桩的垂直度，还能起吊并小范围内移动桩。常见的桩架有两种：沿轨道行驶的多能桩架、装在履带底盘上的打桩架。

桩架高度应大于桩长、滑轮组高度、桩锤高度、桩帽及锤垫高度、起锤工作余位高度之和。采用落锤应包括落距高度。

桩架按其行走方式分类常有滚管式、履带式、轨道式及步履式等 4 种。

Ⅰ. 滚管式桩架：依靠两根滚管在枕木上滚动及桩架在滚管上滑动完成其行走及位移。这种桩架的优点是结构比较简单、制作容易、成本低，缺点是平面转向不灵活、操作复杂。

Ⅱ. 履带式桩架：以履带式起重机为底盘，增加立杆与斜杆用以打桩（图 2.11）。这种桩架具有垂直度调节灵活、稳定性好、装拆方便、行走迅速、适应性强、施工效率高等优点，适于各种预制桩和灌注桩施工，是目前常用的桩架之一。

Ⅲ. 轨道式桩架：需设置轨道，采用多电机分别驱动、集中操纵控制。它能吊桩、吊锤、行走、回转移位，导杆能水平微调和倾斜打桩，并装有升降电梯为打桩人员提供良好的操作条件。但这种桩架只能沿轨道开行，机动性能较差，施工不方便。

Ⅳ. 步履式桩架：通过两个可相对移动的底盘互为支撑、交替走步的方式前进，也可 360°回转。它不

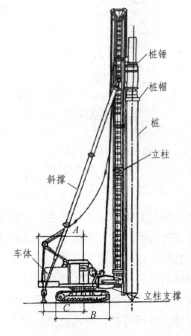

图 2.11　履带式打桩架构造图

桩锤
桩帽
桩
立柱
斜撑
车体
立柱支撑
A
C
B

需铺设轨道，移动就位方便，打桩效率高。

桩架的选择应考虑下述因素：

桩的材料、桩的截面形状及尺寸大小、桩的长度及接桩方式、桩的数量、桩距及布置方式；

桩的数量、桩距及布置方式；

桩锤的形式、尺寸及重量；

现场施工条件、打桩作业空间及周边环境；

施工工期及打桩速率要求。

桩架的高度必须适应施工要求。它一般等于桩长 + 桩帽高度 + 桩锤高度 + 滑轮组高度 + 起锤移位高度（取 1 ~ 2 m）。

（2）打桩施工。

打桩前应做好各种准备工作，包括清除障碍物、平整场地、定位放线、水电安装、安设桩机、确定合理打桩顺序等。桩基轴线定位点应设在打桩影响范围之外，水准点至少 2 个以上。依据定位轴线，将图上桩位一一定出，并编号记录在案。

① 打桩顺序。

打桩顺序的选择应结合地基土的挤压情况、桩距大小、桩机性能及工作特点、工期要求等因素综合确定。打桩顺序合理与否，直接影响打桩进度和施工质量及周围环境。

当桩较稀疏时（桩中心距大于 4 倍桩边长或桩径），可采用分段迎面打桩、横向逐排打桩上（图 2.12（a）、（b））。逐排打设时，桩架单方向移动，打桩效率高，但打桩前进方向一侧不宜有防侧移、防振动的建筑物、构筑物、地下管线等，以防被土体挤压破坏。由于土体的挤压使后打的桩打入困难，造成打入深度逐渐减小，建筑物会产生不均匀沉降。

当桩较密集时（桩中心距小于或等于 4 倍桩边长或桩径），一般当相邻桩中心距小于 4 倍桩径时应拟订合理的打桩顺序，应由中间向两侧对称施打或由中间向四周施打（图 2.12（c）、（d））。这样，打桩时土体由中间向两侧或向四周均匀挤压，易于保证施工质量。当桩数较多时，也可分区段施打。

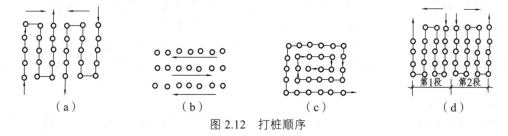

图 2.12　打桩顺序

当施工区毗邻建筑物或地下管线时，应由被保护的一侧向另一方向施打，避免建筑物开裂或管线破裂。当基坑较大时，应将基坑划分为数段，并在各段范围内分别按上述顺序打桩。但各种情况下均不应采取自外向内或自周边向中间的打桩顺序，以避免中间土体挤压过密，使后续桩难以打入，或虽勉强打入，但使邻桩侧移或冒土。

根据桩的设计标高，先深后浅；根据桩的规格，先大后小，先长后短。

高层建筑塔楼（高层）与裙房（低层）的关系，宜先高后低。

打桩顺序应考虑到桩架移动工作量，打桩机是往后"退打"还是往前"顶打"，它涉及桩的运输和布置。打桩场地标高接近桩顶标高时，已打预制桩可能会留有一段在地面以上，影响桩机的前进，宜采用"退打"，随打随运，二次搬运量大。桩顶标高在场地标高以下可以"顶打"，桩可事先布置，减少二次搬运。

当桩需要打入地面以下时，采用一种工具式的短桩，一般长 2～3 m，多用钢材做成，置于桩顶，承受锤击。这一工具式短桩和这一施工工艺称为送桩。

此外，根据桩的设计标高及规格，打桩时宜先深后浅、先大后小、先长后短，这样可以减小后施工的桩对先施工桩的影响。因此，桩机移动一般是随打随后退。

② 打桩工艺。

打桩施工是确保桩基工程质量的重要环节，主要工艺过程如下：场地准备→确定桩位→桩机就位→吊起桩锤和桩帽→吊桩和对位→校正垂直度→自重插桩入土→固定桩帽和桩锤→校正垂直度→打桩→接桩→送桩→截桩等。

桩架就位后即可吊桩。将桩垂直对准桩位中心，缓缓送下，插入土中。桩插入时垂直偏差不得超过 0.5%。然后固定桩帽和桩锤，使桩身、桩帽、桩锤在同一铅垂线上。在桩锤和桩帽之间应加弹性衬垫，一般可用硬木、麻袋、草垫等。桩帽或送桩管与桩周围应有 5～10 mm 的间隙，以防损伤桩顶。

打桩宜采用"重锤低击"的方式。刚开始时，桩重心较高，稳定性不好，落距应较小。待桩入土至一定深度（约 2 m）且稳定后，再按规定的落距连续锤击。打桩过程不宜中断，否则，土壤固结会致使桩难以打入。用落锤或单动汽锤打桩时，最大落距不宜大于 1 m；用柴油锤时，应使锤跳动正常。在打桩过程中，遇有贯入度剧变，桩身突然发生倾斜、位移或有严重回弹，桩顶或桩身出现严重裂缝或破碎等异常情况时，应暂停打桩，及时研究处理。

如桩顶标高低于自然地面，则需用送桩管将桩送入土中，桩身与送桩管的纵轴线应在同一直线上。拔出送桩管后，桩孔应及时回填或加盖。

在打桩过程中，应做好沉桩记录，以便工程验收。

③ 接桩。

预制桩的接长方法有焊接法、法兰接以及浆锚法三种。前两种桩可用于各类土层，浆锚法仅适用于软土层。

焊接法接桩目前应用最多。接桩时检查上下节桩垂直度无误后，先将四角点焊固定，然后应两人同时于对角对称施焊，防止不均匀焊接变形。焊缝应连续饱满，上、下桩段间如有空隙，应用铁片填实焊牢。接长后，桩中心线偏差不得大于 10 mm，节点弯曲矢高不得大于 0.1%桩长。

法兰接桩是用法兰盘和螺栓联结，用于预应力管桩，接桩速度快。

浆锚法上节桩预留锚筋，下节桩预留锚筋孔（孔径为锚筋的2.5倍）。接桩时，上下对正，将熔化的硫黄胶泥注满锚筋孔和接头平面，然后将上节桩落下即可。该法不利于抗震，一级建筑的桩基或承受上拔力的桩应谨慎选用。

④ 打桩的质量控制。

打桩的质量检查主要包括沉桩过程中每米进尺的锤击数、最后 1 m 锤击数、最后 3 阵贯入度以及桩尖标高、桩身垂直度和桩位。

打桩停锤的控制原则为：摩擦桩的入土深度控制，应以设计标高为主，最后贯入度（最后 3 阵，每阵 10 击的平均入土深度，前提条件是打桩作业居于正常）可作参考；对于端承桩，以最后贯入度控制为主，而桩端标高仅作参考，如贯入度已达到设计要求而桩端标高未达到要求时，应继续锤击 3 阵，按每阵 10 击的贯入度不大于设计规定的数值加以确认，必要时应通过实验或与有关单位会商确定。

桩的垂直偏差应控制在 1%之内；平面位置的允许偏差应根据桩的数量、位置和桩顶标高按有关规范的要求确定，单排桩为 100～150 mm，多排桩为 1/3～1/2 桩径或边长。

⑤ 打桩对周围环境的影响及其防治。

打桩施工时对周围环境产生的不良影响主要有挤土效应、打桩产生的噪声和振动等问题。对环境的不利影响必须认真对待，否则将导致工程事故、经济和社会问题。

Ⅰ. 挤土效应。挤土效应是指在沉桩时土体中产生很高的超孔隙水压力和土压力，使之产生侧向位移和向上隆起，导致附近建筑物和市政管线发生变形，严重时甚至发生开裂或倾斜。可采取的措施如下：

a. 采用预钻孔沉桩法可减少地基土变位 30% ~ 50%，减少超孔隙压力值 40% ~ 50%。孔深一般为 1/3 ~ 1/2 桩长，直径比桩径小 50 ~ 100 mm。

b. 设置袋装砂井或塑料排水板，以消除部分超孔隙水压力、减少挤土现象。袋装砂井的直径一般为 70 ~ 80 mm，间距为 1 ~ 1.5 m，深度为 10 ~ 12 m；塑料排水板的间距及深度与其类似。

c. 采用井点或集水井降水措施降低地下水位，减小超孔隙水压力。

d. 选择合理的打桩设备和打桩顺序，控制打桩速度以及采用先开挖基坑后沉桩的施工顺序。

e. 设置防挤防渗墙。可采用打钢板桩、地下连续墙等措施，结合基坑围护结构综合考虑。

Ⅱ. 打桩振动。振动会导致相邻建筑物开裂、已沉桩上浮等危害，可采取的措施如下：

a. 在地面开挖防振防挤沟，能有效削弱振动的传播。防振沟一般宽 0.5 ~ 0.8 m，深度按沟边坡稳定考虑，宜超过被保护物的埋深。该方法可以与砂井排水等结合使用。

b. 在桩锤与桩顶之间加设特殊缓冲垫材或缓冲器。

c. 采用预钻孔法、水冲法、静压法相结合的施工工艺。

d. 设置减振壁（隔离板桩或地下连续墙），壁厚为 500 ~ 600 mm，深度为 4 ~ 5 m，距沉桩区 5 ~ 15 m 处减振效果显著，可减少振动 1/10 ~ 1/3。

Ⅲ. 打桩噪声。打桩噪声的危害取决于声压的大小，住宅区应控制在 70 ~ 75 dB，工商业区可控制在 70 ~ 80 dB。当沉桩区声压高于 80 dB 时，应采取如下防护措施，以减少噪声。

a. 控制噪声源，如选用适当的沉桩方法和设备，改进桩帽、垫材以及夹桩器。

b. 采用消声罩将桩锤封隔起来。

c. 采用遮挡防护。遮挡壁高度一般以 15 m 左右较为经济合理。

d. 时间控制防护，如午休和夜间停止沉桩，确保住宅区居民的正常生活和休息。

2）其他沉桩方式

（1）静力压桩。

静力压桩是利用桩机自重及配重来平衡沉桩阻力，在静压力的作用下将桩压入土中。由于施工中无振动、噪声和空气污染，故广泛应用于建筑物、地下管线较密集的地区。但它一般只适用于软弱土层。

静力压桩机分为机械式与液压式两种，前者只用于压桩，后者既能压桩也可拔桩。机械式压桩机如图 2.13 所示，是利用桩架自重和配重，通过滑轮组将桩压入土中。它由底盘、机架、动力装置等几部分组成，作业效率较低。液压式压桩机如图 2.14 所示。这种桩机采用液压传动，动力大、工作平稳，主要由桩架、液压夹桩器、动力设备及吊桩起重机等组成。压桩机作业时用起重机吊起桩体，通过液压夹桩器夹紧桩身并下压，沉桩入土。当夹桩器向上用力时，即可拔桩。

静力压桩一般分节进行，逐段接长。当第一节桩压入土中，其上端距地面 1 m 左右时将第二节桩接上，继续压入。压桩期间应尽量缩短停歇时间，否则土壤冻结阻力大，致使桩压不下去。

接桩方法分为焊接法和浆锚法。焊接法消耗钢材较多，操作烦琐，影响工效，有时甚至影响压桩施工的顺利进行；浆锚法用热塑冷硬硫黄胶泥作为胶结材料，节约钢材，操作简便，接桩时间较短，有利于提高工效，保证压桩施工的顺利进行。

硫黄胶泥的重量配合比：硫黄：水泥：粉砂：聚硫 780 胶 = 44：11：44：1

硫黄：石英砂：石墨粉：聚硫甲胶 = 60：34.3：3.5：0.7

其中，聚硫 780 胶和聚硫甲胶是增塑剂，可改善胶泥韧性，并显著提高其强度。硫黄胶泥也可以作打桩的接桩。

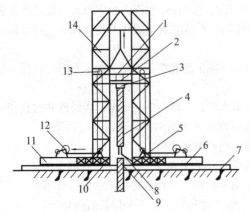

1—活塞压梁；2—油压表；3—桩帽；4—上端桩；5—配重；
6—底盘；7—轨道；8—预留钢筋；9—锚筋孔；
10—导笼口；11—操作平台；12—卷扬机；
13—滑轮组；14—桩架导向笼。

图 2.13　机械式压桩机

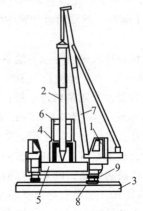

1—操作室；2—桩；3—支腿平台；4—导向架；5—配重；
6—夹持装置；7—吊装拔杆；8—纵向行走装置；
9—横向行走装置。

图 2.14　液压式压桩机

与打桩相比，静力压桩有以下优点：

① 节约材料，降低成本。

锤击打入桩的混凝土强度是由施工中巨大的锤击应力控制的，其强度等级一般为 C30～C40，在使用期间根本无须这样大的强度，因而材料不能充分发挥作用；压桩避免了锤击应力，只需满足吊装弯矩（分段制作弯矩更小）、压桩和使用期间的受力即可，桩断面减小，主钢筋和局部加强筋可省略，混凝土强度等级可降低到 C20，此外可节省缓冲材料，桩顶不易破坏。与打桩相比，压桩可节约混凝土 26%、钢筋 47%，降低造价 26%。

② 提高施工质量。

静力压桩可以避免打桩造成的桩身、桩尖、桩顶破坏，避免因土体隆起造成桩架倾斜、桩移位；可以消除振动，减轻对周围建筑物的影响。

③ 可以满足特殊要求。

静力压桩可以满足精密车间、无噪声要求或地下管道密布等特殊要求。

静力压桩的缺点是只适合软土地基，只限于压直桩，设备笨重。

（2）振动沉桩。

振动沉桩与打桩相似，用激振器代替桩锤，将桩与振动锤连接在一起（图 2.14），利用振动锤产生高频振动，激振桩身并振动土体，使土的内摩擦角减小、强度降低而将桩沉入土中。振动沉桩施工速度快、使用维修方便、费用低，但其耗电量大、噪声大。此法适用于软土、粉土、松砂等土层，不宜在砾石和密实的黏土层中沉桩。

对于端承桩，可以在桩旁插一根与之平行的射水管（水冲法），其下的喷嘴射出 400 kPa 的水冲松土体，离设计标高 1 m 以上时停止。

（3）射水沉桩。

射水沉桩是锤击沉桩的一种辅助方法。它利用高压水流从桩侧面或从空心桩内部的射水管中（图 2.15）冲击桩尖附近土层，以减少沉桩阻力。施工时一般是边冲边打，在沉入至最后 1～2 m 时停止射水，用锤击沉桩至设计标高，以保证桩的承载力。此法适于砂土和碎石土。

4. 打桩质量控制

1）锤击方式

打桩时锤击方式可采用轻锤高击、重锤低击两种方式。当消耗相同能量时，轻锤高击的动量较小，对桩头的冲击力大，回弹大，桩头易损坏；重锤低击的动量较大，对桩头的冲击力小，回弹小，大部分能量用来克服桩与土的摩阻力和桩尖阻力。此外，重锤低击的落距小，可以提高锤击频率，对于较密实的土层较容易穿过。

桩锤的具体落距，单动汽锤以 0.6 m 左右为宜，柴油锤不超过 1.5 m，自由落锤不超过 1.0 m。

打桩时速度应均匀、锤击间歇时间不应太长。桩锤经常回弹较大，入土速度慢，锤太轻时，应更换桩锤；桩锤发生突发的较大回弹，桩尖遇到障碍时，应停止后进行处理。打桩时还要随时注意贯入度的变化。

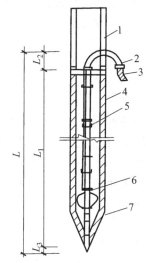

1—送桩管；2—弯管；3—腔管；4—桩管；
5—射水管；6—导向环；7—导向板。

图 2.15　射水管构造

2）质量要求

打桩质量从两个方面控制：一是贯入度或标高的设计要求；二是打入后的偏差在允许范围之内。打桩的控制原则：

（1）桩尖位于坚硬、硬塑的黏性土、碎石土、中密以上的砂土或风化岩等土层中时，以控制贯入度为主，桩尖持力层深度和桩尖标高可作参考。

（2）贯入度达到，而桩尖标高未达到，应继续锤击 3 阵，每阵 10 击的平均贯入度不应大于规定数值。

（3）桩尖位于其他软土层中时，以桩尖设计标高控制为主，贯入度可作参考指标。

（4）打桩时，若控制指标达到要求，而其他指标与要求相差较大时，应会同有关单位研究处理。

（5）贯入度应通过试桩确定，或作打桩试验与有关单位确定。

控制标高的预制桩，其桩顶标高的允许偏差为 – 50 ~ + 100 mm。

以上所述的贯入度是指最后贯入度，即最后一次冲击时桩的入土深度。实际施工过程中，一般以最后 10 击的桩的平均入土深度作为其最后贯入度。最后贯入度作为一个衡量打桩质量的重要指标，但也不能孤立、绝对地作为唯一指标。因为影响因素是多方面的，还应考虑地质情况变化，有无"送桩"，蒸汽压力稳定与否。

为了控制桩的垂直度和平面位置偏差，在提升就位时必须对准桩位，桩身要垂直，入土时的垂直度偏差应小于 0.5%。正式施打前，桩、桩帽、桩锤必须在同一垂直线上。施打开始时，先用较小落距，待桩入土稳住后，适当增加落距，正常施打。

打桩系隐蔽工程，应做好打桩记录。打桩记录是工程验收时鉴定桩质量的重要依据，包括：桩的规格长度、设计标高，自然地坪标高，桩锤类型、重量，桩帽重量，日期，桩入土每米锤击数，落距，桩顶与设计标高差，最后贯入度，施工单位，工程名称以及工程负责人。

3）打桩常见的质量问题及原因

（1）桩体倾斜。

施打前未按要求双向校核垂直度；遇有地下障碍物；场地不平整，桩机底盘不稳固水平。

（2）贯入度剧变。

地质情况不明，存在空洞、溶洞、夹层、古墓等；地下持力岩层起伏大；桩身破碎断裂。

（3）地面明显隆起，邻桩上浮或位移过大。

土被挤到极限密实度向上隆起，相邻的桩被浮起；沉桩引起的孔隙水压力把相邻的桩推向一侧或浮起。

（4）桩被打歪。

桩顶不平、桩身混凝土凸肚、桩尖偏心、接桩不正、土中有障碍物、桩初入土时歪斜。

（5）桩顶、桩身被打坏。

桩顶配筋构造、桩身混凝土保护层、桩帽材料、桩顶与桩轴线不垂直、桩帽不平或偏心、发生过打、桩身混凝土强度不够、桩垫厚度不够。

桩下沉速度慢而施打时间过长，锤击次数多或冲击能过大时称为"过打"。发生原因：桩尖通过硬土层；最后贯入度定得过小；锤的落距过大。遇到过打，要分析地质资料，判断土层情况，改善操作方法。

（6）桩打不下的原因。

遇到旧的灰土或混凝土基础：市区内初入土 1～2 m 就打不下去，贯入度突然变小，桩锤严重回弹。

桩顶或桩身被打坏，不能有效地传递冲击能；土层中有较厚的砂层或其他硬土层，或遇上孤石；桩尖破坏或桩身断裂；土的固结作用而形成土桩。

预制桩在施工中常遇到的问题有断桩、浮桩、滞桩、桩身扭转或位移、桩身倾斜或位移、桩急剧下沉等。其分析及处理方法可参考表 2.4。

表 2.4　预制桩沉桩常见问题的分析及处理

常见问题	主要原因	防止措施及处理方法
桩头打坏	桩头强度低，配筋不当，保护层过厚，柱顶不平；锤与桩不垂直、有偏心，锤过轻，落锤过高，锤击过久；桩头所受冲击力不均匀；桩帽顶板变形过大，凹凸不平	严格按质量标准预制桩，加桩垫垫平柱头；采用纠正垂直度或低锤慢击等措施；对桩帽变形进行纠正
断桩	桩质量不符合要求；遇硬土层时锤击过度	加钢夹箍用螺旋栓拧紧后焊固补强；若已复核贯入度可不处理
浮桩	软土中相邻桩沉桩的挤土上拔作用	将上升的重新打入，如经静荷载试验不合格时需重打
滞桩	停打时间过长，打桩顺序不当，遇地下障碍物、坚硬土层或砂夹层	正确选择打桩顺序；用钻机钻透硬土层或障碍物或边射水边入
桩身扭转或位移	桩尖不对称，桩身不垂直	可用撬棍，慢锤低击纠正，偏差不大可不处理
桩身倾斜或位移	桩尖不正，桩头不平，桩帽与桩身不在同一直线上，桩距太近，邻桩打桩时土体挤压，遇横向障碍物压边，土层有陡的倾斜角	入土不深、偏差不大时，可用木架顶正再慢锤打入纠正；偏差过大时，应拔出填砂重打或补桩；障碍物不深时，可挖除填砂重打或补桩处理
桩急剧下沉	接头破裂或桩尖破裂，桩身弯曲或有严重的横向裂纹；落锤过高，接桩不直；遇软土层、土洞	加强沉桩前的检查；将桩拔出检查，改正重打或在原桩附近补桩处理
桩身跳动，桩锤回跃	桩身过曲，接桩过长，落锤过高；桩尖遇树根或坚硬土层	采取措施穿过或避开障碍物；换桩重打
接桩处松脱开裂	接桩处表面清洁不干净；接桩铁件或法兰不平，有较大间隙；焊接不牢或螺栓没拧紧，硫黄胶泥配比不当；未按规定操作	清理连接平面；矫正铁件平面；焊接或螺栓拧紧后锤击检查是否合格；对硫黄胶泥配比进行试验检查

2.2.2　灌注桩施工

灌注桩是一种就地成型桩，直接在桩位上成孔，然后灌注混凝土而成。预制桩施工速度快，机械化程度高，但在土层变化复杂的情况下，难以控制桩的长度，必然要截桩，造成浪费。与预制桩相比，灌注桩施工节约钢材和劳动力、技艺资金50%左右，基本不用木材，场地布置不考虑桩的布置和堆放。人工挖孔灌注桩可以清楚了解桩侧土层和桩端持力层的土质情况，减少了噪声和对附近建筑物的影响，无预制件的运输，设备相对轻便，应用比预制桩广泛；但也存在操作要求严格、质量不易控制、成孔时排出大量泥浆、桩需养护检测后才能开始下一道作业等缺点。

灌注桩按成孔设备和方法可划分为：干作业成孔、泥浆护壁成孔、沉管灌注桩、冲孔灌注桩、爆扩灌注桩。

1. 灌注桩施工分类

灌注桩按照施工作业条件，分为干作业成孔灌注桩和泥浆护壁成孔灌注桩两大类。

1）干作业成孔灌注桩

干作业成孔灌注桩是利用成孔机具，在地下水位以上的土层中成桩的工艺，适用于黏土、粉土、填土、中等密实以上的砂土、风化岩层等土质。

目前常采用螺旋钻机成孔，它是利用动力旋转钻杆，使钻头的螺旋叶片旋转削土体，土块沿螺旋叶片上升排出孔外，如图 2.16 所示。钻头是钻进取土的关键装置，有多种类型，常用的有锥式钻头、平底钻头、耙式钻头等，如图 2.17 所示。锥式钻头适用于黏性土；平底钻头适用于松散土层；耙式钻头适用于杂填土，其钻头边镶有硬质合金刀头，能将碎砖等硬块削成小颗粒。螺旋钻机成孔直径一般为 300 ~ 600 mm，钻孔深度为 8 ~ 12 m。

干作业成孔灌注桩的工艺流程为：测定桩位→钻孔→清孔→下钢筋笼→浇注混凝土。

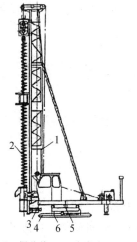

1—立柱；2—螺旋钻；3—上底盘；4—下底盘；
5—回转滚轮；6—行车滚轮。

图 2.16　步履式螺旋钻机

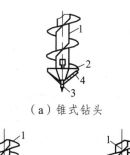

（a）锥式钻头

（b）平底钻头

（c）耙式钻头

1—螺旋钻杆；2—切削片；3—导向尖；4—合金刀。

图 2.17　螺旋钻头

钻孔操作时要求钻杆垂直稳固、位置正确。如发现钻杆摇晃或难以钻进时，可能是遇到石块等异物，应立即停机，检查排除。钻孔时应随时清理孔口积土，遇到塌孔、缩孔等异常情况，应及时研究解决。当螺旋钻机钻至设计标高后，应在原位空转清土，以清除孔底回落虚土。钢筋笼应一次扎好，小心放入孔内，防止孔壁塌土。混凝土应连续浇筑，每次浇筑高度控制在 1.5 m 以内。

2）泥浆护壁成孔灌注桩

泥浆护壁成孔灌注桩是利用原土自然造浆或人工造浆护壁，并通过泥浆循环将被切削的土渣排出而成孔，再吊放钢筋笼，水下灌注混凝土成桩。它不论地下水位高或低的土层皆适用。

（1）泥浆护壁成孔灌注桩工艺流程。

泥浆护壁成孔灌注桩工艺流程如图 2.18 所示。

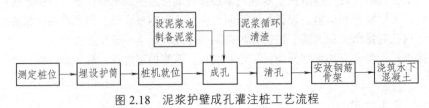

图 2.18　泥浆护壁成孔灌注桩工艺流程

（2）泥浆护壁成孔灌注桩施工要点。

① 埋设护筒。

钻孔前需在桩位处埋设钢护筒，护筒的作用有固定桩位、钻头导向、保护孔口、维持泥浆水头及防止地面水流入等。护筒一般用 4～5 mm 厚的钢板制成，内径应比钻头直径大 20 mm 以上。埋设护筒常用挖埋法。埋设深度：黏性土不宜小于 1.0 m；砂土中不宜小于 1.5 m，孔口处用翻土密实封填。筒顶高出地面 0.3～0.4 m，泥浆面应保持高出地下水位 1.0 m 以上。

② 护壁泥浆。

泥浆在桩孔内会吸附在孔壁上，甚至渗透进周围土孔隙中，避免了内壁漏水。它具有保持孔内水压稳定、保护孔壁以防止塌孔、携带土渣排出孔外以及冷却与润滑钻头的作用。

在砂土中钻孔，需在现场专门制备泥浆注入，泥浆是由高塑性黏土或膨润土和水拌和的混合物，还可在其中掺入其他掺合剂，如加重剂、分散剂、增黏剂及堵漏剂等。在黏土中钻孔，也可采用输入清水，钻进原土自造泥浆的方法。注入的泥浆相对密度应控制在 1.1 左右，排出泥浆的相对密度宜为 1.2～1.4。

③ 成孔。

成孔机械有回转钻机、潜水钻机、冲击钻机等，其中以回转钻机应用最多。

2. 钻孔灌注桩施工

钻孔灌注桩是利用钻孔机械（机动或人工）钻出桩孔，然后灌注混凝土而成的，属于无振动、无挤土的沉桩工艺，能适应各种土层条件下的施工。但是其承载力较低、沉降量大。为了提高承载能力，一般采用扩底灌注桩施工工艺。

1）钻孔灌注桩的机械设备

钻孔灌注桩的机械设备有人工操作和机动两种，工程量不大和缺乏动力时可用人工钻孔的机械设备。人工钻孔机械设备由机架、手摇卷扬机、钻杆和钻头组成，设备简单。普通机动钻孔机械设备有循环水钻机和潜水钻机两种。

（1）循环水钻机成孔。

循环水钻机由动力装置传动，带动带有钻头的钻杆强制旋转，钻头切削土体成孔。切削形成的土渣通过泥浆循环排出桩孔，根据泥浆循环方式的不同，分为正循环回转钻机和反循环回转钻机。

正循环工艺如图 2.19（a）所示。泥浆或高压水由空心钻杆内部注入，并从钻杆底部喷出，携带钻下的土渣沿孔壁向上流动，由孔口将土渣带出流入沉淀池，沉渣后的泥浆循环使用。该法是依靠泥浆向上的流动排渣，其提升力较小，孔底沉液较多。

反循环工艺如图 2.19（b）所示。泥浆带渣流动的方向与正循环工艺相反，它需启动砂石泵在钻杆内形成真空，土渣被吸出流入沉淀池。反循环工艺由于泵吸作用，泥浆上升的速度较快，排渣能力大，但土质较差或易塌孔的土层应谨慎使用。

回转钻机设备性能可靠，噪声和振动较小，钻进效率高，钻孔质量好。它适用于松散土层、黏土层、砂砾层、软质岩层等多种地质条件，应用比较广泛。

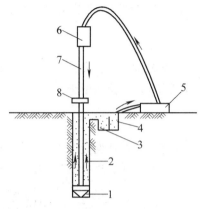 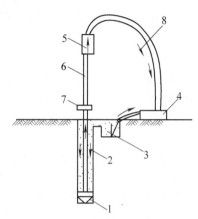

（a）正循环成孔工艺　　　　　　　　　　（b）反循环成孔工艺

1—钻头；2—泥浆循环方向；3—沉淀池；4、5—泥浆泵；
6—水龙头；7—钻杆；8—转机回转装置。

1—钻头；2—新泥浆流向；3—沉淀池；4—砂石泵；5—水龙头；
6—钻杆；7—回转装置；8—混合液流向。

图 2.19　泥浆循环成孔工艺

（2）潜水钻机成孔。

潜水式工程电钻（简称潜水钻机）设备轻便，操作简单，使用时受限制较少。其特点是动力、减速机构与钻头紧紧相连在一起共同潜入水下工作，因此钻孔效率相对较高，钻杆不需旋转，可避免因钻杆折断发生工程事故；噪声小，劳动条件大为改善。如图 2.20 所示，它采用正循环工艺注浆、护壁和排渣，适用于淤泥、淤泥质土、黏性土、砂土及强风化岩层，不宜用于碎石土。

减速机构为行星齿轮，电机带动中心轮，中心轮带动行星轮，行星轮再带动最外的内齿圈，内齿圈与中心轮的转速比（即减速比）为 $1:4 \sim 1:4.5$。

潜水钻机既适用于水下钻孔，也可用于地下水位较低的干土层中钻孔。

（3）全叶螺旋钻机。

其原理为用动力旋转钻杆，钻头部分的螺旋刀片旋转削土，被削下的土随螺旋叶片上升而涌出孔外，螺旋钻杆可接长。它适用于地下水位以上一般黏性土、硬土或人工填土的地基成孔，成孔直径 300 ~ 500 mm，最大可达 800 mm，钻孔深度 8 ~ 12 m。

2）钻孔灌注桩的一般施工方法

钻孔灌注桩的施工，是先用钻孔机械进行钻孔，然后于桩内放入钢筋架，再灌注混凝土。土质较差时要注意防止孔壁坍塌，主要措施是在孔中注入泥浆水或注入清水（原土造浆）形成护壁。

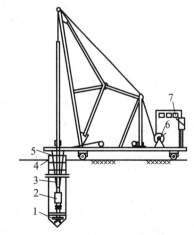

1—钻头；2—潜水钻机；3—转杆；4—护筒；
5—水管；6—卷扬机；7—控制箱。

图 2.20　潜水钻机示意图

3）常见问题

（1）孔壁坍塌。

钻孔施工过程中，排出的泥浆不断出现气泡，护筒内水位突然下降，都是塌孔的迹象。其原因是土质松散，加之泥浆护壁不好，护筒水位不高。发生塌孔时，要保证护筒内的水位高出 1.5 m，泥浆的稠度和比重要加大，操作时要避免碰撞孔壁。若是小塌孔，可加浓泥浆或加入黏土继续钻孔；大塌壁时，分析塌孔部位，用黏土回填至塌孔高度以上，停一段时间，待土及水位稳定后再行重钻。

（2）钻孔偏斜。

其原因是钻杆不垂直，钻头导向部分太短，导向性差，土质软硬不一，或者遇上孤石。钻孔倾斜除影响桩的质量外，还会造成放钢筋笼等的施工困难。发现有倾斜，应减慢速度，提起钻头，上下反复扫钻。

（3）混凝土超灌量。

为保证和衡量桩身的密实程度，灌注桩混凝土用灌注充溢系数（灌注混凝土体积与桩孔理论体积之比）来控制，充溢系数必须大于 1。但是混凝土量过大即产生超灌，造成浪费。中途尽量不随便停钻，避免过大的扩孔和土壁坍塌。

3. 冲孔灌注桩施工

冲孔灌注桩施工工艺始于盐井的开采。冲孔灌注桩适用碎石土、砂土、黏性土、风化岩层。

冲击钻机成孔如图 2.21 所示，它是用动力将冲锥式钻头提升到一定高度后，靠自由下落的冲击力来掘削硬质土和岩层，然后用淘渣筒排除渣浆。钻头形式有十字形、工字形、人字形等，一般用十字形。钻头锥顶和提升钢绳之间有自动转向装置。

1）冲击成孔的施工

（1）开孔时应低锤勤击，地表为软弱土层时可加小片石和黏土块反复冲击造壁。

（2）必须保证泥浆的补给，保持泥浆面的稳定。

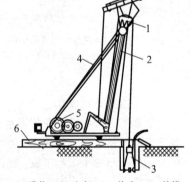

1—滑轮；2—主杆；3—钻头；4—斜撑；
5—卷扬机；6—垫木。
图 2.21　冲击钻机示意图

（3）开始钻基岩时要低锤勤击，以免偏斜，发生偏斜时应回填厚度为 30～50 cm 的片石，重新钻进。

（4）遇到孤石，要抛填相应硬度的片石或卵石，用高冲程冲击，或采用高低冲程交替冲击的方法将孤石击碎挤入孔壁。

（5）准确控制松绳长度，勤松、少松，又要免打空锤，少用高冲程，以免扰动孔壁，引起坍塌、扩孔、卡钻。

（6）经常检查钢丝绳磨损情况、卡扣松紧程度、转向装置工作情况。

2）清　孔

钻孔达设计标高后，应测量沉渣厚度，立即进行清孔。以原土造浆的钻孔，清孔可采用射水法，此时钻头只转不进，待泥浆相对密度降到 1.1 左右即可；注入制备泥浆的钻孔，采用换浆法清孔，即用稀泥浆置换出浓泥浆，待泥浆的相对密度降到 1.15～1.25 即认为清孔合格。在清孔过程中通过置换泥浆，使得孔底沉渣排出。剩余沉渣厚度的控制是：对端承桩不大于 50 mm，对摩擦端承桩及端承摩擦桩不大于 100 mm，对摩擦桩不大于 300 m。

对于孔底余留的块状卵石、碎石，可采用在转盘上焊绕网状钢丝绳，使钻具原位转动，石块便上升到绳网上面，提升钻杆即可排除。

清孔后，应尽快吊放钢筋笼并浇筑混凝土，浇筑混凝土在泥浆和水下作业采用导管法。为保证桩顶质量，混凝土应浇筑至超过桩顶设计标高约 500 mm，以便在凿除浮浆层后，桩顶混凝土达到设计强度要求。

　　3）常见问题的处理

（1）斜孔、弯孔和缩孔。

停钻，用黏土块或块石填至检孔器上 0.5 ~ 1.0 m 重新钻进。不得用钻头修孔，以防冲击钻头被卡住。

（2）卡钻。

交替紧绳、松绳，将钻头慢慢吊起，不得硬提猛拉。

（3）掉钻。

应立即打捞，为便于打捞，冲孔时钻头顶部应预先设打捞环、打捞套。

（4）坍孔。

坍孔产生的原因主要有：护筒埋置不严密而漏水或埋置太浅；孔内泥浆面低于孔外水位或泥浆密度不够；在流砂、软淤泥、松散砂层中钻进时，进尺、转速太快等。避免坍孔的措施是：护筒周围用黏土填封紧密；钻进中及时添加泥浆，使其高于孔外水位；遇流砂、松散土层时，适当加大泥浆密度，且进尺不要太快。

轻度坍孔可加大泥浆密度和提高其水位；严重坍孔时用黏土泥浆投入，待孔壁稳定后采用低速钻进。

（5）吊脚桩。

吊脚桩即在桩的底部有较厚泥砂而形成松软层。其产生原因有：清渣未净，残留沉渣过厚；清孔后泥浆密度过小，孔壁坍塌或孔底涌进泥砂，或未立即灌筑混凝土；吊放钢筋骨架、导管等物碰撞孔壁，使泥土坍落孔底。防止吊脚桩的措施是：注意泥浆浓度，及时清渣；做好清孔工作，达到要求立即灌筑混凝土；施工中注意保护孔壁，不让重物碰撞。

（6）断桩。

断桩指因有泥夹层而造成桩体混凝土不连续。造成断桩的原因有：首批混凝土多次灌筑不成功，再灌筑上层时出现一层泥夹层而造成断桩；孔壁坍塌将导管卡住，强力拔管时泥水混入混凝土内；导管接头不良，泥水进入管内。避免断桩的措施是：力争混凝土灌筑一次成功；选用较大密度、黏度和胶体率好的泥浆护壁；控制钻进速度，保持孔壁稳定；导管接头应用方丝扣联结，并设橡胶圈密封。

灌注桩严重塌方或导管无法拔出形成断桩，可在一侧补桩；深度不大时可挖出，对断桩作适当处理后，支模重新浇筑混凝土。

　　4. 沉管灌注桩施工

沉管灌注桩分为锤击沉管灌注桩和振动沉管灌注桩。

沉管灌注桩在施工过程中，对土体有挤密作用和振动影响，施工中应结合现场施工条件，考虑成孔顺序。

沉管到设计标高后，检查管内泥浆和渗水，再灌混凝土。为了提高桩质量和承载能力，沉管灌注桩常采用以下工艺：

套管成孔灌注桩是利用锤击沉管法或振动沉管法，将带有活瓣的钢制桩尖或钢筋混凝土预制桩靴的钢套管沉入土中，吊放钢筋笼，然后灌注混凝土并分段拔管而成。用锤击法沉管、拔管的称为锤击沉管灌注桩；用激振器沉管、拔管的称为振动沉管灌注桩。图2.22所示为沉管灌注桩的施工过程示意图。

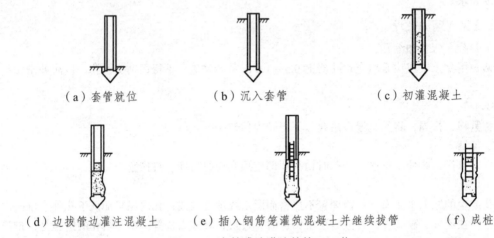

（a）套管就位　　　（b）沉入套管　　　（c）初灌混凝土

（d）边拔管边灌注混凝土　（e）插入钢筋笼灌筑混凝土并继续拔管　（f）成桩

图 2.22　套管成孔灌注桩施工工艺

1）锤击沉管灌注桩

在锤击沉管灌注桩施工时，用桩架吊起钢套管，关闭桩尖活瓣或安放好预先设在桩位处的钢筋混凝土预制桩靴上，套管与桩靴连接处要垫以麻、草绳等，以防地下水渗入管内。然后缓缓放下套管，压进土中。套管顶端扣上桩帽，检查套管与桩锤是否在同一垂直线上，其偏斜不大于0.5%时，即可起锤沉套管。先用低锤轻击，若无偏移，才正常施打，直至符合设计要求的贯入度或标高。在检查管内无泥浆或水进入后即可灌注混凝土，套管内混凝土应尽量灌满，然后开始拔管。拔管时应保持连续低锤密击不停。拔管要均匀，不宜过高过快；拔管的速度对一般土层来说以不大于1 m/min为宜，在软弱土层及软硬土层交界处应控制在0.8 m/min以内。拔管中要随时探测混凝土落下的扩散情况，注意使管内的混凝土保持略高于地面，直到全管拔出为止。桩的中心距小于5倍桩管外径或小于2 m时，均应采取跳打的方式，且中间空出的桩需待邻桩混凝土达到设计强度的50%以后方可施打，防止因挤土而使前面的桩发生桩身断裂。

为了改善灌注桩的质量、扩大桩径和提高桩承载能力，常采用复打法，包括全长复打和局部复打。复打的施工程序：在第一次灌注桩施工完毕拔出套管后（单打），及时清除管外壁上的泥土和桩孔周围地面的浮土，立即在原桩位安好桩靴和套管或关闭桩端活瓣，进行复打，使未凝固的混凝土向四周挤压扩大桩径；然后第二次浇筑混凝土，拔管方法与单打相同。复打时要注意：前后两次沉管的轴线应重合；复打必须在第一次灌注的混凝土初凝之前进行；如有配筋，钢筋笼应在第二次沉管后灌注混凝土之前就位。

施工中应做好施工记录，包括每米沉管的锤击数和最后1 m的锤击数，最后3阵每阵10击的贯入度及落锤高度。锤击沉管灌注桩适用于一般黏性土、淤泥质土、砂土和人工填土地基。

2）振动沉管灌注桩

振动沉管灌注桩大多采用激振器（振动锤）沉管，其设备如图2.23所示，激振器、套管、活瓣桩尖可依次联结在一起，并能利用滑轮组整体提升（故能拔管和反插施工）。施工时，先安装好桩机，关闭活瓣桩尖或安放好钢筋混凝土预制桩靴，徐徐放下套管，压入土中，即可开动激振器沉管。套管受振后与土体之间摩阻力减小，同时在振动锤自重的压力下，即能入土成孔。沉管时，必须严格控制最后两分钟的贯入速度，其值按设计要求或根据试桩和当地的施工经验确定。

振动沉管灌注桩可采用单打法、复打法或反插法等施工工艺。单打施工时，在沉入土中的套管内灌满混凝土，开动激振器振动 5~10 s 后开始拔管，然后边振边拔，每拔 0.5~1.0 m 停拔振动。如此反复，直至套管全部拔出。单打法施工在一般土层内拔管速度宜为 1.2~1.5 m/min，在较软弱土层中宜控制在 0.6~0.5 m/min。在拔管过程中，应分段添加混凝土，保持管内混凝土面高于地面或地下水位 1.0~1.5 m。复打法施工与锤击沉管灌注桩相同。反插法施工时，在套管内灌满混凝土后，先振动再开始拔管。每次拔管高度 0.5~1.0 m，向下反插深度 3~5 m，如此反复，并

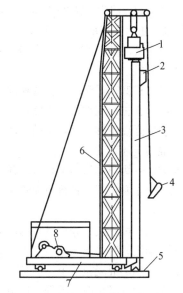

1—振动器；2—漏斗；3—套管；4—吊斗；5—枕木；
6—机架；7—架底；8—卷扬机。

图 2.23　振动沉管设备

始终保持振动，直至套管全部拔出。反插法的拔管速度应小于 0.5 m/min。由于反插法能扩大桩径，使混凝密实，从而提高桩的承载能力，宜用于较差的软土地基。振动沉管灌注桩的适用范围除与锤击沉管灌注桩相同外，还包括稍密及中密的碎石土地基。

3）沉管灌注桩的施工要求

锤击沉管灌注桩的施工质量与材料、土层、施工工艺有直接关系。边锤击边成型，桩体质量直接受操作方法的影响。

（1）桩管内混凝土应尽量多灌，长管打短桩一次灌足，打长桩尽量满灌；拔管高度应控制在能满足第二次需要灌入的混凝土量为限，不宜过高，桩管内混凝土至少有 2 m 的高度。灌注过程中专人用测锤或浮标检查混凝土下降情况。

（2）拔管速度应均匀，一般土层不大于 1 m/min，软弱土层及软硬土层交界处应控制在 0.8 m/min 以内。

4）沉管灌注桩的质量问题及处理

（1）断桩。

断桩指桩身局部分离或断裂，更为严重的是一段桩没有混凝土。

原因：桩距离太近，相邻桩施工时混凝土还未具备足够的强度，受已形成桩的挤压而断裂。

处理方法：施工时，控制中心距离不小于 5 倍桩径；确定打桩顺序和行车路线，减少对新灌注混凝土桩的影响。采用跳打法或等已成型的桩混凝土达到 50%设计强度后，再进行下根桩的施工。

断桩一般常见于地面以下 1~3 m 的软硬土层交接处。其裂痕呈水平或略倾斜，一般都贯通整个截面。产生断桩的原因主要有：桩距过小，邻桩施工时土的挤压所产生的横向水平推力和隆起上拔力；软硬土层间传递水平力大小不同，对桩产生剪应力；桩身混凝土终凝不久，强度较弱时即承受外力。

避免断桩的措施有：考虑合理的打桩顺序，减少对新打桩的影响；采用跳打法或控制时间法以减少对邻桩的影响。

检查断桩的方法为：在 2~3 m 深度内可用木槌敲击桩头侧面，同时用脚踏在桩头上，如桩已断，会感到浮振：也可采用动测法，由波形曲线和频波曲线图形判断桩的质量与完整程度。断桩一经发现，应将断桩段拔出，将孔清理干净后，略增大面积或加上铁箍连接，再重新灌筑混凝土补做桩身。

（2）吊脚桩。

吊脚桩指桩底部混凝土隔空或松软，没有落实到孔底地基土层上的现象。

吊脚桩即在桩的底部混凝土隔空或混凝土中混进泥砂而形成松软层。其产生的原因有：预制钢筋混凝土桩靴强度不够，沉管时被破坏变形，水或泥砂进入桩管；桩尖的活瓣未及时打开，套管上拔一段后混凝土才落下。

处理方法：为防止活瓣不张开，开始拔管时，可采用密张慢拔的方法对桩脚底部进行局部翻插几次，然后再正常拔管；桩靴与套管接口处使用性能较好的垫衬材料，防止地下水及泥浆的渗入。

（3）缩颈。

缩颈桩又称瓶颈桩，即桩身局部范围截面缩小，不符合要求。其产生的原因主要有：在含水量大的黏性土中沉管时，土体受强烈扰动和挤压而产生很高的孔隙水压力，桩管拔出后，这种水压力便作用到新灌筑的混凝土桩上，使桩身发生不同程度的缩颈现象；拔管过快、混凝土量少或和易性差，使混凝土出管时扩散性差等。避免缩颈的措施是：施工中应经常测定混凝土的下落情况，发现问题及时纠正，一般可用复打法处理。

（4）混凝土灌注过量。

灌桩时混凝土用量比正常情况下大 1 倍以上。

原因：孔底有洞穴；饱和淤泥中施工，土体受到扰动，强度大大降低，在混凝土侧压力作用下，桩身扩大而混凝土用量增大。

防治方法：施工前详细了解现场地质情况，在饱和淤泥软土中采用沉管灌注桩时，应先打试桩。发现混凝土用量过大时，应与设计单位联系，改用其他桩型。

（5）套管进水进泥。

套管进水进泥常发生在地下水位高、饱和淤泥或粉砂土层中。原因为桩尖活瓣闭合不严、活瓣被打变形或预制钢筋混凝土桩靴被打坏。处理方法是：拔出套管，清除泥砂，修整桩尖活瓣或桩靴，用砂回填后重打。为避免套管进水进泥，当地下水位高时，可在套管沉至地下水位时先灌入 0.5 m 厚的水泥砂浆封底，再灌 1 m 高混凝土增压，然后继续沉管。

5）质量控制

桩尖位于坚硬、硬塑的黏性土、碎石土、中密以上的砂土或风化岩等土层时，以控制贯入度为主。沉管灌注桩适用于可塑、软塑和流塑的黏土、稍密及松散砂土，因此以控制标高为主，贯入度为参考指标。

若标高达到要求，而贯入度相差较大，应会同有关单位研究处理。

5. 爆扩灌注桩

爆扩灌注桩又称爆扩桩，一般采用简易麻花钻（手工或机动）在地面上钻出细长的小孔，在孔内安放炸药，利用爆炸的力量挤土成孔，然后在孔底安放炸药，在孔底爆破形成扩大头，最后灌注混凝土而成。爆扩桩的优点是成孔方法简单，节省劳动力，成本低，承载力较大。爆扩桩适用于地下水位以上的黏性土、黄土、碎石土及风化岩；桩长度一般 3~6 m，最长 10 m。

爆扩桩的施工除做好一般的施工准备以外，很重要的一项是进行试爆试验，即对爆扩大头的炸药量和成孔时的炸药管进行试验，以取得可靠的炸药用量数据来指导施工。炸药用量与扩大头尺寸和土质有关。

施工工艺流程：爆扩成型试验→制作药包成孔→检查修理桩孔→放扩大头药包→灌压爆混凝土→引爆→检查扩大头→安放钢筋骨架→二次灌混凝土→养护。

1）成　孔

成孔方法有人工成孔法、机钻成孔法、爆扩成孔法。机械成孔的设备和钻孔方法同钻孔灌注桩。

人工成孔法使用的工具是洛阳铲、太阳铲或手摇钻。洛阳铲是带有开缝的圆筒；太阳铲是扁钢圈；手摇钻有螺旋形钻头和鱼尾形钻头（有装土筒）。

爆扩成孔法先用小直径洛阳铲或手提麻花钻钻出导孔，然后根据不同的土质放不同直径的炸药条，爆扩后形成桩孔。爆扩成孔应先进行试验，找出导管、炸药量及形成的桩孔直径数据，以便指导施工。装炸药的管材用玻璃管，既防水又透明，便于检查和插到导孔底部。

2）爆扩大头

包括放入炸药包，灌压爆混凝土，引爆，测量混凝土下落高度，捣实扩大头混凝土。重点是压爆混凝土的坍落度和灌入量的确定。引爆前需浇灌压爆混凝土，灌入量为扩大头体积的一半。混凝土坍落度在黏性土层中宜为 10 ~ 12 cm，在砂土及人工填土中宜为 12 ~ 14 cm，粗骨料粒径不宜大于 25 mm。混凝土灌注完毕后应立即引爆，时间间隔不宜超过 30 min，否则容易出现混凝土拒落事故。引爆时应注意引爆顺序：当桩距大于爆扩影响间距时，可采用单爆方式；当桩距小于爆扩影响间距时，宜采用联爆方式；当相邻桩扩大头不在同一标高时，引爆顺序应先深后浅。引爆后混凝土即落入扩大头空腔的底部，检查扩大头尺寸后，用振动棒振实混凝土。

3）灌筑桩身混凝土

扩大头底部混凝土振实后，应立即安放钢筋笼，然后连续灌注扩大头和桩身混凝土，不得中断，以免留下施工缝。桩顶需加盖草袋，终凝后浇水养护。在干燥的砂类土地区，还要在桩的周围浇水养护。

6. 人工挖孔灌注桩

人工挖孔灌注桩，简称人工挖孔桩，是采用人工挖掘方法成孔，然后安放钢筋笼，浇筑混凝土成为支撑上部结构桩基的施工工艺（图 2.24）。该方法不得用于软土、流沙地层及地下水较丰富和水压力大的土层中。人工挖孔桩所需的设备简单，施工速度快，土层情况明确，桩底沉渣清除干净，施工质量可靠且成本低廉。但工人在井下作业劳动条件差，必须制订可靠的安全措施，严格按操作规程施工。挖孔桩的直径除满足承载力要求外，还应考虑施工操作的需要。桩芯直径 D 不宜小于 800 mm，一般在 1.2 m 以上，桩底一般都有扩大头（墩基础），桩底扩大头直径一般为 1.3 ~ 3.0D。

人工挖孔桩优点是设备简单，施工现场较干净，噪声、震动少，对原有建筑影响小，施工速度快，各桩可同时施工，土层情况明确，沉渣能清除干净，质量可靠；适用于狭窄的市区，土层结构复杂地区，适应性强。

护壁厚度一般为 0.1D + 5 cm，护壁内等距放 8 根直径为 6 ~ 8 mm、长 1 m 的直钢筋，插入下层护壁，形成整体。

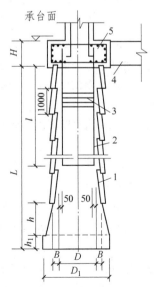

1—护壁；2—纵筋；3—箍筋；
4—地梁；5—承台。

图 2.24　人工挖孔灌注桩

1）施工机具

人工挖孔桩施工机具简单，主要有电动机、潜水泵、提土桶、鼓风机工具或小型挖土机具、爆破材料，此外还有照明灯、对讲机、电铃等。

（1）电动葫芦、提土桶和软梯，用于施工人员的上下、材料和弃土的垂直运输。

（2）潜水泵，抽出桩孔中的积水。

（3）鼓风机和送风管，向桩孔中强制输入新鲜空气。

（4）挖土工具、照明灯具、对讲机、电铃，皆为挖土过程中的必需品。

2）施工工艺

为了确保人工挖孔施工的安全，必须进行有效支护，严防土体大面积坍塌，例如现浇钢筋混凝土护壁、喷射混凝土护壁、打设型钢或木板桩等。下面以现浇钢筋混凝土护壁为例说明人工挖孔桩的施工工艺。

（1）按设计图纸放线、确定桩位。

（2）开挖土方：采取分段开挖，每段高度一般为 0.5～1.0 m。开挖范围为设计桩心直径加护壁的厚度。钢筋混凝土护壁应每节高 1 m，并有 1∶0.1 的坡度。

（3）支设护壁模板。模板上大下小，高度与开挖施工段一致，宜采用工具式钢模板（或木模板）组合而成。

（4）放置操作平台。平台可用角钢和钢板制成半圆形，合起来即为一个整圆，临时安放在模板顶面。

（5）浇筑护壁混凝土。护壁混凝土要注意捣实，因为它起着防止土壁坍陷与防水的双重作用。第一节护壁厚度宜增加 10～15 cm，上下节护壁用钢筋拉接。

（6）拆除模板继续下一段的施工。当护壁混凝土强度达到 1.2 MPa，常温下约 24 h 后即可拆除模板。进入下一段的施工。如此循环，直至挖到设计深度。

（7）吊放钢筋笼（如果钢筋笼的高度不及孔深，则先浇注混凝土）。

（8）排除积水，浇筑桩身混凝土。当桩孔内渗水量不大时，抽除孔内积水后，用串筒法浇筑混凝土；如果桩孔内渗水量过大，积水过多不便排干，则应用导管法水下浇筑混凝土。

3）施工中注意的问题

（1）桩孔中心线偏差小于 5 cm，垂直度偏差小于 1%，桩径不小于设计桩径。挖到比较完整的持力层后，用小型钻机钻不小于桩径 3 倍的深孔取样鉴别，确认非孤石、无软弱下卧层及洞隙后才能终孔。

（2）注意防止土壁坍落及流砂事故，可采用钢护筒或钢筋混凝土沉井；流砂严重则可采用井点降水施工。

（3）地下水较多时应采用导管法浇筑水下混凝土。

4）安全防护

人工挖孔桩在开挖过程中，必须制订专门的安全措施。主要有：施工人员进入孔内，必须戴安全帽；孔内有人施工时，孔口必须设专人监督防护；护壁要高出地面 15～20 cm，挖出的土不得堆在孔四周 1.2 m 范围内，以防落入孔内；孔周围要设置 0.5 m 高的安全防护栏杆，每孔要设置安全绳及安全软梯；孔下照明应为安全用电装置，使用潜水泵要有防漏电装置；桩孔开挖深度超过 10 m 时，应设鼓风机向孔井中输送洁净空气，风量不少于 0.025 m^3/s。

7. 大直径扩底灌注桩施工扩底方式

大直径扩底灌注桩是以人工或机械的方法成孔并扩大桩孔底部，浇注混凝土而成。桩的直径大于 0.8 m，一般在 1～5 m，多为一柱一桩。此种桩具有很大的强度和刚度，能承受较大的上部荷载，工程中应用广泛。

大直径扩底灌注桩大多采用人工开挖，因此亦称为大直径人工挖孔桩或人工挖孔扩底灌注桩。当地下水位高、土层不适宜人工开挖时，可采用泥浆护壁成孔灌注桩工艺成孔，然后采用机械方法扩底。

1）人工挖孔扩底

人工挖孔扩底宜在无地下水或含微量地下水的硬塑至坚硬黏性土、中密至密实砂土、碎石土及风化岩层的持力层中采用。扩底前应在桩孔底面测量桩的中心位置。挖孔时，应四周均匀挖掘，由小而大扩成设计断面和形状，且开挖面应整齐，形状完好，尺寸准确。扩大头挖好后，应把废土清理干净，经检查验收合格后，才能吊放钢筋笼和灌注混凝土。灌注扩大头混凝土时应采取防止产生离析的措施，并应分层捣实。在相邻的群桩中施工时，宜采取跳挖跳灌的方式，施工时应采取绝对安全的防护技术安全措施。

2）反循环钻孔扩底

采用泥浆护壁钻机成孔时，成孔后即进行机械扩底。通常采用反循环钻机钻孔扩底法，扩底钻具有上开式、下开式、扩刀滑降式及扩刀推出式四种，如图 2.25 所示。

（1）上开式扩底：桩孔钻完后，在设计深度处，把扩底刀刃如伞一样反向打开进行扩底，扩底面积按设计尺寸逐步扩大，直至形成扩大头，见图 2.25（a）。

（2）下开式扩底：桩孔钻完后，在设计深度处，将关闭的扩底刀刃徐徐打开进行扩底，直至形成扩大头，见图 2.25（b）。

（3）扩刀滑降式扩底：桩孔钻完后，在设计深度处，扩底刀刃在沿着倾斜的固定导架下滑的同时，慢慢掘削成扩大头，见图 2.25（c）。

（4）扩刀推出式扩底：桩孔钻完后，在设计深度处，把刀刃的作用面向外侧缓慢伸展，掘削成扩大头，见图 2.25（d）。

反循环钻机最大扩底直径为桩身直径的 3 倍。扩底切削下来的土渣采用反循环钻机随泥浆排出。

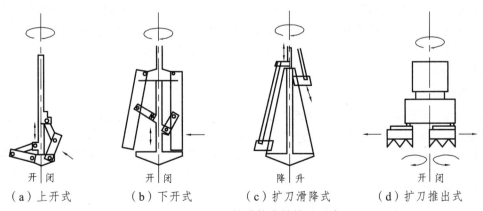

（a）上开式　　（b）下开式　　（c）扩刀滑降式　　（d）扩刀推出式

图 2.25　反循环钻孔扩底转钻具形式

3）爆扩法扩底

爆扩法扩底与爆扩成孔灌注桩的工艺相同，此处不再赘述。

2.3 地下连续墙

地下连续墙是深基坑的主要支护结构挡墙之一。

1. 施工工艺原理

地下连续墙是指在基础工程土方开挖之前，预先在地面以下浇筑的钢筋混凝土墙体。

地下连续墙的施工过程为：特制挖槽机→分段开挖沟槽→清除沉淀泥渣→放置钢筋骨架→导管浇筑水下混凝土→下一个单元槽段施工。

单元槽段之间用特制的接头，形成连续墙，起挡土和防水双重作用。连续墙单纯用作支护结构，费用较高；连续墙成为地下结构的组成部分（即两墙合一）则较为理想。

地下连续墙适用于地下水位高的软土地区，或当基坑深度大且邻近的建（构）筑物、道路和地下管线相距很近时采用。

2. 优缺点

1）优　点

适用于各种土质；对邻近的结构物和地下设施没有什么影响；可在各种复杂条件下施工；单体造价有时可能稍高，但其综合经济效果较好。

2）缺　点

易造成施工现场潮湿和泥泞，还需对废泥浆进行处理；地下连续墙中的墙面不够光滑，作为永久性结构需进行进一步处理；如只作临时挡土结构则不够经济。

3. 地下连续墙的施工

我国应用最多的是现浇的钢筋混凝土板式地下连续墙，有用作主体结构的一部分同时又兼作临时挡土墙的地下连续墙和纯为临时挡土墙两种。

1）导墙作用

挡土墙作用——防止地表土体不稳定坍塌，在挖槽前先筑导墙。

基准作用——明确挖槽位置与单元槽段的划分，是测定挖槽精度、标高、水平及垂直的基准。

支承作用——用于支承挖槽机、混凝土导管、钢筋笼等施工设备所产生的荷载。

其他作用——① 防止泥浆漏失；② 保持泥浆稳定；③ 防止雨水等地面水流入槽内；④ 起到相邻结构物的补强作用。

2）泥　浆

泥浆的主导作用是护壁，防止槽壁坍塌，同时具有携渣作用，便于土渣随同泥浆一同排出槽外，又可避免土渣沉积在工作面上影响挖槽机的挖槽效率。此外，泥浆还具有冷却和滑润作用，泥浆既可降低钻具的温度，又可起润滑作用而减轻钻具的磨损，有利于延长钻具的使用寿命和提高深槽挖掘的效率。

泥浆制备方法有：

制备泥浆——挖槽前利用专用设备事先制备好泥浆，挖槽时输入沟槽；

自成泥浆——挖槽时，向沟槽内输入的清水，与钻削下来的泥土拌和，边挖槽边形成泥浆；

半自成泥浆——当自成泥浆的某些性能指标不符合规定的要求时，在形成自成泥浆的过程中，加入一些需要的成分。

3）挖　槽

挖槽是地下连续墙施工的主要工序。槽宽为设计墙厚，挖槽采用抓斗或铲斗式挖槽机，开挖后，直接装运；用回转式成槽机的钻头、刀具钻削土层，借助泥浆循环排土；利用各种冲击式凿井机械组的钻头反复冲击土体，借助提砂筒将土排出槽外。

4）清　槽

清槽采用吸力泵、压缩空气、潜水泥浆泵，如吊放钢筋笼后清槽，则可利用混凝土导管压入清水或稀泥浆清孔。

5）槽段的连接

槽段分接头管、接头箱、隔板、预制构件四种接头，接头管连接是一种常用的接头形式。当单元槽段挖好后，于槽段端部放入接头管，然后吊放钢筋笼，浇注混凝土，待混凝土初凝后，将接头管旋转、拔出，使单元槽段端部形成半圆形接头。

6）钢筋笼安装

钢筋笼在地面按设计要求预制，用起重机整段吊起，安放到已挖好的槽段中，钢筋笼外侧安装预制水泥砂浆滚轮，以保证留有足够的混凝土保护层。墙体上的预留孔洞及预埋件应按设计要求，在钢筋笼组装时，安放牢固，并对孔洞周围加固处理。

7）浇注混凝土

方法同水下混凝土灌注。

浇筑地下连续墙时，混凝土要有较高的坍落度和较好的和易性，水灰比不大于 0.6，坍落度为 18 ~ 20 mm，水泥应采用 42.5 级或 32.5 级普通水泥或矿渣水泥，水泥用量不少于 370 kg/m³，可掺外加剂。导管一般为钢管，内径为 200 ~ 300 mm，每节长 2 ~ 3 m，用丝扣或法兰连接，导管数量应根据混凝土扩散度确定。

复习思考题

1. 深基础有哪些类型？

2. 简述桩按功能、施工工艺和材料的分类。

3. 简述钢筋混凝土预制桩的施工过程。

4. 简述预制混凝土桩的质量要求。

5. 简述桩基础施工方案包括的内容。

6. 预制桩沉桩方式有哪些？

7. 锤击沉桩设备有哪三部分？

8. 简述桩锤的种类和适用范围。

9. 打桩顺序有哪些？不合理有何危害？

10. 简述打桩质量要求和控制原则。

11. 简述桩顶、桩身被打坏的原因。

12. 简述静力压桩的优点。

13. 为何压桩比打桩节约材料？

14. 简述灌注桩与预制桩比有何优点。

15. 灌注桩有哪几种？

16. 简述钻孔灌注桩施工易发生的问题。

17. 简述冲击成孔施工中易发生的问题及处理。

18. 简述瓶颈桩、吊脚桩的原因及预防措施。

19. 简述人工挖孔桩的优点。

20. 简述爆扩桩的工艺流程。

第3章 砌体工程

3.1 砌体工程

砌体工程所采用的材料主要是块材和砌筑砂浆，还有少量的钢筋砌体。工程所用的材料应有产品的合格证书、产品性能检测报告，块材、水泥、钢筋、外加剂等尚应有材料主要性能的进场复验报告。严禁使用国家明令淘汰的材料。

3.1.1 砌筑砂浆

砌筑砂浆常采用水泥砂浆和掺有石灰膏或黏土膏的水泥混合砂浆。水泥砂浆的强度较高，但流动性和保水性稍差，能够在潮湿环境下硬化，一般用于砌筑基础、地下室和其他地下砌体；水泥混合砂浆则广泛用于地上的砌体结构工程。为了节约水泥和改善砂浆性能，也可用适量的粉煤灰取代砂浆中的部分水泥和石灰膏，制成粉煤灰水泥砂浆和粉煤灰水泥混合砂浆。

1. 砌筑砂浆原材料

1）水 泥

水泥品种分为普通水泥、矿渣水泥、火山灰水泥、粉煤灰水泥。水泥品种要根据工程的特点、砌体所处的施工部位与环境以及施工要求等具体情况选择。水泥的强度值为砂浆强度等级的 4~5 倍较好。

砌筑砂浆宜采用普通硅酸盐水泥或矿渣硅酸盐水泥。水泥砂浆中水泥的强度等级不宜大于 32.5级，水泥混合砂浆中的水泥不宜大于 42.5 级。水泥进场使用前应分批对强度、安定性进行复验。检验批应以同一生产厂家、同一编号为一批。当在使用中对水泥质量有怀疑或水泥出厂超过 3 个月（快硬硅酸盐水泥超过 1 个月）时，应进行复查试验，并按其结果使用。不同品种的水泥不得混合使用。

2）砂

砂浆中的砂子宜采用中砂，应过筛，不得含有草根等杂物。其含泥量要求：不小于 M5 的混合砂浆，不应超过 5%；小于 M5，不应超过 10%。人工砂、山砂及特细砂应经试配，能满足砌筑砂浆技术条件要求才可使用。

3）外掺料与外加剂

外掺料和外加剂的主要作用是改善和易性、节约水泥和砂浆用量。其中，无机塑化剂有石灰膏、磨细生石灰粉、粉煤灰、黏土膏等；有机塑化剂有微沫剂、皂化松香、纸浆废液等。

（1）石灰膏：由生石灰熟化而成。淋制石灰膏用小于 3 mm 的滤网过滤，熟化时间大于 7 d。磨细生石灰粉的熟化时间不得少于 2 d，生石灰粉不得直接用于砌筑砂浆中。化灰沉淀池中储存的石灰膏，应防止干燥、冻结和污染，不得使用脱水硬化的石灰膏。

（2）粉煤灰：其品质等级可采用Ⅲ级。粉煤灰的合理掺量根据砂浆强度等级和使用要求、计算和试验确定，砂浆中粉煤灰取代水泥量最大不宜超过 40%，砂浆中粉煤灰取代石灰膏量最大不宜超过 50%。

（3）黏土膏：应使用粉质黏土或黏土制备。制备时宜用搅拌机加水搅拌而成，并通过孔径不大于 3 mm×3 mm 的网过筛。黏土中的有机物含量可用比色法鉴定，其色泽应浅于标准色。

（4）外加剂：包括凡在砂浆中掺入的有机塑化剂、早强剂、缓凝剂、防冻剂等。应经检验和试配符合要求后，方可使用。有机塑化剂应有砌体强度的形式检验报告。

4）水

可饮用水均可拌制砂浆。其他水源须经试验鉴定，水质须符合建设部颁发的《混凝土用水标准》JGJ 63—2006。

2. 砌筑砂浆的技术要求

1）流动性（稠度）

砂浆的流动性是指砂浆拌和物在自重或外力作用下是否易于流动的性能。砂浆的流动性以砂浆的稠度表示，即以标准圆锥体在砂浆中沉入的深度来表示。沉入值越大，砂浆的稠度就越大，表明砂浆的流动性越大。拌和好的砂浆应具有适宜的流动性，以便能在砖、石、砌块上铺成密实、均匀的薄层，并很好地填充块材的缝隙。砂浆稠度可按下述指标选用：烧结普通砖砌体为 7~9 cm，烧结多孔砖、空心砖砌体为 6~8 cm，轻骨料混凝土小型空心砌块砌体为 6~9 cm，普通混凝土小型空心砌块、加气混凝土砌块砌体为 5~7 cm，石砌体为 3~5 cm。

2）保水性

砂浆的保水性是指砂浆拌和物保存的水分不致因泌水而分层离析的性能。砂浆的保水性以分层度表示，其分层度值不得大于 30 mm。保水性差的砂浆在运输、存放和使用过程中很容易产生泌水而使砂浆的流动性降低，造成铺砌困难，同时水分也易被块材所吸干而降低砂浆的强度和黏结力。为改善砂浆的保水性，可掺入石灰膏、黏土膏、粉煤灰等无机塑化剂，或微沫剂等有机塑化剂。

3）强度等级

砂浆的强度等级是用一组（6块）边长为 70.7 mm 的立方体试块，以标准养护、龄期为 28 d 的抗压强度为准。砂浆试块应在搅拌机出料口随机取样和制作，同盘砂浆只应制作一组试块。

4）黏结力

砌筑砂浆必须具有足够的黏结力，才能将块材胶结成为整体结构。砂浆黏结力的大小将直接影响到砌体结构的抗剪强度、耐久性、稳定性和抗震能力等。砂浆的黏结力与砂浆强度有关，还与砌筑底面或块材的潮湿程度、表面清洁程度及施工养护条件等因素有关。所以，施工中应采取提高黏结力的相应措施，以保证砌体的质量。

3. 砂浆的制备与使用

砂浆是由胶结料、细集料、掺加料和水配制而成的建筑工程材料，在建筑工程中起黏结、衬垫和传递应力的作用。水泥砂浆由水泥、细集料和水配制而成；水泥混合砂浆则由水泥、细集料、掺加料和水配制而成。

砌筑砂浆的种类、强度等级应符合设计要求。砂浆应通过试配确定配合比，砂浆的配制强度按规定应比设计强度等级提高 15%。水泥砂浆最小水泥用量不宜小于 200 kg/m³，如果水泥用量太少，不能填充砂子孔隙，稠度、分层度将无法保证。当砌筑砂浆的组成材料有变更时，其配合比应重新确定。施工中如采用水泥砂浆代替水泥混合砂浆时，应按现行国家规范《砌体结构设计规范》GB 50003—2011 的规定考虑砌体强度降低的影响，重新确定砂浆强度等级，并以此重新设计配合比。

砌筑砂浆应采用搅拌机搅拌。搅拌时间应为：水泥砂浆和水泥混合砂浆不得少于 2 min；水泥粉煤灰砂浆和掺用外加剂的砂浆不得少于 3 min；掺用有机塑化剂的砂浆在 3 ~ 5 min。砂浆应随拌随用，水泥砂浆和水泥混合砂浆应分别在 3 h 和 4 h 内使用完毕；当施工期间最高气温超过 30 ℃ 时，应分别在拌成后 2 h 和 3 h 内使用完毕。对掺用缓凝剂的砂浆，其使用时间可根据具体情况延长。

3.1.2 块 材

1. 砖

砌体工程所用砖的种类有烧结普通砖（黏土砖、页岩砖等）、蒸压灰砂砖、粉煤灰砖、烧结多孔砖和烧结空心砖等。因黏土砖的生产毁坏耕地、污染环境，不符合国家产业政策，早已被严令禁用。烧结页岩砖仍是目前使用最普遍的一种，它与蒸压灰砂砖、粉煤灰砖的规格尺寸均为 240 mm × 115 mm × 53 mm，且均可用作承重。烧结多孔砖的孔洞沿竖直方向，即垂直于砖的大面，其规格较多，长度有 290 mm、240 mm、190 mm 等，宽度有 190 mm、140 mm、115 mm 等，高度一般为 90 mm，也可以作承重砌体。烧结空心砖的孔洞较大且沿水平方向，即平行于砖的大面和条面，其长度有 290 mm、240 mm 等，宽度有 240 mm、190 mm、115 mm 等，高度有 115 mm、90 mm，它强度较低，只能用于非承重砌体。

2. 砌 块

砌块的种类、规格很多，目前常用的砌块有普通混凝土小型空心砌块、轻骨料混凝土小型空心砌块、蒸压加气混凝土砌块、粉煤灰砌块等。普通混凝土空心砌块具有竖向方孔，其主规格尺寸为 390 mm × 190 mm × 190 mm，还有一些长度分别为 200 mm、190 mm、90 mm，但宽度与高度不变的辅助规格砌块，以配合主规格砌块使用，此种砌块可用作承重砌体。轻骨料混凝土小型空心砌块的规格尺寸与普通混凝土小型空心砌块完全相同。蒸压加气混凝土砌块的长度为 600 mm，宽度为 100 ~ 240 mm 多种，高度有 200 mm、250 mm、300 mm 等。粉煤灰砌块的长度为 880 mm，宽度为 240 mm，高度有 380 mm、430 mm 等。后三种砌块都只能用于非承重砌体。

3. 石 材

砌筑用石材分为毛石、料石两类，毛石又分为乱毛石和平毛石两种。乱毛石是指形状不规则的石块；平毛石是指形状不规则但有两个平面大致平行的石块。料石按其加工面的平整程度分为细料石、半细料石、粗料石和毛料石四种。

3.2 石砌体施工

3.2.1 材料要求

（1）石料要求质地坚实、无风化剥落和裂纹。块体的中部厚度不宜小于 150 mm。大小搭配使用，不可先用大块后用小块。

（2）砌筑前清除表面泥垢、水锈等杂质，必要时用水清洗。

（3）石砌体可用乱毛石、平毛石以及料石，强度不低 MU20。

（4）石砌体所用砂浆应为水泥砂浆或混合砂浆，其品种与强度等级应符合设计要求。石基础的砂浆强度等级不低于 M5。

3.2.2 毛石砌体

1. 毛石砌体的砌筑要点

（1）双面拉准线，采用"铺浆法"砌筑（即先铺砂浆，再摆砌石块，最后砂浆填缝、塞砌小石块于大缝中）。砂浆必须饱满，叠砌面的黏灰面积（即砂浆饱满度）应大于 80%。砌筑第一皮最底层毛石基础时，按所放的基础边线砌筑；第二皮以上各皮则按准线砌筑。

（2）应分皮卧砌、上下错缝、内外搭砌，较大缝隙先填塞砂浆后塞碎石块。石砌体宜分皮卧砌，各皮石块间应利用毛石自然形状，经敲打修整使能与先砌毛石基本吻合、搭砌紧密。

（3）灰缝厚度宜为 20～30 mm，砂浆应饱满，石块间不得有直接接触或无砂浆。

（4）阶梯形毛石基础，上台阶的石块应至少压砌下台阶石块的1/2，相邻台阶的毛石应相互错缝搭接，内外搭砌，不得采用外面侧立毛石中间填心的砌筑方法；中间不得有铲口石（尖石倾斜向外的石块）、斧刃石（尖石向下的石块）和过桥石（仅在两端搭砌的石块），见图 3.1。

图 3.1 铲口石、斧刃石、过桥石

（5）每一皮内每隔 2 m 设置一块拉结石。基础宽度小于等于 400 mm 时，拉结石长与基础宽度相同；基础宽度大于 400 mm 时，两块拉结石内外搭接砌筑，搭接长度不应小于 150 mm，且其中一块长度不应小于该皮基础宽度的 2/3。

（6）转角处和交接处同时砌筑，否则留斜槎，斜槎长度不小于其高度，在斜槎处继续接砌时，应先将斜槎石面清理干净、浇水润湿后，方可砌筑。

（7）有高低台的毛石基础，应从低处砌起，并由高台向低台搭接，搭接长度不小于基础高度。毛石基础的最上一皮宜选用较大的平毛石砌筑；转角处、交接处、洞口处也应选用平毛石砌筑。毛石基础每天砌筑高度以 1.2 m 为宜。

2. 毛石基础

墙下条形毛石基础和柱下独立毛石基础断面为矩形、梯形、阶梯形，基顶宽度应比墙体底面宽度大 200 mm，基底宽依设计确定。梯形基础与地面之间的坡角大于 60°；阶梯形基础每台阶高度不小于 300 mm，一侧挑出宽度不大于 200 mm。

砌筑毛石基础的第一皮石块应坐浆，并将石块的大面向下。毛石基础的转角处、交接处应用较大的平毛石砌筑。

毛石基础的扩大部分，如做成阶梯形，上级阶梯的石块应至少压砌下级阶梯石块的1/2，相邻阶梯的毛石应相互错缝搭砌（图 3.2）。

毛石基础必须设置拉结石，拉结石应均匀分布，毛石基础同皮内每隔 2 m 左右设置一块。拉结石长度：如基础宽度小于或等于 400 mm，应与基础宽度相等；如基础宽度大于 400 mm，可用两块拉结石内外搭接，搭接长度不应小于 150 mm，且其中一块拉结石长度不应小于基础宽度的 2/3。

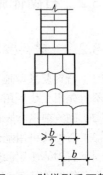

图 3.2 阶梯形毛石基础

3. 毛石墙

毛石墙的第一皮及转角处、交接处和洞口处，应用较大的平毛石砌筑。每个楼层墙体的最上一皮，宜用较大的毛石砌筑。

毛石墙必须设置拉结石，拉结石应均匀分布，相互错开，毛石墙一般每 0.7 m² 墙面至少设置一块，且同皮内拉结石的中距不应大于 2 m。拉结石的长度：如墙厚小于或等于 400 mm，应与墙厚相等；如墙厚大于 400 mm，可用两块拉结石内外搭接，搭接长度不应小于 150 mm，且其中一块拉结石长度不应小于墙厚的 2/3。

3.2.3　料石砌体

1. 料石砌体的砌筑要点

料石砌体应采用铺浆法砌筑，料石应放置平稳，砂浆必须饱满。砂浆铺设厚度应略高于规定灰缝厚度。其高出厚度：细料石宜为 3 ~ 5 mm；粗料石、毛料石宜为 6 ~ 8 mm。

料石砌体的灰缝厚度：细料石砌体不宜大于 5 mm；粗料石和毛料石砌体不宜大于 20 mm。

料石砌体的水平灰缝和竖向灰缝的砂浆饱满度均应大于 80%。

料石砌体上下皮料石的竖向灰缝应相互错开，错开长度应不小于料石宽度的 1/2。

2. 料石基础

料石基础的第一皮料石应坐浆丁砌，以上各层料石可按一顺一丁的方式砌筑，料石至少压砌下级阶梯料石的 1/3（图 3.3）。

3. 料石墙

料石墙厚度等于一块料石宽度时，可采用全顺砌筑形式。

两顺一丁是两皮顺石与一皮丁石相间。

丁顺组砌是同皮内顺石与丁石相间，可一块顺石与丁石相间或两块顺石与一块丁石相间，见图 3.4。

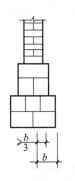

图 3.3　阶梯形料石基础

两顺一丁

丁顺组砌

图 3.4　料石墙砌筑形式

4. 料石平拱

用料石作平拱，应按设计要求加工。如设计无规定，则料石应加工成楔形，斜度应预先设计，拱两端部位的石块，在拱脚处坡度以 60° 为宜。平拱石块数应为单数，厚度与墙厚相等，高度为两皮料石高。拱脚处斜面应修整加工，使拱石相吻合（图 3.5）。

砌筑时，应先支设模板，并以两边对称地向中间砌，正中一块锁石要挤紧。所用砂浆强度等级不应低于 M10，灰缝厚度宜为 5 mm。

3.2.4 石挡土墙

石挡土墙可采用毛石或料石砌筑。

砌筑毛石挡土墙应符合下列规定：

① 每砌 3～4 皮毛石为一个分层高度，每个分层高度应找平一次；

② 外露面的灰缝厚度不得大于 40 mm，两个分层高度间分层处的错缝不得小于 80 mm。

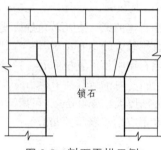

锁石

图 3.5 料石平拱示例

料石挡土墙宜采用丁顺组砌的砌筑形式。当中间部分用毛石填砌时，丁砌料石伸入毛石部分的长度应小于 200 mm。

石挡土墙的泄水孔当设计无规定时，施工应符合下列规定：

① 泄水孔应均匀设置，在每米高度上间隔 2 m 左右设置一个泄水孔；

② 泄水孔与土体间铺设长宽各为 300 mm、厚 200 mm 的卵石或碎石作流水层。

挡土墙内侧回填土必须分层夯填，分层松土厚度应为 300 mm。墙顶上面应有适当的坡度使流水在挡土墙外侧面。

3.2.5 石砌体质量

石砌体的轴线位置、垂直度及一般尺寸的允许偏差应符合表 3.1 和表 3.2 的要求。

表 3.1 石砌体的轴线位置及垂直度允许偏差

项目		允许偏差/mm						检验方法
		毛石砌体		料石砌体				
				毛料石		粗料石		细料石	
		基础	墙	基础	墙	基础	墙	墙、柱	
轴线位置		20	15	20	15	15	20	10	用经纬仪和尺检查；用其他测量仪器检查
前面垂直度	每层		20		20		10	7	用经纬仪、吊线和尺检查；用其他测量仪器检查
	全高		30		30		25	20	

表 3.2 石砌体的一般尺寸允许偏差

项目		允许偏差/mm							检验方法
		毛石砌体		料石砌体					
		基础	墙	基础	墙	基础	墙	墙、桩	
基础和墙砌体顶面标高		±25	±15	±25	±15	±15	±15	±10	用水准仪和尺检查
砌体厚度		+30	+20 −10	+30	+20 −10	+15	+10 −5	+10 −5	用尺检查
表面平整度	清水墙、柱	—	20	—	20	—	10	5	细料石用 2 m 靠尺和楔形塞尺检查，其他两直尺垂直于灰缝拉 2 m 线和尺检查
	混水墙、柱	—	20	—	20	—	15	—	
清水墙水平灰缝平直度		—	—	—	—	—	10	5	拉 10 m 线和尺检查

3.3 砖砌体工程

砖砌体结构由于其成本低廉、施工简便并能适用于各种形状和尺寸的建筑物、构筑物，故在土木工程中，目前仍被广泛采用。

3.3.1 砌筑前的准备工作

1. 砌墙用砖的备料要求

（1）砖的品种、强度等级必须符合设计要求，规格一致。用于清水墙、柱表面的砖应边角整齐、色泽均匀一致。

（2）砌墙用砖要有出厂合格证或试验报告单，并要按规定进行进场验收和抽样复试；对砖的强度等级有怀疑时，也要及时进行复试检验鉴定。施工时，施砌的蒸压灰砂砖、粉煤灰砖的产品龄期不应小于 28 d。

（3）常温施工时，干砖在砌筑前一天浇水润湿，以免砖过多吸走砂浆中的水分而影响其黏结力，并可除去砖表面的粉尘。但若浇水过多而在砖表面形成一层水膜，则会产生跑浆现象，使砌体走样或滑动，流淌的砂浆还会污染墙面。

烧结普通砖、多孔砖的含水量以 10% ~ 15%为宜，将砖砍断，其断面四周的吸水深度为 10 ~ 20 mm 时即为润湿程度合格；灰砂砖、粉煤灰砖的含水率为 5% ~ 8%时为合格。砌筑施工时，如发现砖块又已风干、操作困难时，应用喷壶补水润湿，不应在脚手架上用水管浇砖。

2. 技术准备

1）抄 平

砌筑基础前应对垫层表面进行抄平。表面如有局部不平，高差超过 30 mm 处应用 C15 以上的细石混凝土找平，不得仅用砂浆或在砂浆中掺细碎砖或碎石填平。砌筑各层墙体前也应在基础顶面或楼面上定出各层标高并用水泥砂浆找平，使各层砖墙底部标高符合设计要求。

2）放 线

砌筑前应将砌筑部位清理干净并放线。砖基础施工前，应在建筑物的主要轴线部位设置标志板（龙门板）。标志板上应标明基础和墙身的轴线位置及标高；对外形或构造简单的建筑物，也可用控制轴线的引桩代替标志板。然后根据标志板或引桩在垫层表面上放出基础轴线及底宽线。砖墙施工前，也应放出墙身轴线、边线及门窗洞口等位置线。

砌筑基础前，应校核放线尺寸，其允许偏差应符合表 3.3 的规定。

表 3.3 放线尺寸的允许偏差

长度 L、宽度 B/m	允许偏差/mm	长度 L、宽度 B/m	允许偏差/mm
L（或 B）≤30	±5	60<L（或 B）≤90	±15
30<L（或 B）≤60	±10	L（或 B）>90	±20

3）制作皮数杆

为了控制每皮砖砌筑的竖向尺寸和墙体的标高，应事先用方木和角钢制作皮数杆，并根据设计要求、砖规格和灰缝厚度，在皮数杆上标明砌筑皮数及竖向构造的变化部位。在基础皮数杆上，竖向构造包括底层室内地面、防潮层、大放脚、洞口、管道、沟槽和预埋件等。墙身皮数杆上，竖向构造包括楼面、门窗洞口、过梁、圈梁、楼板、梁及梁垫等。

3. 基础垫层的施工

砖石基础的下部通常要做垫层，其作用是将基础承受的荷载比较均匀地传给地基。垫层施工前，应进行钎探和验槽，用以检验和判定槽底以下的地基土质是否与设计要求相符合；若不符合，则应对地基土进行处理或修改基础设计。

基础垫层的种类有素土夯实垫层、3：7或2：8灰土垫层、三合土垫层、砂或砂石垫层、混凝土垫层等。混凝土垫层一般采用C10及以下的混凝土浇捣而成，这种垫层不怕雨水浸泡，强度较高，施工方法简便快速，因此应用最广。

3.3.2　砖砌体的组砌形式

1. 砖墙的组砌

普通砖墙的厚度有半砖（115）、3/4砖（178，习惯称18墙）、一砖（240）、一砖半（365）、二砖（490）等几种，个别情况下还有 $1\frac{1}{4}$ 砖（303，习惯称30墙）。

组砌形式：

1）一顺一丁

同一皮中全部采用顺砖与同一皮中全部采用丁砖上下间隔砌成。其优点是整体好，砌筑效率较高，应用最广，适合一砖、一砖半和二砖墙。

2）梅花丁

每一皮中均采用丁砖与顺砖左右间隔砌成，每一块丁砖均在上下两块顺砖长度的中心，上下皮竖缝相错 1/4 砖长。其特点是灰缝整齐，外表美观，结构的整体性好，但砌筑效率较低，适合一砖或一砖半的清水墙。砖的规格偏差较大时，有利于减少墙面的不整齐性。

3）全顺砌法

各皮砖均为顺砖，上下皮竖缝相错1/2砖长。此砌法仅适用于半砖墙。

4）全丁砌法

全丁砌法是一面墙的每皮砖均为丁砖，上下皮竖缝相错1/4砖长。此法适于砌筑一砖、一砖半、二砖的圆弧形墙、烟囱筒身等。

5）空斗墙

全部或大部分采用侧立丁砖和侧立顺砖相间砌筑而成，在墙中由侧立丁砖、顺砖围成许多个空斗，所有侧砌斗砖均用整砖。

无眠空斗：全部由侧立丁砖和侧立顺砖砌成的斗砖层构成，无平卧层。

一眠一斗：一皮眠砖层和一皮侧砌的斗砖层上下间隔砌成。

一眠二斗：一皮眠砖层和二皮连续的斗砖层相间砌成。

一眠三斗：一皮眠砖层和三皮连续的斗砖层相间砌成。

无论采用哪一种组砌方法，空斗墙中每一皮斗砖层每隔一块侧砌顺砖必须侧砌块丁砖，相邻两皮砖之间均不得有连通的竖缝。

2. 砖柱的组砌

砖柱的断面主要是方形、矩形，也有多角形和圆形的。方柱的最小断面为 365 mm × 365 mm（临时房屋有 240 mm × 240 mm 方柱），矩形柱的最小断面为 240 mm × 365 mm。

3.3.3　砖砌体的施工工艺

砖砌体施工的一般工艺过程为：抄平放线→摆砖撂底→立皮数杆→盘角和挂线→砌筑→楼层标高控制→刮缝清理。

1. 摆砖样（撂底）

摆砖是指在放线的基础顶面或楼板上，按选定的组砌形式进行干砖试摆，并在砖与砖之间留出竖向灰缝宽度，使纵、横墙能准确地按照放线的位置咬槎搭砌，以期灰缝均匀、门窗洞口两侧的墙面对称，并尽量使门窗洞口之间或与墙垛之间的各段墙长为 1/4 砖长的整数倍，减少砍砖，节约材料，提高工效和施工质量。摆砖"横丁纵顺"，横墙均摆丁砖，纵墙均摆顺砖。

2. 立皮数杆

皮数杆是指在其上画有每皮砖厚、灰缝厚以及门窗洞口的下口、窗台、过梁、圈梁、楼板、大梁、预埋件等标高位置的一种木制标杆。其作用是控制砌体竖向尺寸和各种构配件设置标高。

皮数杆的位置在操作面的另一侧、四个大角、内外墙交接处、楼梯间及洞口较多的地方，间距为 10～15 m。皮数杆应统一抄平。

砌基础时，应在垫层转角处、交接处及高低处立好基础皮数杆，砌墙体时，应在砖墙的转角处及交接处立起皮数杆（图 3.6）。皮数杆间距不应超过 15 m。立皮数杆时，应使杆上所示基准标高线与抄平所确定的设计标高相吻合。

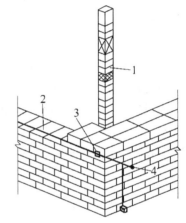

1—皮数杆；2—准线；3—竹片；4—圆铁钉。

图 3.6　皮数杆

3. 盘角、挂线

盘角又称立头角，是指墙体正式砌砖前，先在墙体的转角处由高级瓦工先砌起，并始终高于周围墙面 4～6 皮砖，作为整片墙体控制垂直度和标高的依据。要"三皮一靠，五皮一吊"，确保盘角质量。

挂线以盘角为依据，在两个盘角中间的墙外侧挂通线。

砌体角部是保证砌体横平竖立的主要依据，所以砌筑时应根据皮数杆在转角及交接处先砌几皮砖，并确保其垂直、平整，此工作称为盘角。每次盘角不应超过 5 皮砖，然后再在其间拉准线，依准线逐皮砌筑中间部分（图 3.6）。砌筑一砖半厚及以上的砌体要双面挂线，其他可单面挂线。

4. 砌筑

砌筑砖砌体时首先应确定组砌方法。砖基础一般采用一顺一丁的组砌方法。实心砖墙根据不同情况可采用一顺一丁、三顺一丁、梅花丁等组砌方法（图 3.7）。各种组砌方法中，上、下皮砖的垂直灰缝相互错开均不应小于 1/4 砖长（60 mm）。多孔砖砌筑时，其孔洞须垂直于受压面。方型多孔砖一般采用全顺砌法，错缝长度为 1/2 砖长；矩形多孔砖宜采用一顺一丁或梅花丁的组砌方法，错缝长度为 1/4 砖长。此外，240 mm 厚承重墙每层的最上一皮砖和砖砌体的阶台水平面上及挑出层，均应整砖丁砌。

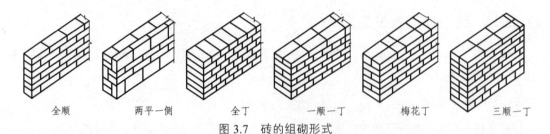

全顺　　　　两平一侧　　　　全丁　　　　一顺一丁　　　　梅花丁　　　　三顺一丁

图 3.7　砖的组砌形式

砖的砌筑方法有"三一"砌砖法、挤浆法、刮浆法等。

1)"三一"砌砖法

"三一"砌砖法即"一块砖、一铲灰、一挤揉",并随手将挤出的砂浆刮去的操作方法。其优点是灰浆容易饱满,黏结力好,墙面整洁,应用最广。实心砖墙或抗震烈度在Ⅷ度以上的砌砖工程更宜采用此法。

2)挤浆法

挤浆法是用灰勺、大铲或小灰桶将砂浆倒在墙顶面上,随即用大铲或推尺铺灰器将砂浆铺平(每次铺设长度不应大于 750 mm,当气温高于 30 ℃ 时,一次铺灰长度不应大于 500 mm)。其优点是一次铺灰连续挤砌 2~3 排顺砖,砌筑效率高。挤浆法也是应用较广的砌筑方法之一。

3)刮浆法

多孔砖和空心砖的规格或厚度大、竖缝高,砂浆难挤满,需先在竖缝的墙面上刮一层砂浆后再砌筑,此法称为刮浆法。砖墙每天砌筑高度以不超过 1.8 m 为宜,以保证墙体的稳定性。

5.楼层标高控制

楼层的标高除用皮数杆控制外,还可在室内弹出水平线来控制,即:当每层墙体砌筑到一定高度后,用水准仪在室内从墙角引测出标高控制点,一般比室内地面或楼面高(200~500 mm);然后根据该控制点弹出水平线,用以控制各层过梁、圈梁及楼板的标高。

6.刮缝、清理

清水墙砌完一段高度后,要及时进行刮缝和清扫墙面,以利于墙面勾缝和整洁干净。

清水外墙面一般采用加浆勾缝,用 1∶1.5 的细砂水泥砂浆勾成凹进墙面 4~5 mm 的凹缝或平缝;清水内墙面一般采用原浆勾缝。下班前应将施工操作面的落地灰和杂物清理干净。

3.3.4　钢筋混凝土构造柱施工

设置钢筋混凝土构造柱是提高多层砖砌体房屋抗震能力的一项重要措施,这在《建筑抗震设计规范》GB 50011—2016(局部修订)中有具体的规定。为保证房屋的抗震性能,施工中应注意以下施工要点:

(1)设有钢筋混凝土构造柱的抗震多层砖房,应先绑扎钢筋,而后砌筑砖墙,最后支模板、浇筑混凝土。必须在该层构造柱混凝土浇筑完毕后,才能进行上一层的施工。

(2)构造柱的竖向受力钢筋伸入基础圈梁内的锚固长度,以及绑扎搭接长度,均不应小于 35 倍钢筋直径。接头区段内的

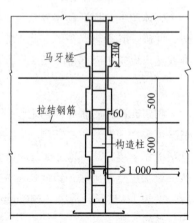

马牙槎

拉结钢筋

构造柱

图 3.8　砖墙马牙槎布置

箍筋间距不应大于 200 mm。钢筋的保护层厚度一般为 20 mm。

（3）构造柱与墙体的连接处应砌成马牙槎。每一马牙槎沿高度方向的尺寸不超过 300 mm，退进尺寸不小于 60 mm。马牙槎从每层柱脚开始，应先退后进（图 3.8）。马牙槎处沿墙高每隔 500 mm 设置 2φ6 拉结钢筋，每边伸入墙内不宜小于 1 m。拉结钢筋应位置正确，施工中不得任意弯折。

（4）构造柱的模板，必须与所在砖墙面严密贴紧，以防漏浆。在浇筑混凝土前，必须将砌体留槎部位和模板浇水湿润，将模板内的落地灰、砖渣和其他杂物清理干净，并在结合处注入适量与构造柱混凝土成分相同的去石水泥砂浆。

（5）浇筑构造柱的混凝土坍落度一般以 50 ~ 70 mm 为宜。浇筑时宜采用插入式振动器，分层捣实，但振捣棒应避免直接触碰钢筋和墙砖。严禁通过砖墙传振，以免砖墙变形和灰缝开裂。

3.3.5　砖砌体工程的质量要求和保证措施

砖砌体工程的质量要求可概括为 16 个字：横平竖直、砂浆饱满、组砌得当、接槎可靠。

1. 横平竖直

横平即要求每一皮砖的水平灰缝平直，且每块砖必须摆平。为此，首先应对基础或楼面进行抄平。砌筑时应严格按照皮数杆层层挂水平准线并将线拉紧，每块砖依照准线砌平。

竖直即要求砌体表面轮廓垂直平整，且竖向灰缝垂直对齐。因而，在砌筑过程中要随时用托线板进行检查，做到"三皮一吊、五皮一靠"，以保证砌筑质量。

2. 砂浆饱满

砂浆的饱满程度对砌体质量影响较大。因为砂浆不饱满，一方面会使砖块间不能紧密黏结，影响砌体的整体性；另一方面会使砖块不能均匀传力。水平灰缝的不饱满会使砖块处于局部受弯、受剪的状态而易导致断裂；竖向灰缝的不饱满会明显影响砌块的抗剪强度。所以，为保证砌体的强度和整体性，要求水平灰缝的砂浆饱满度不得小于 80%。竖向灰缝不得出现透明缝、瞎缝和假缝。此外，还应保证砖砌体的灰缝厚薄均匀。水平灰缝厚度和竖向灰缝宽度宜为 10 mm，既不应小于 8 mm，也不应大于 12 mm。

3. 组砌得当

为保证砌体的强度和稳定性，对不同部位的砌体应选择采用正确的组砌方法。其基本原则是上、下错缝，内、外搭砌，砖柱不得采用包心砌法。同时，清水墙、窗间墙无竖向通缝；混水墙中长度大于或等于 300 mm 的通缝每间不超过 3 处，且不得位于同一面墙体上。

4. 接槎可靠

接槎是指相邻砌体不能同时砌筑而设置临时间断时，后砌砌体与先砌砌体之间的接合。

砖砌体的转角处和交接处应同时砌筑，严禁无可靠措施的内外墙分砌施工。对不能同时砌筑而又必须留设的临时间断处应砌成斜槎。斜槎水平投影长度不应小于高度的 2/3（图 3.9）。

非抗震设防及抗震设防烈度为Ⅵ度、Ⅶ度地区的临时间断处，当不能留斜槎时，除转角处外，可留直槎，但直槎必须做成凸槎（图 3.10）。留直槎处应加设拉结钢筋，拉结钢筋的数量为每 120 mm 墙厚放置 1φ6 拉结钢筋（120 mm 厚墙放置 2φ6 拉结钢筋），间距沿墙高不应超过 500 mm；埋入长度从留槎处算起每边均不应小于 500 mm，对抗震设防烈度为Ⅵ度、Ⅶ度的地区，不应小于 1 000 mm，末端应有 90°弯钩。

为保证砌体的整体性，在临时间断处补砌时，必须将留设的接槎处表面清干净，浇水湿润，并填实砂浆，保持灰缝平直。

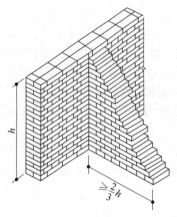

图 3.9 砖砌体斜槎

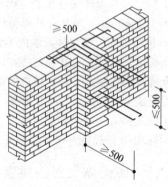

图 3.10 砖砌体直槎

5. 砖砌体工程验收

（1）保证项目满足以下要求：

① 砖的品种、强度等级必须符合设计要求。

② 砂浆品种及强度应符合设计要求。同品种、同强度等级砂浆各组试块抗压强度平均值不小于设计强度值，任一组试块的强度最低值不小于设计强度的 75%。当 6 个试件的最大值或最小值与 6 个试件的平均值之差超过 20% 时，以中间 4 个试件的平均值作为该组试件的抗压强度值。

③ 砌体砂浆必须密实饱满，实心砖砌体水平灰缝的砂浆饱满度不小于 80%。

④ 外墙转角处严禁留直槎，其他临时间断处留槎做法必须符合规定。

（2）基本项目满足如下要求：

① 砌体上下错缝：窗间墙及清水墙面无通缝；混水墙每间（处）无 4 皮砖的通缝（通缝指上下两皮砖搭接长度小于 25 mm）。

② 砖砌体接槎处灰浆应密实，缝、砖平直，每处接槎部位水平灰缝厚度小于 5 mm 或透亮的缺陷不超过 5 个。

③ 预埋拉筋的数量、长度均符合设计要求和施工规范的规定，留置间距偏差不超过一皮砖。

④ 构造柱留置正确，大马牙槎先退后进、上下顺直；残留砂浆清理干净。

⑤ 清水墙组砌正确，竖缝通顺，刮缝深度适宜、一致，棱角整齐，墙面清洁美观。

3.4 空心砌块砌体工程

普通混凝土小型空心砌块（以下简称小砌块）因其强度高、体积和重量不大、施工操作方便，并能节约砂浆和提高砌筑效率，所以常用作多层混合结构房屋承重墙体的材料。

3.4.1 砌筑前的准备工作

1. 材料准备

（1）小砌块使用前应检查其生产龄期，施工时所用的小砌块的产品龄期不应小于 28 d，以保证其具有足够的强度，并使其在砌筑前能完成大部分收缩，有效地控制墙体的收缩裂缝。

（2）砌筑小砌块前，应清除表面污物，并应去掉芯柱用小砌块孔洞底部的毛边，以免影响芯柱混凝土的浇筑，还应剔除外观质量不合格的小砌块。

（3）承重墙体严禁使用断裂的小砌块，应严格检查予以剔除。

（4）底层室内地面以下或防潮层以下的砌体，应提前采用强度等级不低于 C20 的混凝土灌实小砌块的孔洞。

（5）为控制小砌块砌筑时的含水量，普通混凝土小砌块一般不宜浇水，在天气干燥炎热的情况下，可提前洒水湿润。小砌块表面有浮水时不得施工，严禁雨天施工，为此，小砌块堆放时应做好防雨和排水处理。

（6）施工时所用的砂浆，宜选用专用的小砌块砌筑砂浆，以提高小砌块与砂浆间的黏结力，且保证砂浆具有良好的施工性能，满足砌筑要求。

2．技术准备

小砌块砌筑前，其抄平、放线的技术准备工作与砖砌体工程相同；不同的是应根据小砌块的高度、规格和灰缝厚度确定砌块的皮数，制作皮数杆。

3.4.2　混凝土小型空心砌块砌体的施工要点

混凝土小型空心砌块砌体的施工工艺与砖砌体的工艺基本相同，即：撂底→立皮数杆→盘角和挂线→砌筑→楼层标高控制。为确保砌筑质量，进而保证小砌块墙体具有足够的抗剪强度和良好的整体性、抗渗性，施工中还应特别注意以下砌筑要点：

（1）由于混凝土小砌块的墙厚等于砌块的宽度（190 mm），其砌筑形式只有全部顺砌一种。墙体应对孔、错缝搭砌，搭接长度不应小于 90 mm。当墙体的个别部位不能满足上述要求时，应在水平灰缝中设置拉结钢筋（2φ6）或焊接钢筋网片（2φ4、横筋间距不大于 200 mm），但竖向通缝仍不得超过 2 皮小砌块。

（2）砌筑时小砌块应底面朝上反砌于墙上。因小砌块制作时其底部的肋较厚，而上部的肋较薄，且孔洞底部有一定宽度的毛边，反砌便于铺筑砂浆和保证水平灰缝砂浆的饱满度。

（3）砌体的灰缝应横平竖立。水平灰缝可采用铺浆法铺设，一次铺浆长度一般不超过 2 块主规格砌块的长度。竖缝凹槽部位应采用加浆法将砂浆填实。严禁用水冲浆灌缝。

（4）墙体的水平灰缝厚度和竖向灰缝宽度宜为 10 mm，既不应大于 12 mm，也不应小于 8 mm。水平灰缝的砂浆饱满度，应按净面积计算不得低于 90%；竖向灰缝的饱满度不得低于 80%；墙体不得出现瞎缝、透明缝。

（5）需要移动砌体中的小砌块或小砌块被撞动时，应重新铺砌。

（6）墙体的转角处和纵横墙交接处应同时砌筑。临时间断处应砌成斜槎，斜槎的水平投影长度不应小于高度的 2/3（图 3.11）。如留斜槎有困难，在非抗震设防部位，除外墙转角处外，临时间断处可留直槎，但应从墙面伸出 200 mm 砌成凸槎，并应沿墙高每隔 600 mm（3 皮砌块）设置拉结钢筋或钢筋网片。拉结筋埋入长度从留槎处算起，每边均不应小于 600 mm，钢筋外露部分不得任意弯曲（图 3.12）。

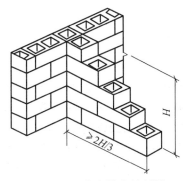

图 3.11　小砌块砌体斜槎

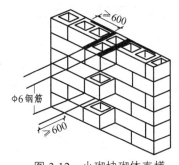

图 3.12　小砌块砌体直槎

（7）砌块墙与后砌隔墙交接处，应沿墙高每隔 400 mm 在水平灰缝内设置不少于 2Φ4、横筋间距不大于 200 mm 的焊接钢筋网片，钢筋网片伸入后砌隔墙内的长度不应小于 600 mm（图 3.13）。

（8）对设计规定的洞口、管道、沟槽和预埋件，应在砌筑墙体时预留和预埋，不得随意打凿已砌好的墙体。小砌块砌体内不宜设置脚手眼，如需要设置时，可用辅助规格的单孔小砌块（190 mm × 190 mm × 190 mm）侧砌，利用其孔洞作为脚手眼，墙体完工后用强度等级不低于 C15 的混凝土填实。

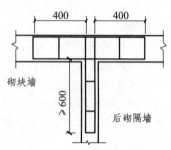

图 3.13　砌块墙与后砌隔墙交接处钢筋网片

（9）在常温条件下，普通混凝土小砌块墙体的日砌筑高度应控制在 1.8 m 以内，以保证墙体的稳定性。

3.4.3　钢筋混凝土芯柱、构造柱施工

钢筋混凝土芯柱是按抗震设计要求，在混凝土小砌块房屋的外墙转角或某些内外墙交接处，于砌块的 3 ~ 7 个孔洞内插入钢筋，并浇筑混凝土而形成的。其施工要点如下：

（1）作芯柱的混凝土，宜选用专用的小砌块灌孔混凝土。当采用普通混凝土时，其坍落度不应小于 90 mm。

（2）在芯柱部位，每层楼的第一皮小砌块，应采用开口小砌块或 U 形小砌块，以形成清理口。

（3）筑混凝土前，应清除孔洞内的砂浆等杂物，并用水冲洗湿润。将积水排出后再用混凝土预制块封闭清理口。

（4）墙体的砌筑砂浆强度大于 1 MPa 时，方可浇筑芯柱混凝土。

（5）浇筑芯柱混凝土前应先注入适量与芯柱混凝土成分相同的去石水泥砂浆，再浇筑混凝土。混凝土小砌块房屋中也可用钢筋混凝土构造柱代替芯柱。构造柱的施工，与 3.3.4 所述相同。

3.5　填充墙砌体工程

钢筋混凝土框架结构和框架剪力墙结构以及钢结构房屋中的围护墙和隔墙，在主体结构施工后，常采用轻质材料填充砌筑，称为填充墙砌体。填充墙砌体采用的轻质块材通常有蒸压加气混凝土砌块、粉煤灰砌块、轻骨料混凝土小型空心砌块和烧结空心砖等。

3.5.1　砌筑前的准备工作

1. 材料准备

（1）在各类砌块和空心砖的运输、装卸过程中，严禁抛掷和倾倒，进场后应按品种、规格分别堆放整齐，堆置高度不宜超过 2 m。对加气混凝土砌块和粉煤灰砌块尚应防止雨淋。

各类砌块使用前应检查其生产龄期，施工时所用砌块的产品龄期应超过 28 d。

（2）用空心砖砌筑时，砖应提前 1 ~ 2 d 浇水湿润。砖的含水量宜为 10% ~ 15%；用轻骨料混凝土小砌块砌筑时，可提前浇水湿润，但表面有浮水时，不得施工；用蒸压加气混凝土砌块、粉煤灰砌块砌筑时，应向砌筑面适量浇水。

2. 技术准备

填充墙砌体砌筑前，其抄平、放线的技术准备工作与砖砌体工程相同。在制作皮数杆时，一方面需考虑地面或楼面至上层梁底或板底的净空高度；另一方面还要考虑到轻骨料混凝土小型空心砌块初烧结空心砖必须整块体使用，不能切割；此外还需预留出墙底部的坎台高度和墙顶部的空隙高度。在综合考虑上述诸因素后，才能准确地确定砌筑的皮数。

3.5.2 填充墙砌体的施工要点

填充墙砌体施工的一般工艺过程为：筑坎台→排块摆底→立皮数杆→挂线砌筑→7 d 后塞缝、收尾。填充墙砌体虽为非承重墙体，但为了保证墙体有足够的整体稳定性和良好的使用功能，施工中应注意以下砌筑要点：

（1）采用轻质砌块或空心砖砌筑墙体时，墙底部应先砌筑烧结普通砖或多孔砖，或普通混凝土小型空心砌块的坎台，或现浇混凝土坎台，坎台高度不宜小于 200 mm。

（2）由于加气混凝土砌块和粉煤灰砌块的规格尺寸都较大（前者规格为长×高 = 600 mm × 200 mm、600 mm × 250 mm、600 mm × 300 mm 三种，后者为长×高 = 880 mm × 380 mm、880 mm × 430 mm 两种），为了保证纵、横墙和门窗洞口位置的准确性，砌块砌筑前应根据建筑物的平面、立面图绘制砌块排列图，并根据排列图排块摆底。

（3）在采用砌块砌筑时，各类砌块均不应与其他块材混砌，以便有效地控制因砌块不均匀收缩产生的墙体裂缝。但对于门窗洞口等局部位置，可酌情采用其他块材补砌。空心砖墙的转角、端部和门窗洞口处，应采用烧结普通砖砌筑。普通砖的砌筑长度不小于 240 mm。

（4）填充墙砌筑时应错缝搭砌，蒸压加气混凝土砌块和粉煤灰砌块的搭砌长度不应小于砌块长度的 1/3；轻骨料混凝土小型空心砌块的搭砌长度不应小于 90 mm；空心砖的错砌长度为 1/2 砖长，竖向通缝均不应大于 2 皮块体。

（5）填充墙砌体的灰缝厚度和宽度应正确。蒸压加气混凝土砌块、粉煤灰砌块砌体的水平灰缝厚度及竖向灰缝宽度分别宜为 15 mm 和 20 mm；轻骨料混凝土小型空心砌块、空心砖砌体的灰缝应为 8~12 mm。各类砌块砌体的水平及竖向灰缝的砂浆饱满度均不得低于 80%；空心砖砌体的水平灰缝的砂浆饱满度不得低于 80%；竖向灰缝不得有透明缝、瞎缝、假缝。

（6）为保证填充墙砌体与相邻的主体结构（墙或柱）有可靠的连接，填充墙砌体留置的拉结钢筋或网片的位置应与块体度数相符合。拉结钢筋或网片应置于灰缝中，其埋置长度应符合设计要求，竖向位置偏差不应超过一皮块体高度。

（7）填充墙砌至接近梁、板底时，应留一定空隙，待填充墙砌筑完并应至少间隔 7 d 后，再将其补砌挤紧。通常可采用斜砌烧结普通砖的方法来挤紧，以保证砌体与梁、板底的紧密结合。

3.6 砌体工程冬期施工

当室外日平均气温连续 5 d 稳定低于 5 ℃ 时，砌体工程应采取冬期施工措施。在冬期施工期限以外，如果当日最低气温低于 0 ℃ 时，也应按冬期施工的规定执行。

3.6.1 砌体工程冬期施工的有关规定

1. 所用材料的规定

砂浆宜优先采用普通硅酸盐水泥拌制。灰膏、黏土膏和电石膏等应防止受冻，如遭冻结，应经融化后使用；不得使用受冻脱水粉化的石灰膏。

拌制砂浆所用的砂不得含有冰块和直径大于 10 cm 的冻结块。

砌体用砖或其他块材在砌筑前应清除表面污物、冰雪等，不得遭水浸冻。

2. 其他要求

（1）拌和砂浆宜采用两步投料法。水的温度不得超过 80 ℃，砂的温度不得超过 40 ℃，砂浆的使用温度应根据所采用的方法，符合相应的规定。

（2）对于冬期施工砂浆试块的留置，除应按常温规定要求外，还应增留不少于 1 组与砌体同条件养护的试块，测试检验 28 d 强度。

（3）普通砖、多孔砖和空心砖在气温高于 0 ℃ 条件下砌筑时，应浇水温润。在气温低于或等于 0 ℃ 条件下砌筑时，可不浇水，但必须增大砂浆稠度。对抗震设防烈度为 Ⅸ 度的建筑物，在普通砖、多孔砖和空心砖无法浇水湿润时，如无特殊措施，均不得砌筑。

3.6.2 砌体工程冬期施工方法

冬期施工时，砌体中的砂浆会在负温下冻结，停止水化作用，从而失去黏结力。经解冻后，砂浆的强度虽仍可继续增长，但其最终强度显著降低；而且由于砂浆的压缩变形增大，使得砌体的沉降量增大，稳定性随之降低。而当砂浆具有 30% 以上设计强度，即达到了砂浆允许受冻的临界强度值时，再遇到负温也不会引起强度的损失。因此，冬期施工时必须采取有效的措施，尽可能减少对砌体的冻害，以确保砌体工程的质量。冬期施工常用的方法有氯盐砂浆法、掺外加剂法、暖棚法和冻结法，一般多采用氯盐砂浆法。

1. 氯盐砂浆法

氯盐砂浆法是在拌和水中掺入氯盐（如氯化钠、氯化钙），以降低冰点，使砂浆在砌筑后可以在负温条件下不冻结，继续硬化，强度持续增长，从而不必采取防止砌体沉降变形的措施。采用该法时砂浆的拌和水应加热，砂和石灰膏在搅拌前也应保持正温，确保砂浆经过搅拌、运输至砌筑时仍具有一定的正温。此种方法施工工艺简单、经济可靠，是砌体工程冬期施工广泛采用的方法。

在采用氯盐砂浆法砌筑时，砂浆的使用温度不应低于 + 5 ℃。如设计无要求，当日最低气温等于或低于 – 15 ℃ 时，砌筑承重砌体的砂浆强度等级应按常温施工时提高一级，砌体的每日砌筑高度不宜超过 1.2 m。由于氯盐对钢材的腐蚀作用，在砌体中配置的钢筋及钢预埋件，应预先做好防腐处理。

由于掺盐砂浆会使砌体产生析盐、吸湿现象，故氯盐砂浆的砌体不得在下列情况下采用：对装饰工程有特殊要求的建筑物；使用湿度大于 80% 的建筑物；配筋、钢埋件无可靠的防腐处理措施的砌体；接近高压电线的建筑物（如变电所、发电站等）；经常处于地下水位变化范围内以及在地下未设防水层的结构。

2. 掺外加剂法

砌体工程冬期施工常用的外加剂有防冻剂和微沫剂。砂浆中掺入一定量的外加剂，可改善砂浆的和易性，从而减少拌和砂浆的用水量，以减小冻胀应力；可促使砂浆中的水泥加速硬化及在负温条件下凝结与硬化，从而获得足够的早期强度，提高抗冻能力。当采用掺外加剂法时，砂浆的使用温度不应低于 + 5 ℃。若在氯盐砂浆中掺加微沫剂时，应先加氯盐溶液后再加微沫剂溶液。其施工工艺与氯盐砂浆法相同。

3. 暖棚法

暖棚法是利用简易结构和廉价的保温材料，将需要砌筑的砌体和工作面临时封闭起来，进行棚内加热，则可在正温条件下进行砌筑和养护。暖棚法成本较高，因此仅用于较寒冷地区的地下工程、基础工程和量小又急需使用的砌体。

对暖棚的加热，宜优先采用热风机装置。采用暖棚法施工时，砂浆的使用温度不应低于 + 5 ℃；块材在砌筑时的温度不应低于 + 5 ℃；距离所砌的结构底面 0.55 m 处的棚内温度也不应低于 + 5 ℃。在暖棚内的砌体养护时间应根据暖棚内温度确定，以确保拆除暖棚时砂浆的强度能达到允许受冻的临界强度值。养护时间的规定如下：棚内温度为 + 5 ℃ 时养护时间不少于 6 d，棚内温度为 + 10 ℃ 时不少于 5 d，棚内温度为 + 15 ℃ 时不少于 4 d，棚内温度为 + 20 ℃ 时不少于 3 d。

4. 冻结法

冻结法是在室外用热砂浆砌筑，砂浆中不使用任何防冻外加剂，砂浆在砌筑后很快冻结，到融化时强度仅为零或接近零，转入常温后强度才会逐渐增长。由于砂浆经过冻结、融化、硬化三个阶段，其强度相应有不同程度的降低，且砌体在解冻时变形大、稳定性差，故使用范围受到限制。混凝土小型空心砌块砌体、承受侧压力的砌体、在解冻期间可能受到振动或动力荷载的砌体以及在解冻时不允许发生沉降的结构等，均不得采用冻结法施工。

为了弥补冻结对砂浆强度的损失，如设计未作规定，当日最低气温高于 - 25 ℃ 时，砌筑承重砌体的砂浆强度等级应提高一级；当日最低气温等于或低于 - 25 ℃ 时，应提高二级。采用冻结法施工时，为便于操作和保证砌筑质量，当室外空气温度分别为 0 ~ - 10 ℃、- 11 ~ - 25 ℃、- 25 ℃ 以下时，砂浆使用时的最低温度分别为 10 ℃、15 ℃、20 ℃。

当春季开冻期来临前，应从楼板上除去设计中未规定的临时荷载，并检查结构在开冻期间的承载力和稳定性是否有足够的保证，还要检查结构的减载措施和加强结构的方法。在解冻期间，应经常对砌体进行观测和检查，如发现裂缝、不均匀沉降、倾斜等情况，应立即采取加固措施，以消除或减弱其影响。

3.7　脚手架及垂直运输设施

脚手架是由杆件或结构单元、配件通过可靠连接而组成，能承受相应荷载，具有安全防护功能，为建筑施工提供作业条件的结构架体。脚手架是在施工现场为工人操作、堆放材料、安全防护和解决高空水平运输而搭设的工作平台或作业通道，是施工临时设施，也是施工企业常备的施工工具。脚手架是便于施工活动和安全操作的一种临时设施。实践证明，砖砌体施工中，在距地面 0.6 m 时生产率最高，低于或高于 0.6 m 时生产率均下降。当砌筑到一定高度后，不搭设脚手架就无法进行施工操作。为此，考虑到工作效率和施工组织等因素，每次脚手架的搭设高度以 1.2 m 为宜，称为"一步架高"，又叫砌体的可砌高度。

3.7.1　脚手架

脚手架种类很多，按用途分有结构作业脚手架、支撑脚手架和装修作业脚手架等；按搭设位置分有外脚手架和里脚手架；按使用材料分有木、竹脚手架和金属脚手架；按构造形式分有扣件式、碗扣式、框组式、悬挑式、吊式及附墙升降式等脚手架。本节仅介绍几种常用的脚手架。

作业脚手架是由杆件或结构单元、配件通过可靠连接而组成，支承于地面、建筑物上或附着于工程结构上，为建筑施工提供作业平台和安全防护的脚手架，包括以各类不同杆件（构件）和节点形式构成的落地作业脚手架、悬挑脚手架、附着式升降脚手架等，简称作业架。

支撑脚手架是由杆件或结构单元、配件通过可靠连接而组成，支承于地面或结构上，可承受各种荷载，具有安全保护功能，为建筑施工提供支撑和作业平台的脚手架，包括以各类不同杆件（构件）和节点形式构成的结构安装支撑脚手架、混凝土施工用模板支撑脚手架等，简称支撑架。

脚手架搭设应满足工人操作、材料堆放及运输要求。其宽度一般为 1.5～2 m，每步架高为 1.2～1.4 m。外脚手架所承受的施工荷载不得大于 3 kN/m²。脚手架应具有足够的强度和刚度，应铺满、铺稳，不得有空头板。过高的外脚手架和钢脚手架应设防雷接地装置，外侧应设安全网。

对脚手架的基本要求是：构造合理，应有适当的宽度、步架高度、离墙距离，能满足工人操作、材料堆置和运输的要求；脚手架结构应有足够的强度、刚度、稳定性，与结构拉结、支撑可靠，保证施工期间在可能出现的使用荷载（规定限值）作用下，不沉降、变形、摇晃、失稳；还应构造简单，且搭设、拆除和搬运方便，能长期周转使用。此外，还应考虑多层作业、交叉作业和多工种作业的需要，减少装拆次数；也应与垂直运输设施和楼层作业相适应，以确保材料从垂直运输安全转入楼层水平运输。

脚手架的设计、搭设、使用和维护应满足下列要求：

（1）应能承受设计荷载。

（2）结构应稳固，不得发生影响正常使用的变形。

（3）应满足使用要求，具有安全防护功能。

（4）在使用中，脚手架结构性能不得发生明显改变。

（5）当遇意外作用或偶然超载时，不得发生整体破坏。

（6）脚手架所依附、承受的工程结构不应受到损害。

脚手架的自重及其上的施工荷载完全由脚手架基础传至地基。为使脚手架保持稳定不下沉，保证其牢固和安全，必须要有一个坚实可靠的脚手架基础。对脚手架地基与基础的要求如下：

（1）脚手架地基与基础的施工必须根据脚手架的搭设高度、搭设场地土质情况与现行国家标准的有关规定进行。

（2）应清除搭设场地杂物，平整搭设场地，并使排水畅通。

（3）脚手架底座底面标高宜高于自然地坪 50 mm。立于地面之上的立杆底部应加设宽度≥200 mm、厚度≥50 mm 的垫木、垫板或其他刚性垫块，每根立杆底部的支垫面积应符合设计要求，且不得小于 0.15 m²。

（4）当脚手架搭设在结构的楼面、挑台上时，除立杆底座下应铺设垫板或垫块外，还应对楼面、挑台等结构进行承载力验算。

（5）当脚手架基础下有设备基础、管沟时，在脚手架使用过程中不应开挖，否则必须采取加固措施。

脚手架搭设后，要严格验收。在使用期中要加强检查，防止局部失稳和整体失稳，造成人身安全事故。

1. 扣件式钢管脚手架

扣件式钢管脚手架有很多优点：装拆方便，搭设灵活，能适应结构平面及高度的变化，通用性强；承载能力大，搭设高度高，坚固耐用，周转次数多；材料加工简单，一次投资费用低，比较经济。故其在土木工程施工中使用最为广泛。除脚手架外，其钢管及扣件还可以搭设井架、上料平台和栈桥等。但它也存在一些缺点，如扣件（螺杆、螺母等）易丢易损，螺栓的紧固程度对受力有一定影响，节点处力作用线之间有偏心或有交汇距离等。

1）扣件式钢管脚手架的主要组成部件及作用

扣件式钢管脚手架由钢管杆件、扣件、底座、脚手板和安全网等部件组成，如图 3.14 所示。

（1）钢管杆件。杆件一般采用外径 48 mm、壁厚 3.5 mm 的焊接钢管或无缝钢管，也可用外径为 50～51 mm、壁厚 3～4 mm 的焊接钢管。根据杆件在脚手架中的位置和作用不同，可分为立杆、纵向水平杆（大横杆）、横向水平杆（小横杆）、连墙杆、剪刀撑、水平斜拉杆、纵向水平扫地杆、横向水平扫地杆等。

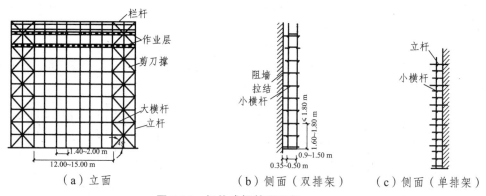

（a）立面　　　　　　（b）侧面（双排架）　　　（c）侧面（单排架）

图 3.14　扣件式钢管脚手架

（2）扣件。它是钢管与钢管之间的连接件，有可锻铸铁铸造扣件和钢板压制扣件两种，其基本形式有三种，如图 3.15 所示。直角扣件用于两根垂直相交钢管的连接，它依靠扣件与钢管表面间的摩擦力来传递荷载；回转扣件用于两根任意角度相交钢管的连接；对接扣件则用于两根钢管对接接长的连接。

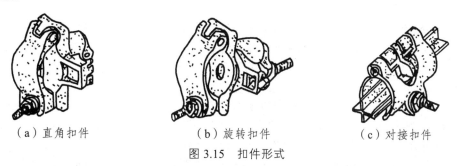

（a）直角扣件　　　　　（b）旋转扣件　　　　　（c）对接扣件

图 3.15　扣件形式

（3）底座。底座设在立杆下端，是用于承受立杆荷载并将其传递给地基的配件。底座可用钢管与钢板焊接而成，也可用铸铁制成。

（4）脚手板。脚手板是提供施工操作条件并承受和传递荷载给纵横水平杆的板件，当设于作操作层时起安全防护作用。脚手板可用竹、木、钢板等材料制成。

（5）安全网。安全网是保证施安全和减少灰尘、噪声、光污染的设施，包括立网和平网两部分。

2）扣件式钢管脚手架的构造要点

钢管外脚手架有双排脚手架和单排脚手架两种搭设方案。

（1）双排脚手架。

① 立杆。

立杆横距通常为 1.20～1.50 m，纵距为 1.20～2.0 m。每根立杆底部均应设置底座或垫板。立杆接长除顶层顶步可采用搭接外，其余各层各步接头必须用对接扣件连接。立杆上的对接扣件应交错布置，两根相邻立杆的接头不应设置在同一步距内；同步内隔一根立杆的两个相接接头在高度方向错开的距离不宜小于 500 mm；各接头中心至主接点的距离不宜大于 1/3 步距（图 3.3）。采用搭接时搭接长度不应小于 1 m，并用不少于两个旋转扣件扣牢。脚手架必须设置纵、横向扫地杆，纵向扫地杆距底座上皮不大于 200 mm，横向扫地杆紧靠其下方。立杆顶端应高出女儿墙上皮 1.0 m，高出檐口上皮 1.5 m。

② 纵向水平杆（大横杆）。

纵向水平杆宜设置在立杆的内侧，其长度不宜少于 3 跨，用直角扣件与立杆扣紧，其步距为 1.20 ~ 1.8 m。纵向水平杆接长宜采用对接扣件连接，也可采用搭接。对接扣件应交错布置：两根相邻纵向水平杆的接头不宜设在同步或同跨内；其相邻接头的水平距离不应小于 500 mm；接头中心至最近主接点的距离不宜大 1/3 纵距（图 3.16），采用搭接时搭接长度不应小于 1 m，并用不少于两个旋转扣件扣牢。

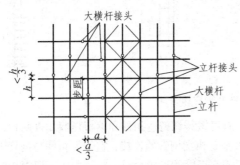

图 3.16　立杆、纵向水平杆接头位置

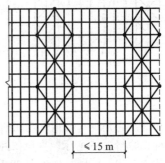

图 3.17　剪刀撑布置

③ 横向水平杆（小横杆）。

脚手架每一立杆节点处必须设置一根横向水平杆，搭接于纵向水平杆之上，用直角扣件扣紧且严禁拆除。在双排架中横杆靠墙一端的外伸长度不应大于 2/5 杆长，且不应大于 500 mm。操作层上中间节点处的横向水平杆宜按脚手板的需要等间距设置，但最大间距不应大于 1/2 立杆纵距。

④ 剪刀撑。

当单、双排架高度≤24 m 时，必须在脚手架外侧立面的两端各设置一道剪刀撑，并应由底至顶连续设置；横向中间每隔 15 m 设置一道（图 3.17）。其宽度不应小于 4 跨，且不应小于 6 m，斜杆与地面间的倾角为 45° ~ 60°。当双排架高度>24 m 时，应在外侧立面整个长度和高度上连续设置剪刀撑。剪刀撑斜杆应用旋转扣件与立杆或横向水平杆的伸出端扣牢，旋转扣件距脚手架节点不宜大于 150 mm。剪刀撑斜杆接长宜采用搭接，搭接长度不小于 1 m，并用不少于两个旋转扣件扣牢。

⑤ 连墙件。

脚手架的稳定性取决于连墙件的布置形式和间距大小，脚手架倒塌的事故大多是因为连墙件设置不足或被拆掉。连墙件的数量和间距应满足设计的要求。连墙件必须采用可承受拉力和压力的构造（图 3.18）。采用拉筋必须配用顶撑，顶撑应可靠地顶在混凝土圈梁、柱等结构部位。高度超过 24 m 的双排脚手架，必须采用刚性连墙件与建筑物可靠连接。

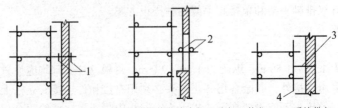

1—两只扣件；2—两根短管；3—拉筋与墙内埋设的钢环拉住；4—顶墙横杆。

图 3.18　连墙杆

⑥ 横向斜撑。

一字型、开口型双排脚手架的两端均必须设置横向斜撑，中间宜每隔 6 跨设置一道；高度在 24 m 以上的封闭型脚手架，除拐角应设置横向斜撑外，中间应每隔 6 跨设置一道。横向斜撑应在同一节间，由底至顶层呈"之"字形连续布置。

⑦ 护栏和挡脚板。

操作层必须设置高 1.20 m 的防护栏杆和高 0.18 m 的挡脚板，搭设在外排立杆的内侧。

⑧ 脚手板。

脚手板一般应设置在 3 根横向水平杆上。当板长度小于 2 m 时，允许设置在 2 根横向水平杆上，但应将板两端可靠固定，严防倾翻。自顶层操作层往下计，宜每隔 12 m 满铺一层脚手板。作业层脚手板应铺满、铺稳，离开墙面 120 ~ 150 mm。

（2）单排脚手架。

单排脚手架仅在外侧有立杆，其横向水平杆的一端与纵向水平杆或立杆相连，另一端则搁在内侧的墙上，插入墙内的长度应≥180 mm。单排脚手架构造要求与双排脚手架基本相同。由于单排脚手架的整体刚度差、承载力低，故不适用于下列情况：

① 墙体厚度小于或等于 180 mm；

② 建筑物高度超过 24 m；

③ 空斗砖墙、加气块墙等轻质墙体；

④ 砌筑砂浆强度等级小于或等于 M1.0 的砖墙。

2. 碗扣式钢管脚手架

碗扣式钢管脚手架是一种多功能脚手架，其杆件接点处均采用碗扣承插锁固式轴向连接，具有承载力大，结构稳定可靠，通用性强，拼拆迅速方便，配件完善且不易丢失，易于加工、运输和管理等优点，故应用广泛。

1）碗扣式脚手架的构造特点

碗扣式脚手架是在一定长度的 ϕ48 mm × 3.5 mm 钢管立杆和顶杆上，每隔 600 mm 焊有下碗扣及限位销，上碗扣则对应套在立杆上并可沿立杆上下滑动。安装时将上碗扣的缺口对准限位销后，即可将上碗扣抬起（沿立杆向上滑动），把横杆接头插入下碗扣圆槽内，随后将上碗扣沿限位销滑下，并沿顺时针方向旋转，以扣紧横杆接头，与立杆牢固地连接在一起，形成框架结构。每个下碗扣内可同时装 4 个横杆接头，位置任意，如图 3.19 所示。

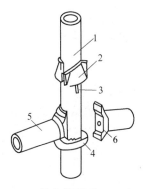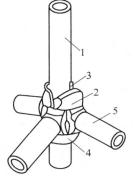

　　（a）连接前　　　　　　　　　　　　（b）连接后

1—立杆；2—上碗扣；3—限位销；4—下碗扣；5—横杆；6—横杆接头。

图 3.19　碗扣接头

2）碗扣式脚手架杆的配件规格及用途

碗扣式钢管脚手架的杆配件按其用途可分为主构件、辅助构件、专用构件 3 种。

（1）主构件。

① 立杆。立杆是用作脚手架的垂直承力杆。它由一定长度的 $\phi48$ mm × 3.5 mm 钢管上每隔 0.6 m 安装碗扣接头，并在其顶端焊接立杆连接管制成。立杆有 3.0 m 和 1.8 m 两种规格。

② 顶杆。顶杆即顶部立杆，其顶端设有立杆连接管，以便在顶端插入托撑。顶杆是用作支撑架、支撑柱、物料提升架等的顶端垂直承力杆，有 2.1 m、1.5 m、0.9 m 三种规格。

若将立杆和顶杆相互配合接长使用，就可构成任意高度的脚手架。立杆接长时，接头应错开，至顶层后再用两种长度的顶杆找平。

③ 横杆。横杆是用于立杆横向连接的杆件，或框架水平承力杆。它由一定长度的 $\phi48$ mm × 3.5 mm 钢管两端焊接横杆接头制成。横杆有 2.4 m、1.8 m、1.5 m、1.2 m、0.9 m、0.6 m、0.3 m 7 种规格。

④ 单排横杆。单排横杆是用作单排脚手架的横向水平杆。它仅在 $\phi48$ mm × 3.5 mm 钢管一端焊接横杆接头，有 1.8 m、1.4 m 两种规格。

⑤ 斜杆。斜杆用于增强脚手架的稳定和强度，提高脚手架的承载力。它是在 $\phi48$ mm × 2.2 mm 钢管两端铆接斜杆接头制成。斜杆有 3.0 m、2.546 m、2.343 m、2.163 m、1.69 m 5 种规格，可适用于 5 种框架平面。

⑥ 底座。底座安装在立杆的根部，起防止立杆下沉并将上部荷载分散传递给地基的作用。底座有一般垫座，其由 150 mm × 150 mm × 5 mm 的钢板在中心焊接连接杆制成；还有立杆可调座和立杆粗细调座等。

（2）辅助构件。

辅助构件系用于作业面及附壁拉结等的杆部件，有多种类别和规格。其中主要有以下 3 种：

① 间横杆。间横杆是为满足普通钢或木脚手板的需要而专设的杆件，可搭设于主架横杆之间的任意部位，用以减小支承间距或支撑挑头脚手板。

② 架梯。架梯是用于作业人员上下脚手架的通道，由钢踏步板焊在槽钢上制成，两端带有挂钩，可牢固地挂在横杆上。

③ 连墙撑。连墙撑是用于脚手架与墙体结构间的连接件，用以加强脚手架抵抗风荷载及其他永久性水平风荷载的能力，防止脚手架倒塌和增强稳定性。

（3）专用构件。

专用构件是有专门用途的构件。常用的有支撑柱专用构件（包括支撑柱垫座、转角座、可调座）、提升滑轮、悬挑架、爬升挑梁等。

3. 门式脚手架

门式钢管脚手架（简称门式脚手架）的基本受力单元是由钢管焊接而成的门形刚架（简称门架），是通过剪刀撑、脚手板（或水平梁）、连墙杆以及其他连接杆、配件组装成的逐层叠起的脚手架。它与结构物拉结牢固，形成整体稳定的脚手架结构。

门式脚手架的主要特点是尺寸标准、结构合理、承载力高、安全可靠、装拆容易并可调节高度，特别适用于搭设使用周期短或频繁周转的脚手架。但由于其组装件接头大部分不是螺栓紧固性的连接，而是插销或扣搭形式的连接，因此搭设较高大或荷重较大的支架时，必须附加钢管拉结紧固，否则会摇晃不稳。

门式脚手架的搭设高度 H 为：当两层同时作业的施工总荷载标准值 $\leqslant 3\ \mathrm{kN/m^2}$ 时，$H \leqslant 60\ \mathrm{m}$；当总荷载为 $3 \sim 5\ \mathrm{kN/m^2}$ 时，$H \leqslant 45\ \mathrm{m}$。当架高为 $19 \sim 38\ \mathrm{m}$ 时，可 3 层同时作业；当架高 $\leqslant 17\ \mathrm{m}$ 时，可 4 层同时作业。

1）门式脚手架的主要组成部件

门式脚手架由门架、剪刀撑（交叉支撑）和水平梁架（平行架）或脚手板构成基本单元，如图 3.20（a）所示。将基本单元相互连接起来并增加梯子、栏杆等部件即构成整片脚手架，如图 3.20（b）所示。

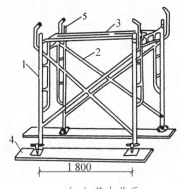 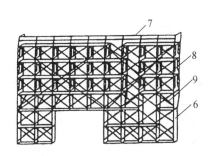

（a）基本单元　　　　　　　　（b）门式外脚手架

1—门架；2—交叉支撑；3—水平梁架；4—调节螺栓；5—锁臂；6—梯子；
7—栏杆；8—脚手板；9—交叉斜杆。

图 3.20　门式脚手架

① 门架。门架是构成脚手架的基本单元。它有多种形式，标准型是最基本的形式，标准门架宽度为 1.219 m，高有 1.9 m 和 1.70 m 两种。门架在垂直方向之间的连接用连接棒和锁臂。

② 水平梁架。水平梁架用于连接门架顶部成为水平框架，以增加脚手架的刚度。

③ 剪刀撑。剪刀撑是用于纵向连接两榀门架的交叉形拉杆。

④ 底座和托座。底座用于扩大脚手架的支撑面积和传递竖向荷载，分为固定底座和带轮底座。其中可调底座可调节脚手架的高度及整体水平度、垂直度；带轮底座多用于操作平台，以方便移动。托座有平板和 U 形两种，置于门架的上端，多带有丝杠以调节高度，主要用于支模架。

⑤ 脚手板。脚手板采用钢定型脚手板，在板的两端装有挂扣，搁置在门架的横杆上并扣紧。此种脚手板不但提供操作平面，还可增加门架的刚度，因此，即使是无作业层，也应每隔 3 ~ 5 m 设置一层脚手板。

2）门式脚手架的构造要点

① 门架之间必须满设剪刀撑和水平梁架（或脚手板），并连接牢固。在脚手架外侧应设长剪刀撑，其高度和宽度为 3 ~ 4 个步距，与地面倾角 45° ~ 60°，相邻长剪刀撑之间相隔 3 ~ 5 个架距。

② 整片脚手架必须适量设置水平加固杆（即大横杆），一般用 48 mm 的钢管，下面三层步架宜隔层设置，3 层以上则每隔 3 ~ 5 层设置一道。水平加固杆用扣件和门架立杆扣紧。

③ 应设置连墙件与结构拉结牢固。一般情况下，在垂直方向每隔 3 个步距和在水平方向每隔 4 个架距设一点，在转角处应适当加密。

④ 做好脚手架的转角处理。转角处必须连接牢固并与墙拉结好，以确保脚手架的整体性。处理方法是利用钢管和扣件把处于角部两边的门架连接起来，连接杆可沿边长方向或斜向设置（图 3.21）。

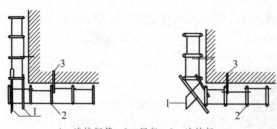

1—连接钢管；2—门架；3—连墙杆。

图 3.21　转角处脚手架连接

4. 附着升降式脚手架

　　近年来，随着高层建筑、高耸结构的不断涌现和在工程建设中脚手架所占比重的迅速扩大，对施工用的脚手架在施工速度、安全性能和经济效益等方面提出了更高的要求。附着升降式脚手架是附着于工程结构，并依靠自身带有的升降设备，实现整体或分段升降的悬空脚手架。它结构整体性好、升降快捷方便、机械化程度高、经济效益显著，是一种很有推广价值的外脚手架。按其附着支承方式可分为以下 7 种：套框式、导轨式、导座式、挑轨式、套轨式、吊套式、吊轨式。导轨式附着升降式脚手架的爬升过程示意如图 3.22 所示。附着升降式脚手架由架体、附着支承、提升机构和设备、安全装置和控制系统等 4 个基本部分构成。

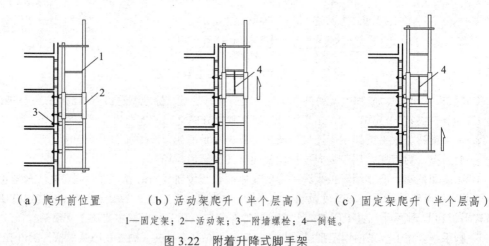

（a）爬升前位置　　　　（b）活动架爬升（半个层高）　　　　（c）固定架爬升（半个层高）

1—固定架；2—活动架；3—附墙螺栓；4—倒链。

图 3.22　附着升降式脚手架

1）架 体

　　附着升降脚手架的架体由竖向主框架、水平梁架和架体板构成（图 3.23）。竖向主框架既是构成架体的边框架，也是与附着支承构件连接并将架体荷载传给工程结构的传载构件。水平梁架一般设于底部，承受架体板传下来的架体荷载并将其传给竖向主框架，同时水平梁架的设置也是加强架体整体性和刚度的重要措施。除竖向主框架和水平梁架的其余架体部分称为"架体板"，在承受风荷载等侧向水平荷载时，它相当于两端支承于竖向主框架之上的一块板。架体板应设置剪刀撑，以确保传载和安全工作的要求。

2）附着支承

　　附着支承是确保架体在使用和升降时处于稳定状态，避免晃动和抵抗倾覆作用的装置。它应达到以下要求：架体在任何状态（使用、上升或下降）下，与工程结构之间必须有不少于两处的附着支承点；必须设置防倾覆装置。

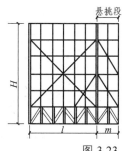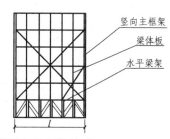

竖向主框架
梁体板
水平梁架

图 3.23　附着升降脚手架的架体构成

3）提升机构和设备

附着升降脚手架的提升机构取决于提升设备，共有吊升、顶升和爬升等三种方式。吊升式是挂置电动葫芦或手动葫芦，以链条或拉杆吊着架体沿导轨滑动而上升；提升设备为小型卷扬机时，则采用钢丝绳、依靠导向滑轮进行架体的提升。顶升式是通过液压缸活塞杆的伸长，使导轨上升并带动架体上升。爬升式是通过上下爬升箱带着架体沿导轨自动向上爬升。提升机构和设备应确保处于完好状况，且要工作可靠、动作稳定。

4）安全装置和控制系统

附着升降脚手架的安全装置包括防坠和防倾装置。防倾装置是采用防倾导轨及其他部件来控制架体水平位移的部件。防坠装置则是防止架体坠落的装置，即一旦因断链（杆、绳）等造成架体坠落时，能立即动作、及时将架体制停在防坠杆等支持结构上。

附着升降式脚手架的设计、安装及升降操作必须符合有关的规范和规定。其技术关键是：① 与建筑物有牢固的固定措施；② 升降过程均有可靠的防倾覆措施；③ 设有安全防坠落装置和措施；④ 具有升降过程中的同步控制措施。

5. 里脚手架

里脚手架是搭设在建筑物内部的一种脚手架，用于在地面或楼层上进行砌筑、装修等作业。里脚手架种类较多，在无须搭设满堂脚手架时，可采用各种工具式脚手架。这种脚手架具有轻便灵活、搭设方便、周转容易、占地较少等特点。下面介绍几种常用的里脚手架。

1）折叠式里脚手架

角钢折叠式里脚手架如图 3.24 所示，它采用角钢制成，每个重 25 kg；钢管（筋）折叠式里脚手架如图 3.25 所示，它采用钢管或钢筋制成，每个重 18 kg。这些折叠式里脚手架搭设时在脚手架上铺脚手板即可，其架设间距：砌筑作业时小于 1.80 m，装修作业时小于 2.20 m。该种脚手架可架设两步，第一步为 1 m，第二步为 1.65 m。

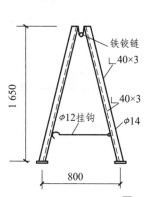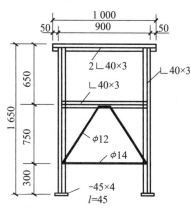

图 3.24　角钢折叠式里脚手架

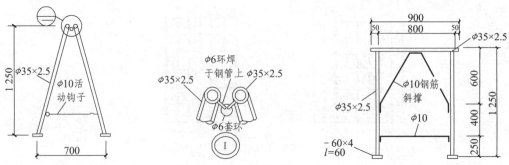

图 3.25　钢管折叠式里脚手架

2）支柱式里脚手架

支柱式里脚手架由支柱及横杆组成，上铺脚手板。其搭设间距：砌筑作业时≤2 m，装修作业时≤2.50 m。套管式支柱如图 3.26 所示，每个支柱重 14 kg。搭设时插管插入立杆中，以销孔间距调节高度，在插管顶端的 U 形支托内搁置方木横杆用以铺设脚手板，其架设高度为 1.57～2.17 m。承插式钢管支柱如图 3.27 所示，每个支柱重 13.7 kg，横杆重 5.6 kg。其架设高度为 1.2 m、1.6 m、1.9 m，搭设第三步时要加销钉以保证安全。

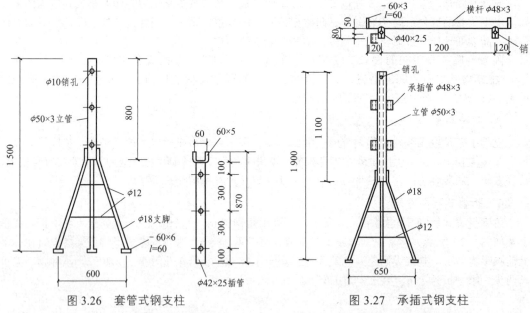

图 3.26　套管式钢支柱　　　　　　　　　　　　　　　　图 3.27　承插式钢支柱

此外还有马凳式里脚手架、伞脚折叠式里脚手架、梯式支柱里脚手架、门架式里手架以及平台架、移动式脚手架等里脚手架，广泛用于各种室内砌筑及装饰工程中。

6. 安全等级及安全系数

脚手架结构设计应根据脚手架种类、搭设高度和荷载采用不同的安全等级。脚手架安全等级的划分应符合表 3.4 规定。

在脚手架结构或构配件抗力设计值确定时，综合安全系数指标应满足下列要求：

强度：$\beta = \gamma_0 \cdot \gamma_u \cdot \gamma_m \cdot \gamma_m'$　　　　　　　　　　　　　　　　　　　（3.1）

稳定：$\beta \geqslant 1.5$　　　　　　　　　　　　　　　　　　　　　　　　　　（3.2）

作业脚手架：$\beta \geqslant 2.0$　　　　　　　　　　　　　　　　　　　　　　（3.3）

支撑脚手架、新研制脚手架：$\beta \geqslant 2.2$　　　　　　　　　　　　　　　（3.4）

表 3.4　脚手架的安全等级

落地作业脚手架	悬挑脚手架	满堂支撑脚手架（作业）	支撑脚手架		安全等级
搭设高度			荷载标准值/kN		
≤40 m	≤20 m	≤16 m	≤8 m	≤15 kN/m² 或 ≤50 kN/m 或 ≤7 kN/点	Ⅱ
>40 m	>20 m	>16 m	>8 m	>15 kN/m² 或 >50 kN/m 或 >7 kN/点	Ⅰ

注：1. 支撑脚手架的搭设高度、荷载中任一项不满足安全等级为Ⅱ级的条件时，其安全等级应划为Ⅰ级；
　　2. 附着式升降脚手架安全等级均为Ⅰ级；
　　3. 竹、木脚手架搭设高度在现行行业标准规定的限值内，其安全等级均为Ⅱ级。

式中　β——脚手架结构、构配件综合安全系数；
　　　γ_0——结构重要性系数，应根据表 3.5 的规定取值；
　　　γ_u——永久荷载和可变荷载分项系数加权平均值，取为 1.254（由可变荷载起控制作用的荷载基本组合）、1.363（由永久荷载起控制作用的荷载基本组合）；
　　　γ_m——材料抗力分项系数，对于钢管脚手架应按现行国家标准《冷弯薄壁型钢结构技术规范》GB 50018 的规定取 1.165；
　　　γ_m'——材料强度附加系数，构配件及节点连接强度取 1.05，作业脚手架稳定承载力取 1.40，支撑脚手架稳定承载力及新研制的脚手架稳定承载力取 1.50。

表 3.5　脚手架结构重要性系数γ_0

结构重要性系数	承载能力极限状态	
	安全等级	
	Ⅰ	Ⅱ
γ_0	1.1	1.0

7. 荷载及荷载组合

1）荷载分类及标准值

作用于脚手架的荷载应分为永久荷载和可变荷载。

脚手架的永久荷载包含：脚手架结构件自重；脚手板、安全网、栏杆等附件的自重；支撑脚手架的支承体系自重；支撑脚手架之上的建筑结构材料及堆放物的自重；其他可按永久荷载计算的荷载。

脚手架的可变荷载包含：施工荷载；风荷载；其他可变荷载。

永久荷载标准值的取值要求：材料和构配件按现行国家标准《建筑结构荷载规范》GB 50009 规定的自重取值取为荷载标准值；工具和机械设备等产品按通用的理论重量及相关标准的规定取其荷载标准值；也可采取有代表性的抽样实测，以实测平均值加上 2 倍均方差作为其荷载标准值。具体取值如下：

（1）单、双排脚手架立杆承受的每米结构自重标准值，满堂脚手架立杆承受的每米结构自重标准值，满堂支撑架立杆承受的每米结构自重标准值，按《建筑施工扣件式钢管脚手架安全技术规范》JGJ 130 附录 A 采用。

（2）冲压钢脚手板、木脚手板、竹串片脚手板与竹笆脚手板自重标准值，宜按表 3.6 取用。

（3）栏杆与挡脚板自重标准值，宜按表 3.7 采用。

（4）脚手架上吊挂的安全设施（安全网）的自重标准值应按实际情况采用，密目式安全立网自重标准值不应低于 0.01 kN/m²。

表 3.6　脚手板自重标准值

类别	标准值/（kN/m²）
冲压钢脚手板	0.30
竹串片脚手板	0.35
木脚手板	0.35
竹笆脚手板	0.10

表 3.7　栏杆、挡脚板自重标准值

类别	标准值/（kN/m²）
栏杆、冲压钢脚手板挡板	0.16
栏杆、竹串片脚手板挡板	0.17
栏杆、木脚手板挡板	0.17

（5）支撑架上可调托撑上主梁、次梁、支撑板等自重应按实际计算。普通木质主梁（含 48.3×3.6 双钢管）、次梁，木支撑板，型钢次梁自重不超过 10 号工字钢自重，型钢主梁自重不超过 H100×100×6×8 型钢自重，支撑板自重不超过木脚手板自重，可按表 3.8 采用。

表 3.8　主梁、次梁及支撑板自重标准值　　　　　　　　单位：kN/m²

类别	立杆间距/m	
	>0.75×0.75	≤0.75×0.75
木质主梁（含 φ48.3×3.6 双钢管）次梁，木支撑板	0.6	0.85
型钢主梁、次梁，木支撑板	1.0	1.2

可变荷载标准值的取值要求：作业脚手架作业层上的施工荷载标准值应根据实际情况确定，且不应低于表 3.9 的规定。当作业脚手架上存在 2 个及以上作业层同时作业时，在同一跨距内各操作层的施工荷载标准值总和不得超过 4.0 kN/m²。支撑脚手架作业层上的施工荷载标准值应根据实际情况确定，且不应低于表 3.10 的规定，支撑脚手架上移动的设备、工具等物品应按其自重计算可变荷载标准值。脚手架上振动、冲击物体应按其自重乘以动力系数后取值计入可变荷载标准值，动力系数可取值为 1.35。

表 3.9　作业脚手架施工荷载标准值

序号	作业脚手架用途	施工荷载标准值/（kN/m²）
1	砌筑工程作业	3.0
2	其他主体结构工程作业	3.0
3	装饰装修作业	3.0
4	防护作业	1.0

注：斜梯施工荷载标准值按其水平投影面积计算，取值不应低于 2.0 kN/m²。

表 3.10　支撑脚手架施工荷载标准值

类　　别		施工荷载标准值/（kN/m²）
混凝土结构模板支撑脚手架	一般	2.0
	有水平泵管设置	4.0
钢结构安装支撑脚手架	轻钢结构、轻钢空间网架结构	2.0
	普通钢结构	3.0
	重型钢结构	3.5
其　　他		≥2.0

满堂支撑架上永久荷载与可变荷载（不含风荷载）标准值总和不大于 4.2 kN/m² 时，施工均布荷载标准值应按表 3.6 采用；当标准值总和大于 4.2 kN/m² 时，作业层上的人员及设备荷载标准值取 1.0 kN/m²，大型设备、结构构件等可变荷载按实际计算，用于混凝土结构施工的作业层上荷载标准值的取值应符合现行行业标准《建筑施工模板安全技术规范》JGJ 162 的规定。

作用于脚手架上的水平风荷载标准值按下式计算：

$$w_k = \mu_z \cdot \mu_s \cdot w_0 \tag{3.5}$$

式中　w_k——风荷载标准值（kN/m²）；

　　　w_0——基本风压值（kN/m²），应按现行国家标准《建筑结构荷载规范》GB 50009 的规定取重现期 $n=10$ 对应的风压值；

　　　μ_z——风压高度变化系数，应按现行国家标准《建筑结构荷载规范》GB 50009 的规定取用；

　　　μ_s——风荷载体型系数，应按表 3.11 的规定取用。

表 3.11　脚手架风荷载体型系数 μ_s

背靠建筑物的状况	全封闭墙	敞开、框架和开洞墙
全封闭作业脚手架	1.0Φ	1.3Φ
敞开式支撑脚手架	μ_{stw}	

注：1. Φ 为脚手架挡风系数，$\Phi=1.2A_n/A_w$，其中：A_n 为脚手架迎风面挡风面积（m²），A_w 为脚手架迎风面面积（m²）。

　　2. 当采用密目安全网全封闭时，取 $\Phi=0.8$，μ_s 最大值取 1.0。

　　3. μ_{stw} 为按多榀桁架确定的支撑脚手架整体风荷载体型系数，按现行国家标准《建筑结构荷载规范》GB 50009 的规定计算。

高耸塔式结构、悬臂结构等特殊脚手架结构在水平风荷载标准值计算时，应计入风振系数。

2）荷载组合

脚手架设计应根据正常搭设和使用过程中在脚手架上可能同时出现的荷载，按承载能力极限状态和正常使用极限状态分别进行荷载组合，并应取各自最不利的荷载组合进行设计。

脚手架结构及构配件承载能力极限状态设计时，应按下列规定采用荷载的基本组合：

（1）作业脚手架承载能力极限状态的荷载基本组合应按表 3.12 的规定采用。

（2）支撑脚手架承载能力极限状态的荷载基本组合应按表 3.13 的规定采用。

脚手架结构及构配件正常使用极限状态设计时，按表 3.14 的规定采用。

表 3.12　作业脚手架荷载的基本组合

计算项目	荷载的基本组合
水平杆强度 附着式升降脚手架的水平支撑桁架及固定吊拉杆强度 悬挑脚手架悬挑支撑结构强度、稳定承载能力	永久荷载 + 施工荷载
立杆稳定承载力 附着式升降脚手架竖向主框架及附墙支座强度、稳定承载力	永久荷载 + 施工荷载 + ψ_w × 风荷载
连墙杆强度、稳定承载力	风荷载 + N_0
立杆地基承载力	永久荷载 + 施工荷载

注：1. N_0 为连墙件约束作业脚手架的平面外变形所产生的轴向力设计值。
　　2. ψ_w 为风荷载组合值系数。

表 3.13　支撑脚手架荷载的基本组合

计算项目		荷载的基本组合
水平杆强度	由永久荷载控制的组合	永久荷载 + ψ_c × 施工荷载及其他可变荷载
	由可变荷载控制的组合	永久荷载 + 施工荷载 + ψ_c × 其他可变荷载
立杆稳定承载力	由永久荷载控制的组合	永久荷载 + ψ_c × 施工荷载及其他可变荷载 + ψ_w × 风荷载
	由可变荷载控制的组合	永久荷载 + 施工荷载 + ψ_c × 其他可变荷载 + ψ_w × 风荷载
支撑脚手架倾覆 立杆地基承载力		永久荷载 + 施工荷载及其他可变荷载 + 风荷载

注：1. 表中的 "+" 仅表示各项荷载参与组合，而不表示代数相加。
　　2. ψ_c 为施工荷载、其他可变荷载组合值系数。
　　3. 强度计算项目包括连接强度计算。
　　4. 立杆稳定承载力计算在室内或无风环境下不组合风荷载。
　　5. 倾覆计算时，抗倾覆荷载组合计算不计入可变荷载。

表 3.14　作业脚手架荷载的标准组合

计算项目	荷载的标准组合
作业脚手架水平杆挠度	
作业脚手架悬挑脚手架水平型钢悬挑梁挠度	永久荷载
支撑脚手架顶水平杆承重挠度	

3）设计内容及参数

脚手架设计应采用以概率理论为基础的极限状态设计方法，以分项系数设计表达式进行计算。脚手架承重结构应按承载能力极限状态和正常使用极限状态进行设计。

脚手架超过承载能力极限状态的状态有：① 结构件或连接件因超过材料强度而破坏，或因连接节点产生滑移而失效，或因过度变形而不适于继续承载；② 整个脚手架结构或其一部分失去平衡；③ 脚手架结构转变为机动体系；④ 脚手架结构整体或局部杆件失稳；⑤ 地基失去继续承载的能力。脚手架超过正常使用极限状态的状态有：① 影响正常使用的变形；② 影响正常使用的其他状态。脚手架应按正常搭设和正常使用条件进行设计，可不计入短暂作用、偶然作用、地震荷载作用。

脚手架的设计计算内容应根据架体构造、搭设部位、使用功能、荷载等因素确定，落地作业脚手架和支撑脚手架计算内容为：① 落地作业脚手架：水平杆件抗弯强度、挠度，节点连接强度，立杆稳定承载力，地基承载力，连墙件强度、稳定承载力、连接强度，缆风绳承载力及连接强度；② 支撑脚手架：水平杆件抗弯强度、挠度，节点连接强度，立杆稳定承载力，架体抗倾覆能力，地基承载力，连墙件强度、稳定承载力、连接强度，缆风绳承载力及连接强度。

脚手架结构设计时，应先对脚手架结构进行受力分析，明确荷载传递路径，选择具有代表性的最不利杆件或构配件作为计算单元。计算单元的选取应符合下列要求：

（1）应选取受力最大的杆件、构配件。

（2）应选取跨距、间距增大和几何形状、承力特性改变部位的杆件、构配件。

（3）应选取架体构造变化处或薄弱处的杆件、构配件。

（4）当脚手架上有集中荷载作用时，尚应选取集中荷载作用范围内受力最大的杆件、构配件。

当按脚手架承载能力极限状态设计时，应采用荷载设计值和强度设计值进行计算；当按脚手架正常使用极限状态设计时，应采用荷载标准值和变形限值进行计算。

基本变量的设计值宜符合下列规定：

（1）荷载设计值 N_{cd}：

$$N_{cd} = \gamma_n F_k \tag{3.6}$$

式中　N_{cd}——永久荷载、可变荷载的荷载设计值（kN）；

　　　F_k——永久荷载、可变荷载的荷载标准值（kN）；

　　　γ_n——荷载分项系数。

（2）材料强度设计值 f_d：

$$f_d = f_k / \gamma_m \tag{3.7}$$

式中　f_d——材料强度设计值（N/mm²）；

　　　f_k——材料强度标准值（N/mm²）；

　　　γ_m——材料抗力分项系数。

（3）几何参数设计值 a_d。

可采用几何参数的标准值 a_k；当几何参数的变异性对结构性能有明显影响时，几何参数设计值可按下式确定：

$$a_d = a_k \pm \Delta_a \tag{3.8}$$

式中　a_d——脚手架材料、构配件、结构的几何参数设计值（mm）；

　　　a_k——脚手架材料、构配件、结构的几何参数标准值（mm）；

　　　Δ_a——脚手架材料、构配件、结构的几何参数附加量值（mm），应按实际测量值与标准值误差的加权平均值取值。

（4）杆件连接节点承载能力设计值。

脚手架立杆与水平杆连接节点的承载力设计值不应小于表 3.15 的规定，立杆与立杆连接节点的承载力设计值不应小于表 3.16 的规定。

表 3.15　立杆与水平杆连接节点的承载力设计值

节点类型	转动刚度/（kN·m/rad）	水平向抗拉（压）/kN	竖向抗压/kN		抗滑移/kN	
扣件	30	8	单扣件8	双扣件12	单扣件8	双扣件12
碗扣	20	30	12		—	
盘扣	20	30	25		—	
其他	根据试验确定					

注：表中数据是根据 48 mm×3.5 mm 钢管和标准节点连接件经试验确定。

表 3.16　立杆与立杆连接节点的承载力设计值

节点连接形式	节点受力形式		承载力设计值/kN
承插式连接	压力	强度	等于立杆抗压强度
		稳定	大于 1.5 倍立杆稳定承载力设计值
	拉力		15
对接扣件连接	压力	强度	大于 1.5 倍立杆稳定承载力设计值
		稳定	
	拉力		4

注：承插式连接锁销宜采用 ϕ10 以上钢筋。

　　钢管脚手架的型钢、钢构件钢材强度设计值等符合现行国家标准《钢结构设计标准》GB 50017 的规定，焊接钢管、冷弯成型的厚度小于 6 mm 的钢构件，应符合现行国家标准《冷弯薄壁型钢结构技术规范》GB 50018 的规定，不应采用钢材冷加工效应的强度设计值，也不应采用钢材的塑性强度设计值。木脚手架的木材强度设计值等技术参数应符合现行国家标准《木结构设计规范》GB 50005 的规定。

　　脚手架构配件强度应按构配件净截面计算，构配件稳定性和变形应按构配件毛截面计算。

　　荷载分项系数取值应符合表 3.17 的规定。

表 3.17　荷载分项系数

脚手架种类	验算项目		永久荷载		可变荷载	
作业脚手架	强度、稳定承载力		1.2		1.4	
	地基承载力		1.2		1.4	
	挠度		1.0		0	
支撑脚手架	强度、稳定承载力	可变荷载控制组合	1.20		1.4	
		永久荷载控制组合	1.35			
	地基承载力		1.2		1.4	
	挠度		1.0		0	
	倾覆	有利	0.9	有利		0
		不利	1.35	不利		1.4

8. 承载能力极限状态设计

（1）脚手架结构或构配件的承载能力极限状态设计，应满足下式要求：

$$\gamma_0 N_{ad} \leqslant R_d \tag{3.9}$$

式中　γ_0——结构重要性系数，按表 3.5 的规定取用；

　　　N_{ad}——脚手架结构或构配件的荷载设计值（kN）；

　　　R_d——脚手架结构或构配件的抗力设计值（kN）。

（2）脚手架抗倾覆承载能力极限状态设计，应满足下式要求：

$$\gamma_0 M_0 \leqslant M_r \tag{3.10}$$

式中　M_0——脚手架的倾覆力矩设计值（kN·m）；

　　　M_r——脚手架的抗倾覆力矩设计值（kN·m）。

（3）地基承载能力极限状态可采用分项系数法进行设计，地基承载力值应取特征值，并应满足下式要求：

$$P_k \leqslant f_a \tag{3.11}$$

式中　P_k——脚手架立杆基础底面的平均压力标准值（N/mm²）；

　　　f_a——修正后的地基承载力特征值（N/mm²）。

（4）脚手架杆件连接节点承载力应满足下式要求：

$$\gamma_0 F_{Jd} \leqslant N_{RJd} \tag{3.12}$$

式中　F_{Jd}——作用于脚手架杆件连接节点的荷载设计值（kN）；

　　　N_{RJd}——脚手架杆件连接节点的承载力设计值（kN），应按表 3.15、表 3.16 取用。

1）作业脚手架承载能力极限状态设计

（1）作业脚手架受弯杆件的强度应按下列公式计算：

$$\frac{\gamma_0 M_d}{W} \leqslant f_d \tag{3.13}$$

$$M_d = \gamma_G \sum M_{Gk} + \gamma_Q \sum M_{Qk} \tag{3.14}$$

式中　M_d——作业脚手架受弯杆件弯矩设计值（N·mm）；

　　　W——受弯杆件截面模量（mm³）；

　　　f_d——杆件抗弯强度设计值（N/mm²）；

　　　γ_G——永久荷载分项系数，按表 3.17 的规定取值；

　　　γ_Q——可变荷载分项系数，按表 3.17 的规定取值；

　　　$\sum M_{Gk}$——作业脚手架受弯杆件由永久荷载产生的弯矩标准值总和（N·mm）；

　　　$\sum M_{Qk}$——作业脚手架受弯杆件由可变荷载产生的弯矩标准值总和（N·mm）。

（2）作业脚手架立杆（门架立杆）稳定承载力计算，应符合下列规定：

室内或无风环境搭设的作业脚手架立杆稳定承载力按下式计算：

$$\frac{\gamma_0 N_d}{\varphi A} \leqslant f_d \tag{3.15}$$

室外搭设的作业脚手架立杆稳定承载力按下式计：

$$\frac{\gamma_0 N_d}{\varphi A} + \frac{\gamma_0 M_{wd}}{W} \leqslant f_d \tag{3.16}$$

式中　N_d——作业脚手架立杆的轴向力设计值（N），应按式（3.6）计算；

　　　φ——立杆的轴心受压构件的稳定系数，应根据反映作业脚手架整体稳定因素的立杆长细比 λ（门架应根据立杆换算长细比）按《冷弯薄壁型钢结构技术规范》GB 50018 的规定取用；

　　　A——作业脚手架立杆毛截面面积（mm²），门架应取双立杆的毛截面面积；

　　　M_{wd}——作业脚手架立杆由风荷载产生的弯矩设计值（N·mm），按式（3.18）计算；

　　　W——作业脚手架立杆截面模量（mm³），门架应取主立杆截面模量；

　　　f_d——立杆的抗压强度设计值（N/mm²）。

（3）作业脚手架立杆（门架为双立杆）的轴向力设计值，应按下式计算：

$$N_d = \gamma_G \sum N_{Glk} + \gamma_Q \sum N_{Glk} \tag{3.17}$$

式中 $\sum N_{G1k}$——作业脚手架立杆由结构件及附件自重产生的轴向力标准值总和（N）；

$\sum N_{G1k}$——作业脚手架立杆由施工荷载产生的轴向力标准值总和（N）。

（4）作业脚手架立杆由风荷载产生的弯矩设计值应按下列公式计算：

$$M_{wd} = \psi_w \gamma_Q M_{wk} \qquad (3.18)$$

$$M_{wk} = 0.05 \xi_1 w_k l_a H_1^2 \qquad (3.19)$$

式中 M_{wd}——作业脚手架立杆由风荷载产生的弯矩标准值（N·mm）；

ψ_w——风荷载组合值系数，按《建筑结构荷载规范》GB 50009 的规定取用；

l_a——立杆（门架）纵向间距（mm）；

H_1——连墙件竖向间距（mm）；

ξ_1——作业脚手架立杆由风荷载产生的弯矩折减系数，应按表 3.18 取用。

表 3.18　作业脚手架立杆由风荷载产生的弯矩折减系数

连墙杆	扣件式	碗扣式	盘扣式	门式
二步距	0.6	0.6	0.6	0.3
三步距	0.4	0.4	0.4	0.2

（5）作业脚手架连墙件杆件的强度及稳定承载力应按下列公式计算：

强度：

$$\sigma = \frac{N_{Ld}}{A_c} \leqslant 0.85 f_d \qquad (3.20)$$

稳定承载力：

$$\frac{N_{Ld}}{\varphi A} \leqslant 0.85 f_d \qquad (3.21)$$

$$N_{Ld} = N_{wLd} + N_0 \qquad (3.22)$$

$$N_{wLd} = \gamma_Q w_k L_1 H_1 \qquad (3.23)$$

式中 σ——连墙件杆件应力值（N/mm²）；

A_c——连墙件杆件净截面面积（mm²）；

A——连墙件杆件毛截面面积（mm²）；

N_{Ld}——连墙件杆件由风荷载及其他作用产生的轴向力设计值（N）；

N_{wLd}——连墙件杆件由风荷载产生的轴向力设计值（N）；

φ——连墙件杆件的轴心受压构件的稳定系数，应根据其长细比 λ 按《冷弯薄壁型钢结构技术规范》GB 50018 的规定取用；

L_1——连墙件水平间距（mm）；

N_0——连墙件约束作业脚手架的平面外变形所产生的轴向力设计值，单排作业脚手架应取 2 kN，双排作业脚手架应取 3 kN。

（6）作业脚手架连墙件与架体、连墙件与建筑结构连接的连接强度应符合下式要求：

$$N_{Ld} \leqslant N_{RLd} \qquad (3.24)$$

式中 N_{RLd}——连墙件与作业脚手架、连墙件与建筑结构连接的抗拉（压）承载力设计值（N），应根据国家现行相关标准规定计算。

2）支撑脚手架承载能力极限状态设计

支撑脚手架受弯杆件的强度应式（3.13）计算，但弯矩设计值应按下列公式计算，并应取较大值：

可变荷载控制的组合：

$$M_d = \gamma_G \sum M_{Gk} + \gamma_Q \sum M_{Qk} \tag{3.25}$$

永久荷载控制的组合：

$$M_d = \gamma_G \sum M_{Gk} + \psi_c \gamma_Q \sum M_{Qk} \tag{3.26}$$

式中　M_d——支撑脚手架受弯杆件弯矩设计值（N·mm）；

$\sum M_{Gk}$——支撑脚手架受弯杆件由永久荷载产生的弯矩标准值总和（N·mm）；

$\sum M_{Qk}$——支撑脚手架受弯杆件由可变荷载产生的弯矩标准值总和（N·mm）；

ψ_c——可变荷载组合值系数，按《建筑结构荷载规范》GB 50009 的规定取用。

支撑脚手架立杆（门架立杆）稳定承载力按以下规定计算：

（1）室内或无风环境搭设的支撑脚手架立杆稳定承载力按式（3.14）计算，立杆的轴向力设计值按式（3.27）、式（3.28）分别计算，并应取较大值。

（2）室外搭设的支撑脚手架立杆稳定承载力，分别按式（3.15）、式（3.16）计算，并应同时满足稳定承载力要求。

（3）立杆轴向力和弯矩按式（3.15）计算时，立杆的轴向力设计值应分别按式（3.30）、式（3.31）计算，并应取较大值；按式（3.16）计算时，立杆的轴向力设计值应分别按式（3.28）、式（3.29）计算，并应取较大值。

（4）立杆由风荷载产生的弯矩标准值应按式（3.27）计算：

$$M_{wk} = \frac{\xi_2 l_a w_k h^2}{10} \tag{3.27}$$

式中　M_{wk}——支撑脚手架立杆由风荷载产生的弯矩标准值（N·mm）；

w_k——支撑脚手架风荷载标准值（N/mm^2），应以单榀桁架体型系数 μ_{st} 按式（3.5）计算；

ξ_2——支撑脚手架立杆由风荷载产生的弯矩折减系数，对于门架取 0.6，其他取 1.0；

l_a——立杆（门架）纵向间距（mm）；

h——架体步距（mm）。

（5）支撑脚手架立杆轴心受压构件的稳定系数 φ，应根据反映支撑脚手架整体稳定因素的立杆长细比 λ（门架应根据立杆换算长细比）按现行国家标准《冷弯薄壁型钢结构技术规范》GB 50018 的规定取用；立杆长细比 λ 值应按脚手架相关的国家现行标准计算。

支撑脚手架立杆（门架立杆）轴向力设计值按如下规定计算：

① 不组合由风荷载产生的立杆附加轴向力时：

可变荷载控制的组合：

$$N_d = \gamma_G \left(\sum N_{G1k} + \sum N_{Q2k}\right) + \gamma_Q \left(\sum N_{G1k} + \psi_c \sum N_{Q2k}\right) \tag{3.28}$$

永久荷载控制的组合：

$$N_d = \gamma_G \left(\sum N_{G1k} + \sum N_{Q2k}\right) + \psi_c \gamma_Q \left(\sum N_{G1k} + \sum N_{Q2k}\right) \tag{3.29}$$

② 组合由风荷载产生的立杆附加轴向力时：

可变荷载控制的组合：

$$N_d = \gamma_G(\sum N_{G1k} + \sum N_{Q2k}) + \gamma_Q(\sum N_{G1k} + \psi_c \sum N_{Q2k} + \psi_w N_{wfk}) \quad (3.30)$$

永久荷载控制的组合：

$$N_d = \gamma_G(\sum N_{G1k} + \sum N_{Q2k}) + \gamma_Q[\psi_c(\sum N_{G1k} + \sum N_{Q2k} + \psi_w N_{wfk})] \quad (3.31)$$

式中　N_d——支撑脚手架立杆轴向力设计值（N）；

　　$\sum N_{G1k}$——支撑脚手架立杆由结构件及附件自重产生的轴向力标准值总和（N）；

　　$\sum N_{Q2k}$——支撑脚手架立杆由 N_{G1k} 以外其他永久荷载产生的轴向力标准值总和（N）；

　　$\sum N_{G1k}$——支撑脚手架立杆由施工荷载产生的轴向力标准值总和（N）；

　　$\sum N_{Q2k}$——支撑脚手架立杆由其他可变荷载产生的轴向力标准值总和（N）；

　　N_{wfk}——支撑脚手架立杆由风荷载产生的最大附加轴向力标准值（N），应按式（3.27）计算。

支撑脚手架立杆由风荷载产生的弯矩设计值应按式（3.18）计算，弯矩标准值按式（3.27）计算。

除混凝土模板支撑脚手架以外，室外搭设的支撑脚手架在立杆轴向力设计值计算时，应计入由风荷载产生的立杆附加轴向力，但当同时满足表 3.19 中某一序号条件时，可不计入由风荷载产生的立杆附加轴向力。

表 3.19　支撑脚手架可不计算由风荷载产生的立杆附加轴向力条件

序号	基本风压值 $w_k/$（kN/m²）	架体高宽比（H/B）	作业层上竖向封闭栏杆（模板）高度/m
1	≤0.2	≤2.5	≤1.2
2	≤0.3	≤2.0	≤1.2
3	≤0.4	≤1.7	≤1.2
4	≤0.5	≤1.5	≤1.2
5	≤0.6	≤1.3	≤1.2
6	≤0.7	≤1.2	≤1.2
7	≤0.8	≤1.0	≤1.2
8	按构造要求设置了连墙件或采取了其他抗倾覆措施		

支撑脚手架连墙件杆件的强度及稳定参照作业脚手架计算，N_0 应取 3 kN。当连墙件用来抵抗水平风荷载时按式（3.23）计算连墙件所承受的水平风荷载标准值 N_{wLd}，并应按多榀桁架整体风荷载体型系数 μ_{stw} 计算支撑脚手架风荷载标准值 w_{fk}；当连墙件用来抵抗其他水平荷载时，N_{wLd} 应取其他水平荷载标准值；当采用钢管抱箍等连接方式与建筑结构固定时，尚应对连接节点进行连接强度计算。

在水平风荷载的作用下，支撑脚手架抗倾覆承载力应满足下式要求：

$$B^2 l_a(g_{1k} + g_{2k})\sum_{j=1}^{n} G_{jk} b_j > 3\gamma_0 M_{Ok} \quad (3.32)$$

式中　B——支撑脚手架横向宽度（mm）；

　　l_a——立杆（门架）纵向间距（mm）；

g_{1k}——均匀分布的架体自重面荷载标准值（N/mm²）；

g_{2k}——均匀分布的架体上部的模板等物料自重面荷载标准值（N/mm²）；

G_{fk}——支撑脚手架计算单元上集中堆放的物料自重标准值（N）；

b_j——支撑脚手架计算单元上集中堆放的物料至倾覆原点的水平距离（mm）；

M_{Ok}——支撑脚手架计算单元在风荷载作用下的倾覆力矩标准值（N·mm）。

3）地基承载能力设计

脚手架立杆地基承载力，应满足下式要求：

$$P = \frac{N_d}{A_d} \leq \gamma_d f_a \tag{3.33}$$

式中　P——脚手架立杆基础底面的平均压力设计值（N/mm²）；

N_d——脚手架立杆轴向力设计值（N）；

A_d——立杆底座底面积（mm²）；

γ_u——永久荷载和可变荷载分项系数加权平均值，当按永久荷载控制组合时取 1.363，当按可变荷载控制组合时取 1.254；

f_a——修正后的地基承载力特征值（N/mm²），由荷载试验或其他原位测试、公式计算并结合工程实践经验等方法综合确定。

当脚手架搭设在建筑结构上时，应按国家现行相关标准的规定对建筑结构承载能力进行验算。

9. 正常使用极限状态设计

脚手架结构或构配件按下式要求进行正常使用极限状态设计：

$$v_{max} = [v] \tag{3.34}$$

式中　v_{max}——永久荷载标准组合作用下脚手架结构或构配件的最大变形值（mm），应按脚手架相关的国家现行标准计算；

$[v]$——脚手架结构或构配件的变形规定限值（mm），应按脚手架相关的国家现行标准的规定采用。

正常使用极限状态设计时永久荷载的标准值计算应符合下列规定：

（1）受弯杆件由永久荷载产生的弯矩标准值应按下式计算：

$$M_{Gk} = \sum M_{Gik} \tag{3.35}$$

式中　M_{Gk}——受弯杆件由永久荷载产生的弯矩标准值（N·mm）；

M_{Gik}——受弯杆件由第 i 个永久荷载产生的弯矩标准值（N·mm）。

（2）作业脚手架立杆由永久荷载产生的轴向力标准值应按下式计算：

$$N_{Gk} = \sum N_{Gik} \tag{3.36}$$

式中　N_{Gk}——作业脚手架立杆由永久荷载产生的轴向力标准值（N）；

N_{Gik}——作业脚手架立杆由第 i 个永久荷载产生的轴向力标准值（N）。

10. 构造要求

脚手架的构造和组架工艺应能满足施工需求，并应保证架体牢固、稳定。脚手架杆件连接节点应满足其强度和转动刚度要求，应确保架体在使用期内安全，节点无松动。脚手架所用杆件、节点连接件、构配件等应能配套使用，并应能满足各种组架方法和构造要求。脚手架的竖向和水平剪刀撑应根据其种类、荷载、结构和构造设置,剪刀撑斜杆应与相邻立杆连接牢固;可采用斜撑杆、交叉拉杆代替剪刀撑。门式钢管脚手架设置的纵向交叉拉杆可替代纵向剪刀撑。

竹脚手架应只用于作业脚手架和落地满堂支撑脚手架,木脚手架可用于作业脚手架和支撑脚手架。竹、木脚手架的构造及节点连接技术要求应符合脚手架相关的国家现行标准的规定。

1)作业脚手架

(1)扣件式钢管脚手架。

扣件式钢管作业脚手架的宽度不应小于 0.8 m,且不宜大于 1.2 m。作业层高度不应小于 1.7 m,且不宜大于 2.0 m。

扣件式钢管作业脚手架应按设计计算和构造要求设置连墙件,并应符合以下规定:① 连墙件应采用能承受压力和拉力的构造,并应与建筑结构和架体连接牢固。② 连墙点的水平间距不得超过 3 跨,竖向间距不得超过 3 步,连墙点之上架体的悬臂高度不应超过 2 步。③ 在架体的转角处、开口型作业脚手架端部应增设连墙件,连墙件的垂直间距不应大于建筑物层高,且不应大于 4.0 m。

在作业脚手架的纵向外侧立面上应按以下规定设置竖向剪刀撑:① 每道剪刀撑的宽度应为 4 ~ 6 跨,且不应小于 6 m,也不应大于 9 m;剪刀撑斜杆与水平面的倾角应在 45° ~ 60° 之间。② 搭设高度在 24 m 以下时,应在架体两端、转角及中间每隔不超过 15 m 各设置一道剪刀撑,并由底至顶连续设置;搭设高度在 24 m 及以上时,应在全外侧立面上由底至顶连续设置。③ 悬挑脚手架、附着式升降脚手架应在全外侧立面上由底至顶连续设置。

采用竖向斜撑杆、竖向交叉拉杆替代作业脚手架竖向剪刀撑应符合下列规定:① 在作业脚手架的端部、转角处应各设置一道。② 搭设高度在 24 m 以下时,应每隔 5 ~ 7 跨设置一道;搭设高度在 24 m 及以上时,应每隔 1 ~ 3 跨设置一道;相邻竖向斜撑杆应朝向对称呈八字形设置。③ 每道竖向斜撑杆、竖向交叉拉杆应在作业脚手架外侧相邻纵向立杆间由底至顶按步连续设置。

作业脚手架底部立杆上应设置纵向和横向扫地杆。悬挑脚手架立杆底部应与悬挑支承结构可靠连接;应在立杆底部设置纵向扫地杆,并应间断设置水平剪刀撑或水平斜撑杆。

(2)附着式升降作业脚手架。

附着式升降作业脚手架竖向主框架、水平支承桁架应采用桁架或刚架结构,杆件应采用焊接或螺栓连接,应设有防倾、防坠、超载、失载、同步升降控制装置,各类装置应灵敏可靠。在竖向主框架所覆盖的每个楼层均应设置一道附墙支座,每道附墙支座应能承担该机位的全部荷载;在使用工况时,竖向主框架应与附墙支座可靠固定。当采用电动升降设备时,电动升降设备连续升降距离应大于一个楼层高度,并应有可靠的制动和定位功能。防坠落装置与升降设备的附着固定应分别设置,不得固定在同一附着支座上。

作业脚手架的作业层上应满铺脚手板,并应采取可靠的连接方式与水平杆固定。当作业层边缘与建筑物间隙大于 150 mm 时,应采取防护措施。作业层外侧应设置栏杆和挡脚板。

2)支撑脚手架

支撑脚手架的立杆间距和步距应按设计计算确定,且间距不宜大于 1.5 m,步距不应大于 2.0 m,独立架体高宽比不应大于 3.0。

当有既有建筑结构时,支撑脚手架应与既有建筑结构可靠连接,连接点至架体主节点的距离不宜大于 300 mm,应与水平杆同层设置,且连接点竖向间距不宜超过 2 步、水平向间距不宜大于 8 m。

(1)竖向剪刀撑。

支撑脚手架竖向剪刀撑的设置:安全等级为Ⅱ级的支撑脚手架应在架体周边、内部纵向和横向每隔不大于 9 m 设置一道;安全等级为Ⅰ级的支撑脚手架应在架体周边、内部纵向和横向每隔不大于 6 m 设置一道;竖向剪刀撑斜杆间的水平距离宜为 6 ~ 9 m,剪刀撑斜杆与水平面的倾角应为 45° ~ 60°。

当采用竖向斜撑杆、竖向交叉拉杆代替支撑脚手架竖向剪刀撑时：安全等级为Ⅱ级的支撑脚手架应在架体周边、内部纵向和横向每隔 6~9 m 设置一道；安全等级为Ⅰ级的支撑脚手架应在架体周边、内部纵向和横向每隔 4~6 m 设置一道。每道竖向斜撑杆、竖向交叉拉杆可沿支撑脚手架纵向、横向每隔 2 跨在相邻立杆间从底至顶连续设置；也可沿支撑脚手架竖向每隔 2 步距连续设置。斜撑杆可采用八字形对称布置（图 3.28）。

支撑脚手架上的荷载标准值大于 30 kN/m² 时，竖向剪刀撑可采用塔形桁架矩阵式布置，塔形桁架的水平截面形状及布局，可根据荷载等因素选择（图 3.29）。

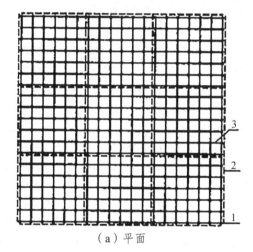

（a）平面

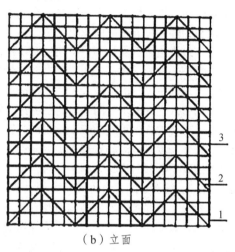

（b）立面

1—立杆；2—斜撑杆；3—水平杆。

图 3.28　竖向斜撑杆布置示意

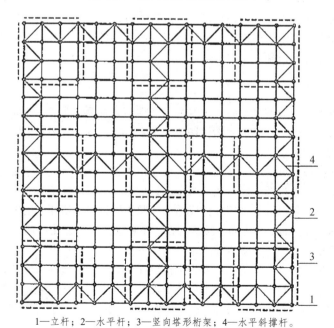

1—立杆；2—水平杆；3—竖向塔形桁架；4—水平斜撑杆。

图 3.29　竖向塔形桁架、水平斜撑杆布置示意

（2）水平剪刀撑。

支撑脚手架应设置水平剪刀撑，应符合下列规定：安全等级为Ⅱ级的支撑脚手架宜在架顶处设

置一道水平剪刀撑；安全等级为Ⅰ级的支撑脚手架应在架顶、竖向每隔不大于 8 m 各设置一道水平剪刀撑；每道水平剪刀撑应连续设置，剪刀撑的宽度宜为 6~9 m。

当采用水平斜撑杆、水平交叉拉杆代替支撑脚手架每层的水平剪刀撑时，应符合下列规定（图3.29）：安全等级为Ⅱ级的支撑脚手架应在架体水平面的周边、内部纵向和横向每隔不大于 12 m 设置一道；安全等级为Ⅰ级的支撑脚手架宜在架体水平面的周边、内部纵向和横向每隔不大于 8 m 设置一道；水平斜撑杆、水平交叉拉杆应在相邻立杆间连续设置。

支撑脚手架剪刀撑或斜撑杆、交叉拉杆的布置应均匀、对称。支撑脚手架的水平杆应按步距沿纵向和横向通长连续设置，不得缺失。在支撑脚手架立杆底部应设置纵向和横向扫地杆，水平杆和扫地杆应与相邻立杆连接牢固。

安全等级为Ⅰ级的支撑脚手架顶层两步距范围内架体的纵向和横向水平杆宜按减小步距加密设置。当支撑脚手架顶层水平杆承受荷载时，应经计算确定其杆端悬臂长度，并应小于 150 mm。当支撑脚手架局部所承受的荷载较大，立杆需加密设置时，加密区的水平杆应向非加密区延伸不少于一跨；非加密区立杆的水平间距应与加密区立杆的水平间距互为倍数。支撑脚手架的可调底座和可调托座插入立杆的长度不应小于 150 mm，其可调螺杆的外伸长度不宜大于 300 mm。当可调托座调节螺杆的外伸长度较大时，宜在水平方向设有限位措施，其可调螺杆的外伸长度应按计算确定。

当支撑脚手架同时满足下列条件时，可不设置竖向、水平剪刀撑：搭设高度小于 5 m，架体高宽比小于 1.5；被支承结构自重面荷载不大于 5 kN/m²；线荷载不大于 8 kN/m；杆件连接节点的转动刚度符合相关标准要求；架体结构与既有建筑结构可靠连接；立杆基础均匀，满足承载力要求。

满堂支撑脚手架应在外侧立面、内部纵向和横向每隔 6~9 m 由底至顶连续设置一道竖向剪刀撑；在顶层和竖向间隔不大于 8 m 处各设置一道水平剪刀撑，并应在底层立杆上设置纵向和横向扫地杆。

可移动的满堂支撑脚手架搭设高度不应超过 12 m，高宽比不应大于 1.5。应在外侧立面、内部纵向和横向间隔不大于 4 m 由底至顶连续设置一道竖向剪刀撑；应在顶层、扫地杆设置层和竖向间隔不超过 2 步分别设置一道水平剪刀撑。应在底层立杆上设置纵向和横向扫地杆。可移动的满堂支撑脚手架应有同步移动控制措施。

11. 搭设与使用

脚手架搭设和拆除作业应按专项施工方案施工，脚手架搭设作业前，应向作业人员进行安全技术交底。脚手架的搭设场地应平整、坚实，场地排水应顺畅，不应有积水。脚手架附着于建筑结构处的混凝土强度应满足安全承载要求。

脚手架应按顺序搭设，并应符合下列规定：落地作业脚手架、悬挑脚手架的搭设应与工程施工同步，一次搭设高度不应超过最上层连墙件两步，且自由高度不应大于 4 m；支撑脚手架应逐排、逐层进行搭设；剪刀撑、斜撑杆等加固杆件应随架体同步搭设，不得滞后安装；构件组装类脚手架的搭设应自一端向另一端延伸，自下而上按步架设，并应逐层改变搭设方向；每搭设完一步架体后，应按规定校正立杆间距、步距、垂直度及水平杆的水平度。

作业脚手架连墙件的安装必须随作业脚手架搭设同步进行，严禁滞后安装；当作业脚手架操作层高出相邻连墙件 2 个步距及以上时，在上层连墙件安装完毕前，必须采取临时拉结措施。

悬挑脚手架、附着式升降脚手架在搭设时，其悬挑支承结构、附着支座的锚固和固定应牢固可靠。

附着式升降脚手架组装就位后，应按规定进行检验和升降调试，符合要求后方可投入使用。

脚手架的架体的拆除应从上而下逐层进行，严禁上下同时作业；同层杆件和构配件必须按先外后内的顺序拆除；剪刀撑、斜撑杆等加固杆件必须在拆卸至该杆件所在部位时再拆除；作业脚手架连墙件必须随架体逐层拆除，严禁先将连墙件整层或数层拆除后再拆架体。拆除作业过程中，当架体的自由端高度超过 2 个步距时，必须采取临时拉结措施。

模板支撑脚手架的安装与拆除作业应符合现行国家标准《混凝土结构工程施工规范》GB 50666 的规定。脚手架的拆除作业不得重锤击打、撬别。拆除的杆件、构配件应采用机械或人工运至地面，严禁抛掷。当在多层楼板上连续搭设支撑脚手架时，应分析多层楼板间荷载传递对支撑脚手架、建筑结构的影响，上下层支撑脚手架的立杆宜对位设置。脚手架在使用过程中应分阶段进行检查、监护、维护、保养。

1）扣件式钢管脚手架

（1）搭设要点。

① 脚手架搭设顺序：放置纵向水平扫地杆→逐根竖立立杆（随即与扫地杆扣紧）→安装横向水平扫地杆（随即与立杆或纵向水平扫地杆扣紧）→安装第一步纵向水平杆（随即与各立杆扣紧）→安装第一步横向水平杆→安装第二步纵向水平杆→安装第二步横向水平杆→加设临时斜撑杆（上端与第二步纵向水平杆扣紧，在装设两道连墙杆后可拆除）→安装第三、四步纵、横向水平杆→安装连墙杆、接长立杆、加设剪刀撑→铺设脚手板→挂安全网。

② 脚手架必须配合施工进度搭设，一次搭设高度不应超过相邻连墙杆以上两步。

③ 每搭完一步脚手架后，应按有关规范的要求校正步距、纵距、横杆及立杆的垂直度。

④ 底座、垫板均应准确地放在定位线上；垫板宜采用长度不少于 2 跨、厚度不小于 50 mm 的木垫板，也可采用槽钢。

⑤ 立杆搭设严禁将外径 48 mm 与 51 mm 的钢管混合使用；开始搭设立杆时应每隔 6 跨设置一根抛撑，直至连墙件安装稳定后，方可根据情况拆除。

⑥ 当搭至有连墙杆的构造点时，在搭设完该处的立杆、纵向水平杆、横向水平杆后，应立即设置连墙杆；连墙点的数量、位置要正确，连接牢固，无松动现象。

⑦ 在封闭型脚手架的同一步中，纵向水平杆应四周交圈，用直角扣件与内外角部立杆固定。

⑧ 搭设单排外脚手架时，在下列部位不得留设脚手眼：

Ⅰ. 设计上不允许留脚手眼的部位；

Ⅱ. 过梁上与过梁两端成 60°角的三角形范围内及过梁净跨度 1/2 的高度范围内；

Ⅲ. 宽度小于 1 m 的窗间墙；

Ⅳ. 梁或梁垫下及其两侧各 500 mm 的范围内；

Ⅴ. 砖砌体门窗洞口两侧 200 mm 和转角处 450 mm 的范围内，其他砌体的门窗洞口两侧 300 mm 和转角处 600 mm 的范围内；

Ⅵ. 独立或附墙砖柱。

⑨ 剪刀撑、横向斜撑应随立杆、纵向和横向水平杆等同步搭设，各底层斜杆下端均必须支承在垫块或垫板上。

⑩ 扣件规格必须与钢管外径（48 mm 或 51 mm）相同；螺栓拧紧力矩不应小于 40 N·m，且不应大于 65 N·m。在主节点处固定横向水平杆、纵向水平杆、剪刀撑、横向斜撑等用的直角扣件、旋转扣件中心点的相互距离不应小于 150 m，对接扣件开口应朝上或朝内。各杆件端头伸出扣件盖板边缘的长度不应小于 100 mm。

（2）脚手架拆除要点。

① 拆架时应画出工作区标志和设置围栏，并派专人看守，严禁行人进入。拆架时统一指挥、上下呼应、动作协调，当解开与另一人有关的接头时应先行告知对方，以防坠落。

② 拆除作业必须由上而下逐层进行，严禁上下同时作业。

③ 连墙杆必须随脚手架逐层拆除，严禁先将连墙件整层或数层拆除后再拆脚手架；分段拆除高差不应大于2步，如高差大于2步，应增设连墙件加固；当脚手架拆至下部最后一根长立杆的高度（约6.5 m）时，应先在适当位置搭设临时抛撑加固后，再拆除连墙杆。

④ 当脚手架采取分段、分立面拆除时，对不拆除的脚手架两端，应先设置连墙件和横向斜撑加固。

⑤ 各构配件严禁抛掷至地面。

⑥ 运至地面的构配件应及时检查、整修与保养，并按品种、规格随时码堆存放。

2）碗扣式脚手架

搭设顺序：搭设顺序为：安设立杆底座→竖立杆→安横杆→安斜杆→接头锁紧→铺脚手板→竖上层立杆→插立杆连接销→安横杆……

搭设注意事项：

① 应在已处理好的地基上按设计位置安放立杆垫座（或可调底座），其上再交错安装3.0 m和1.8 m的长立杆，调整立杆或底座，使同一层立杆接头不在同一平面内。

② 搭设中应注意控制架体的垂直度，总高的垂直度偏差不得超过100 mm。

③ 连墙件应随脚手架的搭设而及时在设计位置设置，并尽量与脚手架和建筑物外表面垂直。

④ 脚手架应随结构物升高而随时搭设，但不应超过结构物2个步架。

3）门式脚手架

（1）搭设顺序。

搭设顺序为：铺放垫木→拉线、放底座→自一端起立门架并随即安装剪刀撑→安装水平梁架（或脚手板）→安装梯子（需要时安装加强用通长大横杆）→安装连墙杆→插上连接棒、安装上一步门架、并装上锁臂→照上述步骤逐层向上安装→安装加强整体刚度的长剪刀撑→安装顶部栏杆。

（2）搭设注意事项。

① 交叉支撑、水平架、脚手板、连接棒和锁臂的设置应符合规范要求；不配套的门架与配件不得混合使用于同一脚手架中。

② 门架安装应自一端向另一端延伸，并逐层改变搭设方向，不得相对进行。搭完一步架后，应按规范要求检查并调整其水平度与垂直度。

③ 交叉支撑、水平架或脚手板应紧随门架的安装及时设置，连接门架与配件的锁臂、搭钩必须处于锁住状态。水平架或脚手板应在同一步内连续设置，脚手板要铺满。

④ 连墙件的搭设必须随脚手架搭设同步进行，严禁滞后设置或搭设完毕后补做；连墙件应连于上、下两榀门架的接头附近，且垂直于墙面、锚固可靠。当脚手架操作层高出相邻连墙件以上两步时，应采用确保脚手架稳定的临时拉结措施，直到连墙件搭设完毕后方可拆除。

⑤ 水平加固杆、剪刀撑必须与脚手架同步搭设；水平加固杆应设于门架立杆内侧，剪刀撑应设于门架立杆外侧并连接牢固。

⑥ 脚手架应沿结构物周围连续、同步搭设升高，在结构物周围形成封闭结构；如不能封闭时，在脚手架两端应按规范要求增设连墙件。

12. 安全管理

施工现场应建立脚手架工程施工安全管理体系和安全检查、安全考核制度。脚手架工程搭设和拆除作业前，应审核专项施工方案，应查验搭设脚手架的材料、构配件、设备检验和施工质量检查验收结果。使用过程中，应检查脚手架安全使用制度的落实情况。

　　脚手架的搭设和拆除作业应由专业架子工担任并应持证上岗，应有相应的安全设施，操作人员应佩戴个人防护用品，穿防滑鞋。

　　脚手架在使用过程中，应定期进行检查，检查项目应符合下列规定：主要受力杆件、剪刀撑等加固杆件、连墙件应无缺失、无松动，架体应无明显变形；场地应无积水，立杆底端应无松动、无悬空；安全防护设施应齐全、有效，应无损坏缺失；附着式升降脚手架支座应牢固，防倾、防坠装置应处于良好工作状态，架体升降应正常平稳；悬挑脚手架的悬挑支承结构应固定牢固。

　　当脚手架遇有下列情况之一时，应进行检查，确认安全后方可继续使用：遇有 6 级及以上强风或大雨过后；冻结的地基土解冻后；停用超过 1 个月；架体部分拆除；其他特殊情况。

　　脚手架作业安全要求：

　　（1）脚手架作业层上的荷载不得超过设计允许荷载。

　　（2）严禁将支撑脚手架、缆风绳、混凝土输送泵管、卸料平台及大型设备的支承件等固定在作业脚手架上。严禁在作业脚手架上悬挂起重设备。

　　（3）雷雨天气、6 级及以上强风天气应停止架上作业；雨、雪、雾天气应停止脚手架的搭设和拆除作业；雨、雪、霜后上架作业应采取有效的防滑措施，并应清除积雪。

　　（4）作业脚手架外侧和支撑脚手架作业层栏杆应采用密目式安全网或其他措施全封闭防护。密目式安全网应为阻燃产品。

　　（5）作业脚手架临街的外侧立面、转角处应采取硬防护措施，硬防护的高度不应小于 1.2 m，转角处硬防护的宽度应为作业脚手架宽度。

　　（6）作业脚手架同时满载作业的层数不应超过 2 层。

　　（7）在脚手架作业层上进行电焊、气焊和其他动火作业时，应采取防火措施，并应设专人监护。

　　（8）在脚手架使用期间，立杆基础下及附近不宜进行挖掘作业。当因施工需要需进行挖掘作业时，应对架体采取加固措施。

　　（9）在搭设和拆除脚手架作业时，应设置安全警戒线、警戒标志，并应派专人监护，严禁非作业人员入内。

　　（10）脚手架与架空输电线路的安全距离、工地临时用电线路架设及脚手架接地、防雷措施，应按现行行业标准《施工现场临时用电安全技术规范》JGJ 46 执行。

　　（11）支撑脚手架在施加荷载的过程中，架体下严禁有人。当脚手架在使用过程中出现安全隐患时，应及时排除；当出现可能危及人身安全的重大隐患时，应停止架上作业，撤离作业人员，并应由工程技术人员组织检查、处置。

3.7.2　垂直运输设施

　　垂直运输设备是指担负运输工程材料和施工人员上下的机械设备。土木工程施工中这类设备的作业量很大，常用的有井架、龙门架、施工电梯和塔式起重机等，有时也采用自行杆式起重机。塔式起重机与自行杆式起重机的具体内容详见本书 6.1 节中的介绍，在此不再赘述。本节仅介绍井架、龙门架和施工电梯这三种垂直运输设备。

　　1. 井　架

　　井架是建筑工程中进行砌筑和装修时最常用的垂直运输设备，它可用型钢或钢管加工成定型产品，或用其他脚手架部件（如扣件式、门式和碗扣式钢管脚手架等）搭设。一般井架为单孔，也可构成双孔或三孔。井架构造简单、加工容易、安装方便、价格低廉、稳定性好，且当设置有附着杆件与建筑物拉结时，无须设置缆风绳。为了满足运输多种材料的需要和扩大服务范围，可在井架内设吊盘，在井架上安装悬臂拔杆。

图 3.30 所示为普通型钢井架示意图。在井架内是吊盘或混凝土料斗，其吊重可达 1 ~ 3 t，由卷扬机带动其升降。当为双孔或三孔井架时，可同时设吊盘及料斗，以满足同时运输多种材料的需要。型钢井架的搭设高度可达 60 m。当井架高度小于或等于 15 m 时，须设缆风绳一道；当高度大于 15 m 时，每增高 10 m 增设一道。每道缆风绳为 4 根，采用 9 mm 的钢丝绳，其与地面夹角为 45°。为了扩大起重运输服务范围，常在井架上安装悬臂桅杆，桅杆长 5 ~ 10 m，起重荷载 0.5 ~ 1 t，工作幅度 2.5 ~ 5 m。

井架在使用中应注意下列事项：

（1）井架必须立于可靠的地基或基座之上。井架立柱底部应设底座和垫木，其处理要求同外脚手架。

（2）在雷雨季节使用的、高度超过 30 m 的钢井架，应装设避雷电装置；没有装设避雷装置的井架，在雷雨天气应暂停使用。

（3）井架自地面 5 m 以上的四周（出料口除外），应使用安全网或其他遮挡材料（竹笆、篷布等）进行封闭，避免吊盘上材料坠落伤人。卷扬机司机操作观察吊盘升降的一面只能使用安全网。

（4）井架上必须有限位自停装置，以防吊盘上升时"冒顶"。

（5）吊盘内不要装长杆材料和零乱堆放的材料，以免材料坠落或长杆材料卡住井架酿成事故。吊盘不得长时间悬于井架中，应及时落至地面。

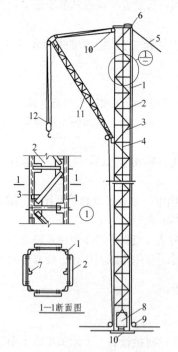

1—立杆；2—平撑；3—斜撑；4—钢丝绳；5—缆风绳；
6—天轮；7—导轨；8—吊篮；9—地轮；10—垫木；
11—摇臂把杆；12—滑轮组。

图 3.30 井 架

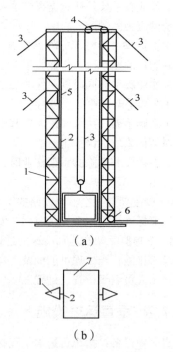

1—立杆；2—导轨；3—缆风绳；4—天轮；
5—吊篮停车安全装置；6—地轮；7—吊篮。

图 3.31 龙门架

2. 龙门架

龙门架由两立柱及天轮梁（横梁）构成，在龙门架上装设滑轮、导轨、吊盘（上料平台）及起重索、缆风绳等，即构成一个完整的垂直运输体系（图 3.31）。龙门架构造简单、制作容易、用材少、装拆方便，适用于中小型工程。但由于其立杆刚度和稳定性较差，一般常用于低层建筑。如果分节架设，逐步增高，并加强与建筑物的连接，也可以架设较大的高度。龙门架的构造，按其立杆的组成来分，目前常用的有组合立杆龙门架（如角钢组合、钢管组合、角钢与钢管组合、圆钢组合等）和钢管龙门架等。组合立杆龙门架具有强度高、刚度大的优点，其提升荷载为 0.6 ~ 1.2 t，提升高度可达 20 ~ 35 m。钢管龙门架是以单根杆件作为立杆而构成的，制作安装均较简便，但稳定性较差，在低层建筑中使用较为适合。

龙门架一般单独设置。在有外脚手架的情况下，可设在脚手架的外侧或转角部位，其稳定性靠四个方向的缆风绳来解决；亦可设在外脚手架的中间，用拉杆将龙门架的立杆与脚手架拉结起来，以确保龙门架和脚手架的稳定，但在垂直于脚手架的方向仍需设置缆风绳并设置附墙拉结。与龙门架相连的脚手架，应加设必要的剪刀撑予以加强。龙门架的安全装置必须齐全，正式使用前应进行试运转。

3. 建筑施工电梯

建筑施工电梯是人、货两用的垂直运输设备，其吊笼装在立柱外侧，如图 3.32 所示。按传动形式分为齿轮齿条式、钢丝绳式和混合式三种。施工电梯可载货 1.0 ~ 1.2 t，可乘 12 ~ 15 个人。由于它附着在建筑物外墙或其他结构部位上，故稳定性很好，并可随主体结构的施工逐步往上接高，架设高度在 100 m 以上。目前，施工电梯已广泛应用于高层建筑施工中。

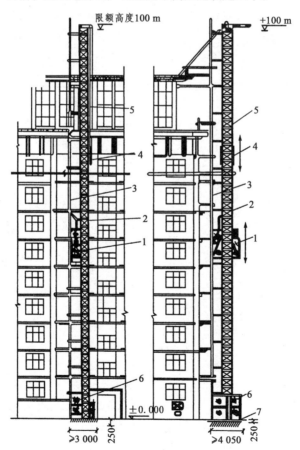

1—吊笼；2—小吊杆；3—架设安装杆；4—平衡箱；5—导轨架；
6—底笼；7—混凝土基础。

图 3.32 建筑施工电梯

4. 塔式起重机

塔式起重机具有垂直运输和起重功能，详见第 6 章第 6.1.2 节 3.塔式起重机。

复习思考题

1. 简述砌筑砂浆的原材料、质量指标、搅拌、使用等质量要求。

2. 论述一般砖砌体的施工流程和操作要点（包含构造柱、留槎、钢筋砖过梁）。

3. 什么是槎？砖墙砌体施工时，留设直槎有什么要求？

4. 什么是脚手架，其有什么基本要求？

5. 多立杆式外脚手架由哪几部分组成？

6. 扣件式钢管外脚手架的搭设要求是什么？

7. 脚手架的主要安全防护措施有哪些？

第 4 章　钢筋混凝土工程

钢筋混凝土结构按照施工方式可以分为整体式、装配式、装配整体式。

整体式钢筋混凝土结构整体性和抗震性能好，结构构件布置灵活，适应性强，钢筋消耗量少，施工时不需要大型的起重机械，使用广泛。钢筋混凝土工程施工技术的不断革新，现场机械化程度的不断提高，为其广泛应用带来了新的发展前景。

装配式钢筋混凝土结构采用预制构件，实行工厂化、机械化施工，可以大大加快施工速度，保证工程质量，降低工程成本，减轻劳动强度，提高劳动生产率，有利于现场文明施工，为改善现场施工管理和组织均衡施工提供了有利条件。

现浇钢筋混凝土结构工程包括模板工程、钢筋工程、混凝土工程三个主要分项工程。

4.1　模板工程

4.1.1　模板工程概述

模板是使混凝土结构和构件按设计的位置、形状、尺寸浇筑成型的模型板。模板系统包括模板和支架两部分：模板的作用是使混凝土成型，具有设计要求的形状和尺寸；支架的作用是保证模板的形状和位置正确，承受模板和新浇混凝土的重量和施工荷载。模板工程是指对模板及其支架的设计、安装、拆除等技术工作的总称，是混凝土结构工程的重要内容之一。模板工程的施工工艺包括选材、选型、设计、制作、安装、拆除、维护、周转。模板材料可以选用钢材、木材、塑料、胶合板、玻璃钢、铝合金、甚至包装泡沫等；支架的材料可以选用钢材、木材等，以钢材为主。

模板在现浇混凝土结构施工中使用量大而面广，每 1 m^3 混凝土工程模板用量高达 $4 \sim 5 \text{ m}^2$，其工程费用占现浇混凝土结构造价的 $30\% \sim 35\%$，劳动用工量占 $40\% \sim 50\%$。因此，正确选择模板的材料、类型和合理组织施工，对于保证工程质量、提高劳动生产率、加快施工速度、降低工程成本和实现文明施工，都具有十分重要的意义。

1. 模板的技术要求

模板设计时必须符合以下要求：

（1）模板及支架应根据施工过程中的各种工况进行设计，应具有足够的承载力和刚度，并应保证其整体稳固性。

（2）模板及支架应保证工程结构和构件各部分形状、尺寸和位置准确，且应便于钢筋安装和混凝土浇筑、养护。

（3）构造简单，安装方便，便于钢筋的绑扎和安装，有于混凝土的浇筑和养护。

（4）模板接缝严密，不漏浆。

模板及支架宜选用轻质、高强、耐用的材料。连接件宜选用标准定型产品。接触混凝土的模板表面应平整，并应具有良好的耐磨性和硬度；清水混凝土模板的面板材料应能保证脱模后所需的饰面效果。模板与混凝土的接触面应清理干净并涂刷脱模剂，但不得采用影响结构性能，或妨碍装饰工程施工的隔离剂。脱模剂应能有效减小混凝土与模板间的吸附力，并应有一定的成膜强度，且不应影响脱模后混凝土表面的后期装饰。在涂刷脱模剂时，不得玷污钢筋和混凝土接槎处。清水混凝土工程及装饰混凝土工程，应使用能达到设计效果的模板。

2. 模板的类型

（1）模板按所用的材料划分为：钢模板、胶合板模板、钢木（竹）组合模板、塑料模板、玻璃钢模板、铝合金模板、压型钢板模板、装饰混凝土模板、预应力混凝土薄板模板等。

木模板加工容易，拆装方便，一次投资少，能适应各种尺寸的需要，应用广泛，但周转率低，消耗大量的森林资源。

钢模板一次投资大，可多次使用，组合钢模板可以拼装成各种尺寸，适应多种结构形式，构造合理，拆装方便，应用最广。

（2）模板按施工方法划分为装拆式模板、活动式模板、永久性模板等。装拆式模板由预制配件组成，现场组装，拆模后稍加清理和修理可再周转使用，常用的有胶合板模板和组合钢模板以及大型的工具式定型模板，如大模板、台模、隧道模等。活动式模板是指按结构的形状制作成工具式模板，组装后随工程的进展而进行垂直或水平移动，直至工程结束才拆除的模板，如滑升模板、提升模板、移动式模板等。永久性模板则永久地附着于结构构件上，并与其成为一体，如压型钢板模板、预应力混凝土薄板模板等。

（3）模板按结构类型划分为基础模板、柱模板、梁模板、楼板模板、墙模板、楼梯模板、壳模板、烟囱模板、桥梁墩台模板等。

（4）模板按形式分为大模板、滑升模板、胎模、爬模、井模等。

现浇混凝土结构中采用高强、耐用、定型化、工具化的新型模板，有利于多次周转使用，安拆方便，是提高工程质量、降低成本、加快进度、取得良好经济效益的重要施工措施。

4.1.2 模板的构造和安装

1. 木模板

木模板通常预先做成两种形式的基本构件：一种是拼板，由 25 mm 厚、宽度小于 200 mm 的木板用 25 mm × 35 mm 的拼条钉成。梁底模板因承受较大荷载加厚至 40 ~ 50 mm。拼板的大小应与混凝土的尺寸相适应。

另一种是将模板钉在边框上制成一定尺寸的定型板，长度一般为 700 ~ 1 200 mm，宽度为 200 ~ 400 mm。模板可用短料制成，刚度较好，不易损坏，利用率高。钢框定型模板包括钢框木胶合板模板和钢框竹胶合板模板。这两类模板是继组合钢模板后出现的新型模板，它们的构造相同（图 4.1）。但钢框木胶合板模板成本较高，推广受到限制；而钢框竹胶合板模板是利用我国丰富的竹材资源制成的多层胶合板模板，其成本低、技术性能优良，有利于模板的更新换代和推广应用。

在钢框竹胶合板模板中，用于面板的竹胶合板主要有 3 ~ 5 层竹片胶合板、多层竹帘胶合板等不同类型。模板钢框主要由型钢制作，边框上设有连接孔。面板镶嵌在钢框内，并用螺栓或铆钉与钢框固定；当面板损坏时，可将面板翻面使用或更换新面板。面板表面应做防水处理，制作时板面要与边框齐平。钢框竹胶合板有 55 系列（即钢框高 55 mm）和 63、70、75 等系列，其中 55 系列的边框和孔距与组合钢模板相互匹配，可以混合使用。

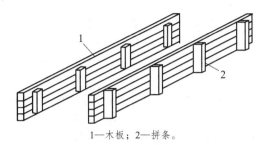

1—木板；2—拼条。

图 4.1　钢框竹（木）胶合板模板

钢框定型模板具有如下特点：① 用钢量少，比钢模板可节省钢材约 1/2；② 自重轻，比钢模板约轻 1/3，单块模板面积比同重量钢模板增大 40%，故拼装工作量小，拼缝少；③ 板面材料的传热系数仅为钢模板的 1/400 左右，故保温性好，有利于冬期施工；④ 模板维修方便；⑤ 刚度、强度较钢模板差。目前，钢框定型模板已广泛应用于建筑工程的现浇混凝土基础、柱、墙、梁、板及简体等结构，以及桥梁和市政工程等中，施工效果良好。

2. 组合钢模板

组合钢模板由钢模板及其配件（支撑件和连接件）组成。组合钢模板是按预定的几种规格、尺寸设计和制作的模板，它具有通用性，且拼装灵活，能满足大多数构件几何尺寸的要求，使用时仅需根据构件的尺寸选用相应规格尺寸的定型模板加以组合即可。组合钢模板应符合现行国家标准《组合钢模板技术规范》GB 50214—2013 和《钢管脚手架扣件》GB 15831—2006 的规定。

组合钢模板的优点：① 组装灵活，通用性强；② 装拆方便，节省用工，工效比木模高两倍；③ 成型的混凝土构件尺寸准确、表面光滑、棱角整齐；④ 周转次数多；⑤ 节约木材，1 t 钢模板可代替 10 m³ 木材。

组合钢模板的缺点：一次投资大，要周转 50 次才能收回成本，因此要加强维护保养，加速周转增加使用次数，以提高经济效益。钢模板浇筑的混凝土表面光滑，黏着性差。

1）钢模板类型

钢模板的主要类型有平面模板、阴角模板、阳角模板和连接角模等。

（1）平面模板（图 4.2）。

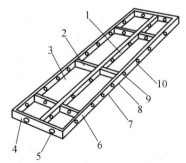

1—中纵肋；2—中横肋；3—面板；4—横肋；5—插销孔；6—纵肋；7—凸边；
8—凸鼓；9—U 形卡孔；10—钉子孔。

图 4.2　平面模板结构示意

平面模板由面板和肋条组成，钢模板板厚有 2.3 mm、2.5 mm 两种，用 A3 钢经过冷轧冲压整体成型工艺制作，边框及肋采用 55 mm × 2.8 mm 的扁钢，边框开有连接孔，孔距均为 150 mm，可以横竖拼装，可拼装成以 50 mm 晋级的任何尺寸的模数。钢模板尺寸精确，接缝严密，有四种类型，长度为 450 ~ 1 500 mm，以 150 mm 晋级，宽度为 100 ~ 300 mm，以 50 mm 晋级，平面模板用 P 表示。

平面模板可用于基础、柱、梁和墙等各种结构的平面部位。模板边肋与模板面的距离为 55 mm。

（2）转角模板（图 4.3）。

转角模板的长度与平面模板相同。其中，阴角模板用于墙体和各种构件内角（凹角）的转角部位，宽度为 150 mm × 150 mm 和 100 mm × 150 mm，用 E 表示；阳角模板用于柱、梁及墙体等外角（凸角）的转角部位，宽度为 100 mm × 100 mm 和 50 mm × 50 mm，用 Y 表示；连接角模亦用于梁、柱及墙体等外角（凸角）的转角部位，宽度 50 mm × 50 mm，无支设面积，用 J 表示。

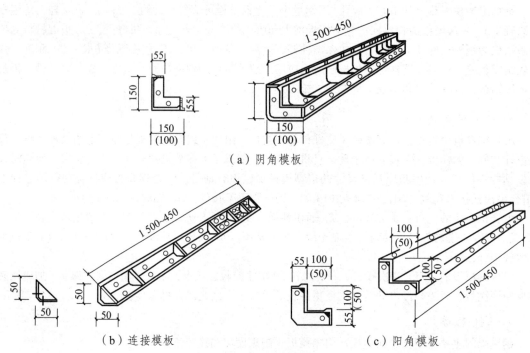

（a）阴角模板

（b）连接模板　　　　　　　　　　　（c）阳角模板

图 4.3　转角模板

（3）钢模板连接件。

组合钢模板的连接件主要有 U 形卡、L 形插销、钩头螺栓、紧固螺栓、对拉螺柱和卡扣件等。相邻模板的拼接均采用 U 形卡，U 形卡安装距离一般不大于 300 mm；L 形插销插入钢模板端部横肋的插销孔内，以增强两相邻模板接头处的刚度和保证接头处板面平整，钩头螺栓用于钢模板与内外钢楞的连接与紧固，紧固螺栓用于紧固内外钢楞；对拉螺栓用于连接墙壁两侧模板；卡扣件用于钢模板与钢楞或钢楞之间的紧固，并与其他配件一起将钢模板拼装成整体。卡扣件应与相应的钢楞配套使用，按钢楞的不同形状，分为 3 形卡（图 4.4）和蝶形卡（图 4.5）。

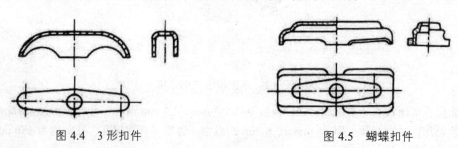

图 4.4　3 形扣件　　　　　　　　　　　图 4.5　蝴蝶扣件

（4）钢模板支承件。

组合钢模板的支承件包括钢楞、支柱、斜撑、柱箍、平面组合式桁架等。

与组合钢模板配合使用的钢管脚手架，钢管直径为 48 mm，其相应的扣件有直角扣件、旋转扣件、对接扣件和底座。

2）组合模板配板原则

钢模板规格型号多，对同一面积的模板可用不同规格的钢模板作出多种方式的排列组合。为使配板设计能提高效率、保证质量，一般应考虑下列原则：

（1）尽量采用规格最大的钢模板（P3015 或 P3012），使模板总的块数少，减少拼缝，提高钢模板的装拆工效。

（2）应使木材拼补量最少。

（3）合理使用转角模板。对于构造上无特殊要求的转角，可不用阳角模板，一般可用连接角模代替。阳角模板宜用于长度大的转角处、柱头、梁口及其他短边转角部位；如无合适的阳角模板，也可用 55 mm 的木方代替。

（4）应使支承件布置简单、受力合理。模板的排列尽量采用横排或竖排，不宜采用横竖兼排的方式，因为这样会使支承件布置困难。

（5）在条件允许的情况下，钢模板端头宜错开布置，这样模板整体刚度较好，支承件布置也较方便。

3. 胶合板模板

胶合板模板目前在土木工程中被广泛应用，按制作材质可分为木胶合板和竹胶合板。这类模板一般为散装散拆式，也有加工成基本元件（拼板）在现场拼装的。胶合板模板拆除后可周转使用，但周转次数不多。

胶合板模板通常是将胶合板钉在木楞上而构成，胶合板厚度一般为 12～21 mm，木楞一般采用 50 mm × 100 mm 或 100 mm × 100 mm 的方木，间距在 200～300 mm。

胶合板模板具有以下优点：① 板幅大、自重轻，既可减少安装工作量，又可使模板的运输、堆放、使用和管理更加方便；② 面平整、光滑，可保证混凝土表面平整，用作清水混凝土模板最为理想；③ 锯截方便，易加工成各种形状的模板，可用作曲面模板；④ 保温性好，能防止温度变化过快，冬期施工有助于混凝土的养护。

4. 模板安装方法

1）模板安装要求

模板安装前应认真熟悉设计图纸、有关技术资料和构造大样图，进行模板设计，编制施工方案，做好技术交底，确保施工质量。具体要求如下：

（1）安装模板时，应进行测量放线，准确地标定构件的标高、中心轴线和预埋件等位置，并应采取保证模板形状、尺寸和相对位置准确的定位措施。对竖向构件的模板及支架，应根据混凝土一次浇筑高度和浇筑速度，采取竖向模板抗侧移、抗浮和抗倾覆措施。对水平构件的模板及支架，应结合不同的支架和模板面板形式，采取支架间、模板间及模板与支架间的有效拉结措施。对可能承受较大风荷载的模板，应采取防风措施。

（2）模板应按图加工、制作。通用性强的模板宜制作成定型模板。模板面板背楞的截面高度宜统一。模板制作与安装时，面板拼缝应严密，防止漏浆。有防水要求的墙体，其模板对拉螺栓中部应设止水片，止水片应与对拉螺栓环焊。

（3）对跨度不小于 4 m 的梁、板，其模板施工起拱高度宜为梁、板跨度的 1/1 000 ~ 3/1 000。起拱不得减少构件的截面高度。

（4）应合理地选择模板的安装顺序，保证模板的强度、刚度及稳定性。模板安装是随着施工的进程进行的，其顺序一般为：基础→柱或墙→梁→楼板。在同一层施工时，模板安装的顺序是先柱或墙，再梁、板同时支设。一般情况下，模板应自下而上安装。在安装过程中，应设置临时支撑使模板安全就位，待校正后方可进行固定。

（5）模板安装应注意解决与其他工序之间的矛盾，并应互相配合。模板的安装应与钢筋绑扎、各种管线安装密切配合。对预埋管、线和预埋件，应先在模板的相应部位画出位置线，做好标记，然后将它们按设计位置进行装配，并应加以固定。固定在模板上的预埋件、预留孔和预留洞，均不得遗漏，且应安装牢固、位置准确。

（6）模板与混凝土接触面应清理干净并涂刷脱模剂，脱模剂不得污染钢筋和混凝土接槎处。

模板经配板设计、构造设计和强度、刚度验算后，即可进行现场安装。为加快工程进度，提高安装质量，加速模板周转率，在起重设备允许的条件下，也可将模板预拼成扩大的模板块再吊装就位。浇筑混凝土时，要注意观察模板受荷后的情况，如发现位移、鼓胀、下沉、漏浆、支撑颤动、地基下陷等现象，应及时采取有效措施加以处理。

2）基础模板

基础的特点是高度小而体积较大。如土质良好，阶梯形基础的最下一级可不用模板而进行原槽浇筑。

基础模板一般在现场拼装。拼装时先依照边线安装下层阶梯模板，然后在下层阶梯模板上安装上层阶梯模板。安装时要保证上、下层模板不发生相对位移，并在四周用斜撑撑牢固定。如有杯口还要在其中放入杯口模板。采用木模板时，其构造如图 4.6 所示。

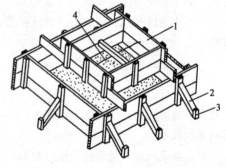

1—拼板；2—斜撑；3—木桩；4—铁丝。

图 4.6　阶梯形基础木模板

3）柱模板

柱的特点是高度大而断面较小，因此柱模板主要解决垂直度、浇筑混凝土时的侧向稳定及抵抗混凝土的侧压力等问题，同时还应考虑方便浇注混凝土、清理垃圾与钢筋绑扎等问题。

柱模板安装的顺序为：调整柱模板安装底面的标高→拼板就位→安装柱箍→检查并纠偏→设置支撑。

柱模板由四块拼板围成。当采用组合钢模板时，每块拼板由若干块平面钢模板组成，柱模四角用连接角模连接。柱顶梁缺口处用钢模板组合往往不能满足要求，可在梁底标高以下采用钢模板，以上与梁模板接头部分用木模镶拼，其构造如图 4.7 所示。采用胶合柱模板构造如图 4.8 所示。

根据配板设计图可将柱模板预拼成单片、L 形和整体式三种形式。L 形为相邻两拼板互拼一个柱模，由两个 L 形板块组成；整体式即由四块拼板全部拼成柱的筒状模板，当起重能力足够时，整体式预拼柱模的效率最高。

为了抵抗浇筑混凝土时的侧压力及保持柱子断面尺寸不变，必须在柱模板外设置柱箍，其间距视混凝土侧压力的大小及模板厚度须通过设计计算确定。柱模板底部应留有清理孔，便于清理安装时掉下的木屑垃圾。当柱身较高时，为方便浇筑、振捣混凝土，通常沿柱高每 2 m 左右设置一个浇筑孔，以保证施工质量。

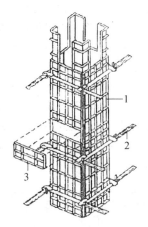

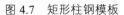

1—平面钢模板；2—柱箍；3—浇筑孔盖板。

图 4.7　矩形柱钢模板

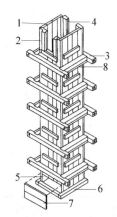

1—胶合板；2—木楞；3—柱箍；4—梁口；5—清理孔；
6—定位木框；7—清理孔盖板；8—拉紧螺栓。

图 4.8　矩形柱胶合板模板

在安装柱模板时，应采用经纬仪或由顶部用垂球校正其垂直度，并检查其标高位置准确无误后，即用斜撑卡牢固定。当柱高≥4 m 时，一般应四面支撑；柱高超过 6 m 时，不宜单根柱支撑，宜几根柱同时支撑连成构架。对通排柱模板，应先安装两端柱模板，校正固定后再在柱模板顶拉通长线校正中间各柱的模板。

4）梁模板

梁的特点是跨度较大而宽度一般不大，梁高可在 1 m 以上，工业建筑中有的高达 2 m。梁的下面一般是架空的，因此梁模板既承受竖向压力，又承受混凝土的水平侧压力，这就要求梁模板及其支撑系统具有足够的强度、刚度和稳定性，不致产生超过规范允许的变形。

梁模板安装的顺序为：搭设模板支架→安装梁底模板→梁底起拱→安装侧模板→检查校正→安装梁口夹具。

梁模板由钢模板组成。采用组合钢模板时，底模板与两侧模板可用连接角模连接，梁侧模板顶部可用阴角模板与楼板模板相接，如图 4.9 所示。采用胶合板模板的构造如图 4.10 所示。两侧模板之间可根据需要设置对拉螺栓，底模板常用门形支架或钢管支架作为模板支撑架。

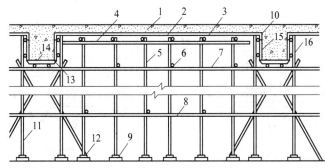

1—混凝土楼板；2—楼板底模；3—短管龙骨；4—托管大龙骨；5—立杆；6—联系横杆；7—通长上横杆；
8—通长下横杆；9—底座；10—阴角模板；11—长夹杆；12—剪刀撑；13—通长下横杆；
14—梁底模板；15—梁侧模板；16—梁围檩钢管。

图 4.9　梁和楼板钢模板

楼板模板安装完毕后，要测量标高。梁模应测量中央一点及两端点的标高；平板的模板测量支柱上方点的标高。梁底模板标高应符合梁底设计标高；平板模板板面标高应符合模板底面设计标高。

如有不符，可打紧支柱下木楔加以调整。安装模板前需先搭设模板支架。支柱（或琵琶撑）安装时应先将其下面的土夯实，放好垫板以保证底部有足够的支撑面积，并安放木楔以便校正梁底标高。支柱间距应符合模板设计要求，当设计无要求时一般不宜大于 2 mm；支柱之间应设水平拉杆、剪刀撑，使之互相联结成一个整体，以保持稳定；水平拉杆离地面 500 mm 设一道，以上每隔 2 m 设一道。当梁底距地面高度大于 6 m 时，宜搭设排架支撑，或满堂钢管模板支撑架；对于上下层楼板模板的支柱，应安装在同一条竖向中心线上，或采取措施保证上层支柱的荷载能传递至下层的支撑结构上，以防止压裂下层构件。为防止浇筑混凝土后梁跨中底模下垂，当梁的跨度≥4 m 时，应使梁底模中部略为起拱，如设计无规定，起拱高度宜为全跨长度的 1/1 000 ~ 3/1 000。起拱时可用千斤顶顶高跨中支柱，打紧支柱下楔块或在横楞与底模板之间加垫块。

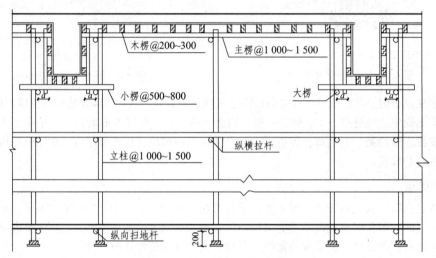

图 4.10　梁和楼板钢胶合模板

（ a = 200 ~ 300 mm ）

梁底模板可采用钢管支托或桁架支托，如图 4.11 所示。支托间距应根据荷载计算确定。采用桁架支托时，桁架之间应设拉结条，并保持桁架垂直。梁侧模可利用夹具夹紧，间距一般为 600 ~ 900 mm。当梁高在 600 mm 以上时，侧模方向应设置穿通内部的拉杆，并应增加斜撑以抵抗混凝土侧压力。

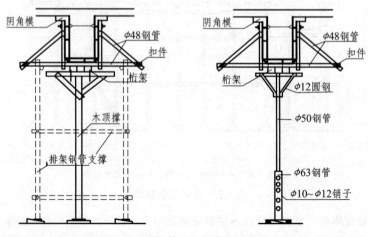

图 4.11　钢管支托和桁架支托

梁模板安装完毕后，应检查梁口平直度、梁模板位置及尺寸，再吊入钢筋骨架，或在梁板模板上绑扎好钢筋骨架后落入梁内，梁柱节点的模板宜在钢筋安装后安装。当梁较高或跨度较大时，可先安装一面侧模，待钢筋绑扎完后再安装另一面侧模进行支撑，最后安装好梁口夹具。对于圈梁，由于其断面小但很长，一般除窗洞口及某些个别地方架空外，其他部位均设置在墙上。故圈梁模板主要由侧模和固定侧模用的卡具组成，底模仅在架空部分使用。如架空跨度较大，也可用支柱（或琵琶撑）支撑底模。

5）楼板模板

板的特点是面积大而厚度一般不大，因此模板承受的侧压力很小。楼板模板及其支撑系统主要是抵抗混凝土的竖向荷载和其他施工荷载，保证模板不变形下垂。楼板模板安装的顺序为：复核板底标高→搭设模板支架→铺设模板。楼板模板采用钢模板时，由平面模板拼装而成，其周边用阴角模板与梁或墙模板相连接，如图 4.9 所示。采用胶合板模板的构造如图 4.10 所示。楼板模板可用钢棱及支架支撑，或者采用平面组合式桁架支撑，以扩大板下施工空间。模板的支柱底部应设通长垫板及木楔找平。挑檐模板必须撑牢拉紧，防止向外倾覆，确保施工安全。楼板模板预拼装面积不宜大于 20 m^2，如楼板的面积过大，则可分片组合安装。

6）墙模板

墙的特点是高度大而厚度小，其模板主要承受混凝土的侧压力，因此必须加强墙体模板的刚度，并保证其垂直度和稳定性，以确保模板不变形和发生位移。墙模板安装的顺序为：模板基底处理→弹出中心线和两边线→模板安装→加撑头及对拉螺栓→校正→固定斜撑。

墙模板由两片模板组成，用对拉螺栓保持它们之间的间距。采用钢制大模板时，其构造如图 4.7 所示；若采用胶合板模板时，其构造如图 4.12 所示；若采用组合钢模板拼装时，其构造如图 4.13 所示。后两种墙模板背面均用横、竖楞加固，并设置足够的斜撑来保持其稳定。

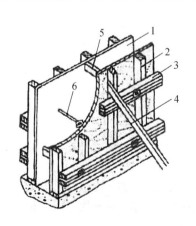

1—胶合板；2—内楞；3—外楞；4—斜撑；
5—内撑；6—穿墙螺栓。
图 4.12　胶合板墙模

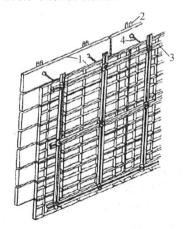

1—墙模板；2—竖楞；3—横楞；4—对拉螺栓。
图 4.13　组合钢模板墙模

墙模板用组合钢模板拼装时，钢模板可横拼也可竖拼；可预拼成大板块吊装也可散拼，即按配板图由一端向另一端，由下而上逐层拼装；如墙面过高，还可分层组装。在安装时，首先沿边线抹水泥砂浆做好安装墙模板的基底处理，弹出中心线和两边线，然后开始安装。墙的钢筋可以在模板安装前绑扎，也可以在安装好一侧的模板后设立支撑，绑扎钢筋，再竖立另一侧模板。为了保持墙体的厚度，墙板内应加撑头及对拉螺栓。对拉螺栓孔需在钢模板上画线钻孔，板孔位置必须准确平直，不得错位；预拼时为了使对拉螺孔不错位，板端均不错开；拼装时不允许斜拉、硬顶。模板安装完毕后在顶部用线坠吊直，并拉线找平后固定斜撑。

7）楼梯模板

楼梯模板由梯段底模、外帮侧模和踏步模板组成，如图 4.14 所示。楼梯模板的安装顺序为：安装平台梁及基础模板→安装楼梯斜梁或梯段底模板→楼梯外帮侧模→安装踏步模板。

楼梯模板施工前应根据设计放样，外帮侧模应先弹出楼梯底板厚度线，并画出踏步模板位置线。踏步高度要均匀一致，特别要注意在确定每层楼梯的最下一步及最上一步高度时，必须考虑到楼地面面层的厚度，防止因面层厚度不同而造成踏步高度不协调。在外帮侧模和踏步模板安装完毕后，应钉好固定踏步模板的挡木。

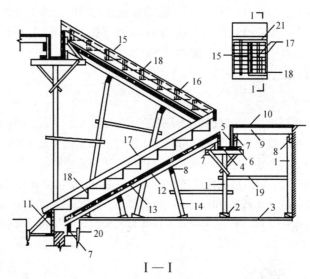

图 4.14　楼梯模板

5. 支架安装方法

支架立柱和竖向模板安装在土层上时，应符合下列规定：

（1）应设置具有足够强度和支承面积的垫板。

（2）土层应坚实，并应有排水措施；对湿陷性黄土、膨胀土，应有防水措施；对冻胀性土，应有防冻胀措施。

（3）对软土地基，必要时可采用堆载预压的方法调整模板面板安装高度。与通用钢管支架匹配的专用支架，应按图加工、制作。搁置于支架顶端可调托座上的主梁，可采用木方、木工字梁或截面对称的型钢制作。

支架的竖向斜撑和水平斜撑应与支架同步搭设，支架应与成型的混凝土结构拉结。钢管支架的竖向斜撑和水平斜撑的搭设，应符合国家现行有关钢管脚手架标准的规定。安装上层模板及其支架时，下层楼板应具有承受上层荷载的承载能力，否则应加设支架。对现浇多层、高层混凝土结构，上、下楼层模板支架的立杆宜对准。模板及支架杆件等应分散堆放。

1）扣件式钢管模板支架

采用扣件式钢管作模板支架时，支架搭设应符合下列规定：

（1）模板支架搭设所采用的钢管、扣件规格，应符合设计要求；立杆纵距、立杆横距、支架步距以及构造要求，应符合专项施工方案的要求。

（2）立杆纵距、立杆横距不应大于 1.5 m，支架步距不应大于 2.0 m；立杆纵向和横向宜设置扫地杆，纵向扫地杆距立杆底部不宜大于 200 mm，横向扫地杆宜设置在纵向扫地杆的下方；立杆底部宜设置底座或垫板。

（3）立杆接长除顶层步距可采用搭接外，其余各层步距接头应采用对接扣件连接，两个相邻立杆的接头不应设置在同一步距内。

（4）立杆步距的上下两端应设置双向水平杆，水平杆与立杆的交错点应采用扣件连接，双向水平杆与立杆的连接扣件之间的距离不应大于 150 mm。

（5）支架周边应连续设置竖向剪刀撑。支架长度或宽度大于 6 m 时，应设置中部纵向或横向的竖向剪刀撑，剪刀撑的间距和单幅剪刀撑的宽度均不宜大于 8 m，剪刀撑与水平杆的夹角宜为 45°～60°；支架高度大于 3 倍步距时，支架顶部宜设置一道水平剪刀撑，剪刀撑应延伸至周边。

（6）立杆、水平杆、剪刀撑的搭接长度，不应小于 0.8 m，且不应少于 2 个扣件连接，扣件盖板边缘至杆端不应小于 100 mm。

（7）扣件螺栓的拧紧力矩不应小于 40 N·m，且不应大于 65 N·m。

（8）支架立杆搭设的垂直偏差不宜大于 1/200。

2）扣件式钢管高大模板支架

采用扣件式钢管作高大模板支架时，支架搭设除应符合普通模板支架规定外，尚应符合下列规定：

（1）宜在支架立杆顶端插入可调托座，可调托座螺杆外径不应小于 36 mm，螺杆插入钢管的长度不应小于 150 mm，螺杆伸出钢管的长度不应大于 300 mm，可调托座伸出顶层水平杆的悬臂长度不应大于 500 mm。

（2）立杆纵距、横距不应大于 1.2 m，支架步距不应大于 1.8 m。

（3）立杆顶层步距内采用搭接时，搭接长度不应小于 1 m，且不应少于 3 个扣件连接。

（4）立杆纵向和横向应设置扫地杆，纵向扫地杆距立杆底部不宜大于 200 mm。

（5）宜设置中部纵向或横向的竖向剪刀撑，剪刀撑的间距不宜大于 5 m；沿支架高度方向搭设的水平剪刀撑的间距不宜大于 6 m。

（6）立杆的搭设垂直偏差不宜大于 1/200，且不宜大于 100 mm。

（7）应根据周边结构的情况，采取有效的连接措施加强支架整体稳固性。

3）碗扣式、盘扣式或盘销式模板支架

采用碗扣式、盘扣式或盘销式钢管架作模板支架时，支架搭设应符合下列规定：

（1）碗扣架、盘扣架或盘销架的水平杆与立柱的扣接应牢靠，不应滑脱。

（2）立杆上的上、下层水平杆间距不应大于 1.8 m。

（3）插入立杆顶端可调托座伸出顶层水平杆的悬臂长度不应大于 650 mm，螺杆插入钢管的长度不应小于 150 mm，其直径应满足与钢管内径间隙不大于 6 mm 的要求。架体最顶层的水平杆步距应比标准步距缩小一个节点间距。

（4）立柱间应设置专用斜杆或扣件钢管斜杆加强模板支架。

采用门式钢管架搭设模板支架时，应符合现行行业标准《建筑施工门式钢管脚手架安全技术规范》JGJ 128 的有关规定。当支架高度较大或荷载较大时，主立杆钢管直径不宜小于 48 mm，并应设水平加强杆。

4.1.3　模板工程施工设计

模板工程施工前应作模板放线图和配板图指导施工。

1. 模板放线图

建施图尺寸是装饰后的尺寸和标高，结施图尺寸是承重结构中心线和边线的尺寸和标高。施工所需的尺寸，如梁底标高、梁净长，需要施工人员另行计算。

模板放线图的作用是减少差错，作为模板放线、安装和质量检查的依据。在绘制过程中，若发现原设计图错误，应予以纠正。

模板放线图即每层模板安装后的平面图。应根据施工时模板放线的需要，将各有关图纸中对模板施工有用的尺寸综合起来，绘制在同一个图中。一般只画平面图，标高为相对标高。

2. 模板的配板设计

木拼板组装模板：木工根据模板放线图要求拼装模板。

定型木模板和组合钢模板：进行配板设计，画出配板图，以便备料、安装。

配板设计的要求：

（1）根据模板放线图画出模板面展开图，从构件平面图的左下角开始，以逆时针方向将构件模板面展开。

（2）在展开面上配板，绘制配板图。配板就是根据模板展开图的形状和尺寸，选用适当的模板布置在模板面展开图上。

（3）根据配板图进行支撑件的布置。

（4）列出模板和配件的规格和数量清单、面积比例。

模板系统的设计，包括选型、选材、荷载计算、结构计算、拟订制作安装和拆除方案及绘制模板图等。模板及其支架的设计应根据工程结构形式、荷载大小、地基土类别、施工设备和材料供应等条件进行。

3. 钢模板配板的设计原则

钢模板的配板设计除应满足前述模板的各项技术要求以外，还应遵守以下原则：

（1）配制模板时，应优先选用通用、大块模板，使其种类和块数最少，木模镶拼量最少。为了减少钢模板的钻孔损耗，设置对拉螺栓的模板可在螺栓部位改用 55 mm × 100 mm 的刨光方木代替，或使钻孔的模板能多次周转使用。

（2）模板长向拼接宜错开布置，以增加模板的整体刚度。

（3）内钢楞应垂直于模板的长度方向布置，以直接承受模板传来的荷载；外钢楞应与内钢楞相互垂直，承受内钢楞传来的荷载并加强模板结构的整体刚度和调整平整度，其规格不得低于内钢楞。

（4）当模板端缝齐平布置时，每块钢模板应有两处钢楞支承；错开布置时，其间距可不受端部位置的限制。

（5）支承柱应有足够的强度和稳定性，一般支柱或其节间的长细比宜小于 110；对于连续形式或排架形式的支承柱，应配置水平支撑和剪刀撑，以保证其稳定性。

4.1.4　模板结构设计

模板结构设计的内容包括选型、选材、荷载计算、结构设计、绘制模板施工图，以及拟订制作、安装、拆除方案。模板及支架的形式和构造应根据工程结构形式、荷载大小、地基土类别、施工设备和材料供应等条件确定。

模板及支架结构设计应包括下列内容：

（1）模板及支架的选型及构造设计。

（2）模板及支架上的荷载及其效应计算。

（3）模板及支架的承载力、刚度验算。

（4）模板及支架的抗倾覆验算。

（5）绘制模板及支架施工图。

模板及支架的设计应符合下列规定：

（1）模板及支架的结构设计宜采用以分项系数表达的极限状态设计方法。

（2）模板及支架的结构分析中所采用的计算假定和分析模型，应有理论或试验依据，或经工程验证可行。

（3）模板及支架应根据施工过程中各种受力工况进行结构分析，并确定其最不利的作用效应组合。

（4）承载力计算应采用荷载基本组合，变形验算可仅采用永久荷载标准值。

模板及支架设计时，应根据实际情况计算不同工况下的各项荷载及其组合。模板及支架结构构件应按短暂设计状况进行承载力计算。

钢模板及其支架的设计应符合现行国家标准《钢结构设计标准》GB 50017—2017 的规定，其截面塑性发展系数取其荷载设计值可乘的折减系数。采用冷弯薄壁型钢应符合国标《冷弯薄壁型钢结构技术规范》GB 50018—2002 的规定，其荷载设计值不应折减。

木模板及其支架的设计应符合现行国家标准《木结构设计规范》GB 50005—2017 的规定，当木材的含水率小于 25% 时，其荷载设计值可乘 0.9 的折减系数。

模板及支架结构构件应按短暂设计状况进行承载力计算。承载力计算应符合下式要求：

$$\gamma_0 S \leqslant \frac{R}{\gamma_R} \tag{4.1}$$

式中 γ_0——结构重要性系数，对重要的模板及支架宜取 $\gamma_0 \geqslant 1.0$，对一般的模板及支架应取 $\gamma_0 \geqslant 1.0$；

S——模板及支架按照荷载基本组合计算的效应设计值；

R——模板及支架结构构件的承载力设计值；

γ_R——承载力设计值调整系数，应根据模板及支架重复使用情况取用不应小于 1.0。

模板及支架的荷载基本组合的效应设计值，可按下式计算：

$$S = 1.35\alpha \sum_{i \geqslant 1} S_{Gik} + 1.4\psi_{cj} \sum_{j \geqslant 1} S_{Qjk} \tag{4.2}$$

式中 S_{Gik}——第 i 个永久荷载标准值产生的效应值；

S_{Qjk}——模板及支架按照荷载基本组合计算的效应设计值；

α——模板及支架的类型系数，对侧面模板取 0.9，对底面模板及支架取 1.0 结构构件的承载力设计值；

ψ_{cj}——第 i 个可变荷载的组合值系数，宜取 $\psi_{cj} \geqslant 0.9$。

1. 模板的荷载

模板及支架承载力计算的各项荷载可按表 4.1 确定，并应采用最不利的荷载基本组合进行设计。参与组合的永久荷载应包括模板及支架自重（G_1）、新浇筑混凝土自重（G_2）、钢筋自重（G_3）及新浇筑混凝土对模板的侧压力（G_4）等；参与组合的可变荷载宜包括施工人员及施工设备产生的荷载

（Q_1）、混凝土下料产生的水平荷载（Q_2）、泵送混凝土或不均匀堆载等因素产生的附加水平荷载（Q_3）及风荷载（Q_4）等。

1）荷载标准值

作用在模板及其支架上的荷载及其标准值如下：

（1）模板及支架自重（G_1）。

模板及支架自重可根据模板设计图纸计算确定。

肋形楼板及无梁楼板的自重标准值可参考表 4.1。

（2）新浇筑混凝土自重（G_2）。

根据实际重力密度确定，普通混凝土重力密度用 24 kN/m³。

表 4.1 模板及支架自重标准值 单位：kN/m²

模板构件名称	木模板	定型组合钢模板
无梁楼板的模板及小楞	0.30	0.50
有梁楼板模板（包括梁的模板）	0.50	0.75
楼板模板及其支架（楼层高度为 4 m 以下）	0.75	1.10

（3）钢筋自重（G_3）。

根据施工图确定。一般梁板结构，楼板钢筋自重标 1.1 kN/m³；梁 1.5 kN/m³。

（4）新浇筑混凝土对模板的侧压力（G_4）。

采用内部振动器且混凝土浇筑速度不大于 10 m/h、混凝土坍落度不大于 180 mm 时，新浇筑混凝土对模板的侧压力的标准值，可按下列两式分别计算，并取其中的较小值；当浇筑速度大于 10 m/h，或混凝土坍落度大于 180 mm 时，侧压力（G_4）的标准值可按公式（4.4）计算。

$$F = 0.28\gamma_c t_0 \beta V^{1/2} \tag{4.3}$$

$$F = \gamma_c H \tag{4.4}$$

式中 F——新浇筑混凝土对模板的最大侧压力标准值（kN/m²），见图 4.15。

γ_c——混凝土的重力密度（kN/m³）。

t_0——新浇混凝土的初凝时间（h），按实测确定，当缺乏试验资料时，可采用 $t_0 = 200/(T + 15)$ 计算，T 为混凝土的温度（℃）。

β——混凝土坍落度影响修正系数，当坍落度为 50～90 mm 时取 0.85，当坍落度为 90～130 mm 时取 0.9，当坍落度为 130～180 mm 时取 1.0。

V——混凝土的浇筑速度，取混凝土浇筑高度（厚度）与浇筑时间的比值（m/h）。

H——混凝土侧压力计算位置处至新浇筑混凝土顶面的总高度（m）。

对于竖向模板来讲，侧压力是主要荷载。

影响混凝土侧压力的因素较多，如振捣方法、浇筑速度、混凝土温度、混凝土配合比和坍落度、水泥品种、外加剂种类、骨料的种类和级配、模板材料和构造、结构断面尺寸等。其中主要因素有浇筑速度、温度、容重、坍落度、外加剂性能和振捣方法。浇筑速度快，侧压力大；混凝土温度升高，侧压力变小；混凝土

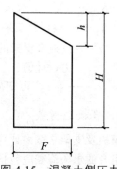

图 4.15 混凝土侧压力

的容重和坍落度大，侧压力大；添加有缓凝剂，侧压力大；机械振捣比手工振捣侧压力大。

（5）施工人员及施工设备产生的荷载（Q_1）。

施工人员及施工设备产生的荷载（Q_1）的标准值，可按实际情况计算，且不应小于 2.5 kN/m²。

（6）混凝土下料产生的水平荷载（Q_2）。

混凝土下料产生的水平荷载的标准值可按表 4.2 采用，其作用范围可取为新浇筑混凝土侧压力的有效压头高度 h 之内。

表 4.2　倾倒混凝土时产生的水平荷载标准值

下料方式	水平荷载/（kN/m²）
溜槽、串筒、导管或泵管下料	2
吊车配备斗容器下料或小车直接倾倒	4

（7）泵送混凝土或不均匀堆载等因素产生的附加水平荷载（Q_3）。

泵送混凝土或不均匀堆载等因素产生的附加水平荷载的标准值，可取计算工况下竖向永久荷载标准值的 2%，并应作用在模板支架上端水平方向。

（8）风荷载（Q_4）。

风荷载的标准值，可按现行国家标准《建筑结构荷载规范》GB 50009 的有关规定确定，此时基本风压可按 10 年一遇的风压取值，但基本风压不应小于 0.20 kN/m²。

2）荷载组合

参与模板及其支架的承载能力计算的各项荷载组合按表 4.3 进行。

表 4.3　参与模板及其支架承载力计算的荷载组合

计算内容		参与组合的荷载项
模板	底面模板的承载力	$G_1+G_2+G_3+Q_1$
	侧面模板的承载力	G_4+Q_2
支架	支架水平杆及节点的承载力	$G_1+G_2+G_3+Q_1$
	立杆的承载力	$G_1+G_2+G_3+Q_1+Q_4$
	支架结构的整体稳定	$G_1+G_2+G_3+Q_1+Q_3$ $G_1+G_2+G_3+Q_1+Q_4$

注：表中的"+"仅表示各项荷载参与组合，而不是表示代数相加。

2. 模板及支架的变形验算

模板及支架的变形验算应符合下列规定：

$$\alpha_{fG} \leq \alpha_{f,\,lim} \tag{4.5}$$

式中　α_{fG}——按永久荷载标准值计算的构件变形值；

　　　$\alpha_{f,\,lim}$——构件变形值。

模板及支架的变形限值应根据结构工程要求确定，并宜符合下列规定：① 对结构表面外露的模板，其挠度限值宜取为模板构件计算跨度的 1/400；② 对结构表面隐蔽的模板，其挠度限值宜取为模板构件计算跨度的 1/250；③ 支架的轴向压缩变形限值或侧向挠度限值，宜取为计算高度或计算跨度的 1/1 000。

支架的高宽比不宜大于 3；当高宽比大于 3 时，应加强整体稳固性措施。架应按混凝土浇筑前和混凝土浇筑时两种工况进行抗倾覆验算。支架的抗倾覆验算应满足下式要求：

$$\gamma_0 M_0 \leqslant M_r \tag{4.6}$$

式中　M_0——支架的倾覆力矩设计值，按荷载基本组合计算，其中永久荷载的分项系数取 1.35，可变荷载分项系数取 1.4；

　　　　M_r——支架的抗倾覆力矩设计值，按荷载基本组合计算，其中永久荷载的分项系数取 0.9，可变荷载分项系数取 0。

支架结构中钢构件的长细比不应超过表 4.4 规定的容许值。

表 4.4　支架结构钢构件容许长细比

构件类别	容许长细比
受压构件的支架立柱及桁架	180
受压构件的斜撑、剪刀撑	200
受压构件的钢杆件	350

多层楼板连续支模时，应分析多层楼板间荷载传递对支架和楼板结构的影响。

支架立柱或竖向模板支承在土层上时，应按现行国家标准《建筑地基基础设计规范》GB 50007 的有关规定对土层进行验算；支架立柱或竖向模板支承在混凝土结构构件上时，应按现行国家标准《混凝土结构设计规范》GB 50010 的有关规定对混凝土结构构件进行验算。

采用钢管和扣件搭设的支架设计时，应符合下列规定：

（1）钢管和扣件搭设的支架宜采用中心传力方式。

（2）单根立杆的轴力标准值不宜大于 12 kN，高大模板支架单根立杆的轴力标准值不宜大于 10 kN。

（3）立杆顶部承受水平杆扣件传递的竖向荷载时，立杆应按不小于 50 mm 的偏心距进行承载力验算，高大模板支架的立杆应按不小于 100 mm 的偏心距进行承载力验算。

（4）支承模板的顶部水平杆可按受弯构件进行承载力验算。

（5）扣件抗滑移承载力验算可按现行行业标准《建筑施工扣件式钢管脚手架安全技术规范》JGJ 130 的有关规定执行。

采用门式、碗扣式、盘扣式或盘销式等钢管架搭设的支架，应采用支架立柱杆端插入可调托座的中心传力方式，其承载力及刚度可按国家现行有关标准的规定进行验算。

4.1.5　模板的拆除

1. 模板拆除时混凝土的强度

模板拆除取决于混凝土的强度、结构性质、混凝土硬化时的温度、混凝土所用材料（水泥和外加剂）、养护条件等。合理掌握模板的拆除时间和方法，有利于保证混凝土的质量，提高模板的周转使用次数，保证施工和结构的安全。当混凝土强度能保证其表面及棱角不受损伤时，方可拆除侧模。混凝土的拆模时间可根据有关试验资料确定。除达到强度要求外，应对已拆除侧模的结构构件进行检查，确认无影响结构性能的缺陷，而结构又有足够的承载能力后，始准拆除承重模板及其支架。

1）现浇构件的拆除时间

不承重的模板（侧模），在不损坏其表面和棱角时可以拆除；承重的模板（底模），在混凝土达到规定强度后方可拆除。多个楼层间连续支模的底层支架拆除时间，应根据连续支模的楼层间荷载分配和混凝土强度的增长情况确定。

2）预制构件的拆模时间

后张预应力混凝土结构构件，侧模宜在预应力筋张拉前拆除；底模及支架不应在结构构件建立预应力前拆除。

已拆除模板的结构，应在混凝土达到设计强度等级后，才允许承受全部计算荷载。承受的施工荷载较大时，应进行验算，必要时加设临时支撑，尤其应注意多层框架结构。

模板和支架的拆除是混凝土工程施工的最后一道工序，与混凝土质量及施工安全有着十分密切的关系。现浇混凝土结构的模板及其支架拆除时的混凝土强度，应符合以下规定。

侧模：应在混凝土强度能保证其表面及棱角不因拆模而受损伤时，方可拆除。

底模及支架：应在混凝土强度达到设计要求后再拆除；当设计无具体要求时，同条件养护的混凝土立方体试件抗压强度应符合表 4.5 的规定。

快拆支架体系的支架立杆间距不应大于 2 m。拆模时，应保留立杆并顶托支承楼板，拆模时的混凝土强度可按本规范表 4.5 中构件跨度为 2 m 的规定确定。

已拆除模板及其支架的结构，应在混凝土强度达到设计的混凝土强度等级后，方可承受全部使用荷载。当施工荷载所产生的效应比使用荷载的效应更为不利时，必须经过验算，加设临时支撑，方可施加施工荷载。

拆下的模板及支架杆件不得抛掷，应分散堆放在指定地点，并应及时清运。模板拆除后应将其表面清理干净，对变形和损伤部位应进行修复。

表 4.5　底模拆除时的混凝土强度要求

构件类型	构件跨度/m	达到设计的混凝土立方体抗压强度标准值的百分率/%
板	≤2	≥50
	>2，≤8	≥75
	>8	≥100
梁、拱、壳	≤8	≥75
	>8	≥100
悬臂构件	—	≥100

2．模板拆除的顺序和方法

模板拆除时，可采取先支的后拆、后支的先拆，先拆非承重模板、后拆承重模板，先侧板、后底板的顺序，并应从上而下进行拆除。框架结构拆模顺序：柱→楼板→梁侧板→梁底板。大型结构必须有详细的拆除方案。

框架结构的拆模顺序和方法如下：

1）柱模板

先柱箍及对拉螺栓，然后拆除四片模板。

拆除时要把模板的上端用绳系在梁或楼板模的支架上，用拉钩钩住插销孔拉出，不得用撬棍撬伤模板。拉不下时，可伴随木槌或塑料槌敲击。

2）楼板模板

先放低支架（调节螺旋、打掉楔块），拆掉部分楞木，然后逐块拆除模板，用绳子吊送至楼（地）面。严禁整块拆除、先拆支架、往下抛模板。

３）梁模板

先侧模，后底模。侧模拆除时，拆下支撑和对拉螺栓，木模可整片拆下，钢模逐块拆下。底模的拆除是先降低支架或打掉楔块，使其降到支架上，整片（木模）或逐块（钢模板）拆除。

４）楼梯模板

拆除顺序：梯级板→梯级侧板→梯板侧板→梯板底板。

模板的拆除，除逐块拆除外，可以整块吊走清理后使用，这样可以减少拼装用工。拆除后的模板应及时清理，刷隔离剂，分类堆放，以备使用。

模板拆除应按一定的顺序进行。一般应遵循先支后拆、后支先拆、先拆除非承重部位、后拆除承重部位以及自上而下的原则。重大复杂模板的拆除，事前应制订拆除方案。

５）模板拆除应注意的问题

（１）拆模时，操作人员应站在安全处，以免发生安全事故；待该片（段）模板全部拆除后，方可将模板、配件、支架等运出，进行堆放。

（２）拆模时不要用力过猛、过急，严禁用大锤和撬棍硬砸硬撬，以避免混凝土表面或模板受到损坏。

（３）模板拆除时，不应对楼层形成冲击荷载。拆下的模板及配件严禁抛扔，要有人接应传递，并按指定地点堆放；要做到及时清理、维修和涂刷好隔离剂，以备待用。

（４）多层楼板施工时，若上层楼板正在浇筑混凝土，下一层楼板模板的支柱不得拆除，再下一层楼板模板的支柱，仅可拆除一部分；跨度 4 m 及 4 m 以上的梁下均应保留支柱，其间距不得大于 3 m。

（５）冬期施工时，模板与保温层应在混凝土冷却到 5 ℃ 后方可拆除。当混凝土与外界温差大于20 ℃ 时，拆模后应对混凝土表面采取保温措施，如加设临时覆盖，使其缓慢冷却。

（６）在拆除模板过程中，如发现混凝土出现异常现象，可能影响混凝土结构的安全和质量问题时，应立即停止拆模，并经处理认证后，方可继续拆模。

4.1.6　其他模板形式

1. 大模板

大模板在建筑、桥梁及地下工程中应用广泛，是指大尺寸的工具式模板，如一块墙面用一块大模板。

优点：因为其重量大，装拆皆需起重机械吊装，可提高机械化程度，减少用工量和缩短工期。

适用：剪力墙和筒体体系的高层建筑、桥墩、筒仓。

大模板一般由面板、加劲肋、竖楞、穿墙螺栓、支撑桁架、稳定机构和操作平台、穿墙螺栓等组成，是一种用于现浇钢筋混凝土墙体的大型工具式模板，如图 4.16 所示。面板是直接与混凝土接触的部分，多采用钢板制成。加劲肋的作用是固定面板，并把混凝土产生的侧压力传给竖楞。加劲肋可做成水平肋或垂直肋，与金属面板以点焊固定。竖楞的作用是加强大模板的整体刚度，承受模板传来的混凝土侧压力，竖楞通常用 65 号或 80 号槽钢成对放

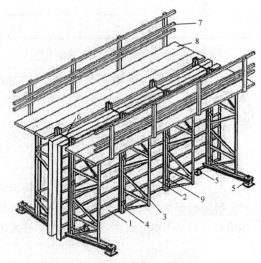

1—面板；2—水平加劲肋；3—支撑桁架；4—竖楞；
5—调整水平度的螺旋千斤顶；6—固定卡具；
7—栏杆；8—脚手架；9—穿墙螺栓。

图 4.16　大模板构造示意图

置，两槽钢间留有空隙，以通过穿墙螺栓，竖楞间距一般为 1 000～2 000 mm。穿墙螺栓则是承受竖楞传来侧压力的主要受力构件。支撑桁架用螺栓或焊接与竖楞连接，其作用是承受风荷载等水平力，防止大模板倾覆，桁架上部可搭设操作平台。稳定机构为大模板两端桁架底部伸出的支腿，其上设置螺旋千斤顶，在模板使用阶段用以调整模板的垂直度，并把作用力传递到地面或楼面上；在模板堆放时用来调整模板的倾斜度，以保证模板稳定。操作平台是施工人员操作的场所，有两种做法：一是将脚手板直接铺在桁架的水平弦杆上，外侧设栏杆，其特点是工作面小、投资少、装拆方便；二是在两道横墙之间的大模板的边框上用角钢连接成为搁栅，再满铺脚手板，其特点是施工安全，但耗钢量大。

大模板在高层剪力墙结构施工中应用非常广泛，配以吊装机械通过合理的施工组织进行机械化施工。其特点是：① 强度、刚度大，能承受较大的混凝土侧压力和其他施工荷载；② 钢板面平整光洁，易于清理，且模板拼缝极少，有利于提高混凝土表面的质量；③ 重复利用率高，一般周转次数在 200 次以上；④ 重量大、耗钢量大、不保温。

2. 滑升模板

滑升模板是一种工业化模板，用于现场浇筑高耸构筑物和建筑物等竖向结构，如烟囱、筒仓、高桥墩、电视塔、竖井、沉井、双曲线冷却塔和高层建筑等。

施工特点：在构筑物或建筑物底部，沿其墙、柱、梁等构件的周边组装高 1.2 m 左右的滑升模板，随着向模板内不断地分层浇筑混凝土，用液压提升设备使模板不断地沿埋在混凝土中的支承杆向上滑升，直到需要浇筑的高度为止。

滑升模板主要由模板系统、操作平台系统、液压提升系统几部分组成，如图 4.17 所示。模板系统包括模板、围圈、提升架；操作平台系统包括操作平台（平台桁架和铺板）和吊脚手架；液压提升系统包括支承杆、液压千斤顶、液压控制台、油路系统。

滑升模板施工的特点是：① 可以大大节约模板和支撑材料；② 减少支、拆模板用工，加快施工速度；③ 由于混凝土连续浇筑，可保证结构的整体性；④ 模板一次性投资多、耗钢量大；⑤ 对建筑物立面造型和结构断面变化有一定的限制；⑥ 施工时宜连续作业，施工组织要求较严。

3. 爬升模板

爬升模板是在下层墙体混凝土浇筑完毕后，利用提升装置将模板自行提升到上一个楼层，然后浇筑上一层墙体的垂直移动式模板。它由模板、提升架和提升装置 3 部分组成，图 4.18 所示是利用电动葫芦作为提升装置的外墙面爬升模板示意图。

爬升模板采用整片式大平模，模板由面板及肋组成，不需要支撑系统；提升设备可采用电动螺杆提升机、液压千斤顶或导链。爬升模板将大模板工艺和滑升模板工艺相结合，既保持了大模板施工墙面平整的优点，又保持了滑模利用自身设备使模板向上提升的优点，即墙体模板能自行爬升而不依赖塔吊。爬升模板适于高层建筑墙体、电梯井壁、管道间混凝土墙体的施工。

4. 台模

台模是浇筑钢筋混凝土楼板的一种大型工具式模板。在施工中可以整体脱模和转运，利用起重机从浇筑完的楼板下吊出，转移至上一楼层，中途不再落地，所以也称"飞模"。

台模按支撑形式分为支腿式和无支腿式。无支腿式台模悬挂于墙上或柱顶。支腿式台模由面板、檩条、支撑框架等组成，如图 4.19 所示。面板是直接接触混凝土的部件，可采用胶合板、钢板、塑料板等，其表面应平整光滑，具有较高的强度和刚度。支撑框架的支腿可伸缩或折叠，底部一般带有轮子，以便移动。单座台模面板的面积从 2 m² 到 60 m² 以上。台模自身整体性好，浇出的混凝土表面平整，施工进度快，适于各种现浇混凝土结构的小开间、小进深楼板。

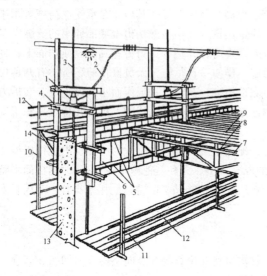

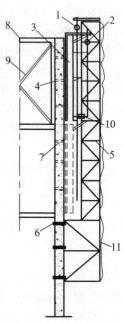

1—千斤顶；2—高压油管；3—支撑杆；4—提升架；5—上下围圈；
7—操作平台桁架；8—搁栅；9—操作平台；10—外吊脚手架；11
—内吊脚手架；12—栏杆；13—混凝土墙体；
14—外挑脚手架

图 4.17　滑升模板构造示意

1—模板手拉葫芦；2—爬架手拉葫芦；3—外爬模；
4—预留孔；5—外爬架；6—螺栓；7—外墙；
8—楼板模板；9—楼板支架；10—支撑；
11—安全网

图 4.18　爬升模板

5. 隧道模

隧道模是将楼板和墙体一次支模的一种工具式模板，相当于将台模和大模板组合起来，用于墙体和楼板的同步施工。隧道模有整体式和双拼式两种。整体式隧道模自重大、移动困难，现应用较少；双拼式隧道模在"内浇外挂"和"内浇外砌"的高、多层建筑中应用较多。

双拼式隧道模由两个半隧道模和一道独立模板组成，独立模板的支撑一般也是独立的，如图 4.20 所示。在两个半隧道模之间加一道独立模板的作用有两个：一是其宽度可以变化，使隧道模适应于不同的开间；二是在不拆除独立模板及支撑的情况下，两个半隧道模可提早拆除，加快周转。半隧道模的竖向墙模板和水平楼板模板间用斜撑连接，在模板的长度方向，沿墙模板底部设行走轮和千斤顶。模板就位后千斤顶将模板顶起，行走轮离开地面，施工荷载全部由千斤顶承担；脱模时松动千斤顶，在自重作用下半隧道模下降脱模，行走轮落到楼板下，可移出楼面，吊升至下一楼层继续施工。

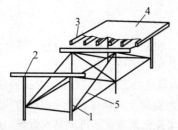

1—支腿；2—可伸缩式横梁；3—檩条；4—面板；5—斜撑。

图 4.19　台模结构示意图

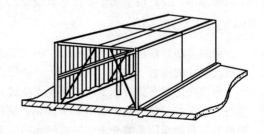

图 4.20　隧道模结构示意图

第 4 章　钢筋混凝土工程

6. 早拆模板体系

早拆模板体系是为实现早期拆除楼板模板而采用的一种支模装置和方法,其工艺原理实质上就是"拆板不拆柱"。早拆支撑利用柱头、立柱和可调支座组成竖向支撑系统,支撑于上下层楼板之间。拆模时使原设计的楼板处于短跨(立柱间距小于 2 m)的受力状态,即保持楼板模板跨度不超过相关规范所规定的拆模跨度要求。这样,当混凝土强度达到设计强度的 50%(常温下 3 ~ 4 d)时即可拆除楼板模板及部分支撑,而柱间、立柱及可调支座仍保持支撑状态。当混凝土强度增大到足以在全跨条件下承受自重和施工荷载时,再拆去全部竖向支撑,如图 4.21 所示。这类施工技术的模板与支撑用量少、投资小、工期短、综合效益显著,所以目前正在大力发展并逐步完善这一施工技术。

在早拆模板支撑体系(图 4.22)中,关键的部件是早期柱头,如图 4.22(a)所示。柱头顶板尺寸为 50 ~ 150 mm,可直接与混凝土接触,两侧梁托可挂住支撑梁的端部,梁托附着在方形管上。方形管可以上下移动 115 mm;方形管在上方时,可通过支撑板锁住梁托,用锤敲击支撑板则梁托随方形管下落。可调支座插入立柱的下端,与地面(楼面)接触,用于调节立柱的高度,可调范围为 0 ~ 50 mm,如图 4.22(d)所示。

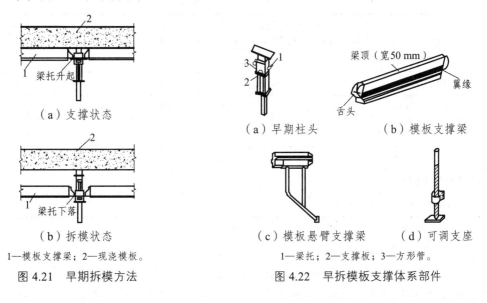

（a）支撑状态

（b）拆模状态

1—模板支撑梁；2—现浇模板。

图 4.21　早期拆模方法

（a）早期柱头　　（b）模板支撑梁

（c）模板悬臂支撑梁　　（d）可调支座

1—梁托；2—支撑板；3—方形管。

图 4.22　早拆模板支撑体系部件

4.2　钢筋工程

4.2.1　钢筋的种类

1. 钢筋的分类

钢筋的种类很多,土木工程中常用的钢筋,一般可按以下几方面分类。

土木工程用钢材分为钢筋、钢丝、钢绞线。

钢筋按化学成分可分为碳素钢筋和普通低合金钢筋。碳素钢筋按含碳量多少又可分为低碳钢筋(含碳量低于 0.25%)、中碳钢筋(含碳量 0.25% ~ 0.7%)和高碳钢筋(含碳量 0.7% ~ 1.4%)。普通低合金钢筋是在低碳钢和中碳钢的成分中加入少量合金元素得到的,如钛、钒、锰等,其含量一般不超过总量的 3%,以便获得强度高和综合性能好的钢种。

钢筋按屈服强度(MPa)分为 300 级、400 级、500 级和 600 级。钢筋级别越高,其强度及硬度

149

越高，但塑性逐级降低。为了便于识别，在不同级别的钢材端头涂有不同颜色的油漆。

钢筋按轧制外形可分为光圆钢筋和变形钢筋（月牙形、螺旋形、人字形钢筋）。钢筋按供货形式可分为盘圆钢筋（直径不大于 10 mm）和直条钢筋（直径 12 mm 及以上）。直条钢筋长度一般为 6 ~ 12 m，根据需方要求也可按订货尺寸供应。钢筋按直径大小可分为钢丝（直径 3 ~ 5 mm）、细钢筋（直径 6 ~ 10 mm）、中粗钢筋（直径 12 ~ 20 mm）和粗钢筋（直径大于 20 mm）。

普通钢筋混凝土结构中常用的钢筋按生产工艺可分为热轧钢筋、冷轧带肋钢筋、冷轧扭钢筋、余热处理钢筋、精轧螺纹钢筋等。

1）热轧钢筋

热轧钢筋是经热轧成型并自然冷却的成品钢筋，按生产工艺分为普通热轧钢筋（hot rolled bars，HRB）、细晶粒热轧钢筋（hot rolled bars of fine grains，HRBF），按照外形分为热轧光圆钢筋和热轧带肋钢筋。目前 HRB400 级钢筋成为现浇混凝土结构的主导钢筋。钢筋的力学性能如表 4.5 所示。钢筋应按表 4.6 规定的弯曲压头直径进行 180°弯曲试验，钢筋受弯曲部位表面不得产生裂纹。

表 4.6　热轧钢筋的力学性能

钢筋牌号	下屈服强度 R_{eL}/MPa	抗拉强度 R_m/MPa	断后伸长率 A/%	最大力总延伸率 A_{gt}/%	R_m/R_{eL}	R_{eL}/R_{eL}	公称直径 d/mm	弯曲压头直径
			不小于			不大于		
HRB300	300	420	25	10	—	—	6 ~ 25	d
HRB400、HRBF400	400	540	16	7.5	—	—	6 ~ 25	4d
HRB400E、HRBF400E			—	9	1.25	1.3	28 ~ 40	5d
							>40 ~ 50	6d
HRB500、HRBF500	500	630	15	7.5	—	—	6 ~ 25	6d
HRB500E、HRBF500E			—	9	1.25	1.3	28 ~ 40	7d
							>40 ~ 50	8d
HRB600	600	730	14	7.5				

注：E 表示抗震钢筋；R_m 为实测抗拉强度；R_{eL} 为实测下屈服强度。

2）冷轧带肋钢筋

冷轧带肋钢筋（cold rolled ribbed steel bars，CRB）是由热轧圆盘钢筋经冷轧后，在其表面带有沿长度方向均匀分布的三面或二面横肋的钢筋。冷轧带肋钢筋按延性高低分为两类：冷轧带肋钢筋、高延性（high elongation）冷轧带肋钢筋。

冷轧带肋钢筋牌号分为 CRB550、CRB650、CRB800、CRB600H、CRB680H、CRB800H 六个牌号。CRB550、CRB600H、CRB680H 为普通钢筋混凝土用钢筋，公称直径范围为 4 ~ 12 mm；CRB650、CRB800、CRB800H 为预应力混凝土用钢筋，公称直径为 4 mm、5 mm、6 mm；CRB680H 也可作为预应力混凝土用钢筋使用。冷轧带肋钢筋力学性能和工艺性能见表 4.7。

普通混凝土用钢筋进行弯曲试验时，受弯曲部位表面不得产生裂纹。预应力混凝土用钢筋反复弯曲试验的弯曲半径应符合表 4.8 的规定。

3）冷轧扭钢筋

冷轧扭钢筋也称冷轧变形钢筋，是将低碳钢热轧圆盘钢筋经专用钢筋冷轧扭机调直、冷轧并冷扭一次成型，具有规定截面形状和节距的连续螺旋状钢筋。它具有较高的强度，足够的塑性性能，且与混凝土联结性能优异，用于工程建设中一般可节约钢材 30%以上，有着明显的经济效益。冷轧扭钢筋的力学性能如表 4.9 所示。

表 4.7 冷轧带肋钢筋的力学性能

分类	钢筋牌号	规定塑性延伸强度 $R_{P0.2}$ /MPa	抗拉强度 R_m /MPa	$R_m/R_{P0.2}$	断后伸长率 /%		最大力延伸率 /%	弯曲试验[a] 180°	反复弯曲次数	应力松弛初试应力应相当于公称抗拉强度的 70% 1 000 h 松弛率%
					A	$A_{100\,mm}$	A_{gt}			
		不小于								不大于
普通钢筋混凝土用	CRB550	500	550		11	—	2.5	$D = 3d$	—	—
	CRB600H	540	600		14	—	5.0	$D = 3d$	—	—
预应力混凝土用	CRB680H[b]	600	680	1.05	14	—	5.0	$D = 3d$	4	5
	CRB650	585	650		—	4.0	2.5		3	8
	CRB800	720	800		—	4.0	2.5		3	8
	CRB800H	720	800		—	4.0	4.0		4	5

注：[a] D 为弯心直径，d 为钢筋公称直径。
　　[b] 当该钢筋用作普通混凝土用钢筋时，对反复弯曲和应力松弛不做要求；当用作预应力混凝土用钢筋时应进行反复弯曲试验代替 180°弯曲试验，并检测松弛率。

表 4.8 反复弯曲试验的弯曲半径　　　　　　　　　　单位：mm

钢筋公称直径	4	5	6
弯曲半径	10	15	15

4）余热处理钢筋

余热处理钢筋是热轧成型后立即穿水，进行表面控制冷却，然后利用芯部余热自身完成回火处理所得的成品钢筋。钢筋表面形状为月牙肋，强度代号为 RRB400、RRB400W、RRB500，钢筋级别为Ⅲ级，公称直径 d 为 8～25 mm、28～40 mm。余热处理钢筋性能见表 4.10，按弯心直径弯曲 180°后，钢筋受弯部位表面不得产生裂纹。反向弯曲试验的弯心直径比弯曲试验相应增加一个钢筋直径，先正向弯曲 90°后再反向弯曲 20°经反向弯曲试验后，钢筋受弯部位表面不得产生裂纹。

表 4.9 冷轧扭钢筋的力学性能

钢筋代号	截面形状	钢筋类型	标志直径 d /mm	抗拉刚度 σ_b /MPa	伸长率 δ_5 /%	冷弯性能	
						弯心角度	弯心直径
LZN	矩形	Ⅰ型	6.5～14	≥580	≥4.5	180°	3d
	菱形	Ⅱ型	12				

表 4.10 余热处理钢筋性能

牌号	屈服强度 R_{eL} /MPa	抗拉强度 R_m /MPa	断后伸长率 A /%	最大力延伸率 A_{gt} /%	公称直径 d /mm	弯心直径
	不小于					
RRB400	400	540	14	5.0	8～25	4d
RRB400W	430	570	16	7.5	28～40	5d
RRB500	500	630	13	5.0	8～25	6d

注：时效后检验结果。

5）预应力混凝土用螺纹钢筋

预应力混凝土用螺纹钢筋是用热轧方法在整根钢筋表面上轧出不带纵肋螺纹外形的钢筋。其接长用连接器，端头锚固连接用螺母。钢筋的公称直径范围为 15～75 mm，标准推荐的钢筋公称直径为 25 mm、32 mm，可根据用户要求提供其他规格的钢筋。预应力混凝土用螺纹钢筋的力学性能应符合表 4.11 的规定。如无特殊要求，只进行初始力为 70% F_m 的松弛试验，允许使用推算法进行 120 h 松弛试验确定 1 000 h 松弛率。

表 4.11　预应力混凝土用螺纹钢筋的力学性能

级别	屈服强度 [a] R_{eL}/MPa	抗拉强度 R_m/MPa	断后伸长率 A/%	最大力延伸率 A_{gt}/%	应力松弛性能	
	不小于				初始应力	1 000 h 后应力松弛率/%
PSB785	785	980	8			
PSB830	830	1 030	7			
PSB930	930	1 080	7	3.5	0.7R_m	≤4.0
PSB1080	1 080	1 230	6			
PSB1200	1 200	1 330	6			

注：[a] 无明显屈服时，用规定非比例延伸强度（$R_{P0.2}$）代替。

2. 钢筋进场的验收

钢筋进场时，应有产品合格证、出厂检验报告，并按品种、批号及直径分批验收。验收内容包括钢筋标牌和外观检查，并按有关规定抽取试件进行钢筋性能检验。钢筋性能检验又分为力学性能检验和化学成分检验。

1）外观检查

应对钢筋进行全数外观检查。检查内容包括钢筋是否平直，有无损伤，表面是否有裂纹、油污及锈蚀等。密折过的钢筋不得敲直后做受力钢筋使用，钢筋表面不应有影响钢筋强度和锚固性能的锈蚀或污染。

常用钢筋的外观检查要求为：热轧钢筋表面不得有裂缝、结疤和折叠，表面凸坎不得超过横肋的最大高度，外形尺寸应符合规定；对热处理钢筋，表面无肉眼可见的裂纹、结疤、折叠，如有凸块不得超过横肋高度，表面不得沾有油污；对冷轧扭钢筋，要求其表面光滑，不得有裂纹、折叠夹层等，也不得有深度超过 0.2 mm 的压痕或凹坑。

2）钢筋性能检验

（1）进场复验。

应按《钢筋混凝土用热轧带肋钢筋》GB/T 1499.2—2018、《钢筋混凝土用热轧光面钢筋》GB/T 1499.1—2017、《钢筋混凝土用余热处理钢筋》GB 13014—2013、《预应力混凝土用螺纹钢筋》GBT 20065—2016 等标准的规定，抽取试件做力学性能检验，其质量必须符合有关标准的规定。

在做钢筋力学性能检验时，应从每批钢筋中任选两根，每根截取两个试件分别进行批次试验（包括屈服点、抗拉强度和伸长率的测定）和冲弯试验。如有一项检验结果不符合规定，则应从同一批钢筋中另取双倍数量的试件重做各项检验；如果仍有一个试件不合格，则该批钢筋为不合格产品，应不予验收或降级使用。

（2）满足抗震设防要求。

对按一、二、三级抗震等级设计的框架和斜撑构件（含梯段）中的纵向受力普通钢筋应采用

HRB400E、HRB500E、HRBF400E 或 HRBF500E 钢筋，其强度和最大力下总伸长率的实测值应符合下列规定：① 抗拉强度实测值与屈服强度实测值的比值不应小于 1.25；② 屈服强度实测值与屈服强度标准值的比值不应大于 1.30；③ 最大力下总伸长率不应小于 9%。

当发现钢筋脆断、焊接性能不良或力学性能显著不正常等现象时，应对该批钢筋进行化学成分检验或其他专项检验。

4.2.2　钢筋的加工

钢筋加工有调直、除锈、冷拉、冷拔、下料剪切、连接、弯曲等工序。

1. 钢筋除锈

钢筋由于保管不善或存放过久，其表面会结成一层铁锈，铁锈严重将影响钢筋和混凝土的黏结力，并影响到构件的使用效果，因此在使用前应清除干净。钢筋的除锈可在钢筋的冷拉或调直过程中完成（ϕ12 mm 以下钢筋），也可用电动除锈机除锈，还可采用手工除锈（用钢丝刷、砂盘）、喷砂和酸洗除锈等。

钢筋除锈方法有：钢丝刷、机动钢丝刷、喷砂、砂堆中往复拉。冷拉钢筋不需再除锈。对有颗粒和片状老锈的钢筋，除锈后有严重麻坑、蚀孔的钢筋，均不得使用。

2. 钢筋调直

钢筋调直方法有：冷拉调直、调直机调直（4～14 mm）、锤直和扳直（粗钢筋）。冷拉调直时，Ⅰ级钢筋冷拉率小于 4%，Ⅱ级和Ⅲ级钢筋冷拉率小于 1%。

细钢筋一般采用机械调直，可选用钢筋调直机、双头钢筋调直联动机或数控钢筋调直切断机。机械调直机具有钢筋除锈、调直和切断 3 项功能，并可在一次操作中完成。其中，数控钢筋调直切断机采用了光电测长系统和光电计数装置，切断长度可以精确到毫米，并能自动控制切断根数。

粗钢筋常采用卷扬机冷拉调直，且在冷拉时因钢筋变形，其上的锈皮自行脱落。冷拉调直时必须控制钢筋的冷拉率。

3. 钢筋切断

钢筋切断常采用手动液压切断器和钢筋切断机。前者能切断ϕ16 mm 以下的钢筋，且机具体积小、重量轻、便于携带；后者能切断ϕ（6～40）mm 的各种直径的钢筋。

钢筋剪切方法有：剪切机（钢筋直径在 40 mm 以内）、手动剪切器（钢筋直径在 12 mm 以内）、氧焊或电弧割切（钢筋直径在 40 mm 以上）。

4. 钢筋弯曲成型

钢筋根据设计要求常需弯折成一定形状。钢筋的弯曲成型一般采用钢筋弯曲机、四头弯筋机（主要用于弯制箍筋）。在缺乏机具设备的情况下，也可以采用手摇扳手弯制细钢筋，用卡盘与扳头弯制粗钢筋。对形状复杂的钢筋，在弯曲前应根据钢筋料牌上标明的尺寸画出各弯曲点。

钢筋弯曲工具有：弯曲机（钢筋直径为 6～40 mm）、扳钩（钢筋直径在 25 mm 以内）。

5. 钢筋冷拉

1）冷拉原理

钢筋冷拉是指在常温下对热轧钢筋进行强力拉伸。

拉应力超过钢筋的屈服强度，使钢筋产生塑性变形，以达到调直钢筋、提高强度、节约钢材的目的，对焊接接长的钢筋亦检验了焊接接头的质量。冷拉 HPB300 级钢筋多用于结构中的受拉钢筋，冷拉 HRB400、RRB400 级钢筋多用作预应力构件中的预应力筋。

钢筋冷拉是在常温下，以超过钢筋屈服点的拉应力拉伸钢筋，使钢筋产生塑性变形，通过时效的作用，提高钢筋强度，节约钢材。

冷拉钢筋适用于Ⅰ～Ⅳ级钢筋，冷拉时钢筋被拉直，表面锈渣自动脱落，因此冷拉可同时完成调直和除锈工作。

冷拉Ⅱ～Ⅳ级钢筋通常用作预应力筋，冷拉Ⅰ级钢筋用作非预应力筋。冷拉钢筋一般不用作受压钢筋，即使用作受压钢筋也不利用冷拉后提高的强度。承受冲击荷载的构件不应用冷拉钢筋。

钢筋冷拉后内应力促使钢筋晶体组织自行调整的过程称为"时效"，时效后，钢筋强度提高，塑性降低，弹性模量恢复。

Ⅰ、Ⅱ级钢筋在常温下（自然时效）须 15～28 d 才能完成，可采用人工时效，即放入 100 ℃的水或水蒸气中蒸煮 2 h。

Ⅲ、Ⅳ级钢筋在自然条件下一般达不到时效的效果，一般采用通电加热至 150～300 ℃，保持20 min 左右。

2）钢筋冷拉参数及控制方法

（1）钢筋冷拉参数。

冷拉参数有钢筋冷拉率和冷拉应力。

钢筋冷拉率是钢筋冷拉时包括其弹性和塑性变形的总伸长值与钢筋原长之比（%）。在一定限度范围内，冷拉率和冷拉应力越大，则屈服点提高越多，而塑性降低也越多，但仍有一定的塑性。冷拉强度与屈服点之比不宜太小，使钢筋有一定强度储备。

（2）冷拉控制方法。

钢筋冷拉可采用控制应力和控制冷拉率的方法。

用作预应力的钢筋宜采用控制应力的方法；不能分清炉批的热轧钢筋不应采用控制冷拉率的方法。

① 控制应力的方法（双控）。

满足控制应力的前提下，冷拉率不得超过最大冷拉率。

② 控制冷拉率的方法（单控）。

控制冷拉率应由试验确定。同炉批的钢筋中取不少于 4 个试样，根据冷拉应力测定各试件的冷拉率，取其平均值作为该批钢材实际采用的冷拉率，小于 1%时取 1%。

为使钢筋变形充分发展，冷拉速度不宜过快，以 0.5～1 m/min 为宜，拉到规定值后须停 1～2 min，待钢筋变形充分发展后再放松钢筋。

3）钢筋冷拉质量

冷拉后，钢筋表面不应发生裂纹，或局部颈缩现象，并应按要求进行拉力和冷弯试验，质量应符合规定。冷弯试验时，不得有裂纹、起层、断裂现象。

4）冷拉设备

包括拉力装置、承力结构、钢筋夹具、测量装置、回程装置。钢筋冷拉时应缓缓拉伸，缓缓放松，并应防止斜拉，正对钢筋两端不许站人和跨越钢筋。

6．钢筋冷拔

1）钢筋冷拔的特点和应用

冷拔是使直径为 6～8 mm 的Ⅰ级钢筋强力通过特制的钨合金拔丝模孔，使钢筋产生塑性变形，改变物理力学性能的过程。

钢筋经过冷拔后，横向压缩（截面缩小），纵向拉伸，内部晶格产生滑移，抗拉强度可提高 50%～90%，塑性降低，硬度提高。这种经过冷拔加工的钢丝称为冷拔低碳钢丝。冷拉是纯拉伸应力，冷拉后有明显的屈服点；冷拔拉、压兼有的三向应力，冷拔后没有明显的屈服点。冷拔低碳钢丝按机械性能分甲（预应力筋）、乙（非预应力筋）两级。

2）钢筋冷拔工艺

冷拔工艺流程为：轧头→剥皮→拔丝。

轧头是用一对轧辊将钢筋端部轧细，以通过拔丝模孔。

剥皮是使钢筋通过 3～6 个上下排列的辊子，剥除钢筋表面的氧化铁渣壳，以免进入拔丝模孔擦伤钢丝表面，也影响拔丝模的使用寿命。

剥皮后通过润滑剂盒润滑，进入拔丝模冷拔。

拔丝速度一般为 0.4～1 m/s。

润滑剂的配置：生石灰 100 kg、动植物油 20 kg、肥皂 4～8 条、水约 200 kg，可掺少量石蜡。先将油、肥皂加热化开，倒入水中，再将石灰投入，干燥、碾压、过筛即成。

3）影响钢筋冷拔质量的因素

影响钢筋冷拔质量的因素有原材料质量和冷拔总压缩率。

总压缩率越大，塑性降低越多，抗拉强度提高越大。为保证强度和塑性的相对稳定，必须控制总压缩率。

ϕ^b5 由 $\phi 8$ 盘条多次冷拔而成，ϕ^b3 和 ϕ^b4 由 $\phi 6.5$ 盘条冷拔而成。冷拔次数过多，易变脆，生产率低；冷拔次数过少，易产生断丝和安全事故。前道钢丝和后道钢丝直径之比以 1∶1.15 为宜，即：$\phi 8 \rightarrow \phi 7 \rightarrow \phi 6.3 \rightarrow \phi 5.7 \rightarrow \phi 5$，$\phi 6.5 \rightarrow \phi 5.5 \rightarrow \phi 4.6 \rightarrow \phi 4$。

冷拔过程中不得退火，否则会降低强度，冷拔丝经调直后，强度约降低 7%，而塑性增加。

4.2.3　钢筋的连接

钢筋在土木工程中的用量很大，但在运输时却受到运输工具的限制。当钢筋直径 $d<12$ mm 时，一般以圆盘形式供货；当直径 $d\geqslant 12$ mm 时，则以直条形式供货，直条长度一般为 6～12 m。由此带来了钢筋混凝土结构施工中不可避免的钢筋连接问题。目前，钢筋的连接方法有机械连接、焊接连接和绑扎连接三类。机械连接由于具有连接可靠、作业不受气候影响、连接速度快等优点，目前已广泛应用于粗钢筋的连接。焊接连接和绑扎连接是传统的钢筋连接方法，与绑扎连接相比，焊接连接可节约钢材、改善结构受力性能、保证工程质量、降低施工成本，宜优先选用。

钢筋接头宜设置在受力较小处；在抗震设防要求的结构中，梁端、柱端箍筋加密区范围内不宜设置钢筋接头，且不应进行钢筋搭接。同一纵向受力钢筋不宜设置两个或两个以上接头。接头末端至钢筋弯起点的距离，不应小于钢筋直径的 10 倍。

1. 钢筋的焊接

焊接连接是利用焊接技术将钢筋连接起来的连接方法，应用广泛。

钢筋焊接施工应符合下列规定：

（1）从事钢筋焊接施工的焊工应持有钢筋焊工考试合格证，并应按照合格证规定范围上岗操作。

（2）在钢筋工程焊接施工前，参与该项工程施焊的焊工应进行现场条件下的焊接工艺试验，经试验合格后，方可进行焊接。焊接过程中，如果钢筋牌号、直径发生变更，应再次进行焊接工艺试验。工艺试验使用的材料、设备、辅料及作业条件均应与实际施工一致。

（3）细晶粒热轧钢筋及直径大于 28 mm 的普通热轧钢筋，其焊接参数应经试验确定；余热处理钢筋不宜焊接。

（4）电渣压力焊只应使用于柱、墙等构件中竖向受力钢筋的连接。

（5）钢筋焊接接头的适用范围、工艺要求、焊条及焊剂选择、焊接操作及质量要求等应符合现行行业标准《钢筋焊接及验收规程》JGJ 18 的有关规定。

在钢筋焊接连接中，普遍采用的有闪光对焊、电阻点焊、电弧焊、电渣压力焊及埋弧压力焊等。钢筋焊接时，各种焊接方法的适用范围应符合表 4.12 的规定。

表 4.12　钢筋焊接方法的适用范围

焊接方法			适 用 范 围	
			钢筋牌号	钢筋直径/mm
电阻点焊			HPB300	6～16
			HRB400、HRBF400	6～16
			HRB500、HRBF500	6～16
			CRB550	4～12
			CDW550	3～8
闪光对焊			HPB300	8～22
			HRB400、HRBF400	8～40
			HRB500、HRBF500	8～40
			RRB400W	8～32
箍筋闪光对焊			HPB300	6～18
			HRB400、HRBF400	6～18
			HRB500、HRBF500	6～18
			RRB400W	8～18
电弧焊	帮条焊 搭接焊	双面焊、单面焊	HPB300	10～22
			HRB400、HRBF400	10～40
			HRB500、HRBF500	10～32
			RRB400W	10～25
	熔槽帮条焊		HPB300	20～22
			HRB400、HRBF400	20～40
			HRB500、HRBF500	20～32
			RRB400W	20～25
	坡口焊	平焊 立焊	HPB300	18～22
			HRB400、HRBF400	18～40
			HRB500、HRBF500	18～32
			RRB400W	18～25
	钢筋与钢板搭接焊		HPB300	8～22
			HRB400、HRBF400	8～40
			HRB500、HRBF500	8～32
			RRB400W	8～25
	窄间隙焊		HPB300	16～22
			HRB400、HRBF400	16～40
			HRB500、HRBF500	18～32
			RRB400W	18～25
	预埋件钢筋	角焊	HPB300	6～22
			HRB400、HRBF400	6～25
			HRB500、HRBF500	10～20
			RRB400W	10～20
		穿孔塞焊	HPB300	20～22
			HRB400、HRBF400	20～32
			HRB500	20～28
			RRB400W	20～28
		埋弧压力焊 埋弧螺柱焊	HPB300	6～22
			HRB400、HRBF400	6～28

续表

焊接方法		适 用 范 围	
		钢筋牌号	钢筋直径/mm
电渣压力焊		HPB300 HRB400、HRB500	12～22 12～32
气压焊	固态、熔态	HPB300 HRB400 HRB500	12～22 12～40 12～32

注：① 电阻点焊时，适用范围的钢筋直径指两根不同直径钢筋交叉叠接中较小钢筋的直径；
　　② 电弧焊含焊条电弧焊和二氧化碳气体保护电弧焊两种工艺方法；
　　③ 在生产中，对于有较高要求的抗震结构用钢筋，在牌号后加 E，焊接工艺可按同级别热轧钢筋施焊，焊条应采用低氢型碱性焊条。

焊接施工受气候、电流稳定性的影响较大，其接头质量不如机械连接可靠。钢筋的焊接效果取决于钢材的可焊性和焊接工艺。钢材的金属含量直接影响到可焊性，含碳、锰量高，可焊性降低；含适量的钛，可改善焊接性能；Ⅳ级钢筋的碳、锰、硅含量高，可焊性较差，但硅钛系列的钢筋可焊性尚好。

钢筋焊接时，焊缝温度较高，电弧焊达 1 500 ℃，闪光对焊达 2 000 ℃。不同的温度对钢材的性能有一定影响，热影响区包括半熔化区、过热区、正火区、部分相变区、再结晶区、蓝脆区。半熔化区和过热区金属冷却后，晶粒变大，塑性及韧性降低，容易产生裂纹，对焊接质量不利。

1）闪光对焊

闪光对焊是将两根钢筋沿着其轴线，使钢筋端面接触对焊的连接方法。闪光对焊需在对焊机上进行，操作时将两段钢筋的端面接触，通过低电压强电流，把电能转换为热能，待钢筋加热到一定温度后，再施加轴向压力顶锻，使两根钢筋焊合在一起，接头冷却后便形成对焊接头，对焊原理如图 4.23 所示。

闪光对焊不需要焊药，施工工艺简单，具有成本低、焊接质量好、工效高的优点，广泛用于工厂或在施工现场加工棚内进行粗钢筋的对接接长，其设备较笨重，不便在操作面上进行钢筋的接长。

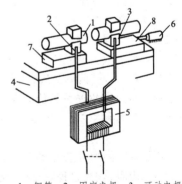

1—钢筋；2—固定电极；3—可动电极；
4—机座；5—变压器；6—顶压机构；
7—固定支座；8—滑动支座。

图 4.23　钢筋的对焊原理

（1）钢筋对焊工艺。

将钢筋夹入对焊机两极，闭合电源，使钢筋两端面轻微接触。由于端面不平，电流密度和接触电阻很大，接触点熔化，形成"金属过梁"；过梁进一步加热，产生金属蒸气飞溅，称为烧化，形成闪光现象。

闪光对焊根据其工艺不同，可分为连续闪光焊、预热闪光焊、闪光—预热—闪光焊及焊后通电热处理等工艺。

① 连续闪光焊：当对焊机夹具夹紧钢筋并通电出现闪光后，继续将钢筋端面渐移近，即形成连续闪光过程。待钢筋烧化完一定的预留量后，迅速加压进行顶锻并立即断开电源，焊接接头即完成。连续闪光焊所能焊接的钢筋直径上限，应根据焊机容量、钢筋牌号等具体情况而定，并应符合表 4.13 的规定。

表 4.13　连续闪光焊钢筋直径上限

焊机容量/（kV·A）	钢筋牌号	钢筋直径/mm
160（150）	HPB300	22
	HRB400、HRBF400	20
100	HPB300	20
	HRB400、HRBF400	18
80（75）	HPB300	16
	HRB400、HRBF400	12

② 预热闪光焊：在连续闪光焊前增加预热过程（均匀加热）。 闭合电源，两钢筋交替接触、分开，两断面间断续闪光，形成预热，烧化到规定的预热留量后进行连续闪光和顶锻。

它是在连续闪光前增加一个钢筋预热过程，然后再进行闪光和顶锻。当钢筋直径超过表 4.13 的规定，且钢筋端面较平整时，宜采用预热闪光焊。

③ 闪光-预热闪光焊：在预热闪光前再增加一次闪光过程，使不平整的钢筋端面先形成比较平整的端面，并将钢筋均匀预热。当钢筋直径超过表 4.13 的规定，且钢筋端面不平整时，应采用"闪光-预热闪光焊"。

④ 焊后通电热处理：HRB500、HRBF500 钢筋焊接时，应采用预热闪光焊或闪光预热闪光焊工艺。当接头拉伸试验结果，发生脆性断裂或弯曲试验不能达到规定要求时，尚应在焊机上进行焊后热处理，即待接头冷却至 300 ℃ 以下时，采用较低变压器级数，以 0.5 ~ 1 s/次进行脉冲式通电加热。热处理温度一般在 750 ~ 850 ℃ 范围内选择。该法可提高焊接接头处钢筋的塑性。

（2）闪光对焊参数。

闪光对焊参数决定钢筋对焊质量。其参数如下：

调伸长度：焊接前钢筋从焊接钳口伸出的长度。应使接头能均匀加热，顶锻时不旁弯。调伸长度的选择，应随着钢筋牌号的提高和钢筋直径的加大而增长，主要是减缓接头的温度梯度，防止热影响区产生淬硬组织；当焊接 HRB400、HRBF400 等牌号钢筋时，调伸长度宜在 40 ~ 60 mm 内选用。

烧化留量（闪光留量）：烧化和预热烧化的长度。烧化留量的选择，应根据焊接工艺方法确定。当连续闪光焊时，闪光过程应较长；烧化留量应等于两根钢筋在断料时切断机刀口严重压伤部分（包括端面的不平整），再加 8 ~ 10 mm；当采用闪光-预热闪光焊时，应区分一次烧化留量和二次烧化留量。二次烧化留量不应小于 10 mm，二次烧化留量不应小于 6 mm。

预热留量：需要预热时，宜采用电阻预热法。预热留量应为 1 ~ 2 mm，预热次数应为 1 ~ 4 次；每次预热时间应为 1.5 ~ 2 s，间歇时间应为 3 ~ 4 s。

顶锻留量：将钢筋顶锻压紧时缩短的长度。顶锻留量应为 3 ~ 7 mm，并应随钢筋直径的增大和钢筋牌号的提高而增加。其中，有电顶锻留量约占 1/3，无电顶锻留量约占 2/3，焊接时必须控制得当。焊接 HRB500 钢筋时，顶锻留量宜稍微增大，以确保焊接质量。

烧化速度（闪光速度）：闪光过程的快慢，先慢后快，闪光比较强烈，以免焊缝金属氧化。

顶锻速度：挤压钢筋接头的速度，越快越好，不致焊口氧化。

变压器级次：调节焊接电流的大小。变压器级数应根据钢筋牌号、直径、焊机容量以及焊接工艺方法等具体情况选择。

当 HRBF400 钢筋、HRBF500 钢筋或 RRB400W 钢筋进行闪光对焊时，与热轧钢筋比较，应减小调伸长度，提高焊接变压器级数，缩短加热时间，快速顶锻，形成快热快冷条件，使热影响区长度控制在钢筋直径的 60% 范围之内。

2）电阻点焊

电阻点焊是将交叉的钢筋叠合在一起，放在两个电极间预压夹紧，然后通电使接触点处产生电阻热，钢筋加热熔化并在压力下形成紧密联结点，冷凝后即得牢固焊点，如图 4.24 所示。电阻点焊用于焊接钢筋网片或骨架，当焊接不同直径的钢筋，其较小钢筋直径小于 10 mm 时，大小钢筋直径之比不宜大于 3；其较小钢筋的直径为 12 ~ 16 mm 时，大小钢筋直径之比不宜大于 2。电阻点焊的工艺参数应根据钢筋牌号、直径及焊机性能等具体情况，选择变压器级数、焊接通电时间和电极压力。焊点的压入深度应为较小钢筋直径的 18% ~ 25%。承受重复荷载并需进行疲劳验算的钢筋混凝土结构和预应力混凝土结构中的非预应力筋不得采用该法焊接。

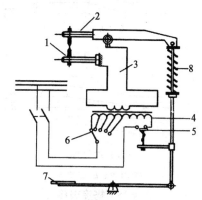

1—电极；2—电极臂；3—变压器二次线圈；4—变压器一次线圈；
5—断电器；6—调压开关；7—踏板；8—压紧机构。

图 4.24　电阻点焊机工作示意图

3）电弧焊

电弧焊是利用弧焊机在焊条与焊件之间产生高温电弧，使焊条和电弧燃烧范围内的焊件熔化，待其凝固后便形成焊缝或接头的焊接方法。其中电弧是指焊条与焊件金属之间空气介质出现的强烈持久的放电现象。电弧焊使用的弧焊机有交流弧焊机、直流弧焊机两种，常用的为交流弧焊机。

电弧焊的应用非常广泛，常用于钢筋的接长、钢筋骨架的焊接、钢筋与钢板的焊接、装配式钢筋混凝土结构接头的焊接及各种钢结构的焊接等。用于钢筋的接长时，其接头形式有帮条焊、搭接焊和坡口焊等。

熔化的金属会吸收空气中的氧、氮，降低其塑性和冲击韧性。为改善这一状况，焊条表面有一层药皮，在高温作用下，一部分被氧化，形成保护气体；另一部分则起脱氧作用，氧化物形成的熔渣浮于焊缝金属表面，起保护作用。

钢筋电弧焊接方式有搭接焊、帮条焊、坡口焊、熔槽焊。

（1）搭接焊。

该法适用于直径为 10 ~ 40 mm 的 Ⅰ、Ⅱ 级钢筋，宜采用双面焊，焊接前预弯，以保证钢筋的轴线在一条线上，如图 4.25 所示。焊接时最好采用双面焊，对其搭接长度的要求是：HPB300、HRB400 级钢筋为 $5d$。若采用单面焊，则搭接长度均须加倍。

（2）帮条焊。

该法适用于直径为 10 ~ 40 mm 的 Ⅰ ~ Ⅲ 级钢筋，宜采用双面焊，帮条宜采用与主筋一致的钢筋，或者低一个级别或规格。帮条焊接头如图 4.26 所示。钢筋帮条长度见表 4.14；主筋端面的间隙为 2 ~ 5 mm。所采用帮条的总截面面积：被焊接钢筋为 HPB300、HRB400 级时，应不小于被焊接钢筋截面面积的 1.5 倍。

（3）坡口焊。

坡口焊接头多用于装配式框架结构现浇接头的钢筋焊接，分为平焊和立焊两种。钢筋坡口平焊采用 V 形坡口，坡口夹角为 55° ~ 65°，两根钢筋的间隙为 4 ~ 6 mm，下垫钢板，然后施焊，见图 4.27（a）。钢筋坡口立焊，如图 4.27（b）所示。

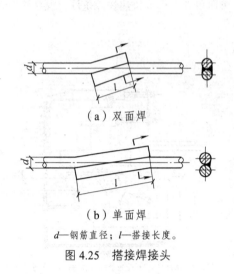

（a）双面焊

（b）单面焊

d—钢筋直径；l—搭接长度。

图 4.25　搭接焊接头

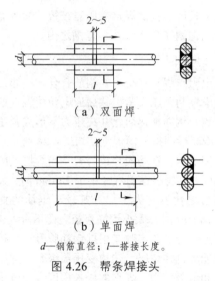

（a）双面焊

（b）单面焊

d—钢筋直径；l—搭接长度。

图 4.26　帮条焊接头

表 4.14　钢筋帮条长度

钢筋级别	焊缝形式	帮条长度
HRB300 级、HRB400 级	单面焊 双面焊	≥10d ≥5d

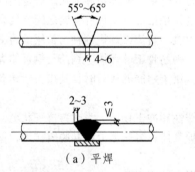

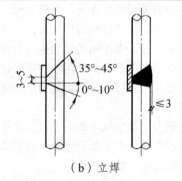

（a）平焊　　　　　　　　　　（b）立焊

图 4.27　钢筋坡口焊接头

4）电渣压力焊

电渣压力焊是利用电流通过渣池产生的电阻热将钢筋端部熔化，然后施加压力使钢筋焊合的方法。它主要用于现浇结构中直径为 12~32 mm 的 HPB300、HRB400 级钢筋的竖向或斜向（倾斜度在 4∶1 内）接长。这种焊接方法操作简单、工作条件好、工效高、成本低，比电弧焊接头节电 80% 以上，比绑扎连接和帮条焊、搭接焊节约钢筋 30%，提高工效 6~10 倍。

电渣压力焊设备包括焊接电源、焊接夹具和焊剂盒等（图 4.28）。焊接夹具应具有一定刚度，上下钳口同心。焊剂盒呈圆形，由两个半圆形铁皮组成，内径为 80~100 mm，与所焊钢筋的直径相应，焊剂盒宜与焊接机头分开。焊剂除起到隔热、保温及稳定电弧作用外，在焊接过程中还能起到补充熔渣、脱氧及添加合金元素的作用，使焊缝金属合金化。当焊接完成后，先拆机头，待焊接接头保温一段时间后再拆焊剂盒，特别是在环境温度较低时，可避免发生冷脆现象。

5）埋弧压力焊

埋弧压力焊是将钢筋与钢板安放成工形连接形式，利用埋在接头处焊剂层下的高温电弧，熔化两焊件的接触部位形成熔池，然后加压顶锻使两焊件焊合，如图 4.29 所示。它适用于直径 6 ~ 22 mm 的 HPB300 级、直径 6 ~ 28 mm 的 HRB400 级钢筋与钢板的焊接。

埋弧压力焊工艺简单，比电弧焊工效高、质量好（焊缝强度高且钢板不易变形）、成本低（不用焊条），施工中广泛用于制作钢筋预埋件。

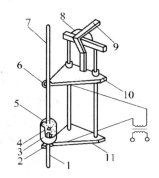

1、7—钢筋；2—固定电极；3—焊剂盒；4—导电剂；5—焊剂；
6—滑动电极；8—标尺；9—操纵杆；
10—滑动架；11—固定架。

图 4.28　电渣压力焊示意图

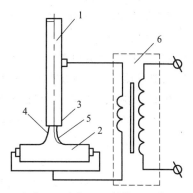

1—钢筋；2—钢板；3—焊剂；4—电弧；
5—熔池；6—焊接变压器。

图 4.29　预埋件钢筋埋弧压力焊示意图

6）钢筋焊接要求

（1）焊接方式。

对接焊接宜用对焊、电弧焊、电渣压力焊、气压焊；钢筋骨架与网片的交叉焊接宜采用电阻点焊；钢筋与钢板的 T 型接头宜采用埋弧压力焊、电弧焊。

（2）焊接前要进行试焊，焊工要有考试和合格证，要在规定范围内操作。

（3）轴心和小偏心受拉构件均应焊接；普通混凝土中直径大于 22 mm 的钢筋、轻骨料混凝土中直径大于 20 mm 的 I 级钢筋以及直径大于 25 mm 的 II、III 级钢筋均宜用焊接；直径大于 32 mm 的受压钢筋应用焊接。

（4）对有抗震要求的受力钢筋，宜优先采用焊接或机械连接。纵向钢筋，一级抗震应用焊接，二级抗震宜用焊接。框架底层柱、剪力墙加强部位纵向钢筋，一、二级抗震应用焊接，三级抗震宜用焊接，钢筋接头不宜设在梁柱加密区内。

（5）钢筋接头应相互错开，在距焊接中心 $35d$（钢筋直径）且不小于 500 mm 的区段范围内，每根钢筋不得有两个接头，且有接头的钢筋面积应符合以下要求：非预应力筋受拉区不宜超过 50%，其他不限；预应力筋受拉区不宜超过 25%，其他不限。

（6）焊接接头距钢筋弯折处应大于 $10d$，且不在最大弯矩处。

2. 钢筋的机械连接

钢筋机械连接的优点很多，包括：设备简单、操作技术易于掌握、施工速度快；接头性能可靠，节约钢筋，适用于钢筋在任何位置与方向（竖向、横向、环向及斜向等）的连接；施工不受气候条件影响，尤其在易燃、易爆、高空等施工条件下作业安全可靠。虽然机械连接的成本较高，但其综合经济效益与技术效果显著，目前已在现浇大跨结构、高层建筑、桥梁、水工结构等工程中广泛用于粗钢筋的连接。钢筋机械连接的方法主要有套筒挤压连接和螺纹套筒连接。

钢筋机械连接施工应符合下列规定：

（1）加工钢筋接头的操作人员应经专业培训合格后上岗，钢筋接头的加工应经工艺检验合格后方可进行。

（2）机械连接接头的混凝土保护层厚度宜符合现行国家标准《混凝土结构设计规范》GB 50010中受力钢筋的混凝土保护层最小厚度规定，且不得小于 15 mm。接头之间的横向净间距不宜小于25 mm。

（3）螺纹接头安装后应使用专用扭力扳手校核拧紧扭力矩。挤压接头压痕直径的波动范围应控制在允许波动范围内，并使用专用量规进行检验。

（4）机械连接接头的适用范围、工艺要求、套筒材料及质量要求等应符合现行行业标准《钢筋机械连接技术规程》JGJ 107 的有关规定。钢筋机械连接方式有：

① 套筒挤压接头：通过挤压力使连接件钢套筒塑性变形与带肋钢筋紧密咬合形成的接头。

② 锥螺纹接头：通过钢筋端头特制的锥形螺纹和连接件锥螺纹咬合形成的接头。

③ 镦粗直螺纹接头：通过钢筋端头镦粗后制作的直螺纹和连接件螺纹咬合形成的接头。

④ 滚轧直螺纹接头：通过钢筋端头直接滚轧或剥肋后滚轧制作的直螺纹和连接件螺纹咬合形成的接头。

⑤ 套筒灌浆接头：在金属套筒中插入单根带肋钢筋并注入灌浆料拌和物，通过拌和物硬化而实现传力的钢筋对接接头。

⑥ 熔融金属充填接头：由高热剂反应产生熔融金属充填在钢筋与连接件套筒间形成的接头。

后两种接头主要依靠钢筋表面的肋和介入材料水泥浆或熔融金属硬化后的机械咬合作用，将钢筋中的拉力或压力传递给连接件，并通过连接件传递给另一根钢筋。

1）钢筋螺纹套筒连接

钢筋螺纹套筒连接包括锥螺纹连接和直螺纹连接，它是利用螺纹能承受轴向力与水平力、密封自锁性较好的原理，靠规定的机械力把钢筋连接在一起。

（1）锥螺纹连接。

锥螺纹连接的工艺是：先用钢筋套丝机把钢筋的连接端加工成锥螺纹，然后通过锥螺纹套筒，用扭力扳手把两根钢筋与套筒拧紧，如图 4.30 所示。这种钢筋接头，可用于连接直径 10～40 mm的钢筋，也可用于异直径钢筋的连接。

锥螺纹连接钢筋的下料，可用钢筋切断机或砂轮锯，但不准用气割下料，端头不得挠曲或有马蹄形。钢筋端部采用套丝机套丝，套丝时采用冷却液进行冷却润滑。加工好的丝扣完整数要达到要求（表 4.15）；锥螺纹的牙形应与牙形规吻合，小端直径必须在卡规的允许误差范围内（图 4.31）。锥螺纹经检查合格后，一端拧上塑料保护帽，另一端旋入连接套筒用扭力扳手拧紧，并扣上塑料封盖。运输过程中应防止塑料保护帽破坏使丝扣损坏。

表 4.15　钢筋锥螺纹丝扣完整数

钢筋直径/mm	16～18	20～22	25～28	32	36	40
丝扣完整数	5	7	8	10	11	12

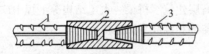

1—已连接钢筋；2—锥螺纹套筒；3—待连接钢筋。

图 4.30　钢筋锥螺纹套筒连接

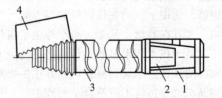

1—卡规；2—锥螺纹；3—钢筋；4—牙形规。

图 4.31　锥螺纹牙形

钢筋连接时，分别拧下塑料保护帽和塑料封盖，将带有连接套筒的钢筋拧到待连接的钢筋上，并用扭力扳手按规定的力矩值（表 4.16）把接头拧紧。连接完毕的接头要求锥螺纹外露不得超过一个完整丝扣，接头经检查合格后随即用涂料刷在套管上做标记。

表 4.16　锥螺纹钢筋接头的拧紧力矩值

钢筋直径/mm	16	18	20	22	25～28	32	36～40
拧紧力矩/（N·m）	118	145	177	216	275	314	343

（2）直螺纹连接。

直螺纹连接包括钢筋镦粗直螺纹连接和钢筋辊轧直螺纹套筒连接，目前前者采用较多。钢筋镦粗直螺纹套筒连接是先将钢筋端头镦粗，再切削成直螺纹，然后用带直螺纹的套筒将两根钢筋拧紧的连接方法。这种工艺的特点是：钢筋端部经冷镦后不仅直径增大，使套丝后丝扣底部的横截面面积不小于钢筋原横截面面积，而且冷镦后钢材强度得到提高，因而使接头的强度大大提高。钢筋直螺纹的加工工艺及连接施工与锥螺纹连接相似，但所连接的两根钢筋相互对顶锁定连接套筒。

直螺纹钢筋接头的拧紧力矩值如表 4.17 所示。

表 4.17　直螺纹钢筋接头的拧紧力矩值

钢筋直径/mm	16～18	20～22	25	28	32	36～40
拧紧力矩/（N·m）	100	200	250	280	320	350

2）钢筋套筒挤压连接

钢筋套筒挤压连接亦称钢筋套筒冷压连接。

适用：竖向、横向及其他方向的较大直径变形钢筋的连接。

优点：节省电能、不受钢筋可焊性好坏影响、不受气候影响、无明火、施工简便和接头可靠度高等。

套筒挤压连接是将变形钢筋插入特制钢套筒内，利用液压驱动的挤压机进行径向挤压，使钢套筒产生塑性变形，咬住钢筋实现连接。

钢筋套筒挤压连接的工艺参数，主要是压接顺序、压接力和压接道数。压接顺序应从中间逐道向两端压接。

钢筋套筒挤压连接的基本原理是：将两根待连接的钢筋插入钢套筒内，采用专用液压压接钳侧向或轴向挤压套筒，使套筒产生塑性变形，套筒的内壁变形后嵌入钢筋螺纹中，

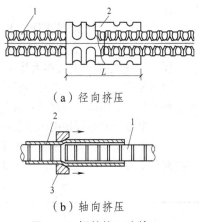

（a）径向挤压

（b）轴向挤压

图 4.32　钢筋挤压连接

从而产生抗剪能力来传递钢筋连接处的轴向力。挤压连接有径向挤压和轴向挤压两种，如图 4.32 所示。它适用于连接直径 20～40 mm 的钢筋，当所用套筒的外径相同时，连接钢筋的直径相差不宜大于两个级差，钢筋间操作净距宜大于 50 mm。钢筋接头处宜采用砂轮切割机断料；钢筋端部的扭曲、弯折、斜面等应予以校正或切除，钢筋连接部位的飞边或纵肋过高时应采用砂轮机修磨，以保证钢筋能自由穿入套筒内。

（1）径向挤压连接。

挤压接头的压接一般分两次进行，第一次先压接半个接头，然后在钢筋连接的作业部位再压接另半个接头。第一次压接时宜在靠套筒空腔的部位少压一扣，空腔部位应采用塑料护套保护；第二次压接前拆除塑料护套，再插入钢筋进行挤压连接。挤压连接基本参数如表 4.18 所示。

表 4.18　YJ650 和 YJ800 型挤压机基本参数

钢筋直径/mm	钢套筒外径×长度/（mm×mm）	挤压力/kN	每端压接道数
25	43×75	500	3
28	49×196	600	4
32	54×224	650	5
36	60×250	750	6

注：压模宽度为 18 mm、20 mm 两种。

（2）轴向挤压连接。

先用半挤压机进行钢筋半接头挤压，再在钢筋连接的作业部位用挤压机进行钢筋连接挤压。

3. 钢筋的绑扎连接

钢筋绑扎连接主要是使用规格为 20～22 号的镀锌铁丝或绑扎钢筋专用的火烧丝将两根钢筋搭接绑扎在一起。其工艺简单、工效高、不需要连接设备，但因需要有一定的搭接长度而增加钢筋用量，且接头的受力性能不如机械连接和焊接连接，所以规范规定：轴心受拉及小偏心受拉杆件的纵向受力钢筋不得采用绑扎搭接接头；$d>28$ mm 的受拉钢筋和 $d>32$ mm 的受压钢筋，不宜采用绑扎搭接接头。

当纵向受力钢筋采用绑扎搭接接头时，接头的设置应符合下列规定：

（1）接头的横向净间距不应小于钢筋直径，且不应小于 25 mm。

（2）同一连接区段内，纵向受拉钢筋的接头面积百分率应符合设计要求；当设计无具体要求时，应符合下列规定：

① 梁类、板类及墙类构件，不宜超过 25%；基础筏板，不宜超过 50%。

② 柱类构件，不宜超过 50%。

③ 当工程中确有必要增大接头面积百分率时，对梁类构件，不应大于 50%。

钢筋绑扎接头宜设置在受力较小处，在接头的搭接长度范围内，应至少绑扎 3 点以上。当焊接骨架和焊接网采用绑扎连接时，应符合下列规定：

（1）焊接骨架和焊接网的搭接接头不宜位于构件的最大弯矩处。

（2）受拉焊接骨架和焊接网在受力钢筋方向的搭接长度应符合表 4.19 的规定；受压焊接骨架和焊接网在受力方向的搭设长度为表 4.19 所列数值的 0.7 倍。

表 4.19　受拉焊接骨架和焊接网绑扎接头的搭接长度

钢筋类型	混凝土强度等级		
	C20	C25	≥C30
HPB300 级钢筋	30d	25d	20d
HRB400 级钢筋	45d	40d	35d
消除应力钢丝	250 mm	—	—

注：① 搭接长度除应符合本表规定外，在受拉区不得小于 250 mm，在受压区不得小于 200 mm；

② 当混凝土强度等级低于 C20 时，对 HPB235 级钢筋最小搭接长度不得小于 40d，HPB300 级钢筋不得小于 50d，HRB400 级钢筋不宜采用；

③ 当月牙纹钢筋直径 $d≥25$ mm 时，其搭接长度按表中数值增加 5d 采用；

④ 当螺纹钢筋直径 $d≤25$ mm 时，其搭接长度按表中数值减小 5d 采用；

⑤ 当混凝土在凝固过程中易受扰动时（如滑模施工），搭接长度宜适量增加；

⑥ 有抗震要求时 HRB300 级钢筋相应增加 5d。

4.2.4 钢筋的配料和代换

1. 钢筋的配料

钢筋加工前应根据图纸按不同构件先编制配料单，然后备料加工，配料应有顺序地进行。配料单应包括简图、直径、钢号、下料长度、总重量。

1）下料长度的计算

钢筋弯曲或弯钩后，中心线长度并没有改变，但简图和设计图中的尺寸是根据外包尺寸（大于中心线长度）计算的，如果按外包尺寸下料，弯钩太长造成浪费，或钢筋尺寸大于要求造成保护层不够甚至钢筋尺寸大于模板尺寸，影响施工。外包尺寸和中心线长度之间的差值，称为"量度差值"，其大小与钢筋和弯心直径以及弯曲角度等因素有关。

钢筋直线下料长度可按下列公式计算：

钢筋直线下料长度 = 钢筋外包尺寸之和 – 弯曲量度差

箍筋下料长度 = 箍筋周长 + 箍筋调整值

（1）钢筋外包尺寸。

钢筋外包尺寸 = 构件外形尺寸 – 保护层厚度

（2）对于箍筋，工地有按内包尺寸和外包尺寸两种考虑：

按内包尺寸：下料长度 = 图示尺寸 + 量度差值（能保证混凝土保护层厚度）

按外包尺寸：下料长度 = 图示尺寸 – 量度差值

构件中的钢筋，需根据设计图纸准确地下料（即切断），再加工成各种形状。为此，必须了解各种构件的混凝土保护层厚度及钢筋弯曲、搭接、弯钩等有关规定，采用正确的计算方法，按图中尺寸计算出实际下料长度。

2）弯曲量度差

钢筋弯曲成各种角度的圆弧形状时，其轴线长度不变，但内皮收缩、外皮延伸。而钢筋的量度方法是沿直线量取其外包尺寸，因此弯曲钢筋的量度尺寸大于轴线尺寸（即大于下料尺寸），两者之间的差值称为弯曲量度差。

（1）弯曲 180°时（图 4.33（a），弯心直径 $D = 2.5d$，外包标注）。

起弯点 A 到平直段末端：$8.5d$；

起弯点到弯曲弧顶：$2.25d$；

量度差值：$6.25d$。

（2）弯曲 90°时（图 4.33（b），弯心直径 $D = 2.5d$，外包标注）。

外包尺寸：$2(D/2 + d) = 2(2.5d/2 + d) = 4.5d$；

中心线尺寸：$(D + d)\pi/4 = (2.5d + d)\pi/4 = 2.75d$；

量度差：$4.5d - 2.75d = 1.75d$。

（3）弯曲 45°时（图 4.33（c），弯心直径 $D = 2.5d$，外包标注）。

外包尺寸：$2(D/2 + d)\tan(45°/2) = 2(2.5d + d)\tan(45°/2) = 1.86d$；

中心线尺寸：$\pi(D + d)45°/360° = \pi(2.5d + d)45°/360° = 1.37d$；

量度差：$1.86d - 1.37d = 0.49d$。

若 $D = 4d$ 时，则量度差为 $0.52d$。

（4）弯曲角为 α 时，弯心直径 D。

外包尺寸：$2(D/2+d)\tan(\alpha/2)$；

中心线尺寸：$(D+d)\pi\alpha/360°$；

量度差：$2(D/2+d)\tan(\alpha/2)-(D+d)\pi\alpha/360°$。

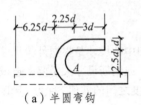 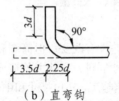 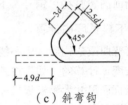

（a）半圆弯钩　　　　（b）直弯钩　　　　（c）斜弯钩

图 4.33　钢筋弯钩计算

根据上述理论推算并结合实际工程经验，弯曲量度差可按表 4.20 取值。

表 4.20　半圆弯钩增加长度参考值　　　　　单位：mm

钢筋直径 d	≤6	8～10	12～18	20～28	32～36
弯钩增加长度	40	6d	5.5d	5d	4.5d

3）箍筋调整值

箍筋调整值即弯钩增加长度和弯曲量度差两项之差或和，应根据量度得到的箍筋外包尺寸或内皮尺寸计算，实际工程可参考表 4.21 计算。

表 4.21　箍筋调整值　　　　　单位：mm

箍筋量度方法	箍筋直径			
	4～5	6	8	10～12
量外包尺寸	40	50	60	70
量内包尺寸	80	100	120	150～170

4）保护层厚度

受力钢筋的混凝土保护层厚度，应符合设计要求；当设计无具体要求时，不应小于受力钢筋直径，并应符合表 4.22 的规定。

表 4.22　纵向受力钢筋的混凝土保护层最小厚度　　　　　单位：mm

环境与条件	构件名称	混凝土强度等级		
		≤C20	C25～C45	≤C50
室内正常环境	板、墙、壳	20	15	15
	梁	30	25	25
	柱	30	30	30
露天或室内潮湿环境	板、墙、壳	—	20	20
	梁	—	30	30
	柱	—	30	30
有垫层	基础	40		
无垫层		70		

2. 钢筋配料单与料牌

1）钢筋配料单

钢筋配料单是根据设计图中各构件钢筋的品种、规格、外形尺寸及数量进行编号，计算下料长度，并用表格形式表达出来的单子。钢筋配料单是钢筋加工的依据，也是提出材料计划、签发任务单和限额领料单的依据。合理的配料，不但能节约钢材，还能使施工操作简化。编制钢筋配料单时，首先按各编号钢筋的形状和规格计算下料长度，并根据根数计算出每一编号钢材的总长度；然后再汇总各规格钢材的总长度，算出其总质量。当需要成型的钢筋很长，尚需配有接头时，应根据原材料供应情况和接头形式来考虑钢筋接头的布置，并在计算下料长度时加上接头所需的长度。

钢筋配料单的具体编制步骤为：熟悉图纸（构件配筋表）→绘制钢筋简图→计算每种规格钢筋的下料长度→填写和编制钢筋配料单→填写钢筋料牌。

2）钢筋料牌

在钢筋工程施工中，仅有钢筋配料单还不能作为钢筋加工与绑扎的依据，还要对每一编号的钢筋制作一块料牌。料牌可用 100 mm × 70 mm 的薄木板或纤维板等制成。料牌在钢筋加工的各过程中依次传递，最后系在加工好的钢筋上作为标志。施工中必须按料牌严格校核，准确无误，以免返工浪费。

3. 钢筋的代换

在施工过程中，钢筋的品种、级别或规格必须按设计要求采用，但往往由于钢筋供应不及时，其品种、级别或规格不能满足设计要求，此时为确保施工质量和进度，常需对钢筋进行变更代换。

1）代换原则和方法

（1）当结构构件配筋受强度控制时，钢筋可按强度相等的原则代换。计算方法如下：

$$A_{s1}f_{y1} \leqslant A_{s2}f_{y2} \tag{4.7}$$

即

$$n_1 d_1^2 f_{y1} \leqslant n_2 d_2^2 f_{y2} \tag{4.8}$$

$$n_2 \geqslant \frac{n_1 d_1^2 f_{y2}}{d_2^2 f_{y2}} \tag{4.9}$$

式中　d_1、n_1、f_{y1}——原设计钢筋的直径、根数和设计强度；

　　　　d_2、n_2、f_{y2}——拟代换钢筋的直径、根数和设计强度。

（2）当构件按最小配筋率配筋时，钢筋可按面积相等的原则代换：

$$A_{s1} = A_{s2} \tag{4.10}$$

式中　A_{s1}——原设计钢筋的计算面积；

　　　　A_{s2}——拟代换钢筋的计算面积。

（3）当结构构件受裂缝宽度或挠度控制时，代换后应进行裂缝宽度或挠度验算。

缺乏设计要求的钢筋品种和规格，经设计单位同意，可代换。

2）代换注意事项

钢筋代换时，应办理设计变更文件，并应符合下列规定：

（1）重要受力构件（如吊车梁、薄腹梁、桁架下弦等）不宜用 HPB300 钢筋代换变形钢筋，以免裂缝开展过大。

（2）钢筋代换后，应满足混凝土结构设计规范中所规定的钢筋间距、锚固长度、最小钢筋直径、根数等配筋构造要求。

（3）梁的纵向受力钢筋与弯起钢筋应分别代换，以保证正截面与斜截面强度。

（4）有抗震要求的梁、柱和框架，不宜以强度等级较高的钢筋代换原设计中的钢筋；如必须代换时，其代换的钢筋检验所得的实际强度，尚应符合抗震钢筋的要求。

（5）预制构件的吊环，必须采用未经冷拉的 HPB300 钢筋制作，严禁以其他钢筋代换。

（6）当构件受裂缝宽度或挠度控制时，钢筋代换后应进行刚度、裂缝验算；如以小直径钢筋代换大直径钢筋或强度等级低的钢筋代换强度等级高的钢筋，则可不作裂缝宽度验算。

在钢筋代换后，有时由于受力钢筋直径加大或根数增多，而需要增加钢筋的排数，则构件截面的有效高度 h_0 之值会减小，截面强度降低，此时需复核截面强度。

4.2.5 钢筋的绑扎与安装

钢筋绑扎用 $20^{\#}\sim22^{\#}$ 铁丝或镀锌铁丝，过硬时可退火。搭接长度应符合要求，受压钢筋搭接长度为 0.85 倍锚固长度。搭接钢筋面积：搭接区段（$1.3L_d$）内，受拉区不超过 25%，受压区不超过 50%。绑扎搭接应在首、中、尾各绑扎一道。

钢筋绑扎前，应做好各项准备工作。首先须核对钢筋的钢号、直径、形状、尺寸及数量是否与配料单和钢筋加工料牌相符，如有错漏，应纠正增补；钢筋保护层和上下双层钢筋可垫混凝土块、短钢筋，应布置成梅花形，间距不大于 1 m。为保证钢筋位置的准确性，绑扎前应画出钢筋的位置线，基础钢筋可在混凝土垫层上准确弹放钢筋位置线，板和墙的钢筋可在模板上画线，柱和梁的箍筋应在纵筋上画线。双向受力的墙、板外围钢筋交点每点绑扎，其余梅花形绑扎；梁、柱内箍筋与主筋相交处应每点绑扎，箍筋弯钩应错开；相邻绑扎点的扎丝应相互垂直，避免顺风。

钢筋绑扎应符合下列规定：钢筋的绑扎搭接接头应在接头中心和两端用铁丝扎牢；墙、柱、梁钢筋骨架中各竖向面钢筋网交叉点应全数绑扎；板上部钢筋网的交叉点应全数绑扎，底部钢筋网除边缘部分外可间隔交错绑扎；梁、柱的箍筋弯钩及焊接封闭箍筋的焊点应沿纵向受力钢筋方向错开设置；构造柱纵向钢筋宜与承重结构同步绑扎；梁及柱中箍筋、墙中水平分布钢筋、板中钢筋距构件边缘的起始距离宜为 50 mm。

1. 钢筋的现场绑扎

1）基础钢筋绑扎

（1）基础钢筋网绑扎时，四周两行钢筋交叉点应每点扎牢，中间部分交叉点可相隔交错绑扎，但必须保证受力钢筋不产生位移。双向主筋的钢筋网，则须将全部钢筋相交点扎牢。绑扎时应注意相邻绑扎点的钢丝扣要成八字形，以免网片歪斜变形。

（2）基础底板采用双层钢筋网时，在上层钢筋网下面应设置钢筋撑脚或混凝土撑脚，每隔 1 m 放置一个，以保证钢筋位置的正确。

（3）钢筋的弯钩应朝上，不要倒向一边；但双层钢筋网的上层钢筋弯钩应朝下。

（4）独立柱基础为双向钢筋时，其底面短边的钢筋应放在长边钢筋的下面。

（5）现浇柱与基础连接用的插筋一定要固定牢靠、位置准确，以免造成柱轴线偏移。

（6）基础中纵向受力钢筋的混凝土保护层厚度应按设计要求，且不应小于 40 mm；当无混凝土垫层时不应小于 70 mm。

2）柱钢筋绑扎

（1）柱钢筋的绑扎，应在模板安装前进行。

（2）箍筋的接头（弯钩叠合处）应交错布置在柱四角纵向钢筋上，箍筋转角与纵向钢筋交叉点均应扎牢，箍筋平直部分与纵向钢筋交叉点可间隔扎牢，绑扎箍筋时绑扣相互间应呈八字形。

（3）柱中竖向钢筋采用搭接连接时，角部钢筋的弯钩（指 HPB300 级钢筋）应与模板成 45°（多边形柱为模板内角的平分角，圆形柱应与模板切线垂直），中间钢筋的弯钩应与模板成 90°。如果用插入式振捣器浇筑小型截面柱时，弯钩与模板的角度不得小于 15°。

（4）柱中竖向钢筋采用搭接连接时，下层柱的钢筋露出楼面部分，宜用工具式柱箍将其收进一个柱筋直径，以利上层柱的钢筋搭接。当柱截面有变化时，其下层柱钢筋的露出部分，必须在绑扎梁的钢筋之前，先行收缩准确。

（5）框架梁、牛腿及柱帽等钢筋，应放在柱的纵向钢筋内侧。

　3）梁、板钢筋绑扎

（1）当梁的高度较小时，梁的钢筋可架空在梁顶模板上绑扎，然后再下落就位；当梁的高度较大（≥1.0 m）时，梁的钢筋宜在梁底模板上绑扎，然后再安装梁两侧或一侧模板。板的钢筋在梁的钢筋绑扎后进行。

（2）梁纵向受力钢筋采用双层排列时，两排钢筋之间应垫以直径 ≥25 mm 的短钢筋，以保持其设计距离。箍筋的接头（弯钩叠合处）应交错布置在两根架立钢筋上，其余同柱。

（3）板的钢筋网绑扎与基础相同，但应特别注意板上部的负弯矩钢筋位置，防止被踩下；尤其是雨篷、挑檐、阳台等悬臂板，要严格控制负筋的位置，以免拆模后断裂。绑扎负筋时，可在钢筋网下面设置钢筋撑脚或混凝土撑脚，间隔 1 m 放置一个，以保证钢筋位置的正确。

（4）板、次梁与主梁交叉处，板的钢筋在上，次梁的钢筋居中，主梁的钢筋在下；当有圈梁或垫梁时，主梁的钢筋在上。

（5）框架节点处钢筋穿插十分稠密时，应特别注意梁顶面纵筋之间至少保持 30 mm 的净距，以利于混凝土的浇筑。

（6）梁板钢筋绑扎时，应防止水电管线影响钢筋的位置。

现浇板负弯矩筋设置铁马。

　4）墙钢筋绑扎

（1）墙钢筋的绑扎，也应在模板安装前进行。

（2）墙的钢筋，可在基础钢筋绑扎之后浇筑混凝土前插入基础内。

（3）墙的钢筋网绑扎与基础相同，钢筋的弯钩应朝向混凝土内。

（4）墙采用双层钢筋网时，在两层钢筋网间应设置撑铁或绑扎架，以固定钢筋的间距。撑铁可用直径 6 ~ 10 mm 的钢筋制成，长度等于两层网片的净距，其间距约为 1 m，相互错开排列。

在钢筋混凝土结构中，钢筋工程的施工质量对结构的质量起着关键性的作用，而钢筋工程又属于隐蔽工程，当混凝土浇筑后，就无法检查钢筋的质量。所以，从钢筋原材料的进场验收，到一系列的钢筋加工和连接，直至最后的绑扎就位，都必须进行严格的质量控制，才能确保整个结构的质量。

　2. 钢筋网片、骨架的制作与安装

为了加快施工速度，常常把单根钢筋预先绑扎或焊接成钢筋网片或骨架，再运至现场安装。

钢筋网片和钢筋骨架的制作，应根据结构的配筋特点及起重运输能力来分段，一般绑扎钢筋网片的分块面积为 6 ~ 20 m²，焊接钢筋网片的每捆重量不超过 2 t；钢筋骨架分段长度为 6 ~ 12 m。为了防止绑扎钢筋网片、骨架在运输过程中发生歪斜变形，应采用加固钢筋进行临时加固。钢筋网片和骨架的吊点应根据其尺寸、重量、刚度来确定，宽度大于 1 m 的水平钢筋网片宜采用 4 点起吊；跨度小于 6 m 的钢筋骨架采用两点起吊；跨度大、刚度差的钢筋骨架应采用横吊梁 4 点起吊。

在钢筋网片和骨架安装时，对于绑扎钢筋网片、骨架，交接处的做法与钢筋的现场绑扎相同。当两张焊接钢筋网片搭接时，搭接区中心及两端应用铁丝扎牢，附加钢筋与焊接网连接的每个接点处均应绑扎牢固。

4.2.6 钢筋工程的质量要求

1. 钢筋加工的质量要求

（1）加工前应对所采用的钢筋进行外观检查。钢筋应无损伤，表面不得有裂纹、油污、颗粒状或片状老锈。

（2）钢筋加工宜在常温状态下进行，加工过程中不应对钢筋进行加热。钢筋应一次弯折到位。

（3）钢筋宜采用机械设备进行调直，也可采用冷拉方法调直。当采用机械设备调直时，调直设备不应具有延伸功能。当采用冷拉方法调直时，HPB300 光圆钢筋的冷拉率不宜大于 4%；HRB400、HRB500、HRBF400、HRBF500 及 RRB400 带肋钢筋的冷拉率，不宜大于 1%。钢筋调直过程中不应损伤带肋钢筋的横肋。调直后的钢筋应平直，不应有局部弯折。

（4）钢筋弯折的弯弧内直径应符合下列规定：

① 光圆钢筋，不应小于钢筋直径的 2.5 倍；300 MPa 级、400 MPa 级带肋钢筋，不应小于钢筋直径的 4 倍；500 MPa 级带肋钢筋，当直径为 28 mm 以下时不应小于钢筋直径的 6 倍，当直径为 28 mm 及以上时不应小于钢筋直径的 7 倍。

② 位于框架结构顶层端节点处的梁上部纵向钢筋和柱外侧纵向钢筋，在节点角部弯折处，当钢筋直径为 28 mm 以下时不宜小于钢筋直径的 12 倍，当钢筋直径为 28 mm 及以上时不宜小于钢筋直径的 16 倍。

③ 箍筋弯折处尚不应小于纵向受力钢筋直径；箍筋弯折处纵向受力钢筋为搭接钢筋或并筋时，应按钢筋实际排布情况确定箍筋弯弧内直径。

④ 当设计要求钢筋末端需做 135°弯钩时，HRB300 级、HRB400 级钢筋的弯弧内直径不应小于钢筋直径的 4 倍，弯钩的弯后平直部分长度应符合设计要求。

⑤ 钢筋作不大于 90°的弯折时，弯折处的弯弧内直径不应小于钢筋直径的 5 倍。

（5）除焊接封闭环式箍筋外，箍筋的末端应做弯钩，弯钩形式应符合设计要求。当设计无具体要求时，应符合下列规定：

① 对一般结构构件，箍筋弯钩的弯折角度不应小于 90°，弯折后平直段长度不应小于箍筋直径的 5 倍；对有抗震设防要求或设计有专门要求的结构构件，箍筋弯钩的弯折角度不应小于 135°，弯折后平直段长度不应小于箍筋直径的 10 倍和 75 mm 两者之中的较大值。

② 圆形箍筋的搭接长度不应小于其受拉锚固长度，且两末端均应作不小于 135°的弯钩，弯折后平直段长度对一般结构构件不应小于箍筋直径的 5 倍，对有抗震设防要求的结构构件不应小于箍筋直径的 10 倍和 75 mm 的较大值。

③ 拉筋用作梁、柱复合箍筋中单肢箍筋或梁腰筋间拉结筋时，两端弯钩的弯折角度均不应小于 135°，弯折后平直段长度应符合第①点对箍筋的有关规定；拉筋用作剪力墙、楼板等构件中拉结筋时，两端弯钩可采用一端 135°另一端 90°，弯折后平直段长度不应小于拉筋直径的 5 倍。

（6）钢筋加工的形状、尺寸应符合设计要求，其偏差应符合表 4.23 的规定。

表 4.23 钢筋加工的允许偏差　　　　　　　　　　单位：mm

项　　目	允许偏差
受力钢筋顺长度方向全长的净尺寸	±10
弯起钢筋的弯折位置	±20
箍筋内净尺寸	±5

2. 钢筋连接的质量要求

（1）纵向受力钢筋的连接方式应符合设计要求。

（2）在施工现场，应按国家现行标准的规定抽取钢筋机械连接接头、焊接接头试件做力学性能检验，其质量应符合有关规程的规定；并应按国家现行标准的规定对接头的外观进行检查，其质量应符合有关规程的规定。

（3）钢筋的接头宜设置在受力较小处。同一纵向受力钢筋不宜设置两个或两个以上的接头；接头末端至钢筋弯起点的距离不应小于钢筋直径的 10 倍。

（4）当纵向受力钢筋采用机械连接接头或焊接接头时，接头的设置应符合下列规定：

① 同一构件内的接头宜分批错开。

② 接头连接区段的长度为 35d，且不应小于 500 mm，凡接头中点位于该连接区段长度内的接头均应属于同一连接区段。其中 d 为相互连接两根钢筋中较小直径。

③ 同一连接区段内，纵向受力钢筋接头面积百分率为该区段内有接头的纵向受力钢筋截面面积与全部纵向受力钢筋截面面积的比值；纵向受力钢筋的接头面积百分率应符合下列规定：受拉接头不宜大于 50%，受压接头可不受限制；板、墙、柱中受拉机械连接接头，可根据实际情况放宽；装配式混凝土结构构件连接处受拉接头，可根据实际情况放宽；直接承受动力荷载的结构构件中，不宜采用焊接；当采用机械连接时，不应超过 50%。

（5）当纵向受力钢筋采用绑扎搭接接头时，接头的设置应符合下列规定：

① 同一构件内的接头宜分批错开，横向净间距 s 不应小于钢筋直径，且不应小于 25 mm。

② 接头连接区段的长度为 1.3 倍搭接长度，凡接头中点位于该连接区段长度内的接头均应属于同一连接区段；搭接长度可取相互连接两根钢筋中较小直径计算。纵向受力钢筋的最小搭接长度应符合《混凝土结构工程施工规范》GB 50666 的要求。

③ 在同一连接区段内，纵向受力钢筋接头面积百分率为该区段内有接头的纵向受力钢筋截面面积与全部纵向受力钢筋截面面积的比值；纵向受压钢筋的接头面积百分率可不受限制。纵向受拉钢筋的接头面积百分率应符合下列规定：梁类、板类及墙类构件不宜超过 25%，基础筏板不宜超过 50%；柱类构件不宜超过 50%，当工程中确有必要增大接头面积百分率时，对梁类构件不应大于 50%，对其他构件可根据实际情况适当放宽。

（6）在梁、柱类构件的纵向受力钢筋搭接长度范围内应按设计要求配置箍筋，并应符合下列规定：箍筋直径不应小于搭接钢筋较大直径的 25%；受拉搭接区段的箍筋间距不应大于搭接钢筋较小直径的 5 倍，且不应大于 100 mm；受压搭接区段的箍筋间距不应大于搭接钢筋较小直径的 10 倍，且不应大于 200 mm；当柱中纵向受力钢筋直径大于 25 mm 时，应在搭接接头两个端面外 100 mm 范围内各设置两个箍筋，其间距宜为 50 mm。

3. 钢筋安装的质量要求

钢筋安装时，受力钢筋的品种、级别、规格和数量必须符合设计要求。应进行全数检查，检查方法为观察和用钢尺检查。安装位置的偏差应符合表 4.24 的规定。

4.3　混凝土工程

混凝土工程包括配料、搅拌、运输、浇捣、养护等过程。在整个工艺过程中，各工序紧密联系又相互影响，若对其中任一工序处理不当，都会影响混凝土工程的最终质量。对混凝土的质量要求，不但要具有正确的外形尺寸，而且要获得良好的强度、密实性、均匀性和整体性。因此，在施工中应对每一个环节采取合理的措施，以确保混凝土工程的质量。

表 4.24　钢筋安装位置的允许偏差和检验方法

项　目			允许偏差/mm	检验方法
绑扎钢筋网	长、宽		±10	钢尺检查
	网眼尺寸		±20	钢尺量连续三档,取最大值
绑扎钢筋骨架	长		±10	钢尺检查
	宽、高		±5	钢尺检查
受力钢筋	间距		±10	钢尺量两端、中间个一点,取最大值
	排距		±5	
	保护层厚度	基础	±10	钢尺检查
		柱、梁	±5	钢尺检查
		板、墙、壳	±3	钢尺检查
绑扎钢筋、横向钢筋间距			±20	钢尺量连续三档,取最大值
钢筋弯起点位置			20	钢尺检查
预埋件	中心线位置		5	钢尺检查
	水平高差		+3.0	钢尺和塞尺检查

注：① 检查预埋件中心线位置时,应沿纵横两个方向量测,并取其中较大值;
　　② 表中梁、板类构件上部纵向受力钢筋保护层厚度的合格率应达到 90%,且不得有超过表中数值 1.5 倍的
尺寸偏差。

4.3.1　有关原材料的要求

工业与民用建筑的混凝土结构,应采用普通混凝土(密度 1 950 ~ 2 500 kg/m³)或者轻骨料混凝土(轻粗、细骨料,密度小于 1 950 kg/m³)。组成混凝土的原材料包括水泥、砂、石、水、掺和料和外加剂。

1. 水　泥

常用的水泥品种有硅酸盐水泥、普通硅酸盐水泥、矿渣硅酸盐水泥、火山灰质硅酸盐水泥、粉煤灰硅酸盐水泥等 5 种;某些特殊条件下也可采用其他品种水泥,但水泥的性能指标必须符合现行国家有关标准的规定。水泥的品种和成分不同,其凝结时间、早期强度、水化热、吸水性和抗侵蚀的性能等也不相同,所以应合理地选择水泥品种。

水泥的选用应符合下列规定:

(1)水泥品种与强度等级应根据设计、施工要求,以及工程所处环境条件确定。

(2)普通混凝土宜选用通用硅酸盐水泥;有特殊需要时,也可选用其他品种水泥。

(3)有抗渗、抗冻融要求的混凝土,宜选用硅酸盐水泥或普通硅酸盐水泥。

(4)处于潮湿环境的混凝土结构,当使用碱活性骨料时,宜采用低碱水泥。

水泥进场时应对其品种、级别、包装或散装仓号、出厂日期等进行检查,并应对其强度、安定性、凝结时间及其他必要的性能指标进行复验,其质量必须符合现行国家标准的规定。同一生产厂家、同一等级、同一品种、同一批号且连续进场的水泥,袋装水泥不超过 200 t 应为一批,散装水泥不超过 500 t 应为一批。当使用中水泥质量受不利环境影响或水泥出厂超过三个月(快硬硅酸盐水泥超过一个月)时,应进行复验,并应按复验结果使用。在钢筋混凝土结构、预应力混凝土结构中,严禁使用含氯化物的水泥。

入库的水泥应按品种、强度等级、出厂日期分别堆放，并树立标志，做到先到先用，并防止混掺使用。为了防止水泥受潮，现场仓库应尽量密闭。袋装水泥存放时，应垫起离地约 30 cm 高，离墙间距亦应在 30 cm 以上，堆放高度一般不要超过 10 包。露天临时暂存的水泥也应用防雨篷布盖严，底板要垫高，并采取防潮措施。

2. 骨　料

粗骨料宜选用粒形良好、质地坚硬的洁净碎石或卵石，粗骨料最大粒径不应超过构件截面最小尺寸的 1/4，且不应超过钢筋最小净间距的 3/4；对实心混凝土板，粗骨料的最大粒径不宜超过板厚的 1/3，且不应超过 40 mm。粗骨料宜采用连续粒级，也可用单粒级组合成满足要求的连续粒级。骨料按品种、规格分类堆放，不得混杂，严禁混入煅烧过的白云石或石灰块。

混凝土中常用的粗骨料有碎石或卵石。由天然岩石或卵石经破碎、筛分而得的粒径大于 5 mm 的岩石颗粒，称为碎石；由自然条件作用而形成的粒径大于 5 mm 的岩石颗粒，称为卵石。

粗骨料的级配和最大粒径对混凝土质量影响较大。级配越好，其孔隙率越小，这样不仅能节约水泥，混凝土的和易性、密实性和强度也较高，所以碎石或卵石的颗粒级配应符合规范的要求。在级配合适的条件下，粗骨料的最大粒径越大，其总表面积就越小，这对节省水泥和提高混凝土的强度都有好处。在任何情况下，粗骨料粒径不得大于 150 mm。故在一般桥梁墩、台等大断面工程中常采用直径为 120 mm 的石子，而在建筑工程中常采用直径为 80 mm 或 40 mm 的粗骨料。

粗骨料的质量要求如表 4.25 所示。当怀疑石子中因含有活性二氧化硅而可能引起碱-骨料反应时，必须根据混凝土结构或构件的使用条件进行专门试验，以确定是否可用。有抗渗、抗冻融或其他特殊要求的混凝土，宜选用连续级配的粗骨料，最大粒径不宜大于 40 mm，含泥量不应大于 1.0%，泥块含量不应大于 0.5%；所用细骨料含泥量不应大于 3.0%，泥块含量不应大于 1.0%。

表 4.25　粗骨料的质量要求

混凝土强度等级	≥C60	C55～C30	<C30
针、片状颗粒	≤8	≤15	≤25
含泥量，按质量计/%	≤0.5	≤1.0	≤2.0
泥块含量，按质量计/%	≤0.2	≤0.5	≤0.7
云母含量，按质量计/%	≤2.0		
轻物质含量，按质量计/%	≤1.0		

细骨料宜选用级配良好、质地坚硬、颗粒洁净的天然砂或机制砂，并应符合下列规定：

（1）细骨料宜选用Ⅱ级配区中砂。当选用Ⅰ级配区砂时，应提高砂率，并应保持足够的胶凝材料用量，同时应满足混凝土的工作性要求；当采用Ⅲ级配区砂时，宜适当降低砂率。

（2）混凝土细骨料中氯离子含量，对钢筋混凝土，按干砂的质量百分率计算不得大于 0.06%；对预应力混凝土，按干砂的质量百分率计算不得大于 0.02%。

（3）含泥量、泥块含量指标应符合表 4.26 的规定。

（4）海砂应符合现行行业标准《海砂混凝土应用技术规范》JGJ 206 的有关规定。

此外，如果怀疑砂中含有活性二氧化硅，可能会引起混凝土的碱-骨料反应时，应根据混凝土结构或构件的使用条件进行专门试验，以确定其是否可用。

应对粗骨料的颗粒级配、含泥量、泥块含量、针片状含量指标进行检验，压碎指标可根据工程需要进行检验，应对细骨料颗粒级配、含泥量、泥块含量指标进行检验。当设计文件有要求或结构处于易发生碱骨料反应环境中时，应对骨料进行碱活性检验。抗冻等级 F100 及以上的混凝土用骨料，应进行坚固性检验。骨料不超过 400 m³ 或 600 t 为一检验批。

表 4.26　细骨料的质量要求

混凝土强度等级	≥C60	C55 ～ C30	<C30
含泥量，按质量计/%	≤2.0	≤3.0	≤5.0
泥块含量，按质量计/%	≤0.5	≤1.0	≤2.0
云母含量，按质量计/%	≤2.0		
轻物质含量，按质量计/%	≤1.0		

3. 水

混凝土拌和及养护用水，应符合现行行业标准《混凝土用水标准》JGJ 63 的有关规定。未经处理的海水严禁用于钢筋混凝土结构和预应力混凝土结构中混凝土的拌制和养护。

当采用饮用水作为混凝土用水时，可不检验。当采用中水、搅拌站清洗水或施工现场循环水等其他水源时，应对其成分进行检验。

4. 外加剂

外加剂的选用应根据设计、施工要求混凝土原材料性能以及工程所处环境条件等因素通过试验确定，并应符合下列规定：

（1）使用碱活性骨料时，由外加剂带入的碱含量（以当量氧化钠计）不宜超过 $1.0\ kg/m^3$，混凝土总碱含量尚应符合现行国家标准《混凝土结构设计规范》GB 50010 等的有关规定。

（2）不同品种外加剂首次复合使用时，应检验混凝土外加剂的相容性。

蒸汽养护的混凝土和预应力混凝土中不宜掺引气剂或引气减水剂。掺用含氯盐的外加剂时，限制较大，应符合《混凝土结构工程施工质量验收规范》GB 50204 的规定。

为了改善混凝土的性能，以适应新结构、新技术发展的需要，目前广泛采用在混凝土中掺外加剂的办法。外加剂的种类繁多，按其主要功能可归纳为四类：一是改善混凝土流变性能的外加剂，如减水剂、引气剂和泵送剂等；二是调节混凝土凝结、硬化时间的外加剂，如早强剂、速凝剂、缓凝剂等；三是改善混凝土耐久性能的外加利，如引气剂、防冻剂和阻锈剂等；四是改善混凝土其他性能的外加剂，如膨胀剂等。商品外加剂往往是兼有几种功能的复合型外加剂。现将常用外加剂及使用要求介绍如下。

1）常用外加剂

（1）减水剂。减水剂是一种表面活性材料，加入混凝土中能对水泥颗粒起扩散作用，把水泥凝胶体中所包含的游离水释放出来。掺入减水剂后可保证混凝土在工作性能不变的情况下显著减少拌和用水量，降低水灰比，提高其强度或节约水泥；若不减少用水量，则能增加混凝土的流动性，改善其和易性。减水剂适用于各种现浇和预制混凝土，多用于大体积和泵送混凝土。

（2）引气剂。引气剂能在混凝土搅拌过程中引入大量封闭的微小气泡，可增加水泥浆体积，减小与砂石之间的摩擦力并切断与外界相通的毛细孔道，因而可改善混凝土的和易性，并能显著提高其抗渗性、抗冻性和抗化学侵蚀能力。但混凝土的强度一般随含气量的增加而下降，使用时应严格控制掺量。引气剂适用于水工结构，而不宜用于蒸养混凝土和预应力混凝土。

（3）泵送剂。泵送剂是流变类外加剂中的一种，它除了能大大提高混凝土的流动性以外，还能使新拌混凝土在 6～8 min 时间内保持其流动性，从而使拌和物顺利地通过泵送管道，不阻塞、不离析且可塑性良好。泵送剂适用于各种需要采用泵送工艺的混凝土。

（4）早强剂。早强剂可加速混凝土的硬化过程，提高其早期强度，且对后期强度无显著影响，因而可加速模板周转、加快工程进度、节约冬期施工费用。早强剂适用于蒸养混凝土和常温、低温及最低温度不低于 −5 ℃ 环境中的有早强或防冻要求的混凝土工程。

（5）速凝剂。速凝剂能使混凝土或砂浆迅速凝结硬化，其作用与早强剂有所区别，它可使水泥在 2～5 min 内初凝，10 min 内终凝，并提高其早期强度、抗渗性、抗冻性，黏结能力也有所提高，但 7 d 以后强度则较不掺者低。速凝剂用于喷射混凝土或砂浆、堵漏抢险等工程。

（6）缓凝剂。缓凝剂能延缓混凝土的凝结时间，使其在较长时间内保持良好的和易性，或延长水化热放热时间，并对其后期强度的发展无明显影响。缓凝剂广泛应用于大体积混凝土、炎热气候条件下施工的混凝土以及需较长时间停放或长距离运输的混凝土。缓凝剂多与减水剂复合应用，可减小混凝土收缩，提高其密实性，改善耐久性。

（7）防冻剂。防冻剂能显著降低混凝土的冰点，使混凝土在一定负温度范围内，保持水分不冻结，并促使其凝结、硬化剂，在一定时间内获得预期的强度。防冻剂适用于负温条件下施工的混凝土。

（8）阻锈剂。阻锈剂能抑制或减轻混凝土中钢筋或其他预埋金属的锈蚀，也称缓蚀剂。阻锈剂适用于有以氯离子为主的腐蚀性环境中（海洋及沿海、盐碱地的结构），或使用环境中遭受腐蚀性气体或盐类作用的结构。此外，施工中掺有氯盐等可腐蚀钢筋的防冻剂时，往往同时使用阻锈剂。

（9）膨胀剂。膨胀剂能使混凝土在硬化过程中，体积非但不收缩，且有一定程度的膨胀。其适用范围有：补偿收缩混凝土（地下、水中的构筑物，大体积混凝土，屋面与浴厕间防水、渗漏修补等），填充用膨胀混凝土（结构后浇缝、梁柱接头等）和填充用膨胀砂浆（设备底座灌浆，构件补强、加固等）。

2）外加剂使用要求

在选择外加剂的品种时，应根据使用外加剂的主要目的，通过技术经济比较确定。外加剂的掺量，应按其品种并根据使用要求、施工条件、混凝土原材料等因素通过试验确定，该掺量应以水泥重量的百分率表示，称量误差不应超过 2%。此外，有关规范还规定：混凝土中掺用外加剂的质量及应用技术应符合现行国家标准和有关环境保护的规定。在预应力混凝土结构中，严禁使用含氯化物的外加剂。在钢筋混凝土结构中，当使用含氯化物的外加剂时，混凝土中氯化物的总含量应符合现行国家标准的规定。混凝土中氯化物和碱的总含量应符合现行国家标准和设计要求。

外加剂进场应按产品标准规定对其主要匀质性指标和掺外加剂混凝土性能指标进行检验。同一品种外加剂不超过 50 t 应为一检验批。

5. 矿物掺和料

矿物掺和料也是混凝土的主要组成材料，它是指以氧化硅、氧化铝为主要成分，且掺量不小于 5% 的具有火山灰活性的粉体材料。它在混凝土中可以替代部分水泥，起着改善传统混凝土性能的作用，某些矿物细掺和料还能起到抑制碱-骨料反应的作用。常用的掺和料有粉煤灰、磨细矿渣、沸石粉、硅粉及复合矿物等。矿物掺合料的选用应根据设计、施工要求，以及工程所处环境条件确定，其掺量应通过试验确定。

矿物掺合料进场应对细度（比表面积）、需水量比（流动度比）、活性指数（抗压强度比）、烧失量指标进行检验。粉煤灰、矿渣粉、沸石粉不超过 200 t 应为一检验批，硅灰不超过 30 t 应为一检验批。

4.3.2 混凝土的制备强度

混凝土结构施工宜采用预拌混凝土。预拌混凝土应符合现行国家标准《预拌混凝土》GB 14902 的有关规定，现场搅拌混凝土宜采用具有自动计量装置的设备集中搅拌。混凝土的施工配合比，应保证混凝土强度等级及和易性，并应符合合理使用材料、节约水泥的原则。必要时，还应符合抗冻性、抗渗性等要求。

为了使混凝土达到设计要求的强度等级，并满足抗渗性、抗冻性等耐久性要求，同时还要满足施工操作对混凝土拌和物和易性的要求，施工中必须执行混凝土的设计配合比。由于组成混凝土的各种原材料直接影响到混凝土的质量，必须对原材料加以控制，而各种材料的温度、湿度和体积又经常在变化，同体积的材料有时重量相差很大，所以拌制混凝土的配合比应按重量计量，才能保证配合比准确、合理，使拌制的混凝土质量达到要求。

1. 原材料的计量

原材料的计量是混凝土拌制过程中的重要环节。只有保证混凝土计量的精确度，才能使所拌制的混凝土的强度、耐久性和工作性能满足设计和施工要求。

原材料的计量应以重量计，经常测定骨料中的含水率，以调整加水量；衡器应经常检验，保持准确，精度不应超过最大称量的 0.5%。

2. 混凝土配合比的确定

混凝土应按国家现行标准《普通混凝土配合比设计规程》JGJ 55—2011 的有关规定，根据混凝土设计强度等级、耐久性和施工和易性等要求进行配合比设计，对有抗冻、抗渗等特殊要求的混凝土，其配合比设计尚应符合国家现行有关标准的专门规定。设计中还应考虑合理使用材料和经济的原则，并通过试配确定。

混凝土配合比设计应经试验确定，并应符合下列规定：

（1）应在满足混凝土强度、耐久性和工作性要求的前提下，减少水泥和水的用量。

（2）当有抗冻、抗渗、抗氯离子侵蚀和化学腐蚀等耐久性要求时，尚应符合现行国家标准《混凝土结构耐久性设计规范》GB/T 50476 的有关规定。

（3）应分析环境条件对施工及工程结构的影响。

（4）试配所用的原材料应与施工实际使用的原材料一致。

混凝土的配制强度可按下式确定：

（1）当设计强度等级低于 C60 时，配制强度应按下式确定：

$$f_{cu,0} \geq f_{cu,k} + 1.645\sigma \tag{4.11}$$

式中 $f_{cu,0}$——混凝土的配制强度（MPa）；

$f_{cu,k}$——混凝土立方体抗压强度标准值（MPa）；

σ——混凝土强度标准差（MPa）。

（2）当设计强度等级不低于 C60 时，配制强度应按下式确定：

$$f_{cu,0} \geq 1.15 f_{cu,k}$$

混凝土强度标准差 σ 按下列规定计算确定：

（1）当具有近期的同品种混凝土的强度资料时，其混凝土强度标准差 σ 应按下列公式计算：

$$\sigma = \sqrt{\frac{\sum_{i=1}^{n} f_{cu,i}^2 - n \cdot \mu_{f_{cu}}^2}{n-1}} \tag{4.12}$$

式中　$f_{cu,i}$——第 i 组的试件强度（MPa）；

　　　$u_{f_{cu}}$——n 组试件的强度平均值（MPa）；

　　　n——试件组数，$n \geqslant 30$。

计算混凝土强度标准差时：强度等级不高于 C30 的混凝土，计算得到的 σ 大于等于 3.0 MPa 时，应按计算结果取值；计算得到的 σ 小于 3.0 MPa 时，σ 应取 3.0 MPa。强度等级高于 C30 且低于 C60 的混凝土，计算得到的 σ 大于等于 4.0 MPa 时，应按计算结果取值；计算得到的 σ 小于 4.0 MPa 时，σ 应取 4.0 MPa。

（2）当没有近期的同品种混凝土强度资料时，其混凝土强度标准差 σ 可按表 4.27 取用。

表 4.27　混凝土强度标准差 σ 取值

混凝土强度等级	≤C20	C25~C45	C50~C55
σ/MPa	4.0	5.0	6.0

σ 反映了我国施工单位的混凝土施工技术管理平均水平，采用时可根据本单位情况作适当调整。

混凝土最大水胶比和最小胶凝材料用量，应符合现行行业标准《普通混凝土配合比设计规程》JGJ 55 的有关规定。混凝土的最大水灰比和最小水泥用量如表 4.28 所示。

表 4.28　混凝土的最大水胶比和最小胶凝材料用量

最大水胶比	最小胶凝材料用量/（kg/m³）		
	素混凝土	钢筋混凝土	预应力混凝土
0.60	250	280	300
0.55	280	300	300
0.50	320		
≤0.45	330		

1）施工配合比的计算

混凝土的设计配合比是在实验室内根据完全干燥的砂、石材料确定的，但施工中使用的砂、石材料都含有一些水分，而且含水率随气候的改变而发生变化，应及时调整粗、细骨料和拌和用水的用量。所以，在拌制混凝土前应测定砂、石骨料的实际含水率，并根据测试结果将设计配合比换算为施工配合比：

$$1:S(1+w_s):G(1+w_g) \tag{4.13}$$

1 kg 水泥需净加水量为：$\dfrac{w}{S} - S \cdot w_s - G \cdot w_g$。

2）施工配料

确定混凝土施工配合比后，还需根据工地现有搅拌机的出料容积计算出材料的每次投料量，并据此进行配制。对首次使用的配合比应进行开盘鉴定，开盘鉴定应包括下列内容：① 混凝土的原材料与配合比设计所采用原材料的一致性；② 出机混凝土工作性与配合比设计要求的一致性；③ 混凝土强度；④ 混凝土凝结时间；⑤ 工程有要求时，尚应包括混凝土耐久性能等。

混凝土搅拌时应对原材料用量准确计量，并应符合下列规定：计量设备的精度应符合现行国家标准《混凝土搅拌站（楼）》GB 10171 的有关规定，并应定期校准，使用前设备应归零。原材料的计量应按质量计，水和外加剂溶液可按体积计，其允许偏差应符合表 4.29 的规定。

表 4.29　混凝土原材料计量容许偏差（%）

原材料品种	水泥	细骨料	粗骨料	水	矿物参合料	外加剂
每盘计量允许偏差	±2	±3	±3	±1	±2	±1
累计计量允许偏差	±1	±2	±2	±1	±1	±1

注：① 现场搅拌时原材料计量允许偏差应满足每盘计量允许偏差要求；
　　② 累计计量允许偏差指每一运输车中各盘混凝土的每种材料累计称量的偏差，该项指标仅适用于采用计算机控制计量的搅拌站；
　　③ 骨料含水率应经常测定，雨、雪天施工应增加测定次数。

4.3.3　混凝土的拌制

混凝土的拌制过程分为原材料加工储存、原材料计量、混凝土的拌制。

在合理使用和节约原材料的原则下，好的混凝土既要满足硬化后具有设计要求的物理力学性能，也要在施工时具有良好的工作性（和易性）。因此，在拌制混凝土时，应注意原材料的选择和使用，严格控制原材料的计量精度，正确选择混凝土的搅拌制度，加强混凝土的拌制质量的检验，保证符合要求。

1. 混凝土搅拌的机理

混凝土搅拌的目的：将各种组成材料拌制成质地均匀、颜色一致、具备一定流动性的混凝土拌和物。

为使混凝土均匀，设法使各组成颗粒和液滴都产生运动，使其运动轨迹相交，使每部分的颗粒扩散到其他成分中。

根据使颗粒运动方法的不同，普通混凝土搅拌机的搅拌机理有两种。

1）自落式扩散机理

将物料提升一定高度，自由落下，物料下落的时间、速度、落点和滚动距离各不相同，物料相互穿插、渗透、扩散，达到均匀混合的目的。自落式扩散机理又称重力扩散机理，其对应的搅拌机为自落式搅拌机。

2）强制式扩散机理

此机理即利用运动的叶片强迫物料颗粒朝各方向（环向、径向、竖向）运动，由于各颗粒的运动方向、速度不同，相互之间产生剪切滑移，以致相互穿插、扩散，使物料混合均匀。强制式扩散机理又称剪切扩散机理，其对应的搅拌机为强制式搅拌机。

2. 搅拌机的类型

根据搅拌机理的不同，搅拌机分为自落式搅拌机和强制式搅拌机。

搅拌机由搅拌筒、进料装置、卸料装置、传动装置、配水系统组成。搅拌机的容量分为出料容量、进料容量、几何容量。出料容量是指搅拌机每次可拌出的最大混凝土量；进料容量是指搅拌前搅拌筒能装的各种松散料的累积体积；几何容量是搅拌筒的几何容积。出料容量与进料容量的比值称为出料系数，一般为 0.6~0.7，取 0.67；进料容量与几何容量的比值称为利用系数，一般为 0.22~0.4。

混凝土搅拌机按其搅拌原理分为自落式搅拌机和强制式搅拌机两类；根据其构造的不同，又可分为若干种，如表 4.30 所示。自落式搅拌机主要是利用材料的重力机理进行工作，适用于搅拌塑性混凝土和低流动性混凝土；强制式搅拌机主要是利用剪切机理进行工作，适用于搅拌干硬性混凝土及轻骨料混凝土。混凝土搅拌机一般是以出料容积标定其规格的，常用的有 250 L、350 L、500 L 型等。选择搅拌机型号时，要根据工程量大小、混凝土的坍落度要求和骨料尺寸等确定，既要满足技术上的要求，又要考虑经济效益和节约能源。

表 4.30　混凝土搅拌机类型

自落式		鼓筒式	
	双轴式	反转出料（JZ）	
		倾翻出料（JF）	
强制式	立轴式	涡桨式（JW）	
		行星式（JX）	定盘式
			盘转式
	卧轴式	单卧轴式（JD）	
		双卧轴式（JS）	

3. 搅拌制度

为了获得均匀优质的混凝土拌和物，除选择搅拌机的型号外，还必须正确地确定搅拌制度，包括搅拌机的转速、搅拌时间、装料容积及投料顺序等，其中搅拌机的转速已由生产厂家按其型号确定。

1）搅拌时间

混凝土搅拌时间是指从全部材料装入搅拌筒中起，到开始卸料时止的时间段。

为获得混合均匀、强度和工作性能都满足要求的混凝土所需的最短搅拌时间，称为最小搅拌时间，其取决于搅拌机的类型和容量、骨料的品种和粒径、对混凝土的工作性能要求等因素。混凝土的匀质性随搅拌时间延长而增加，但不能过长。

搅拌时间过长，混凝土匀质性无明显提高，混凝土强度增加很小，影响搅拌机的生产率，甚至由于水分蒸发和软弱骨料被长时间研磨而破碎变细，降低工作性，影响混凝土的质量。

若搅拌时间过短，混凝土拌和不均匀，其强度将降低；但若搅拌时间过长，不仅会降低生产效率，而且会使混凝土的和易性降低或产生分层离析现象。

混凝土应搅拌均匀，宜采用强制式搅拌机搅拌。混凝土搅拌的最短时间可按表 4.31 采用，当能保证搅拌均匀时可适当缩短搅拌时间。搅拌强度等级 C60 及以上的混凝土时，搅拌时间应适当延长。

表 4.31　混凝土搅拌的最短时间

混凝土坍落度/mm	搅拌机类型	搅拌机出料容积/L		
		<250	250～500	>500
≤40	强制式	60 s	90 s	120 s
>40，且<100	强制式	60 s	60 s	90 s
≥100	强制式	60 s		

注：① 掺有外加剂与矿物掺合料时，搅拌时间应适当延长；
　　② 采用自落式搅拌机时，搅拌时间延长 30 s；
　　③ 当采用其他形式的搅拌设备时，搅拌的最短时间也可按设备说明书的规定或经试验确定。

2）投料顺序

合理的投料顺序可提高搅拌质量、减少叶片和衬板的磨损、减少拌和物与搅拌筒的黏结、减少水泥飞扬、改善工作环境等。

在确定混凝土各种原材料的投料顺序时，应考虑如何保证混凝土的搅拌质量，减少混凝土的黏罐现象和水泥飞扬，减少机械磨损，降低能耗和提高劳动生产率等。目前采用的投料顺序有一次投料法和二次投料法。

（1）一次投料法：将原材料一起加入搅拌筒中进行搅拌。自落式搅拌机常用的顺序是：先砂（或石子），再水泥，然后石子（或砂），最后加水搅拌。

一次投料法是目前广泛使用的一种方法，即将材料按砂—水泥—石子的顺序投入搅拌筒内加水进行搅拌。这种投料顺序的优点是水泥位于砂石之间，进入搅拌筒时可减少水泥飞扬；同时，砂和水泥先进入搅拌筒形成砂浆，可缩短包裹石子的时间，也避免了水向石子表面聚集而产生的不良影响，可提高搅拌质量。该方法工艺简单，操作方便。

（2）二次投料法又可分为预拌水泥砂浆法和预拌水泥净浆法。

预拌水泥砂浆法：先将水泥、砂、水加入搅拌筒内充分搅拌，成为均匀的水泥砂浆后再加石子搅拌成均匀的混凝土。国内一般使用强制式搅拌机，搅拌砂浆 1 ~ 1.5 min 后，再加石子搅拌 1.5 min。国外是用双层搅拌机（复式搅拌机），上层搅拌水泥砂浆，送入下层与石子一起搅拌。

预拌水泥净浆法：先将水泥和水充分搅拌成均匀的水泥净浆，再加砂、石子充分搅拌。国外使用的是高速搅拌机，对水泥净浆有活化作用。

二次投料法比一次投料法强度可提高 15%；强度相同的条件下，可节约水泥 15% ~ 20%。

（3）水泥裹砂法（SEC 法）。该法搅拌的混凝土称为 SEC 混凝土，又称造壳混凝土。

程序：先将一定量的水加入砂，使其含水量到一定数值后再将石加入与湿砂拌匀，再投入水泥搅拌均匀，使砂石子表面形成一种低水灰比的水泥浆壳，此过程称为"成壳"，最后将剩余的水和外加剂加入，拌成混凝土，砂的含水率保持在 15% ~ 25%。最后，SEC 法比一次投料法强度提高 20% ~ 30%且混凝土不易产生离析，工作性好。

水泥裹砂法主要采取两项工艺措施：一是对砂子的表面湿度进行处理，控制在一定范围内；二是进行两次加水搅拌，第一次加水搅拌称为造壳搅拌，使砂周围形成黏着性很高的水泥糊包裹层；第二次加入水及石子，经搅拌后部分水泥浆便均匀地分散在已经被造壳的砂子及石子周围。国内外的试验结果表明：砂的表面湿度控制在 4% ~ 6%，第一次搅拌加水量为总加水量的 20% ~ 26%时，造壳混凝土的增强效果最佳。此外，增强效果与造壳搅拌时间也有密切关系，时间过短不能形成均匀的水泥浆壳，时间过长造壳的效果并不十分明显，强度并无较大提高，因而以 45 ~ 75 s 为宜。

采用分次投料搅拌方法时，应通过试验确定投料顺序、数量及分段搅拌的时间等工艺参数。矿物掺合料宜与水泥同步投料，液体外加剂宜滞后于水和水泥投料；粉状外加剂宜溶解后再投料。

3）进料容量

将搅拌前各种材料的体积累积起来的容量，又称进料容量。超过进料容量10%以上，就会使材料在搅拌筒内无充分的空间进行掺和，影响混凝土拌和物的均匀性。反之，如装料过少，则又不能充分发挥搅拌机的效能。

预拌（商品）混凝土能保证混凝土的质量，节约材料，减少施工临时用地，实现文明施工，是今后的发展方向，国内一些大中城市已推广应用，不少城市已有相当的规模，有的城市已规定在一定范围内必须采用商品混凝土，不得现场拌制。

搅拌机的装料容积指搅拌一罐混凝土所需各种原材料松散体积的总和。为了保证混凝土得到充分拌和，装料容积通常只为搅拌机几何容积的 1/3 ~ 1/2。一次搅拌好的混凝土拌和物体积称为出料容积，约为装料容积的 0.5～0.75（又称出料系数）。如 J1-400 型自落式搅拌机，其装料容积为 400 L，出料容积为 260 L。搅拌机不宜超载，若超过装料容积的 10%，就会影响混凝土拌和物的均匀性；反之，装料过少又不能充分发挥搅拌机的功能，也影响生产效率。所以，在搅拌前应确定每盘混凝土中各种材料的投料量。

4.3.4　混凝土的运输

1. 对混凝土运输的要求

混凝土自搅拌机中卸出后，应及时运至浇筑地点。为了保证混凝土工程的质量，运输的基本要求是：

（1）混凝土运输过程中要能保持良好的均匀性，不分层、不离析、不漏浆。

（2）保证混凝土浇筑时具有规定的坍落度。

（3）保证混凝土在初凝前有充分的时间进行浇筑并捣实完毕。

（4）保证混凝土浇筑工作能连续进行。

（5）转送混凝土时，应注意使拌和物能直接对正倒入装料运输工具的中心部位，以免骨料离析。

2. 混凝土的运输工具

运输工具的要求是：不吸水、不漏浆。

混凝土运输分为地面水平运输、垂直运输和高空水平运输三种方式。地面水平运输常用的工具有双轮手推车、机动翻斗车、混凝土搅拌运输车和自卸汽车。当混凝土需要量较大、运距较远或使用商品混凝土时，多采用混凝土搅拌运输车和自卸汽车。

当采用机动翻斗车运输混凝土时，道路应通畅，路面应平整、坚实，临时坡道或支架应牢固，铺板接头应平顺。

混凝土搅拌运输车如图 4.34 所示。它是将锥形倾翻出料式搅拌机装在载重汽车的底盘上，可以在运送混凝土的途中继续搅拌，以防止在运距较远的情况下混凝土产生分层离析现象。

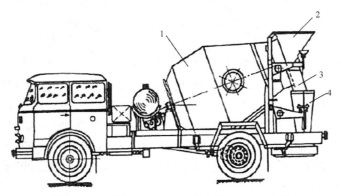

1—搅拌筒；2—进料斗；3—固定卸料溜槽；4—活动卸料斗。

图 4.34　混凝土搅拌运输车外形示意图

采用混凝土搅拌运输车运输混凝土时，应符合下列规定：① 接料前，搅拌运输车应排净罐内积水；② 在运输途中及等候卸料时，应保持搅拌运输车罐体正常转速，不得停转；③ 卸料前，搅拌运输车罐体宜快速旋转搅拌 20 s 以上后再卸料。

采用搅拌运输车运输混凝土时，施工现场车辆出入口处应设置交通安全指挥人员，施工现场道路应顺畅，有条件时宜设置循环车道；危险区域应设置警戒标志；夜间施工时，应有良好的照明。

在运输距离很长时，还可将配好的混凝土干料装入筒内，在运输途中加水搅拌，这样能减少由于长途运输而引起的混凝土坍落度损失。当混凝土坍落度损失较大不能满足施工要求时，可在运输车罐内加入适量的与原配合比相同成分的减水剂。减水剂加入量应事先由试验确定，并应作出记录。加入减水剂后，搅拌运输车罐体应快速旋转搅拌均匀，并应达到要求的工作性能后再泵送或浇筑。

混凝土的垂直运输，多采用塔式起重机、井架运输机或混凝土泵等，用塔式起重机时一般均配有料斗。

混凝土高空水平运输：如垂直运输采用塔式起重机，可将料斗中的混凝土直接卸到浇筑点；如采用井架运输机，则以双轮手推车为主；如采用混凝土泵，则用布料机布料。高空水平运输时应采取措施保证模板和钢筋不变位。

用塔机将混凝土放在吊斗中，可直接进行浇筑。

浇灌料斗分立式和卧式，立式料斗制作用料少，重量轻，易清洗高度高，使用时需挖坑；卧式料斗高度低，可配合翻斗车，不挖坑，放置点不受限，平面尺寸大，制作用料多，体型笨重，易积混凝土和雨水，不易清洗。

3. 混凝土输送泵运输

混凝土泵运输：以泵为动力，沿管道输送混凝土，可以一次完成水平及垂直运输，将混凝土直接输送到浇筑地点，是一种高效的混凝土运输方法，道路工程、桥梁工程、地下工程、工业与民用建筑施工皆可应用，在我国正大力推广。

我国目前主要采用的混凝土泵由活塞泵、料斗、液压缸和活塞、混凝土缸、分配阀、Y形输送管、冲洗设备、液压系统和动力系统等组成。

混凝土输送管包括钢管、橡胶、塑料软管。混凝土泵装在汽车上成混凝土泵车，车上还有可以伸缩或曲折的"布料杆"，混凝土运至现场后，其坍落度应满足要求。

混凝土输送泵是一种机械化程度较高的混凝土运输和浇筑设备，它以泵为动力，将混凝土沿管运输送到浇筑地点，可一次完成地面水平、垂直和高空水平运输。混凝土输送泵具有输送能力大、效率高、作业连续、节省人力等优点，目前已广泛应用于建筑、桥梁、地下等工程中。该整套设备包括混凝土泵、输送管和布料装置，按其移动方式又分为固定式混凝土泵和混凝土汽车泵（或称移动泵车）。

采用泵送的混凝土必须具有良好的可泵性。为减小混凝土与输送管内壁的摩阻力，对粗骨料最大粒径与输送管径之比的要求是：泵送高度在 50 m 以内时碎石为 1:3，卵石为 1:2.5；泵送高度在 50~100 m 时碎石为 1:4，卵石为 1:3；泵送高度在 100 m 以上时碎石为 1:5，卵石为 1:4。砂宜采用中砂，通过 0.315 mm 筛孔的砂粒不少于 15%，砂率宜为 35%~45%。为避免混凝土产生离析现象，水泥用量不宜少，且宜掺加矿物掺和料（通常为粉煤灰），水泥和掺和料的总量不宜小于 300 kg/m³。混凝土坍落度宜为 10~18 cm。为提高混凝土的流动性，混凝土宜掺入适量外加剂，主要有泵送剂、减水剂和引气剂等。

在泵送混凝土施工中，应注意以下问题：应使混凝土供应、输送和浇筑的效率协调一致，保证泵送工作连续进行，防止输送管道阻塞；输送管道的布置应尽量取直，转弯宜少且缓，管道的接头应严密；在泵送混凝土前，应先用适量的与混凝土成分相同的水泥浆或水泥砂浆湿润输送管内壁；泵的受料斗内应经常有足够的混凝土，防止吸入空气引起阻塞；预计泵送的间歇时间超过初凝时间或混凝土出现离析现象时，应立即注入加压水冲洗管内残留的混凝土；输送混凝土时，应先输送至较远处，以便随混凝土浇筑工作的逐步完成；逐步拆除管道；泵送完毕，应将混凝土泵和输送管清洗干净。

4. 混凝土的运输时间

混凝土的运输应以最少的转运次数和最短的时间从搅拌地点运至浇筑地点，并在初凝前浇筑完毕。混凝土运输、输送入模的过程应保证混凝土连续浇筑，从运输到输送入模的延续时间不宜超过表 4.32（a）的规定，且不应超过表 4.32（b）的规定。掺早强型减水剂、早强剂的混凝土，以及有特殊要求的混凝土，应根据设计及施工要求，通过试验确定允许时间。

表 4.32（a）　运输到输送入模的延续时间　单位：min

条　件	气　温	
	≤25 ℃	>25 ℃
不掺外加剂	90	60
掺外加剂	150	120

表 4.32（b）　运输、输送入模及其间歇总的时间限值　单位：min

条　件	气　温	
	≤25 ℃	>25 ℃
不掺外加剂	180	150
掺外加剂	240	210

4.3.5　混凝土的浇筑

混凝土的浇筑工作包括：布料摊平、捣实、抹面修整。

混凝土浇筑要保证混凝土的均匀性和密实性，要保证结构的整体性、尺寸准确和钢筋、预埋件的位置正确，拆模后混凝土表面要平整、光洁。

1. 混凝土浇筑的一般规定

（1）混凝土浇筑后，应均匀密实，填满整个空间；新、旧混凝土结合良好；钢筋及预埋件位置正确。

（2）混凝土浇筑前应拟订好施工方案，完成下列工作：① 隐蔽工程验收和技术复核；② 对操作人员进行技术交底；③ 根据施工方案中的技术要求，检查并确认施工现场具备实施条件；④ 施工单位填报浇筑申请单，并经监理单位签认。

（3）混凝土浇筑前的准备工作包括：

① 模板及其支架：尺寸、轴线、标高，强度、刚度、稳定性，接缝与孔洞，积水、木屑、垃圾、泥土，木模湿润。

② 钢筋工程：级别、直径、数量、位置、排列，保护层厚度，浮锈、油污，预埋件及预留孔位置，作隐蔽记录。由于混凝土工程属于隐蔽工程，因而对混凝土量大的工程、重要工程或重点部位的浇筑，以及其他施工中的重大问题，均应随时填写施工记录。

③ 模板内的杂物应清理干净，木模板应浇水湿润，但不允许留有积水。

④ 将材料供应、机具安装、道路平整、劳动组织等工作安排就绪，并做好安全技术交底。

（4）混凝土拌和物入模温度不应低于 5 ℃，且不应高于 35 ℃。

（5）混凝土运输、输送、浇筑过程中严禁加水；混凝土运输、输送、浇筑过程中散落的混凝土严禁用于混凝土结构构件的浇筑。

（6）混凝土应布料均衡。应对模板及支架进行观察和维护，发生异常情况应及时进行处理。混凝土浇筑和振捣应采取防止模板、钢筋、钢构、预埋件及其定位件移位的措施。

（7）为保证结构的整体性，混凝土应连续浇筑，中途不停歇；必须停歇时应尽量缩短时间，并应在前层混凝土初凝前浇筑完毕。停歇的最长时间视水泥品种和混凝土凝结条件而定，无试验资料时，不超过表 4.33 的要求。

表 4.33　混凝土运输、浇筑和间歇的时间　　　　　　　　　　　　单位：min

混凝土强度等级	气 温	
	≤25 ℃	>25 ℃
≤C30	210	180
>C30	180	150

注：当混凝土中掺有促凝或缓凝外加剂时，其允许时间应通过试验确定。

（8）在混凝土浇筑过程中应经常观察模板及其支架、钢筋、预埋件和预留孔的情况，发现不正常的变形位移时，应立即停止浇筑，并应在混凝土初凝前修整完毕。

2．混凝土浇筑的技术要求

1）混凝土浇筑的一般要求

（1）混凝土拌和物运至浇筑地点后，应立即浇筑入模，如发现拌和物的坍落度有较大变化或有离析现象时，应及时处理。

（2）混凝土应在初凝前浇筑完毕，如已有初凝现象，则需进行一次强力搅拌，使其恢复流动性后方可浇筑。

（3）混凝土浇筑的布料点宜接近浇筑位置，应采取减少混凝土下料冲击的措施，保证柱、墙模板内的混凝土浇筑不得发生离析，倾落高度应符合表 4.34 的规定；当不能满足要求时，应加设串筒、溜管、溜槽等装置。串筒布置应适应浇筑面积、浇筑速度和摊铺混凝土的能力，间距一般应不大于3 m，其布置形式可分为行列式和交错式两种，以交错式居多。串筒下料后，应用振动器迅速摊平并捣实，如图 4.35 所示。浇筑应符合下列规定：① 宜先浇筑竖向结构构件，后浇筑水平结构构件；② 浇筑区域结构平面有高差时，宜先浇筑低区部分，再浇筑高区部分。

表 4.34　柱、墙模板内混凝土浇筑倾落高度限值　　　　　　　　单位：m

条件	浇筑倾落高度限值
粗骨料粒径>25 mm	≤3
粗骨料粒径≤25 mm	≤6

注：当有可靠措施能保证混凝土不产生离析时，混凝土倾落高度可不受本表限制。

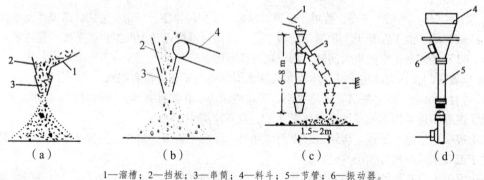

1—溜槽；2—挡板；3—串筒；4—料斗；5—节管；6—振动器。

图 4.35　混凝土倾落入模的方法

（4）泵送混凝土浇筑应符合下列规定：

① 宜根据结构形状及尺寸、混凝土供应、混凝土浇筑设备、场地内外条件等划分每台输送泵的浇筑区域及浇筑顺序。

② 采用输送管浇筑混凝土时，宜由远而近浇筑；采用多根输送管同时浇筑时，其浇筑速度宜保持一致。

③ 润滑输送管的水泥砂浆用于湿润结构施工缝时，水泥砂浆应与混凝土浆液成分相同；接浆厚度不应大于 30 mm，多余水泥砂浆应收集后运出。

④ 混凝土泵送浇筑应连续进行；当混凝土不能及时供应时，应采取间歇泵送方式。

⑤ 混凝土浇筑后，应清洗输送泵和输送管。

（5）浇筑竖向结构（如墙、柱）的混凝土之前，底部应先浇入 50～100 mm 厚与混凝土成分相同的水泥砂浆，以避免构件底部因砂浆含量较少而出现蜂窝、麻面、露石等质量缺陷。

（6）混凝土在浇筑及静置过程中，应采取措施防止产生裂缝；混凝土因沉降及干缩产生的非结构性的表面裂缝，应在终凝前予以修整。

2）浇筑间歇时间

为保证混凝土的整体性，浇筑工作应连续进行。如必须间歇时，其间歇时间应尽可能缩短，并应在前层混凝土初凝之前，将次层混凝土浇筑完毕。混凝土运输、浇注及间歇的全部时间不应超过混凝土的初凝时间，可按所用水泥品种及混凝土条件确定，或根据表 4.33 确定。若超过初凝时间必须留置施工缝。

3）浇筑层厚度

为保证混凝土的密实性，混凝土必须分层浇筑、分层捣实。其浇筑层的厚度应符合表 4.35 的规定。

表 4.35　混凝土浇筑层厚度　　　　　　　　单位：mm

捣实混凝土的方法		浇筑层厚度
插入式振捣		振捣器作用部分长度的 1.25 倍
表面振动		200
人工捣固	在无筋混凝土、基础或配筋稀疏的结构中	250
	在梁、板、柱结构中	200
	在配筋密布的结构中	150
轻骨料混凝土	插入式振捣	300
	表面振动（振动时需加荷）	200

3. 混凝土施工缝与后浇带

若由于技术上或施工组织上的原因，不能连续将混凝土结构整体浇筑完成，且间歇的时间超过表 4.32 所规定的时间，则应在适当的部位留设施工缝。施工缝是指继续浇筑的混凝土与已经凝结硬化的先浇混凝土之间的新旧结合面，它是结构的薄弱部位，必须认真对待。施工缝和后浇带的留设位置应在混凝土浇筑前确定。施工缝和后浇带宜留设在结构受剪力较小且便于施工的位置。受力复杂的结构构件或有防水抗渗要求的结构构件，施工缝留设位置应经设计单位确认。

施工缝、后浇带留设界面，应垂直于结构构件和纵向受力钢筋。结构构件厚度或高度较大时，施工缝或后浇带界面宜采用专用材料封挡。

施工缝或后浇带处浇筑混凝土，应符合下列规定：结合面应为粗糙面，并应清除浮浆、松动石子、软弱混凝土层；结合面处应洒水湿润，但不得有积水；施工缝处已浇筑混凝土的强度不应小于 1.2 MPa；柱、墙水平施工缝水泥砂浆接浆层厚度不应大于 30 mm，接浆层水泥砂浆应与混凝土浆液成分相同；后浇带混凝土强度等级及性能应符合设计要求；当设计无具体要求时，后浇带混凝土强度等级宜比两侧混凝土提高一级，并宜采用减少收缩的技术措施。施工缝处的混凝土应特别注意细致捣实，使新旧混凝土结合紧密。

混凝土浇筑过程中，因特殊原因需临时设置施工缝时，施工缝留设应规整，并宜垂直于构件表面，必要时可采取增加插筋、事后修凿等技术措施。施工缝和后浇带应采取钢筋防锈或阻锈等保护措施。

（1）水平施工缝的留设位置应符合下列规定：

① 柱、墙施工缝可留设在基础、楼层结构顶面，梁或吊车梁牛腿的下面、吊车梁的上面、无梁楼板柱帽的下面（图 4.36）；柱施工缝与结构上表面的距离宜为 0～100 mm，墙施工缝与结构上表面的距离宜为 0～300 mm。

② 柱、墙施工缝也可留设在楼层结构底面，施工缝与结构下表面的距离宜为 0～50 mm；当板下有梁托时，可留设在梁托下 0～20 mm。

③ 高度较大的柱、墙、梁以及厚度较大的基础，可根据施工需要在其中部留设水平施工缝，与板连成整体的大截面梁，施工缝留置在板底面以下 20～30 mm 处；当板下有梁托时，留置在梁托下部（图 4.37）。当因施工缝留设改变受力状态而需要调整构件配筋时，应经设计单位确认。

④ 特殊结构部位留设水平施工缝应经设计单位确认。

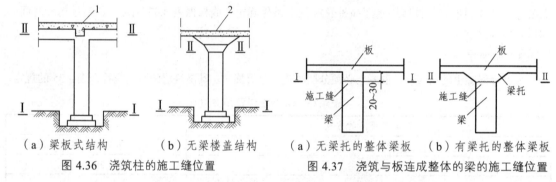

（a）梁板式结构　　（b）无梁楼盖结构
图 4.36　浇筑柱的施工缝位置

（a）无梁托的整体梁板　（b）有梁托的整体梁板
图 4.37　浇筑与板连成整体的梁的施工缝位置

（2）竖向施工缝和后浇带的留设位置应符合下列规定：

① 单向板施工缝应留设在与跨度方向平行的任何位置（图 4.38）。

② 有主次梁的楼板，宜顺着次梁方向浇筑，施工缝应留设在次梁跨度中间 1/3 范围内；若沿主梁方向浇筑，施工缝应留置在主梁跨度中间的 1/2 与板跨度中间的 1/2 相重合的范围内（图 4.39）。

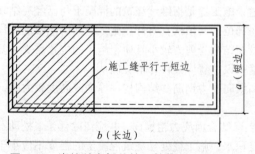

图 4.38　浇筑单向板的施工缝位置（$b/a \geq 2$）

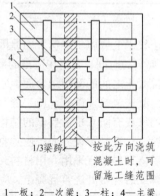

1—板；2—次梁；3—柱；4—主梁

图 4.39　浇筑有主次梁楼板的施工缝位置

③ 楼梯梯段施工缝宜设置在梯段板跨度端部 1/3 范围内。

④ 墙的施工缝宜设置在门洞口过梁跨中 1/3 范围内，也可留设在纵横墙交接处。

⑤ 后浇带留设位置应符合设计要求。

⑥ 双向受力的板、大体积混凝土结构、拱、弯拱、薄壳、蓄水池、斗仓、多层钢架等特殊结构部位留设竖向施工缝应经设计单位确认。

（3）设备基础施工缝留设位置应符合下列规定：

① 水平施工缝应低于地脚螺栓底端，与地脚螺栓底端的距离应大于 150 mm；当地脚螺栓直径小于 30 mm 时，水平施工缝可留设在深度不小于地脚螺栓埋入混凝土部分总长度的 3/4 处。

② 竖向施工缝与地脚螺栓中心线的距离不应小于 250 mm，且不应小于螺栓直径的 5 倍。

（4）承受动力作用的设备基础施工缝留设位置，应符合下列规定：

① 标高不同的两个水平施工缝，其高低结合处应留设成台阶形，台阶的高宽比不应大于 1.0。

② 竖向施工缝或台阶形施工缝的断面处应加插钢筋，插筋数量和规格应由设计确定。

③ 施工缝的留设应经设计单位确认。

4. 现浇混凝土结构的浇筑方法

1）基础的浇筑

（1）浇筑台阶式基础时，可按台阶分层一次浇筑完毕，不允许留施工缝。垫层混凝土的浇筑顺序是先边角后中间，使混凝土能充满模板边角。施工时应注意防止垂直交角处混凝土出现脱空（即吊脚）、蜂窝现象。其措施是：将第一台阶混凝土捣固下沉 2~3 cm 后暂不填平，继续浇筑第二台阶时，先用铁锹沿第二台阶模板底圈内外均做成坡，然后分层浇筑，待第二台阶混凝土灌满后，再将第一台阶外圈混凝土铲平、拍实、抹平。

（2）浇筑杯形基础时，应注意杯口底部标高和杯口模板的位置，防止杯口模板上浮和倾斜。浇筑时，先将杯口底部混凝土振实并稍停片刻，然后对称、均衡浇筑杯口模板四周的混凝土。当浇筑杯口基础时，宜采用后安装杯口模板的方法，即当混凝土浇捣到接近杯口底时再安装杯口模板，并继续浇捣。为加快杯口芯模的周转，可在混凝土初凝后终凝前将芯模拔出，并随即将杯壁混凝土划毛。

（3）浇筑锥形基础时，应注意斜坡部位混凝土的捣固密实，在用振动器振捣完毕后，再用人工将斜坡表面修正、抹平，使其符合设计要求。

（4）浇筑现浇柱下基础时，应特别注意柱子插筋位置的准确，防止其移位和倾斜。在浇筑开始时，先满铺一层 5~10 cm 厚的混凝土并捣实，使柱子插筋下端和钢筋网片的位置基本固定，然后继续对称浇筑，并在下料过程中注意避免碰撞钢筋，有偏差时应及时纠正。

（5）浇筑条形基础时，应根据基础高度分段分层连续浇筑，一般不留施工缝。每段浇筑长度控制在 2~3 m，各段各层间应相互衔接，呈阶梯形向前推进。

（6）浇筑设备基础时一般应分层浇筑，并保证上、下层之间不出现施工缝，分层厚度为 20~30 cm，并尽量与基础截面变化部位相符合。每层浇筑顺序宜从低处开始，沿长边方向自一端向另一端推进，也可采取自中间向两边或自两边向中间推进的顺序。对一些特殊部位，如地脚螺栓、预留螺栓孔、预埋管道等，浇筑时要控制好混凝土的上升速度，使两边均匀上升，同时避免碰撞，以免发生歪斜或移位。对螺栓锚板及预埋管道下部的混凝土要仔细振捣，必要时采用细石混凝土填实。对于大直径地脚螺栓，在混凝土浇筑过程中宜用经纬仪随时观测，发现偏差及时纠正。预留螺栓孔的木盒应在混凝土初凝后及时拔出，以免硬化后再拔出会损坏预留孔附近的混凝土。

2）主体结构的浇筑

主体结构的主要构件有柱、墙、梁、楼板等。在多、高层建筑结构中，这些构件是沿垂直方向重复出现的，因此一般按结构层分层施工；如果平面面积较大，还应分段进行，以便各工序流水作业。在每层、每段的施工中，浇筑顺序为先浇筑柱、墙，后浇筑梁、板。

（1）柱、墙混凝土浇筑。

柱、墙混凝土设计强度等级高于梁、板混凝土设计强度等级时，混凝土浇筑应符合下列规定：

① 柱、墙混凝土设计强度比梁、板混凝土设计强度高一个等级时，柱、墙位置梁、板高度范围内的混凝土经设计单位确认，可采用与梁、板混凝土设计强度等级相同的混凝土进行浇筑。

② 柱、墙混凝土设计强度比梁、板混凝土设计强度高两个等级及以上时，应在交界区域采取分隔措施；分隔位置应在低强度等级的构件中，且距高强度等级构件边缘不应小于 500 mm。

③ 宜先浇筑强度等级高的混凝土，后浇筑强度等级低的混凝土。

柱子混凝土的浇筑宜在梁板模板安装完毕、钢筋绑扎之前进行，以便利用梁板模板来稳定柱模板，并用作浇筑混凝土的操作平台。浇筑一排柱子的顺序，应从两端同时开始向中间推进，不宜从一端推向另一端，以免因浇筑混凝土后模板吸水膨胀而产生横向推力，累积到最后一根柱造成弯曲变形。当柱截面在 40 cm × 40 cm 以上且无交叉箍筋、柱高不超过 3.5 m 时，可从柱顶直接浇筑；超过 3.5 m 时需分段浇筑或采用竖向串筒输送混凝土。当柱截面在 40 cm × 40 cm 以内或有交叉箍筋时，应在柱模板侧面开不小于 30 cm 高的门子洞作为浇筑口，装上斜溜槽分段浇筑，每段高度不超过 2 m（图 4.40、图 4.41）。柱子应沿高度分层浇筑，并一次浇筑完毕，其分层厚度应符合表 4.35 的规定。

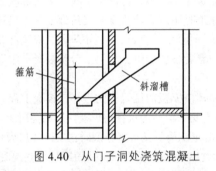

图 4.40　从门子洞处浇筑混凝土　　　图 4.41　从门子洞伸入振捣

剪力墙混凝土的浇筑除遵守一般规定外，在浇筑门窗洞口部位时，应在洞口两侧同时浇筑，且使两侧混凝土高度大体一致，以防止门窗洞口部位模板的移动；窗户部位应先浇筑窗台下部混凝土，停歇片刻后再浇筑窗间墙处。当剪力墙的高度超过 3 m 时，亦应分段浇筑。

（2）梁与板混凝土的浇筑。

浇筑时先将梁的混凝土分层浇筑成阶梯形，当达到板底位置时即与板的混凝土一起浇筑，随着阶梯形的不断延长，板的浇筑也不断向前推进。倾倒混凝土的方向应与浇筑方向相反，如图 4.42 所示。当梁的高度大于 1 m 时，可先单独浇筑梁，在距板底以下 2～3 cm 处留设水平施工缝。

在浇筑与柱、墙连成整体的梁、板时，应在柱、墙的混凝土浇筑完后停歇 1～1.5 h，让其初步沉实，排除泌水后，再继续浇筑梁、板的混凝土。

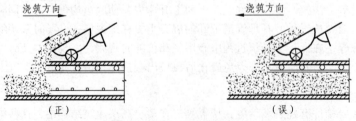

图 4.42　混凝土的倾倒方向

（3）特殊结构构件混凝土的浇筑。

超长结构混凝土浇筑可留设施工缝分仓浇筑，分仓浇筑间隔时间不应少于 7 d；当留设后浇带时，后浇带封闭时间不得少于 14 d；超长整体基础中调节沉降的后浇带，混凝土封闭时间应通过监测确定，应在差异沉降稳定后封闭后浇带；后浇带的封闭时间尚应经设计单位确认。

型钢混凝土结构粗骨料最大粒径不应大于型钢外侧混凝土保护层厚度的 1/3，且不宜大于 25 mm；浇筑应有足够的下料空间，并应使混凝土充盈整个构件各部位；型钢周边混凝土浇筑宜同步上升，混凝土浇筑高差不应大于 500 mm。

钢管混凝土结构浇筑宜采用自密实混凝土浇筑；混凝土应采取减少收缩的技术措施；钢管截面较小时，应在钢管壁适当位置留有足够的排气孔，排气孔孔径不应小于 20 mm；浇筑混凝土应加强排气孔观察，并应确认浆体流出和浇筑密实后再封堵排气孔；当采用粗骨料粒径不大于 25 mm 的高流态混凝土或粗骨料粒径不大于 20 mm 的自密实混凝土时，混凝土最大倾落高度不宜大于 9 m；倾落高度大于 9 m 时，宜采用串筒、溜槽、溜管等辅助装置进行浇筑。

钢管混凝土从管顶向下浇筑时应符合下列规定：① 浇筑应有足够的下料空间，并应使混凝土充盈整个钢管；② 输送管端内径或斗容器下料口内径应小于钢管内径，且每边应留有不小于 100 mm 的间隙；③ 应控制浇筑速度和单次下料量，并应分层浇筑至设计标高；④ 混凝土浇筑完毕后应对管口进行临时封闭。

自密实混凝土浇筑应根据结构部位、结构形状、结构配筋等确定合适的浇筑方案；自密实混凝土粗骨料最大粒径不宜大于 20 mm；浇筑应能使混凝土充填到钢筋、预埋件、预埋钢构件周边及模板内各部位；自密实混凝土浇筑布料点应结合拌和物特性选择适宜的间距，必要时可通过试验确定混凝土布料点下料间距。

清水混凝土结构浇筑应根据结构特点进行构件分区，同一构件分区应采用同批混凝土，并应连续浇筑；同层或同区内混凝土构件所用材料牌号、品种、规格应一致，并应保证结构外观色泽符合要求；竖向构件浇筑时应严格控制分层浇筑的间歇时间。

5. 大体积混凝土的浇筑方案

大体积混凝土是指厚度大于或等于 1 m 且长度和宽度都较大的结构，如高层建筑中钢筋混凝土箱形基础的底板、工业建筑中的设备基础、桥梁的墩台等。大体积混凝土结构的施工特点：一是钢筋分布集中，管道与埋件较多，整体性要求高，一般都要求连续浇筑，不允许留设施工缝；二是由于结构的体积大，混凝土浇筑后产生的水化热量大，且聚积在内部不易散发，从而形成较大的内外温差，引起较大的温差应力，导致混凝土出现温度裂缝。因此，大体积混凝土施工的关键是：为保证结构的整体性，应确定合理的混凝土浇筑方案，必须掌握好混凝土浇筑速度，合理分层分段，保证各层段之间的良好结合；为避免产生温度裂缝，应采取有效的措施降低混凝土内外温差，防止混凝土出现温度和收缩裂缝。

基础大体积混凝土结构浇筑应符合下列规定：① 采用多条输送泵管浇筑时，输送泵间距不宜大于 10 m，并宜由远及近浇筑；② 采用汽车布料杆输送浇筑时，应根据布料杆工作半径确定布料点数量，各布料点浇筑速度应保持均衡；③ 宜先浇筑深坑部分再浇筑大面积基础部分；④ 宜采用斜面分层浇筑方法，也可采用全面分层、分块分层浇筑方法，层与层之间混凝土浇筑的间歇时间应能保证混凝土浇筑连续进行；⑤ 混凝土分层浇筑应采用自然流淌形成斜坡，并应沿高度均匀上升，分层厚度不宜大于 500 mm；⑥ 在混凝土初凝前和终凝前，宜分别对混凝土裸露表面进行多次抹面处理；⑦ 应有排除积水或混凝土泌水的有效技术措施。

1）浇筑方案的选择

为了保证混凝土浇筑工作能连续进行，应在下一层混凝土初凝之前，将上一层混凝土浇筑完毕。因此，在组织施工时，首先应按下式计算每小时需要浇筑混凝土的数量，即浇筑强度

$$v = BLH(t_1 - t_2) \tag{4.14}$$

式中　v——每小时混凝土的浇筑量（m^3/h）；

　　　　B、L、H——浇筑层的宽度、长度、厚度（m）；

　　　　t_1——混凝土的初凝时间（h）；

　　　　t_2——混凝土的终凝时间（h）。

据混凝土的浇筑量，计算所需搅拌机、运输工具和振动器的数量，并据此拟订温度与混凝土硬化的关系，进行浇筑方案和劳动力的组织。大体积混凝土的浇筑方案需根据结构大小、混凝土供应等实际情况决定，一般有全面分层、分段分层和斜面分层三种方案（图 4.43）。

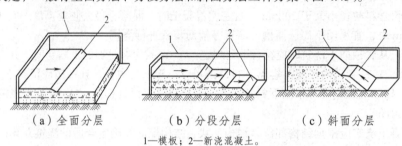

（a）全面分层　　　　　（b）分段分层　　　　　（c）斜面分层

1—模板；2—新浇混凝土。

图 4.43　大体积混凝土的浇筑方案

温度的高低对混凝土强度的增长有很大影响。在温度合适的条件下，温度越高，水泥水化作用就越迅速、完全，强度就越高；当温度较低时，混凝土硬化速度较慢，强度就较低；当温度降至 0 ℃ 以下时，混凝土中的水会结冰，水泥颗粒不能和冰发生化学反应，水化作用几乎停止，强度也就无法增长。

（1）全面分层浇筑。

将结构分成厚度相等的浇筑层，每层皆从一边向另一边推进，在下层混凝土初凝前浇筑完上一层。浇筑方向：从短边开始沿长边进行。

适用于平面尺寸不太大的混凝土的浇筑，否则，混凝土浇筑强度过大，短时间资源需求量剧增，不均衡。

它是在整个结构内全面分层浇筑混凝土，要求每一层的混凝土浇筑必须在下层混凝土初凝前完成。此浇筑方案适用于平面尺寸不太大的结构，施工时宜从短边开始，沿长边方向推进，必要时也可从中间开始向两端推进或从两端向中间推进。

（2）分段分层浇筑。

将结构适当分段，当底层混凝土浇筑一段后，回头浇筑第二层，再回到第三层。

适用于：厚度不大而面积或长度较大的结构，其浇筑强度比全面分层低。

若采用全面分层浇筑，混凝土的浇筑强度太高，施工难以满足时，则可采用分段分层浇筑方案。它是将结构从平面上分成几个施工段，厚度上分成几个施工层，混凝土从底层开始浇筑，进行一定距离后就回头浇筑第二层，如此依次向前浇筑以上各层。施工时要求在第一层第一段末端混凝土初凝前，开始第二段的施工，以保证混凝土接合良好。该方案适用于厚度不大而面积或长度较大的结构。

（3）斜面分层浇筑。

结构的长度大大超过厚度，而混凝土的流动性又较大时，不能形成分层踏步，采用斜面分层浇筑方案：将混凝土一次浇筑到顶自然流淌形成斜面，振捣从下端开始，逐渐上移。该法很适应泵送混凝土，避免了输送管的反复拆除。

当结构的长度超过厚度的 3 倍时，宜采用斜面分层浇筑方案。施工时，混凝土的振捣应从浇筑层下端开始，逐渐上移，以保证混凝土的施工质量。

2）混凝土温度裂缝的产生原因及防治措施

大体积混凝土在凝结硬化过程中会产生大量的水化热。在混凝土强度增长初期，蓄积在内部的大量热量不易散发，致使其内部温度显著升高，而表面散热较快，这样就形成较大的内外温差。该温差使混凝土内部产生压应力，而使混凝土外部产生拉应力，当温差超过一定程度后，就易使混凝土表面产生裂缝。在浇筑后期，当混凝土内部逐渐散热冷却产生收缩时，由于受到基岩或混凝土垫层的约束，接触处将产生很大的拉应力。一旦拉应力超过混凝土的极限抗拉强度，便会在约束接触处产生裂缝，以致形成贯穿超过断面的裂缝。这将严重破坏结构的整体性，对于混凝土结构的承载能力的安全极为不利，在施工中必须避免。

大体积混凝土宜采用后期强度作为配合比设计、强度评定及验收的依据。基础混凝土，确定混凝土强度时的龄期可取为 60 d（56 d）或 90 d；柱、墙混凝土强度等级不低于 C80 时，确定混凝土强度时的龄期可取为 60 d（56 d）。确定混凝土强度时采用大于 28 d 的龄期时，龄期应经设计单位确认。

为了有效地控制温度裂缝，应设法降低混凝土的水化热和减小混凝土的内外温差，一般将温差控制在 20～25 ℃ 以下，则不会产生温度裂缝。

为降低混凝土水化热，大体积混凝土的施工配合比设计，应符合下列规定：① 在保证混凝土强度及工作性要求的前提下，应控制水泥用量，宜选用中、低水化热水泥，如矿渣水泥、火山灰水泥等；② 宜掺加粉煤灰、矿渣粉，改善混凝土的和易性；③ 温度控制要求较高的大体积混凝土，其胶凝材料用量、品种等宜通过水化热和绝热温升试验确定；④ 宜采用高性能减水剂，以减少用水量，相应可减少水泥用量；⑤ 掺加缓凝剂以降低混凝土的水化反应速度，可控制其内部的升温速度。

减小混凝土内外温差的措施有：降低混凝土拌和物的入模温度，如夏季可采用低温水（地下水）或冰水搅拌，对骨料用水冲洗降温，或对骨料进行覆盖或搭设遮阳装置，以避免曝晒；必要时可在混凝土内部预埋冷却水管，通入循环水进行人工导热；冬季应及时对混凝土覆盖保温、保湿材料，避免其表面温度过低而造成内外温差过大；扩大浇筑面和散热面，减小浇筑层厚度和适当放慢浇筑速度，以便在浇筑过程中尽量多地释放出水化热，从而降低混凝土内部的温度。

（1）混凝土温度控制。

大体积混凝土施工时，应按如下要求对混凝土进行温度控制：① 混凝土入模温度不宜大于30 ℃；混凝土浇筑体最大温升值不宜大于 50 ℃。② 在覆盖养护或带模养护阶段，混凝土浇筑体表面以内 40～100 mm 位置处的温度与混凝土浇筑体表面温度差值不应大于 25 ℃；结束覆盖养护或拆模后，混凝土浇筑体表面以内 40～100 mm 位置处的温度与环境温度差值不应大于 25 ℃。③ 混凝土浇筑体内部相邻两测温点的温度差值不应大于 25 ℃。④ 混凝土降温速率不宜大于 2.0 ℃/d；当有可靠经验时，降温速率要求可适当放宽。

（2）测温点设置。

基础大体积混凝土按如下要求设置测温点设置：① 宜选择具有代表性的两个交叉竖向剖面进行测温，竖向剖面交叉位置宜通过基础中部区域。② 每个竖向剖面的周边及以内部位应设置测温点，两个竖向剖面交叉处应设置测温点；混凝土浇筑体表面测温点应设置在保温覆盖层底部或模板内侧表面，并应与两个剖面上的周边测温点位置及数量对应；环境测温点不应少于 2 处。③ 每个剖面的周边测温点应设置在混凝土浇筑体表面以内 40～100 mm 位置处；每个剖面的测温点宜竖向、横向对齐；每个剖面竖向设置的测温点不应少于 3 处，间距不应小于 0.4 m 且不宜大于 1.0 m；每个剖面横向设置的测温点不应少于 4 处，间距不应小于 0.4 m 且不应大于 10 m。④ 对基础厚度不大于 1.6 m，裂缝控制技术措施完善的工程，可不进行测温。

柱、墙、梁大体积混凝土测温点设置应符合下列规定：① 柱、墙、梁结构实体最小尺寸大于 2 m，且混凝土强度等级不低于 C60 时，应进行测温。② 宜选择沿构件纵向的两个横向剖面进行测温，每个横向剖面的周边及中部区域应设置测温点；混凝土浇筑体表面测温点应设置在模板内侧表面，并应与两个剖面上的周边测温点位置及数量对应；环境测温点不应少于 1 处。③ 每个横向剖面的周边测温点应设置在混凝土浇筑体表面以内 40 ~ 100 mm 位置处；每个横向剖面的测温点宜对齐；每个剖面的测温点不应少于 2 处，间距不应小于 0.4 m 且不宜大于 1.0 m。④ 可根据第一次测温结果，完善温差控制技术措施，后续施工可不进行测温。

（3）测温要求。

大体积混凝土测温宜根据每个测温点被混凝土初次覆盖时的温度确定各测点部位混凝土的入模温度；浇筑体周边表面以内测温点、浇筑体表面测温点、环境测温点的测温，应与混凝土浇筑、养护过程同步进行；按测温频率要求及时提供测温报告，测温报告应包含各测温点的温度数据、温差数据、代表点位的温度变化曲线、温度变化趋势分析等内容；混凝土浇筑体表面以内 40 ~ 100 mm 位置的温度与环境温度的差值小于 20 ℃ 时，可停止测温。

大体积混凝土测温频率应符合下列规定：第 1 ~ 4 天，每 4 h 不应少于一次；第 5 ~ 7 天，每 8 h 不应少于一次；第 7 天至测温结束，每 12 h 不应少于一次。

6. 水下混凝土的浇筑

在钻孔灌注桩、地下连续墙等基础工程以及水利工程施工中常需要直接在水下浇筑混凝土，而且灌注桩与地下连续墙是在泥浆中浇筑混凝土。水下或泥浆中浇筑混凝土一般采用导管法，其特点是：利用导管输送混凝土并使其与环境水或泥浆隔离，依靠管中混凝土重力挤压导管下部管口周围的混凝土，使其在已浇筑的混凝土内部流动、扩散，边浇筑边提升导管直至混凝土浇筑完毕。采用导管法，不但可以避免混凝土与水或泥浆的接触，而且可保证混凝土中骨料和水泥浆不分离，从而保证了水下浇筑混凝土的质量。

导管法浇筑水下混凝土的主要设备有金属导管、盛料漏斗和提升机具等（图 4.44）。导管一般由钢管制成，管径为 200 ~ 300 mm，每节管长 1.5 ~ 2.5 m。导管下部设有球塞，球塞可用软木、橡胶、泡沫塑料等制成，其直径比导管内径小 15 ~ 20 mm。盛料漏斗固定在导管顶部，起着盛混凝土和调节导管中混凝土量的作用，盛料漏斗的容积应足够大，以保证导管内混凝土具有必需的高度。盛料漏斗和导管悬挂在提升机具上。常用的提升机具有卷扬机、起重机、电动葫芦等，可操纵导管的下降和提升。

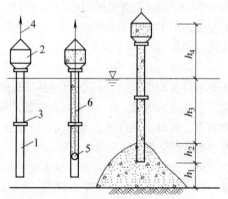

1—导管；2—盛料漏斗；3—接头；4—提升吊索；5—球塞；6—铁丝。

图 4.44 导管法浇筑水下混凝土示意图

施工时，先将导管沉入水中底部距水底约 100 mm 处，导管内用铁丝或麻绳将球塞悬挂在水位以上 0.2 m 处，然后向导管内浇筑混凝土。待导管和盛料漏斗装满混凝土后，即可剪断吊绳，水深 10 m 以内时可立即剪断，水深大于 10 m 时可将球塞降到导管中部或接近管底时再剪断吊绳。此时混凝土靠自重推动球塞下落，冲出管底后向四周扩散，形成一个混凝土堆，并将导管底部埋于混凝土中。混凝土不断从盛料漏斗灌入导管并从其底部流出扩散后，管外混凝土面不断上升，导管也相应提升，每次提升高度应控制在 150～200 mm，以保证导管下端始终埋在混凝土内，其最小埋置深度如表 4.36 所示，最大埋置深度不宜超过 5 m，以保证混凝土的浇筑顺利进行。

表 4.36　导管最小埋入深度

混凝土水下浇筑深度/m	导管埋入混凝土的最小深度/m	混凝土水下浇筑深度/m	导管埋入混凝土的最小深度/m
≤10	0.8	15～20	1.3
10～15	1.1	>20	1.5

当混凝土从导管底部向四周扩散时，靠近管口的混凝土均匀性较好、强度较高，而离管口较远的混凝土易离析，强度有所下降。为保证混凝土的质量，导管作用半径取值不宜大于 4 m，当多根导管同时浇筑时，导管间距不宜大于 6 m，每根导管浇筑面积不宜大于 30 m^2。采用多根导管同时浇筑时，应从最深处开始，并保证混凝土面水平、均匀地上升。相邻导管下口的标高差值不应超过导管间距的 1/20～1/15。

混凝土的浇筑应连续进行，不得中断，应保证混凝土的供应量大于管内混凝土必须保持的高度所需要的混凝土量。

采用导管法浇筑时，由于与水接触的表面一层混凝土结构松软，故在浇筑完毕后应予以清除。软弱层的厚度，在清水中至少按 0.2 m 取值，在泥浆中至少按 0.4 m 取值。因此，浇筑混凝土时的标高控制，应比设计标高超出此值。

4.3.6　混凝土的捣实

混凝土浇筑入模后内部还存在很多空隙。为使硬化后的混凝土具有所要求的外形和足够的强度、刚度，必须使混凝土填满模板的每个角落（成型），并使内部空隙降低到一定程度以下（密实），具有足够的密实性。混凝土的捣实过程就是成型和密实的过程。

混凝土灌入模板以后，由于骨料间的摩阻力和水泥浆的黏滞力，使其不能自行填充密实，因而内部是疏松的，且有一定体积的空洞和气泡，不能达到所要求的密实度，从而影响混凝土的强度和耐久性。因此，混凝土入模后，必须进行捣实成型，以保证混凝土构件的外形及尺寸正确、表面平整，强度和其他性能符合设计及使用要求。混凝土密实成型的途径有几种：一是借助于机械外力（如机械振动）来克服拌和物内部的摩阻力而使之液化后密实；二是在拌和物中适当增加水分以提高其流动性，使之便于成型，成型后用离心法、真空抽吸法将多余的水分和空气排出；三是拌和物中添加有效减水剂，使其坍落度大大增加，实现自流浇注成型，这是一种有发展前途的方法。目前，施工中多采用机械振动成型的方法。

混凝土振捣应能使模板内各个部位混凝土密实、均匀，不应漏振、欠振、过振，分层振捣的最大厚度见表 4.37。

表 4.37　混凝土分层振捣的最大厚度

振捣方法	混凝土分层振捣最大厚度
振动棒	振动棒作用不分长度的 1.25 倍
平板整栋器	200 mm
附着振动器	根据设置方式，通过试验确定

混凝土振捣应采用插入式振动棒、平板振动器或附着振动器，必要时可采用人工辅助振捣。

1. 人工捣实

人工捣实是利用撬棍、插钎等用人力对混凝土进行夯插，使混凝土成型密实的一种方法。

人工捣实的缺点是劳动强度大，混凝土密实性差，只能用于缺少机械或工程量不大的情况。人工捣实时，应特别注意分层浇筑，每层厚度控制在 15 cm 左右，应注意插全、插匀。

2. 机械捣实

1）机械振动成型

振动捣实原理（图 4.45）：

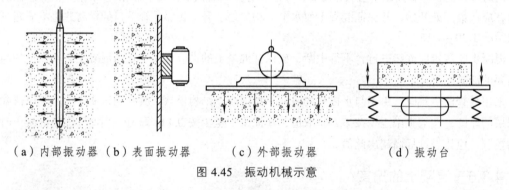

（a）内部振动器　（b）表面振动器　　（c）外部振动器　　　　（d）振动台

图 4.45　振动机械示意

新拌制的混凝土是具有弹、黏、塑性性质的一种多相分散体系，具有一定的触变性（剪应力作用下，黏度减小，剪应力撤除后，黏度逐渐复原的现象，称为触变性）。混凝土的捣实就是通过振动使混凝土的黏度降低，流动性增大，混凝土液化而成一种重质液体，流向各部位将模板填满。

混凝土的振动效果与振动参数有关：振动速度、振动加速度、振动制度（振幅、振动频率、振动延续时间）。

振动捣实是通过振动机械将一定频率、振幅、激振力的振动能量传给混凝土，强迫混凝土中的颗粒产生运动，从而提高混凝土的流动性，使混凝土达到良好的密实成型目的。

振动捣实设备简单，效率高，能保证混凝土具有良好的密实性，适用性强，应用广泛。

振动捣实机械按工作方法分为：插入式振动器、平板振动器和附着振动器及振动台等。

（1）插入式振动器。

插入式振动器，常用的有电动软轴内部振动器（图 4.46）和直联式内部振动器（图 4.47）。电动软轴内部振动器由电动机、软轴、振动棒、增速器等组成。其振捣效果好，且构造简单，维修方便，使用寿命长，是土木工程施工中应用最广泛的一种振动器。

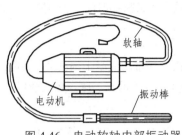

图 4.46　电动软轴内部振动器

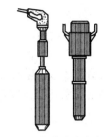

图 4.47　直联式内部振动器

插入式振动器常用于振捣基础、柱、梁、墙及大体积结构混凝土。使用时一般应垂直插入，并插到下层尚未初凝的混凝土中约 50～100 mm，如图 4.48 所示。

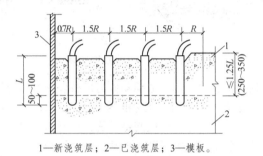

1—新浇筑层；2—已浇筑层；3—模板。

图 4.48　插入式振动器插入深度

振动棒振捣混凝土应按分层浇筑厚度分别进行振捣，振动棒的前端应插入前一层混凝土中，插入深度不应小于 50 mm。为使上、下层混凝土互相结合，振动棒应垂直于混凝土表面并快插慢拔均匀振捣。如插入速度慢，会先将表面混凝土振实，与下部混凝土发生分层离析现象；如拨出速度过快，则由于混凝土来不及填补而在振动器抽出的位置形成空洞。振动器的插点要均匀排列，排列方式有行列式和交错式两种，如图 4.49 所示。插点间距不应大于 $1.4R$（R 为振动器的作用半径），振动器与模板距离不应大于 $0.5R$，且振动中应避免碰振钢筋、模板、吊环及预埋件等，每一插点的振动时间一般为 20～30 s，用高频振动器时不应小于 10 s，过短不易振实，过长可能使混凝土分层离析。当混凝土表面无明显塌陷、有水泥浆出现、不再冒气泡时，则表明已被充分振实，应结束该部位振捣。

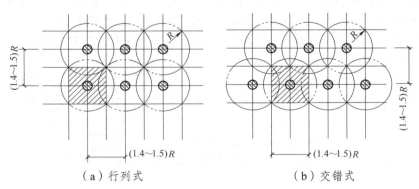

（a）行列式　　　　（b）交错式

图 4.49　插点布置

特殊部位的混凝土应采取下列加强振捣措施：① 宽度大于 0.3 m 的预留洞底部区域，应在洞口两侧进行振捣，并应适当延长振捣时间；宽度大于 0.8 m 的洞口底部，应采取特殊的技术措施。② 后浇带及施工缝边角处应加密振捣点，并应适当延长振捣时间。③ 钢筋密集区域或型钢与钢筋结合区域，应选择小型振动棒辅助振捣、加密振捣点，并应适当延长振捣时间。④ 基础大体积混凝土浇筑流淌形成的坡脚，不得漏振。

（2）外部振动器施工。

附着式振动器是通过螺栓固定在模板上，通过模板振动带动混凝土的振动，又称为外部振动器，如图 4.50 所示。它适用于振实钢筋较密、厚度在 300 mm 以下的柱、梁、板、墙以及不宜使用插入式振动器的结构。

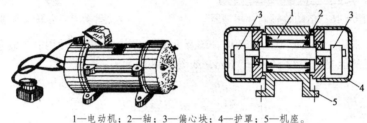

1—电动机；2—轴；3—偏心块；4—护罩；5—机座。

图 4.50　附着式振动器

使用附着式振动器时模板应支设牢固，振动器应与模板外侧紧密连接，以便振动作用能通过模板间接地传递到混凝土中。振动器的侧向影响深度约为 250 mm，如构件较厚时，需在构件两侧同时安装多台振动器，振动频率必须一致，并应交错设置在相对面的模板上，以便振动均匀。混凝土浇筑入模的高度高于振动器安装部位后方可开始振动，附着振动器应根据混凝土浇筑高度和浇筑速度，依次从下往上振捣。振动器的设置间距（有效作用半径）及振动时间宜通过试验确定，一般距离 1.0 ~ 1.5 m 设置一台；振动延续时间则以混凝土表面成水平而且不再出现气泡时为止。

（3）表面振动器施工

将附着式振动器固定在一个平板上，就成为平板振动器。每个位置振动至表面出浆，混凝土不下沉时，即可移到下一个位置，衔接不得低于 5 cm。它适用于振动平面面积大、表面平整而厚度较小的构件，如楼板、地面、路面和薄壳等构件。

使用表面振动器时应将混凝土浇筑区划分若干排，依次拉排平拉慢移，顺序前进，平板振动器振捣应覆盖振捣平面边角，移动间距应使振动器的平板覆盖已振完混凝土的边缘 30 ~ 50 mm，以防漏振。最好振动两遍，且方向互相垂直，第一遍主要使混凝土密实，第二遍主要使其表面平整。振动倾斜表面时，应由低处逐渐向高处移动，以保证混凝土振实。平板振动器在每一位置上的振动延续时间一般的为 25 ~ 40 s，以混凝土停止下沉、表面平整和均匀出现浆液为止。平板振动器的有效作用深度，在无筋及单层配筋平板中约为 200 mm，在双层配筋平板中约 120 mm。

（4）振动台施工

振动台是一个支承在弹性支座上的平台，平台下有振动机械、模板固定在平台上，如图 4.51 所示。它一般用于预制构件厂内振动干硬性混凝土以及在试验室内制作试块时的振实。

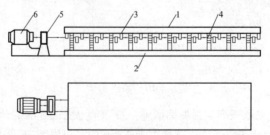

1—振动平台；2—固定框架；3—偏心振动子；4—支承弹簧；5—同步器；6—电动机。

图 4.51　振动台

采用机械振动成型时，混凝土经振动后表面会有水分出现，称泌水现象。泌水不宜直接排走，以免带走水泥浆，应采用吸水材料吸水。必要时可进行二次振捣，或二次抹光。如泌水现象严重，应考虑改变配合比，或采用减水剂。

2）离心法成型

离心法是将装有混凝土的模板放在离心机上，使模板以一定转速绕自身的纵轴旋转，模板内的混凝土由于离心力作用而远离纵轴，均匀分布于模板内壁以将混凝土中的部分水分挤出，使混凝土密实，如图 4.52 所示。此方法一般用于制作混凝土管道、电线杆、管桩等具有圆形空腔的构件。

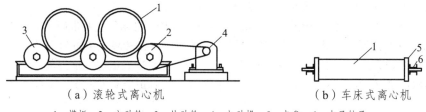

（a）滚轮式离心机　　　　　　　（b）车床式离心机

1—模板；2—主动轮；3—从动轮；4—电动机；5—卡盘；6—支承轴承。

图 4.52　离心法成型示意

离心机有滚轮式和车床式两类，都具有多级变速装置。离心成型过程分为两个阶段：第一阶段是混凝土沿模板内壁分布均匀，形成空腔，此时转速不能太高，以免造成混凝土离析现象；第二阶段是使混凝土密度成型，此时可提高转速，增大离心力，以压实混凝土。

3）真空作业法成型

真空作业法是借助于真空负压，将水分从已初步成型的混凝土拌和物中吸出，并使混凝土密实成型的一种方法，如图 4.53 所示。它可分为表面真空作业与内部真空作业两种。此方法适用于预制平板和现浇楼板、道路、机场跑道、薄壳、隧道顶板、墙壁、水池、桥墩等混凝土的成型。

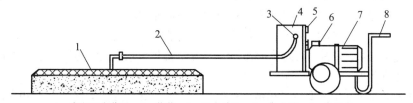

1—真空吸水装置；2—软管；3—吸水进口；4—集水箱；5—真空表；
6—真空泵；7—电动机；8—手推小车。

图 4.53　真空作业法成型示意

4.3.7　混凝土的养护

在混凝土浇筑后的初期，采取一定的工艺措施，为混凝土硬化提供必要的温度和湿度的水化反应条件，以保证其在规定的龄期内达到设计要求的强度，并防止产生收缩裂缝的过程，称为混凝土的养护。混凝土浇筑后 12 h 以内应及时进行保湿养护，保湿养护可采用洒水、覆盖、喷涂养护剂等方式。养护方式应根据现场条件、环境温湿度、构件特点、技术要求、施工操作等因素确定。混凝土的标准养护在温度为（20 ± 3）℃、相对湿度大于 90%的潮湿环境或水中的养护。目前，混凝土养护的方法有自然养护、蒸汽养护、热拌混凝土热模养护、太阳能养护、远红外线养护等。虽然自然养护成本低，简单易行，但养护时间长，模板周转率低，占用场地大；而蒸汽养护时间可缩短到几个小时，热拌热模养护时间可减少到 5～6 h，模板周转率相应提高，占用场地大大减少。

混凝土的养护时间应符合下列规定：① 采用硅酸盐水泥、普通硅酸盐水泥或矿渣硅酸盐水泥配制的混凝土，不应少于 7 d；采用其他品种水泥时，养护时间应根据水泥性能确定。② 采用缓凝型外加剂、大掺量矿物掺合料配制的混凝土，不应少于 14 d。③ 抗渗混凝土、强度等级 C60 及以上的混凝土，不应少于 14 d。④ 后浇带混凝土的养护时间不应少于 14 d。⑤ 地下室底层墙、柱和上部结构首层墙、柱，宜适当增加养护时间。⑥ 大体积混凝土养护时间应根据施工方案确定。

1. 自然养护

混凝土的自然养护，即指在平均气温高于 5 ℃ 的自然条件下，于一定时间内使混凝土保持湿润状态。自然养护分为洒水养护、覆盖薄膜养护。

洒水养护是用吸水保湿能力较强的材料，如草帘、麻袋、锯末等，将混凝土裸露的表面覆盖，并经常洒水使其保持湿润。洒水养护宜在混凝土裸露表面覆盖麻袋或草帘后进行，也可采用直接洒水、蓄水等养护方式。浇水养护时间一般不低于 7 d，浇水次数以能保证混凝土表面湿润为准，洒水养护用水应符合《混凝土用水标准》JGJ 63 的规定。当日最低温度低于 5 ℃ 时，不应采用洒水养护。

覆盖养护宜在混凝土裸露表面覆盖塑料薄膜、塑料薄膜加麻袋、塑料薄膜加草帘进行。覆盖物应严密，覆盖物的层数应按施工方案确定。覆盖薄膜养护是用塑料薄膜将混凝土表面严密地覆盖起来，混凝土敞露的全部表面应覆盖严密，使之与空气隔绝，并保证塑料布内有凝结水，防止混凝土内部水分的蒸发，从而达到养护的目的。这种方式用于不易洒水养护的高耸构筑物、大面积混凝土结构以及缺水地区，分为直接覆盖薄膜养护法和喷涂养护剂养护两种。

喷涂养护剂养护应在混凝土裸露表面喷涂覆盖致密的养护剂进行养护。养护剂应均匀喷涂在结构构件表面，不得漏喷；养护剂应具有可靠的保湿效果，保湿效果可通过试验检验。养护剂使用方法应符合产品说明书的有关要求。

地下室底层和上部结构首层柱、墙混凝土带模养护时间，不应少于 3 d；带模养护结束后，可采用洒水养护方式继续养护，也可采用覆盖养护或喷涂养护剂养护方式继续养护。其他部位柱、墙混凝土可采用洒水养护，也可采用覆盖养护或喷涂养护剂养护。

对于一些地下结构或基础，可在其表面涂刷沥青乳液或用湿土回填，以代替洒水养护。对于表面积大的构件（如地坪、楼板、路面等），也可用湿土、湿砂覆盖，或沿构件周边用黏土等围住，在构件中间蓄水进行养护。

基础大体积混凝土裸露表面应采用覆盖养护方式；当混凝土浇筑体表面以内 40~100 mm 位置的温度与环境温度的差值小于 25 ℃ 时，可结束覆盖养护。覆盖养护结束但尚未达到养护时间要求时，可采用洒水养护方式直至养护结束。

混凝土的凝结硬化，主要是水泥水化作用的结果，而水化作用需要适当的湿度和温度。混凝土浇筑后，因气候炎热、空气干燥、湿度过小，混凝土中的水分会蒸发过快而出现脱水现象，使已形成凝胶体的水泥颗粒不能充分水化，不能转化为稳定的结晶，缺乏足够的黏结力，从而会使混凝土表面出现片状或粉状剥落，影响混凝土的强度。同时，水分过早蒸发还会使混凝土产生较大的收缩变形，出现干缩裂缝，影响混凝土结构的整体性和耐久性。若温度过低，混凝土强度增长缓慢，则会影响混凝土结构和构件尽快投入使用。

2. 蒸汽养护

蒸汽养护是将混凝土构件放置在充满饱和蒸汽或蒸汽与空气温和物的养护室内，在较高的温度和相对湿度的环境中进行养护，以加速混凝土的硬化，使其在较短的时间内达到规定强度的过程。蒸汽养护的过程分为静停、升温、恒温、降温四个阶段。

静停阶段：混凝土构件成型后在室温下停放养护一段时间，以增强混凝土对升温阶段结构破坏作用的抵抗力。对普通硅酸盐水泥制作的构件来说，静停时间一般应为 2 ~ 6 h；对火山灰质硅酸盐水泥或矿渣硅酸盐水泥则不需静停。

升温阶段：构件的吸热阶段。升温速度不宜过快，以免构件表面和内部产生过大温差而出现裂缝。升温速度：对薄壁构件（如多肋楼板、多孔楼板等）不得超过 25 ℃/h；其他构件不得超过 20 ℃/h；而干硬性混凝土制作的构件不得超过 40 ℃/h。

恒温阶段：升温后温度保持不变的阶段。此阶段混凝土强度增长最快，应保持 90% ~ 100% 的相对湿度。恒温阶段的温度，对普通水泥的混凝土不超过 80 ℃，矿渣水泥、火山灰水泥可提高到 85 ~ 90 ℃；恒温时间一般为 5 ~ 8 h。

降温阶段：构件的散热阶段。降温速度不宜过快，否则混凝土会产达表面裂缝。一般情况下，构件厚度在 10 cm 左右时，降温速度不超过 20 ~ 30 ℃/h。此外，出室构件的温度与室外温度之差不得大于 40 ℃/h；当室外为负温时，不得大于 20 ℃/h。

4.3.8　混凝土的质量检查

混凝土结构施工质量检查可分为过程控制检查和拆模后的实体质量检查。过程控制检查应在混凝土施工全过程中，按施工段划分和工序安排及时进行；拆模后的实体质量检查应在混凝土表面未作处理和装饰前进行。

混凝土结构施工的质量检查，应符合下列规定：① 检查的频率、时间、方法和参加检查的人员，应根据质量控制的需要确定。② 施工单位应对完成施工的部位或成果的质量进行自检，自检应全数检查。③ 混凝土结构施工质量检查应作出记录；返工和修补的构件，应有返工修补前后的记录，并应有图像资料。④ 已经隐蔽的工程内容，可检查隐蔽工程验收记录。⑤ 需要对混凝土结构的性能进行检验时，应委托有资质的检测机构检测，并应出具检测报告。

混凝土浇筑前应检查混凝土送料单，核对混凝土配合比，确认混凝土强度等级，检查混凝土运输时间，测定混凝土坍落度，必要时还应测定混凝土扩展度。

对于拆模后的构件，应对工程质量进行检查，以评定是否合格，检查内容有：轴线、标高、截面尺寸、垂直度、混凝土的强度和表面外观质量等。

混凝土表面外观质量要求：不应有蜂窝、麻面、孔洞、露筋、缝隙及夹层、缺棱掉角和裂缝等。

1. 混凝土的质量检查验收

混凝土的质量验收包括施工过程中的质量检查和施工后的质量验收。

1）施工过程中混凝土的质量检查

混凝土结构施工过程中，应检查： 模板及支架位置、尺寸，模板的变形和密封性，模板涂刷脱模剂及必要的表面湿润，模板内杂物清理；钢筋的规格、数量，钢筋位置和混凝土保护层厚度，预埋件规格、数量、位置及固定；混凝土拌和物的坍落度、入模温度等，大体积混凝土的温度测控；施工过程中混凝土输送、浇筑、振捣，模板的变形、漏浆等，混凝土浇筑时钢筋和预埋件位置，混凝土试件制作，混凝土养护。

施工过程中的质量检查，即在混凝土制备和浇筑过程中对原材料的质量、配合比、坍落度等的检查，每一工作班至少检查两次，如遇特殊情况还应及时进行抽查。混凝土的搅拌时间应随时检查。

混凝土拌制过程中应检查混凝土组成材料的质量和用量，并在拌制地点检查坍落度。该检查每工作班至少有两次。此外，工作班内外界条件发生变化也应及时检查，混凝土的搅拌时间应随时检查。应检查混凝土在拌制地点及浇筑地点的坍落度，每工作班至少检查 2 次，对于预拌（商品）混凝土，也应在浇筑地点进行坍落度检查。实测的混凝土坍落度与要求坍落度之间的允许偏差是：要求坍落度<50 mm 时，为±10 mm；要求坍落度在 50~90 mm 时，为±20 mm；要求坍落度>90 mm 时，为±30 mm。

2）施工后混凝土的质量验收

混凝土的质量验收，主要包括对混凝土强度和耐久性的检验、外观质量和结构构件尺寸的检查。

首次使用的混凝土配合比应进行开盘鉴定，其原材料、强度、凝结时间、稠度等应满足设计配合比的要求。混凝土拌和物不应离析，混凝土拌和物稠度应满足施工方案的要求。

混凝土的强度等级必须符合设计要求。用于检验混凝土强度的试件应在浇筑地点随机抽取。取样与试件留置应符合下列规定：每拌制 100 盘且不超过 100 m³ 的同配合比的混凝土，取样不得少于一次；当工作班拌制的同一配合比的混凝土不足 100 盘时，取样不得少于一次；当一次连续浇筑超过 1 000 m³ 时，同一配合比的混凝土每 200 m³ 取样不得少于一次；每一层楼、同一配合比的混凝土，取样不得少于一次。每次取样应至少留一组标准养护试件，同条件养护试件的留置组数应根据实际需要确定。当混凝土试件强度评定不合格时，可采用非破损或局部破损的检测方法，对结构和构件的混凝土强度进行推定。非破损的方法有回弹法、超声波法和超声波回弹综合法，局部破损的方法通常采用钻芯取样检验法。

有耐久性要求的混凝土，应在施工现场随机抽取试件进行耐久性检验，其检验结果应符合国家现行有关标准的规定和设计要求。同一配合比的混凝土，取样不应少于一次，留置试件数量应符合国家现行标准《普通混凝土长期性能和耐久性能试验方法标准》GB/T 50082 和《混凝土耐久性检验评定标准》JGJ/T 193 的规定。混凝土有抗冻要求时，应在施工现场进行混凝土含气量检验，其检验结果应符合国家现行有关标准的规定和设计要求。同一配合比的混凝土，取样不应少于一次，取样数量应符合现行国家标准《普通混凝土拌和物性能试验方法标准》GB/T 50080 的规定。

混凝土结构拆除模板后应进行下列检查：

（1）现浇结构截面尺寸、表面平整度；设备基础坐标位置、平面外形尺寸、凸台上平面外形尺寸、凹穴尺寸、平面水平度。

（2）预埋设施的数量、位置、中心线位置和预留洞中心线位置；设备基础预埋地脚螺栓（标高、中心）、预留地脚螺栓孔（中心线位置、深度、孔垂直度）和预埋活动地脚螺栓锚板（标高、中心线位置、锚板平整度）。

（3）构件的外观缺陷：现浇结构的外观质量缺陷有露筋、蜂窝、孔洞、夹渣、疏松、裂缝、连接部位缺陷、外形缺陷（缺棱掉角、棱角不直、翘曲不平、飞边凸肋等）和外表缺陷（构件表面麻面、起皮、起砂、玷污等）。现浇结构的外观质量不应有严重缺陷。对已经出现的严重缺陷，应由施工单位提出技术处理方案，并经监理（建设）单位认可后实施；对经处理的部分，应重新检查验收。现浇结构的外观质量不宜有一般缺陷。对已经出现的一般缺陷，应由施工单位按技术处理方案进行处理，并重新检查验收。

（4）构件的连接及构造做法。

（5）结构的有轴线位置、标高、全高垂直度；设备基础不同平面的标高、垂直度。

混凝土结构拆模后实体质量检查方法与判定，应符合现行国家标准《混凝土结构工程施工质量验收规范》GB 50204 等的有关规定。现浇结构不应有影响结构性能和使用功能的尺寸偏差。混凝土设备基础不应有影响结构性能和设备安装的尺寸偏差，其尺寸允许偏差和检验方法应按国家现行有关规范的规定执行。对超过尺寸允许偏差且影响结构性能和安装、使用功能的部位，应由施工单位提出技术处理方案，并经监理（建设）单位认可后实施。对经处理的部位，应重新检查验收。

2. 混凝土缺陷的修整

混凝土结构缺陷可分为尺寸偏差缺陷和外观缺陷。尺寸偏差缺陷和外观缺陷可分为一般缺陷和严重缺陷。混凝土结构尺寸偏差超出规范规定，但尺寸偏差对结构性能和使用功能未构成影响时，应属于一般缺陷；而尺寸偏差对结构性能和使用功能构成影响时，应属于严重缺陷。外观缺陷分类应符合表4.38的规定。

表4.38　混凝土外观缺陷分类

名　称	现　象	严重缺陷	一般缺陷
露　筋	构件内钢筋未被混凝土包裹而外露	纵向受力钢筋有露筋	其他钢筋有少量露筋
蜂　窝	混凝土表面缺少水泥浆而形成石子外露	构件主要受力部位有蜂窝	其他部位有少量蜂窝
孔　洞	混凝土中孔穴深度和长度均超过保护层厚度	构件主要受力部位有孔洞	其他部位有少量孔洞
夹　渣	混凝土中夹有杂物且深度超过保护层厚度	构件主要受力部位有夹渣	其他部位有少量夹渣
疏　松	混凝土中局部不密实	构件主要受力部位有疏松	其他部位有少量疏松
裂　缝	缝隙从混凝土表面延伸至混凝土内部	构件主要受力部位有影响结构性能或使用功能的裂缝	其他部位有少量不影响结构性能或使用功能的裂缝
连接部位缺陷	构件连接处混凝土有缺陷及连接钢筋、连接件松动	连接部位有影响结构传力性能的缺陷	连接部位有基本不影响结构传力性能的缺陷
外形缺陷	缺棱掉角、棱角不直、翘曲不平、飞边凸肋	清水混凝土构件有影响使用功能或装饰效果的外形缺陷	其他混凝土构件有不影响使用功能或装饰效果的外形缺陷
外表缺陷	构件表面麻面、掉皮、起砂沾污等	具有重要装饰效果的清水混凝土构件有外表缺陷	其他混凝土构件有不影响使用功能的外表缺陷

施工过程中发现混凝土结构缺陷时，应认真分析缺陷产生的原因。对严重缺陷施工单位应制订专项修整方案，方案应经论证审批后再实施，不得擅自处理。

产生混凝土结构外观一般缺陷的主要原因是：模板接缝处漏浆；模板表面未清理干净，或钢模板未满涂隔离剂，或木模板湿润不够；振捣不够密实。修整方法：① 露筋、蜂窝、孔洞、夹渣、疏松、外表缺陷，应先用钢丝刷或压力水凿除胶结不牢固部分的混凝土，应清理表面，洒水湿润后应用 1∶2～1∶2.5 水泥砂浆抹平；② 裂缝应封闭；③ 连接部位缺陷、外形缺陷可与面层装饰施工一并处理。

混凝土结构外观严重缺陷的原因是：混凝土配合比不准确，浆少石多；混凝土搅拌不均匀，或和易件较差，或产生分层离析；配筋过密，石子粒径过大，使砂浆不能充满钢筋周围；振捣不够密实；混凝土产生离析，石子成堆，混凝土漏振。露筋、蜂窝、孔洞、夹渣、疏松、外表缺陷，应凿除胶结不牢固部分的混凝土至密实部位，清理表面，支设模板，洒水湿润，涂抹混凝土界面剂，应采用比原混凝土强度等级高一级的细石混凝土浇筑密实，养护时间不应少于 7 d。民用建筑的地下室、卫生间、屋面等接触水介质的构件开裂，均应注浆封闭处理。民用建筑不接触水介质的构件，可采用注浆封闭、聚合物砂浆粉刷或其他表面封闭材料进行封闭。无腐蚀介质工业建筑的地下室、屋面、卫生间等接触水介质的构件开裂，以及有腐蚀介质的所有构件，均应注浆封闭处理。无腐蚀介质工业建筑不接触水介质的构件，可采用注浆封闭、聚合物砂浆粉刷或其他表面封闭材料进行封闭。

清水混凝土的外形和外表严重缺陷，宜在水泥砂浆或细石混凝土修补后用磨光机械磨平。

构件产生裂缝的原因比较复杂，如：养护不够，表面失水过多；冬季施工中，拆除保温材料时温差过大而引起的温度裂缝，或夏季烈日暴晒后突然降雨而引起的温度裂缝；模板及支撑不牢固，产生变形或局部沉降；拆模不当，或拆模过早使构件受力过早，大面积现浇混凝土的收缩和温度应力过大等。处理方法应根据具体情况确定：对于数量不多的表面细小裂缝，可先用水将裂缝冲洗干净后，再用水泥浆抹补；如裂缝较大较深（宽 1 mm 以内），应沿裂缝凿成凹槽，用水冲洗干净，再用 1∶2~1∶2.5 的水泥砂浆或用环氧树脂胶泥抹补；对于会影响结构整体性和承载能力的裂缝，应采用化学灌浆或压力水泥灌浆的方法补救。

混凝土结构尺寸偏差一般缺陷，可结合装饰工程进行修整；混凝土结构尺寸偏差严重缺陷，应会同设计单位共同制订专项修整方案，结构修整后应重新检查验收。

4.3.9 装配式结构工程

装配式结构工程应编制专项施工方案。必要时，专业施工单位应根据设计文件进行深化设计。装配式结构正式施工前，宜选择有代表性的单元或部分进行试制作、试安装。

预制构件的吊运应根据预制构件形状、尺寸、重量和作业半径等要求选择吊具和起重设备，所采用的吊具和起重设备及其施工操作，应符合国家现行有关标准及产品应用技术手册的规定；吊运应采取措施，保证起重设备的主钩位置、吊具及构件重心在竖直方向上重合，吊索与构件水平夹角不宜小于 60°，不应小于 45°；吊运过程应平稳，不应有大幅度摆动，且不应长时间悬停；吊运应设专人指挥，操作人员应位于安全位置。

预制构件经检查合格后，应在构件上设置可靠标识。在装配式结构的施工全过程中，应采取防止预制构件损伤或污染的措施。装配式结构施工中采用专用定型产品时，专用定型产品及施工操作应符合国家现行有关标准及产品应用技术手册的规定。

1. 施工验算

装配式混凝土结构施工前，应根据设计要求和施工方案进行必要的施工验算。预制构件在脱模、吊运、运输、安装等环节的施工验算，应将构件自重标准值乘以脱模吸附系数或动力系数作为等效荷载标准值：脱模吸附系数宜取 1.5，也可根据构件和模具表面状况适当增减；复杂情况，脱模吸附系数宜根据试验确定；构件吊运、运输时，动力系数宜取 1.5；构件翻转及安装过程中就位、临时固定时，动力系数可取 1.2。

预制构件的施工验算应符合设计要求。当设计无具体要求时，宜符合下列规定：

（1）钢筋混凝土和预应力混凝土构件正截面边缘的混凝土法向压应力，应满足下式的要求：

$$\sigma_{cc} \leqslant 0.8f'_{ck} \tag{4.15}$$

式中 σ_{cc} ——各施工环节在荷载标准组合作用下产生的构件正截面边缘混凝土法向压应力（MPa），可按毛截面计算；

f'_{ck} ——与各施工环节的混凝土立方体抗压强度相应的抗压强度标准值（MPa），按《混凝土结构设计规范》GB 50010 确定。

（2）钢筋混凝土和预应力混凝土构件正截面边缘的混凝土法向拉应力，宜满足下式的要求：

$$\sigma_{ct} \leqslant 1.0f'_{ck} \tag{4.16}$$

式中 σ_{ct} ——各施工环节在荷载标准组合作用下产生的构件正截面边缘混凝土法向拉应力（MPa），可按毛截面计算。

（3）预应力混凝土构件的端部正截面边缘的混凝土法向拉应力，可适当放松，但不应大于 $1.2f'_{ck}$。

（4）施工过程中允许出现裂缝的钢筋混凝土构件，其正截面边缘混凝土法向拉应力限值可适当放松，但开裂截面处受拉钢筋的应力，应满足下式的要求：

$$\sigma_s \leqslant 0.7 f_{yk} \tag{4.17}$$

式中　σ_s——各施工环节在荷载标准组合作用下产生的构件受拉钢筋应力（MPa），应按开裂截面计算；

　　　f_{yk}——受拉钢筋强度标准值（MPa）。

（5）叠合式受弯构件尚应符合现行国家标准《混凝土结构设计规范》GB 50010 的有关规定。在叠合层施工阶段验算中，作用在叠合板上的施工活荷载标准值可按实际情况计算，且取值不宜小于 1.5 kN/m²。

预制构件中的预埋吊件及临时支撑，宜按下式进行计算：

$$K_c S_c \leqslant R_c \tag{4.18}$$

式中　K_c——施工安全系数，按表 4.39 取值；

　　　S_c——施工阶段荷载标准组合作用下的效应值；

　　　R_c——按材料强度标准值计算或根据实验确定的预埋吊件、临时支撑、连接件承载力。

表 4.39　预埋吊件、临时支撑的安全系数

项目	施工安全系数 K_c
临时支撑	2
临时支撑的连接件 预制构件中用于连接临时支撑的预埋件	3
普通预埋吊件	4
多用途的预埋吊件	5

注：对采用 HPB300 钢筋吊环形式的预埋吊件，应按《混凝土结构设计规范》GB 50010 的有关规定执行。

2. 构件制作

制作预制构件的场地应平整、坚实，并应采取排水措施。当采用台座生产预制构件时，台座表面应光滑平整，2 m 长度内表面平整度不应大于 2 mm，在气温变化较大的地区宜设置伸缩缝。

模具应具有足够的强度、刚度和整体稳定性，并应能满足预制构件预留孔、插筋、预埋吊件及其他预埋件的定位要求。模具设计应满足预制构件质量、生产工艺、模具组装与拆卸、周转次数等要求。跨度较大的预制构件的模具应根据设计要求预设反拱。

当采用平卧重叠法制作预制构件时，应在下层构件的混凝土强度达到 5.0 MPa 后，再浇筑上层构件混凝土，上、下层构件之间应采取隔离措施。

预制构件可根据需要选择洒水、覆盖、喷涂养护剂养护，或采用蒸汽养护、电加热养护。采用蒸汽养护时，应合理控制升温、降温速度和最高温度，构件表面宜保持 90% ~ 100% 的相对湿度。

预制构件的饰面应符合设计要求。带面砖或石材饰面的预制构件宜采用反打成型法制作，也可采用后贴工艺法制作。

带保温材料的预制构件宜采用水平浇筑方式成型。采用夹芯保温的预制构件，宜采用专用连接件连接内外两层混凝土，其数量和位置应符合设计要求。

清水混凝土预制构件的边角宜采用倒角或圆弧角，模具应满足清水表面设计精度要求。通过控制原材料质量和混凝土配合比，并应保证每班生产构件的养护温度均匀一致。构件表面应采取针对清水混凝土的保护和防污染措施。出现的质量缺陷应采用专用材料修补，修补后的混凝土外观质量应满足设计要求。

带门窗、预埋管线预制构件的门窗框、预埋管线应在浇筑混凝土前预先放置并固定，固定时应采取防止窗破坏及污染窗体表面的保护措施。当采用铝窗框时，应采取避免铝窗框与混凝土直接接

触发生电化学腐蚀的措施,施工中应采取控制温度或受力变形对门窗产生的不利影响的措施。

采用现浇混凝土或砂浆连接的预制构件结合面,制作时应按设计要求进行处理。设计无具体要求时,宜进行拉毛或凿毛处理,也可采用露骨料粗糙面。

预制构件脱模起吊时的混凝土强度应根据计算确定,且不宜小于 15 MPa。后张有黏结预应力混凝土预制构件应在预应力筋张拉并灌浆后起吊,起吊时同条件养护的水泥浆试块抗压强度不宜小于 15 MPa。

3. 运输与堆放

预制构件运输与堆放时的支承位置应经计算确定。

预制构件的运输线路应根据道路、桥梁的实际条件确定,场内运输宜设置循环线路,运输车辆应满足构件尺寸和载重要求。装卸构件过程中,应采取保证车体平衡、防止车体倾覆的措施,应采取防止构件移动或倾倒的绑扎固定措施。运输细长构件时应根据需要设置水平支架;构件边角部或绳索接触处的混凝土,宜采用垫衬加以保护。

预制构件的堆放场地应平整、坚实,并应采取良好的排水措施,应保证最下层构件垫实,预埋吊件宜向上,标识宜朝向堆垛间的通道。垫木或垫块在构件下的位置宜与脱模、吊装时的起吊位置一致;重叠堆放构件时,每层构件间的垫木或垫块应在同一垂直线上。堆垛层数应根据构件与垫木或垫块的承载力及堆垛的稳定性确定,必要时应设置防止构件倾覆的支架。施工现场堆放的构件,宜按安装顺序分类堆放,堆垛宜布置在吊车工作范围内且不受其他工序施工作业影响的区域。预应力构件的堆放应根据反拱影响采取措施。

墙板类构件应根据施工要求选择堆放和运输方式。外形复杂墙板宜采用插放架或靠放架直立堆放和运输。插放架、靠放架应安全可靠。采用靠放架直立堆放的墙板宜对称靠放、饰面朝外,与竖向的倾斜角不宜大于 10°。

吊运平卧制作的混凝土屋架时,应根据屋架跨度、刚度确定吊索绑扎形式及加固措施。屋架堆放时,可将几榀屋架绑扎成整体。

4. 安装与连接

装配式结构安装现场应根据工期要求以及工程量、机械设备等现场条件,组织立体交叉、均衡有效的安装施工流水作业。

预制构件安装前应核对已施工完成结构的混凝土强度、外观质量、尺寸偏差等符合设计要求和本规范的有关规定,应核对预制构件混凝土强度及预制构件和配件的型号、规格、数量等符合设计要求。在已施工完成结构及预制构件上进行测量放线,并应设置安装定位标志。吊装前确认吊装设备及吊具处于安全操作状态,应核实现场环境、天气、道路状况满足吊装施工要求。

安放预制构件时,其搁置长度应满足设计要求。预制构件与其支承构件间宜设置厚度不大于 30 mm 坐浆或垫片。预制构件安装过程中应根据水准点和轴线校正位置,安装就位后应及时采取临时固定措施。预制构件与吊具的分离应在校准定位及临时固定措施安装完成后进行。临时固定措施的拆除应在装配式结构能达到后续施工承载要求后进行。

采用临时支撑时,每个预制构件的临时支撑不宜少于 2 道,对预制柱、墙板的上部斜撑,其支撑点距离底部的距离不宜小于高度的 2/3,且不应小于高度的 1/2。构件安装就位后,可通过临时支撑对构件的位置和垂直度进行微调。

装配式结构采用现浇混凝土或砂浆连接构件时,构件连接处现浇混凝土或砂浆的强度及收缩性能应满足设计要求,设计无具体要求时,应符合下列规定:① 承受内力的连接处应采用混凝土浇筑,混凝土强度等级值不应低于连接处构件混凝土强度设计等级值的较大值;② 非承受内力的连接处可采用混凝土或砂浆浇筑，其强度等级不应低于 C15 或 M15；③ 混凝土粗骨料最大粒径不宜大于连接处最小尺寸的 1/4。浇筑前，应清除浮浆、松散骨料和污物，并宜洒水湿润。连接节点、水平拼缝应连续浇筑；竖向拼缝可逐层浇筑，每层浇筑高度不宜大于 2 m，应采取保证混凝土或砂浆浇筑密实的措施。混凝土或砂浆强度达到设计要求后，方可承受全部设计荷载。

装配式结构采用焊接或螺栓连接构件时，应符合设计要求或国家现行有关钢结构施工标准的规定，并应对外露铁件采取防腐和防火措施。采用焊接连接时，应采取避免损伤已施工完成结构、预制构件及配件的措施。装配式结构构件间的钢筋连接可采用焊接、机械连接、搭接及套筒灌浆连接等方式。钢筋锚固及钢筋连接长度应满足设计要求。钢筋连接施工应符合国家现行有关标准的规定。

叠合式受弯构件的后浇混凝土层施工前，应按设计要求检查结合面粗糙度和预制构件的外露钢筋。施工过程中，应控制施工荷载不超过设计取值，并应避免单个预制构件承受较大的集中荷载。

当设计对构件连接处有防水要求时，材料性能及施工应符合设计要求及国家现行标准的规定。

5. 质量检查

在使用制作预制构件的台座或模具前应检查其外观质量和尺寸偏差。

预制构件制作过程中应检查预埋吊件的规格、数量、位置及固定情况，复合墙板夹芯保温层和连接件的规格、数量、位置及固定情况，门窗框和预埋管线的规格、数量、位置及固定情况。

预制完成拆模后检查预制构件的混凝土强度、标识、外观质量、尺寸偏差，预埋件、插筋、预留孔洞的规格、位置及数量。

预制构件的起吊、运输时检查吊具和起重设备的型号、数量、工作性能，运输线路，运输车辆的型号、数量，以及预制构件的支座位置、固定措施和保护措施。

需要堆放的预制构件应检查堆放场地，垫木或垫块的位置、数量，预制构件堆垛层数、稳定措施。

预制构件安装前应检查已施工完成结构的混凝土强度、外观质量和尺寸偏差，预制构件的混凝土强度，预制构件、连接件及配件的型号、规格和数量，安装定位标识，预制构件与后浇混凝土结合面的粗糙度，预留钢筋的规格、数量和位置，吊具及吊装设备的型号、数量、工作性能。

预制构件安装连接应检查：预制构件的位置及尺寸偏差，预制构件临时支撑、垫片的规格、位置、数量，连接处现浇混凝土或砂浆的强度、外观质量，连接处钢筋连接及其他连接质量。

4.3.10　混凝土的季节性施工

根据当地多年气象资料统计，当室外日平均气温连续 5 日稳定低于 5 ℃ 时，应采取冬期施工措施；当室外日平均气温连续 5 日稳定高于 5 ℃ 时，可解除冬期施工措施。在冬期施工期间，混凝土应采取相应的冬期施工措施。混凝土冬期施工，应按现行行业标准《建筑工程冬期施工规程》JGJ/T 104 的有关规定进行热工计算。当混凝土未达到受冻临界强度而气温骤降至 0 ℃ 以下时，应按冬期施工的要求采取应急防护措施。工程越冬期间，应采取维护保温措施。

当日平均气温达到 30 ℃ 及以上时，应按高温施工要求采取措施。

雨季和降雨期间，应按雨期施工要求采取措施。

1. 冬期施工

1）温度与混凝土硬化的关系

温度的高低对混凝土强度的增长有很大影响。在湿度合适的条件下，温度越高，水泥水化作用就越迅速、完全，强度就越高；当温度较低时，混凝土水化速度较慢，强度就较低；当温度降至 0 ℃ 以下时，混凝土中的水会结冰，水泥颗粒不能和冰发生化学反应，水化作用几乎停止，强度也就无法增长。

2）冻结对混凝土质量的影响

混凝土在初凝前或刚初凝时遭受冻结，此时水泥来不及水化或水化作用刚刚开始，本身尚无强度，水泥受冻后处于"休眠"状态。恢复正常养护后，其强度可以重新发展直到与未受冻的基本相同，几乎没有强度损失。

若混凝土在初凝后，本身强度很小时遭受冻结，此时混凝土内部存在两种应力：一种是水泥水化作用产生的黏结应力；另一种是混凝土内部自由水冻结，体积膨胀 8% ~ 9%所产生的冻胀应力。当黏结应力小于冻胀应力时，已形成的水泥石内部结构就很容易被破坏，产生一些微裂纹，这些微裂纹是不可逆的；而且冰块融化后会形成孔隙，严重降低混凝土的密实度和耐久性。在混凝土解冻后，其强度虽然能继续增长，但已不可能达到原设计的强度等级，从而极大地影响了结构的质量。

若混凝土达到某一强度值以上后再遭受冻结，此时其内部水化作用产生的黏结应力足以抵抗自由水结冰产生的冻胀应力，则解冻后强度还能继续增长，可达到原设计强度等级，对强度影响不大，只不过是增长缓慢而已。因此，为避免混凝土遭受冻结所带来的危害，必须使混凝土在受冻前达到这一强度值，这一强度值通常称为混凝土受冻的临界强度。

临界强度与水泥的品种、混凝土强度等级等有关。当采用蓄热法、暖棚法、加热法施工时，采用硅酸盐水泥、普通硅酸盐水泥配制的混凝土，不应低于设计混凝土强度等级值的30%；采用矿渣硅酸盐水泥、粉煤灰硅酸盐水泥、火山灰质硅酸盐水泥、复合硅酸盐水泥配制的混凝土时，不应低于设计混凝土强度等级值的40%。当室外最低气温不低于 – 15 ℃ 时，采用综合蓄热法、负温养护法施工的混凝土受冻临界强度不应低于4.0 MPa；当室外最低气温不低于 – 30 ℃ 时，采用负温养护法施工的混凝土受冻临界强度不应低于5.0 MPa。强度等级等于或高于C50的混凝土，不宜低于设计混凝土强度等级值的30%。有抗渗要求的混凝土不宜小于设计混凝土强度等级值的50%，有抗冻耐久性要求的混凝土不宜低于设计混凝土强度等级值的70%。

在冬期施工中，应尽量使混凝土不受冻，或受冻时已使其达到临界强度值而可保证混凝土最终强度不受到损失。

2. 混凝土冬期施工方法

1）混凝土材料的选择及要求

配制冬期施工混凝土宜采用硅酸盐水泥或普通硅酸盐水泥；采用蒸汽养护时，宜采用矿渣硅酸盐水泥。水泥强度等级不应低于 42.5 级，最小水泥用量不应少于 300 kg/m³，水灰比不应大于 0.6。使用矿渣硅酸盐水泥时，宜采用蒸汽养护。

拌制混凝土所采用的骨料应清洁，不得含有冰、雪、冻块及其他易冻裂物质。在掺用含有钾、钠离子的防冻剂混凝土中，不得采用活性骨料或在骨料中混有这类物质的材料。

冬期施工混凝土用外加剂，应符合现行国家标准《混凝土外加剂应用技术规范》GB 50119 的有关规定。采用非加热养护方法时，混凝土中宜掺入引气剂、引气型减水剂或含有引气组分的外加剂，混凝土含气量宜控制为 3.0% ~ 5.0%。在钢筋混凝土中掺用氯盐类防冻剂时，氯盐掺量不得大于水泥质量的 1%（按无水状态计算），掺用氯盐的混凝土应振捣密实，且不宜采用蒸汽养护。

冬期施工混凝土配合比，应根据施工期间环境气温、原材料、养护方法、混凝土性能要求等经试验确定，并宜选择较小的水胶比和坍落度。混凝土工程冬期施工应加强骨料含水率、防冻剂掺量检查，以及原材料、入模温度、实体温度和强度监测；应依据气温的变化，检查防冻剂掺量是否符合配合比与防冻剂说明书的规定，并应根据需要调整配合比。混凝土冬期施工期间，应按国家现行有关标准的规定对混凝土拌和水温度、外加剂溶液温度、骨料温度、混凝土出机温度、浇筑温度、入模温度，以及养护期间混凝土内部和大气温度进行测量。

冬期施工混凝土强度试件的留置，除应符合现行国家标准《混凝土结构工程施工质量验收规范》

GB 50204 的有关规定外，尚应增加不少于 2 组的同条件养护试件。同条件养护试件应在解冻后进行试验。

2）混凝土材料的加热

冬期施工中要保证混凝土结构在受冻前达到临界强度，就需要混凝土早期具备较高的温度，以满足强度较快增长的需要。温度升高所需要的热量，一部分来源于水泥的水化热，另一部分则只有采用加热材料的方法获得。加热材料最有效、最经济的方法是加热水，当加热水不能获得足够的热量时，可加热粗、细骨料，一般采用蒸汽加热。任何情况下不能直接加热水泥，可在使用前把水泥运入暖棚，使其温度缓慢均匀地升高。

由于温度较高时会使水泥颗粒表面迅速水化，结成外壳，阻止内部继续水化，形成"假凝"现象，而影响混凝土强度的增长，故规范对原材料的最高加热温度作了限制，如表 4.40 所示。

表 4.40 拌和水及骨料加热最高温度　　　　　　　单位：℃

水泥强度等级	拌和水	骨　料
42.5 以下	80	60
42.5、42.5R 及以上	60	40

若水、骨料达到规定温度仍不能满足要求时，水可加热到 100 ℃，但水泥不得与 80 ℃ 以上的水直接接触。

冬期施工中，混凝土拌和物所需要的温度应根据当时的外界气温和混凝土入模温度等因素确定，再通过热工计算来确定原材料所需要的加热温度。

3）混凝土的搅拌与运输

混凝土搅拌前，应用热水或蒸汽冲洗搅拌机。投料顺序为先投入骨料和已加热的水，再投入水泥，以避免水泥"假凝"。混凝土搅拌时间应比常温下延长 50%，以使拌和物的温度均匀。

冬期施工混凝土搅拌前，原材料预热应宜加热拌和水，当仅加热拌和水不能满足热工计算要求时，可加热骨料、拌和水与骨料的加热温度可通过热工计算确定，加热温度不应超过表 4.40 的规定，水泥、外加剂、矿物掺合料不得直接加热，应置于暖棚内预热。

冬期施工混凝土液体防冻剂使用前应搅拌均匀，由防冻剂溶液带入的水分应从混凝土拌和水中扣除。蒸汽法加热骨料时，应加大对骨料含水率测试频率，并应将由骨料带入的水分从混凝土拌和水中扣除。混凝土搅拌前应对搅拌机械进行保温或采用蒸汽进行加温，搅拌时间应比常温搅拌时间延长 30~60 s。混凝土搅拌时应先投入骨料与拌和水，预拌后再投入胶凝材料与外加剂。胶凝材料、引气剂或含引气组分外加剂不得与 60 ℃ 以上热水直接接触。

混凝土拌和物的出机温度不宜低于 10 ℃，入模温度不应低于 5 ℃；预拌混凝土或需远距离运输的混凝土，混凝土拌和物的出机温度可根据距离经热工计算确定，但不宜低于 15 ℃。大体积混凝土的入模温度可根据实际情况适当降低。混凝土运输、输送机具及泵管应采取保温措施。当采用泵送工艺浇筑时，应采用水泥浆或水泥砂浆对泵和泵管进行润滑、预热。混凝土运输、输送与浇筑过程中应进行测温，其温度应满足热工计算的要求。

4）混凝土的浇筑

混凝土浇筑前，应清除地基、模板和钢筋上的冰雪和污垢，并应进行覆盖保温。冬期不得在强冻胀性地基上浇筑混凝土；在弱冻胀性地基上浇筑混凝土时，基土不得遭冻；在非冻胀性地基土上浇筑混凝土时，混凝土在受冻前的抗压强度不得低于临界强度。

对于加热养护的现浇混凝土结构，应注意温度应力的危害。加热养护时应合理安排混凝土的浇筑程序和施工缝的位置，以避免产生较大的温度应力；当加热养护温度超过 40 ℃ 时，应征得设计单位的同意，并采取一系列防范措施，如梁支座可处理成活动支座而允许其微幅伸缩，或设置后浇带，分段进行浇筑与加热。

分层浇筑大体积混凝土时，为防止上层混凝土的热量被下层混凝土过多吸收，分层浇筑的时间间隔不宜过长。混凝土分层浇筑时，分层厚度不应小于 400 mm。在被上一层混凝土覆盖前，已浇筑层的温度应满足热工计算要求，且不得低于 2 ℃。采用加热方法养护现浇混凝土时，应根据加热产生的温度应力对结构的影响采取措施，并应合理安排混凝土浇筑顺序与施工缝留置位置。

5）混凝土冬期的养护方法

混凝土浇筑后应采用适当的方法进行养护，保证混凝土在受冻前至少已达到临界强度，才能避免其强度损失。冬期施工中混凝土养护的方法很多，有蓄热法、蒸汽加热法、电热法、暖棚法、掺外加剂法等。

（1）蓄热法。

蓄热法是利用原材料预热的热量及水泥水化热，通过适当的保温措施，延缓混凝土的冷却，保证混凝土在冻结前达到所要求强度的一种冬期施工方法。该方法适用于室外最低温度不低于 -15 ℃ 的地面以下工程，或表面系数（指结构冷却的表面积与其全部体积的比值）不大于 5 m^{-1} 的结构。

蓄热法养护具有施工简单、不需外加热源、节能、费用低等特点。因此，在混凝土冬期施工时应优先考虑采用，只有当确定蓄热法不能满足要求时，才考虑选择其他方法。

蓄热法养护的三个基本要素是混凝土的入模温度、围护层的总传热系数和水泥水化热值，应通过热工计算调整以上三个要素，使混凝土冷却到 0 ℃ 时，强度能达到临界强度的要求。

采用蓄热法时，宜选用强度等级高、水化热大的硅酸盐水泥或普通硅酸盐水泥，掺用早强型外加剂；适当提高入模温度；选用传热系数较小、价廉耐用的保温材料，如草帘、草袋、锯末、谷糠及炉渣等；保温层覆盖后要注意防潮和防止透风，对边、棱角部位要特别加强保温。此外，还可采用其他一些有利蓄热的措施，如：地下工程可用未冻结的土壤覆盖；用生石灰与湿锯末均匀拌和覆盖，利用保温材料本身发热来保温；充分利用太阳的热能，白天有日照时，打开保温材料，夜间再覆盖等。

（2）蒸汽加热法。

蒸汽加热养护分为湿热养护和干热养护两类。湿热养护是让蒸汽与混凝土直接接触，利用蒸汽的湿热作用来养护混凝土，常用的有棚罩法、蒸汽套法以及内部通汽法；而干热养护则是将蒸汽作为热载体，通过某种形式的散热器，将热量传导给混凝土使其升温，有毛管法和热模法等。

① 棚罩法（蒸汽室法）。

棚罩法是在现场结构物的周围制作能拆卸的蒸汽室，如在地槽上部加盖简易的盖子或在预制构件周围用保温材料（木材、篷布等）做成密闭的蒸汽室，通入蒸汽加热混凝土。棚罩法设施灵活、施工简便、费用较少，但耗气量大，温度不易均匀，适用于加热地槽中的混凝土结构及地面上的小型预制构件。

② 蒸汽套法。

蒸汽套法是在构件模板外再用一层紧密不透气的材料（如木板）做成蒸汽套，蒸汽套与模板间的空隙约为 150 mm，通入蒸汽加热混凝土。采用蒸汽套法时能适当控制温度，其加热效果取决于保温构造，但设施较复杂、费用较高，可用于现浇柱、梁及肋形楼板等整体结构的加热。

③ 内部通汽法。

内部通汽法是在混凝土构件内部预留直径为 13~50 mm 的孔道，再将蒸汽送入孔内加热混凝土，当混凝土达到要求的强度后，排除冷凝水，随即用砂浆灌入孔道内加以封闭。内部通汽法节省蒸汽、费用较低，但进汽端易过热而使混凝土产生裂缝，适用于梁、柱、框架单梁等结构构件的加热。

④ 毛管法。

毛管法是在模板内侧做成沟槽，其断面可做成三角形、矩形或半圆形，间距 200 ~ 250 mm，在沟槽上盖以 0.5 ~ 2 mm 的铁皮，使之成为通蒸汽的毛管，通入蒸汽进行加热。毛管法用汽少，但仅适用于以木模浇筑的结构，对于柱、墙等垂直构件加热效果好，而对于平放的构件不易加热均匀。

⑤ 热模法。

热模法是在模板外侧配置蒸汽管，管内通蒸汽加热模板，向混凝土进行间接加热。为了减少热量损失，模板外面再设一层保温层。热模法加热均匀、耗用蒸汽少、温度易控制、养护时间短，但设备费用高，适用于墙、柱及框架结构的养护。

（3）电热法。

电热法施工主要有电极法、电热毯法、工频涡流加热法、远红外线养护法等。

① 电极法。

在混凝土内部或表面每隔 100 ~ 300 mm 的间距设置电极（直径 6 ~ 12 mm 的短钢筋或厚 1 ~ 2 mm、宽 30 ~ 60 mm 的扁钢），通以低压电流，由于混凝土的电阻作用，使电能变为热能，产生热量对混凝土进行加热。电极的布置应使混凝土温度均匀，通电前应覆盖混凝土的外露表面，以防止热量散失。为保证施工安全，电极与钢筋的最小距离应符合表 4.41 的规定，否则应采取适当的绝缘措施，振动混凝土时要避免接触电极及其支架。电极法仅适用于以木模浇筑的结构，且用钢量较大，耗电量也较高，只在特殊条件下采用。

表 4.41　电极与钢筋之间的最小距离

工作电压/V	65	87	106
电极与钢筋之间的最小距离/mm	50 ~ 70	80 ~ 100	120 ~ 150

② 电热毯法。

电热毯法采用设置在模板外侧的电热毯作为加热元件，适用于以钢模板浇筑的构件。电热毯由四层玻璃纤维布中间夹以电阻丝制成，其尺寸应根据钢模板外侧龙骨组成的区格大小而定，约为 300 mm × 400 mm，电压宜为 60 ~ 80 V，功率宜为每块 75 ~ 100 W。电热毯外侧应设置耐热保温材料（如岩棉板等）。在混凝土浇筑前先通电将模板预热，浇筑后根据混凝土温度的变化可连续或断续通电加热养护。

③ 工频涡流加热法。

工频涡流加热法是在钢模板外侧设置钢管，钢管内穿单根导线，利用导线通电后产生的涡流在管壁上产生热效应，并通过钢模板对混凝土进行加热养护。工频涡流法加热混凝土温度比较均匀，控制方便，但需制作专用模板，故模板投资大，适用于以钢模板浇筑的墙体、梁、柱和接头。

④ 远红外线养护法。

远红外线养护法是采用远红外辐射器向混凝土辐射远红外线，对混凝土进行辐射加热的养护方法。产生远红外线的能源除电源外，还可以用天然气、煤气、石油液化气和热蒸汽等，可根据具体条件选择。远红外线养护法具有施工简便、升温迅速、养护时间短、降低能耗、不受气温和结构表面系数的限制等特点，适用于薄壁结构、装配式结构接头处混凝土的加热等。

（4）暖棚法。

在所要养护的结构或构件周围用保温材料搭起暖棚，棚内设置热源，以维持棚内的正温环境，可使混凝土的浇筑和养护如同在常温下一样。暖棚内的加热宜优先选用热风机，可采用强力送风的移动式轻型热风机。采用暖棚法养护混凝土时，棚内温度不得低于 5 ℃，并应保持混凝土表面湿润。因搭设暖棚需大量材料和人工，能耗大，费用较高，故暖棚法一般只用于地下结构工程的混凝土量比较集中的结构工程。

（5）掺外加剂法。

在冬期混凝土施工中掺入适量的外加剂，可使其强度快速增长，在冻结前达到要求的临界强度，或改善混凝土的某些性能，以满足冬期施工的需要。这是冬期施工的有效方法，可简化施工工艺、节约能源、降低成本，但掺用外加剂应符合冬期施工工艺要求的有关规定。目前，冬期施工中常用的外加剂有早强剂、防冻剂、减水剂和引气剂。

① 防冻剂和早强剂。在冬期施工中，常将防冻剂与早强剂共同使用。防冻剂的作用是降低混凝土液相的冰点，使混凝土在负温下不冻结，并使水泥的水化作用能继续进行；早强剂则能提高混凝土的早期强度，使其尽快达到临界强度。

施工中须注意，掺有防冻剂的混凝土应控制水灰比；混凝土的初期养护温度不得低于防冻剂的规定温度，若达不到规定温度时应采取保温措施；对于含有氯盐的防冻剂，由于氯盐对钢筋有锈蚀作用，故应严格遵守规范对氯盐的使用及掺量的有关规定。

② 减水剂。减水剂具有减水及增强的双重作用。混凝土中掺入减水剂，可在不影响其和易性的情况下，大量减少拌和用水，使混凝土孔隙中的游离水减少，因而冻结时承受的破坏力就明显减少；同时，由于拌和用水的减少，可提高混凝土中防冻剂和早强剂的溶液浓度，从而提高混凝土的抗冻能力。

③ 引气剂。在混凝土中掺入引气剂，能在搅拌时引入大量微小且分布均匀的封闭气泡。当混凝土具有一定强度后受冻时，孔隙中的部分水会被冰的冻胀压力挤入气泡中，从而缓解了冰的冻胀压力和破坏性，故可防止混凝土遭受冻害。

当室外最低气温不低于 $-15\ ℃$ 时，对地面以下的工程或表面系数不大于 $5\ m^{-1}$ 的结构，宜采用蓄热法养护，并应对结构易受冻部位加强保温措施；对表面系数为 $5\sim15\ m^{-1}$ 的结构，宜采用综合蓄热法养护。采用综合蓄热法养护时，混凝土中应掺加具有减水、引气性能的早强剂或早强型外加剂。对不易保温养护且对强度增长无具体要求的一般混凝土结构，可采用掺防冻剂的负温养护法进行养护。采用暖棚法、蒸汽加热法、电加热法等方法进行养护应采取降低能耗的措施。

混凝土浇筑后，对裸露表面应采取防风、保湿、保温措施，对边、棱角及易受冻部位应加强保温。在混凝土养护和越冬期间，不得直接对负温混凝土表面浇水养护。模板和保温层的拆除时混凝土强度应达到受冻临界强度，且混凝土表面温度不应高于 $5\ ℃$；墙、板等薄壁结构构件，宜推迟拆模。混凝土强度未达到受冻临界强度和设计要求时，应继续进行养护。当混凝土表面温度与环境温度之差大于 $20\ ℃$ 时，拆模后的混凝土表面应立即进行保温覆盖。

2. 高温施工

高温施工时，露天堆放的粗、细骨料应采取遮阳防晒等措施。必要时，可对粗骨料进行喷雾降温。高温施工的混凝土配合比设计应分析原材料温度、环境温度、混凝土运输方式与时间对混凝土初凝时间、坍落度损失等性能指标的影响，根据环境温度、湿度、风力和采取温控措施的实际情况，对混凝土配合比进行调整。高温天气条件下施工的混凝土配合比宜在近似现场运输条件、时间和预计混凝土浇筑作业最高气温的天气条件下，通过混凝土试拌、试运输的工况试验确定。水泥用量宜降低，并可采用矿物掺合料替代部分水泥，宜选用水化热较低的水泥，混凝土坍落度不宜小于 $70\ mm$。

高温施工混凝土的搅拌应符合下列规定：

（1）应对搅拌站料斗、储水器、皮带运输机、搅拌楼采取遮阳防晒措施。

（2）对原材料进行直接降温时，宜采用对水、粗骨料进行降温的方法。对水直接降温时，可采用冷却装置冷却拌和用水，并应对水管及水箱加设遮阳和隔热设施，也可在水中加碎冰作为拌和用水的一部分。混凝土拌和时掺加的固体冰应确保在搅拌结束前融化，且在拌和用水中应扣除其质量。

（3）原材料最高入机温度不宜超过表 4.42 的规定。

表 4.42　原材料最高入机温度　　　　　单位：℃

原材料	最高入机温度
水泥	60
骨料	30
水	25
粉煤灰等矿物掺合料	60

（4）混凝土拌和物出机温度不宜大于 30 ℃。出机温度可按下式计算：

$$T_0 = \frac{0.22(T_g m_g + T_s m_s + T_c m_c + T_m m_m) + T_w m_w + T_g m_{wg} + T_s m_{ws} + 0.5 T_{ice} m_{ice} - 79.6 m_{ice}}{0.22(m_g + m_s + m_c + m_m) - m_w + m_{wg} + m_{ws} + m_{ice}} \quad (4.19)$$

式中　T_0——混凝土出机温度（℃）；

T_g、T_s——粗骨料、细骨料入机温度（℃）；

T_c、T_m——水泥、矿物参合料入机温度（℃）；

T_w、T_{ice}——拌和水、冰的入机温度（℃），冰入机温度按实际温度计算。

m_g、m_s——粗骨料、细骨料干质量（kg）；

m_c、m_m——水泥、矿物参合料质量（kg）；

m_w、m_{ice}——拌和水、冰质量（kg），不加冰拌和时 $W_{ice} = 0$；

m_{wg}、m_{ws}——粗骨料、细骨料中所含水质量（kg）。

（5）当需要时，可采取掺加干冰等附加控温措施。

混凝土宜采用白色涂装的混凝土搅拌运输车运输；混凝土输送管应进行遮阳覆盖，并应洒水降温。混凝土拌和物入模温度低于 35 ℃。混凝土浇筑宜在早间或晚间进行，且应连续浇筑。当混凝土水分蒸发较快时，应在施工作业面采取挡风、遮阳、喷雾等措施。

混凝土浇筑前，施工作业面宜采取遮阳措施，并应对模板、钢筋和施工机具采用洒水等降温措施，但浇筑时模板内不得积水。混凝土浇筑完成后，应及时进行保湿养护。侧模拆除前宜采用带模湿润养护。

3. 雨期施工

雨期施工期间，水泥和矿物掺合料应采取防水和防潮措施，并应对粗骨料、细骨料的含水率进行监测，及时调整混凝土配合比。雨期施工期间，应选用具有防雨水冲刷性能的模板脱模剂；混凝土搅拌、运输设备和浇筑作业面应采取防雨措施，并应加强施工机械检查维修及接地接零检测工作。雨后应检查地基面的沉降，并应对模板及支架进行检查。

雨期施工期间，除应采用防护措施外，小雨、中雨天气不宜进行混凝土露天浇筑，且不应进行大面积作业的混凝土露天浇筑；大雨、暴雨天气不应进行混凝土露天浇筑。采取防止模板内积水的措施。模板内和混凝土浇筑分层面出现积水时，应在排水后再浇筑混凝土。在雨天进行钢筋焊接时，应采取挡雨等安全措施。

混凝土浇筑过程中，因雨水冲刷致使水泥浆流失严重的部位，应采取补救措施后再继续施工。混凝土浇筑完毕后，应及时采取覆盖塑料薄膜等防雨措施。

台风来临前，应对尚未浇筑混凝土的模板及支架采取临时加固措施；台风结束后，应检查模板及支架，已验收合格的模板及支架应重新办理验收手续。

4.3.11　环境保护

施工项目部应制订施工环境保护计划，落实责任人员，并应组织实施。混凝土结构施工过程的环境保护效果，宜进行自评估。施工过程中，应采取建筑垃圾减量化措施。施工过程中产生的建筑垃圾，应进行分类、统计和处理。

施工过程中，应采取防尘、降尘措施。施工现场的主要道路，宜进行硬化处理或采取其他扬尘控制措施。可能造成扬尘的露天堆储材料，宜采取扬尘控制措施。对材料搬运、施工设备和机具作业等采取可靠的降低噪声措施。施工作业在施工场界的噪声级，应符合现行国家标准《建筑施工场界噪声限值》GB 12523 的有关规定。采取光污染控制措施。可能产生强光的施工作业，应采取防护和遮挡措施；夜间施工时，应采用低角度灯光照明。采取沉淀、隔油等措施处理施工过程中产生的污水，不得直接排放。

施工宜选用环保型脱模剂。涂刷模板脱模剂时，应防止洒漏。含有污染环境成分的脱模剂，使用后剩余的脱模剂及其包装等不得与普通垃圾混放，并应由厂家或有资质的单位回收处理。施工设备和机具维修、运行、存储时的漏油，应采取有效的隔离措施，不得直接污染土壤。漏油应统一收集并进行无害化处理。混凝土外加剂、养护剂的使用，应满足环境保护和人身健康的要求。施工中可能接触有害物质的操作人员应采取有效的防护措施。

不可循环使用的建筑垃圾，应集中收集，并应及时清运至有关部门指定的地点。可循环使用的建筑垃圾，应加强回收利用，并应做好记录。

复习思考题

1. 钢筋混凝土工程有哪几个主要分项工程？
2. 钢筋加工的工序有哪些？
3. 简述冷拉的控制方法。
4. 简述冷拔的工艺流程。
5. 闪光对焊的工艺有哪些？
6. 简述电弧焊的接头形式。
7. 简述钢筋下料长度的计算。
8. 什么是量度差值？
9. 简述钢筋代换的方法。
10. 简述混凝土工程的施工过程。
11. 简述混凝土的拌制工艺分类。
12. 简述混凝土的搅拌机理。
13. 简述混凝土搅拌制度的内容。
14. 简述搅拌时间的影响因素。
15. 简述搅拌时间过长过短各有何利弊？
16. 简述混凝土运输应满足的基本要求。
17. 简述混凝土浇筑的施工程序。
18. 简述施工缝留设原则及处理要求。
19. 简述厚大体积混凝土的特点。
20. 简述混凝土的外观质量缺陷及处理。

第 5 章　预应力混凝土工程

5.1　预应力混凝土工程概述

预应力结构可以定义为：在结构承受外荷载之前，预先对其在外荷载作用下的受拉区施加压应力，以改善结构使用性能的结构形式。

在荷载作用下，当普通钢筋混凝土构件中受拉钢筋应力为 20 ~ 30 MPa 时，其相应的拉应变为 $(1.0 ~ 1.5) \times 10^{-4}$，这大致相当于混凝土的极限抗拉应变，此时受拉混凝土可能会产生裂缝。但在正常使用荷载下，钢筋应力一般在 150 ~ 200 MPa，此时受拉混凝土不仅早已开裂，而且裂缝已展开较大宽度，另外构件的挠度也会比较大。因此，为限制截面裂缝宽度、减小构件挠度，往往需要对普通钢筋混凝土构件施加预应力。

对混凝土构件受拉区施加预应力的方法，是通过预应力钢筋或锚具，将预应力钢筋的弹性收缩力传递到混凝土构件上，并产生预应力。预应力的作用可部分或全部抵消外荷载产生的拉应力，从而提高结构的抗裂性；对于在使用荷载下出现裂缝的构件，预应力也会起到减小裂缝宽度的作用。

预应力混凝土与普通钢筋混凝土相比，具有以下明显的特点：

（1）在与普通钢筋混凝土同样的条件下，具有构件截面小、自重轻、刚度大、抗裂度高、耐久性好、节省材料等优点。工程实践证明，预应力混凝土可节约钢材 40% ~ 50%，节省混凝土 20% ~ 40%，减轻构件自重可达 20% ~ 40%。

（2）可以有效地利用高强度钢筋和高强度等级的混凝土，能充分发挥钢筋和混凝土各自的特性，并能提高预制装配化程度。

（3）预应力混凝土的施工，需要专门的材料与设备、特殊的施工工艺，工艺比较复杂，操作要求较高，但用于大开间、大跨度与重荷载的结构中，其综合效益较好。

由于预应力混凝土结构的截面小、刚度大、抗裂性和耐久性好，其在世界各国的土木工程领域中得到广泛应用。近年来，随着高强度钢材及高强度等级混凝土的出现，促进了预应力混凝土结构的发展，也进一步推动了预应力混凝土施工工艺的成熟和完善。

预应力混凝土根据其预应力施加工艺的不同，可分为先张法和后张法两种。

先张法是指预应力钢筋的张拉在混凝土浇筑之前进行的一种施工工艺。它采用永久或临时台座在构件混凝土浇筑之前张拉预应力筋，待混凝土达到设计强度和龄期后，将施加在预应力筋上的拉力逐渐释放，在预应力筋回缩的过程中利用其与混凝土之间的黏结力，对混凝土施加预压应力。

后张法是指预应力钢筋的张拉在混凝土浇筑之后进行的一种施工工艺，它分为有黏结后张法和无黏结后张法两种。有黏结后张法施工是在混凝土构件中预设孔道，在混凝土的强度达到设计值后，在孔道内穿入预应力筋，以混凝土构件本身为支架张拉预应力筋，然后用特制锚具将预应力筋锚固形成永久预加应力，最后在预应力筋孔道内压注水泥浆，并使预应力筋和混凝土黏结成整体。无黏结后张拉不需要在混凝土构件中留孔，而是将无黏结预应力钢筋与普通钢筋一起绑扎形成钢筋骨架，然后浇筑混凝土，待混凝土达到预期强度后进行张拉，形成无黏结预应力结构。

预应力混凝土结构根据预应力度的不同，可分为全预应力混凝土、部分预应力混凝土和钢筋混凝土三类；按预应力筋在体内与体外位置的不同，预应力混凝土可分为体内预应力混凝土与体外预应力混凝土两类。

在预应力混凝土结构中所采用的混凝土应具有高强、轻质和高耐久性的性质。一般要求混凝土的强度等级不低于 C30。目前，我国在一些重要的预应力混凝土结构中，已开始采用 C50～C60 的高强混凝土，最高混凝土强度等级已达到 C100。

随着预应力结构跨径的不断增加，自重也随之增大，结构的承载能力将大部分用于平衡自重。追求更高的强度-自重比是混凝土材料发展的目标之一。此外，要求预应力混凝土具有快硬、早强的性质，可尽早施加预应力，加快施工进度，提高设备以及模板的利用率。

在预应力混凝土构件的施工中，不得掺用对钢筋有侵蚀作用的氯盐、氯化钠等，否则会发生严重的质量事故。

预应力筋系施加预应力的钢丝、钢绞线和精轧螺纹钢筋等的总称，预应力筋应符合《预应力混凝土用钢绞线》GB/T 5224、《预应力混凝土用钢丝》GB/T 5223、《中强度预应力混凝土用钢丝》YB/T 156、《预应力混凝土用螺纹钢筋》GB/T 20065、《无粘结预应力钢绞线》JG 161 等国家现行标准要求。

预应力筋的品种、级别、规格、数量由设计单位根据相关标准选择，并经结构设计计算确定，任何一项参数的变化都会直接影响预应力混凝土的结构性能。预应力筋代换意味着其品种、级别、规格、数量以及锚固体系的相应变化，将会带来结构性能的变化，包括构件承载能力、抗裂度、挠度以及锚区承载能力等，因此进行代换时，应按现行国家标准《混凝土结构设计规范》GB 50010 等进行专门的计算，并经原设计单位确认。

预应力筋用锚具应符合《预应力筋用锚具、夹具和连接器》GB/T 14370 和《预应力筋用锚具、夹具和连接器应用技术规程》JGJ 85 国家现行标准的要求。前者系产品标准，主要是生产厂家生产、质量检验的依据；后者是锚夹具产品工程应用的依据，包括设计选用、进场检验、工程施工等内容。

预应力筋、预应力筋用锚具、夹具和连接器，以及成孔管道等工程材料基本都是金属材料，因此在运输、存放过程中，应采取防止其损伤、锈蚀或污染的保护措施，并在使用前进行外观检查。此外，塑料波纹管尽管没有锈蚀问题，仍应注意保护其不受外力作用下的变形，避免污染、暴晒。

预应力施工应编制专项施工方案，内容一般包括：施工顺序和工艺流程；预应力施工工艺，包括预应力筋制作、孔道预留、预应力筋安装、预应力筋张拉、孔道灌浆和封锚等；材料采购和检验、机具配备和张拉设备标定；施工进度和劳动力安排、材料供应计划；有关分项工程的配合要求；施工质量要求和质量保证措施；施工安全要求和安全保证措施；施工现场管理机构；等。

预应力混凝土工程的施工图深化设计内容一般包括：材料、张拉锚固体系、预应力筋束形定位坐标图、张拉端及固定端构造、张拉控制应力、张拉或放张顺序及工艺、锚具封闭构造、孔道摩擦系数取值等。预应力专业施工单位完成的深化设计文件应经原设计单位确认。

5.2　先张法

先张法是在构件浇筑混凝土之前，将预应力筋张拉到设计控制应力，用夹具固定在台座或钢模上，然后浇筑混凝土，待混凝土达到一定强度后，放松预应力筋，靠预应力筋与混凝土之间的黏结力使混凝土构件获得预应力。先张法一般适用于生产中小型预应力混凝土构件，多在固定的预制场生产，也可在施工现场生产。先张法施工示意图如图 5.1 所示。

5.2.1 台 座

台座是先张法施工的主要设备之一，它是张拉和临时固定预应力筋的支撑结构，承受预应力筋的全部张拉力，因此要求台座具有足够的强度、刚度和稳定性。台座按构造形式分为：墩式台座和槽式台座。

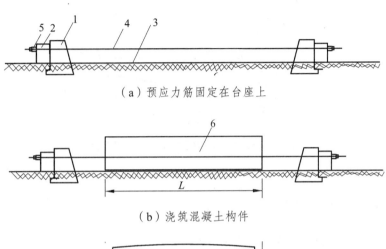

（a）预应力筋固定在台座上

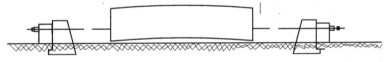

（b）浇筑混凝土构件

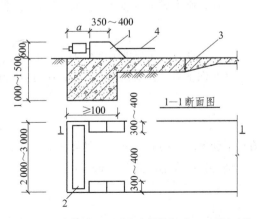

（c）张拉完成，切断预应力筋

1—台座；2—横梁；3—台面；4—预应力钢筋；5—夹具；6—构件。

图 5.1 先张法施工示意图

1. 墩式台座

墩式台座由台墩、台面与横梁等组成，如图 5.2 所示，目前常用的是台墩与台面共同受力的墩式台座，一般用于平卧生产的中小型构件，如屋架、空心楼板、平板等。台座尺寸由场地大小、构件类型和产量等因素确定，一般长度为 50 ~ 150 m，宽度为 2 ~ 4 m，这样张拉一次可生产多根构件，既减少张拉及临时固定工作，又可减少预应力损失。

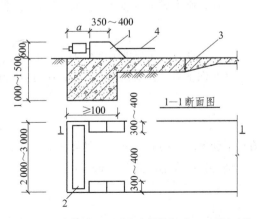

1—混凝土；2—钢横梁；3—局部加厚的台面；4—预应力筋。

图 5.2 墩式台座

1）台　墩

台墩一般由现浇钢筋混凝土制作而成，分为重力式和构架式两种。台墩除应具有足够的强度和刚度外，还应进行抗倾覆与抗滑移稳定性验算。

墩式台座抗倾覆验算的计算简图如图 5.3 所示，抗倾覆稳定性按下式计算：

$$K = \frac{M_1}{M} = \frac{GL + E_p e_2}{N e_1} \geqslant 1.5 \tag{5.1}$$

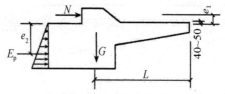

图 5.3　墩式台座抗倾覆验算的计算简图

墩式台座抗滑移验算，可按下式进行：

$$K_C = \frac{N_1}{N} \geqslant 1.3 \tag{5.2}$$

式中　K——抗倾覆安全系数（一般不小于 1.50 ）；

K_C——抗滑移安全系数（一般不小于 1.30 ）；

M——倾覆力矩（由预应力筋的张拉力产生）；

N——预应力筋的张拉力；

N_1——抗滑移力；

e_1——张拉力合力作用点至倾覆点的力臂；

M_1——抗倾覆力矩（由台座自重力和土压力等产生）；

G——台墩的自重力；

L——台墩重心至倾覆点的力臂；

E_p——台墩后面的被动土压力合力（当台墩埋置深度较浅时，可以忽略不计）；

e_2——被动土压力合力至倾覆点的力臂。

如果考虑台面与台墩共同工作，则不做抗滑移计算，而应进行台面的承载力计算。

2）台　面

台面一般是在夯实的碎石垫层上浇筑一层厚度为 60 ~ 100 mm 的混凝土而成，台面略高于地坪，表面应当平整光滑，以保证构件底面平整。长度较大的台面，应每 10 m 左右设置一条伸缩缝，以适应温度的变化。

3）横　梁

横梁以台墩为支座，直接承受预应力筋的张拉力，其挠度不应大于 2 mm，并且不得产生翘曲。预应力筋的定位板必须安装准确，其挠度不应大于 1 mm。

2. 槽式台座

槽式台座由端柱、传力柱、横梁和台面等组成（图 5.4），既可承受张拉力，又可作为蒸汽养护槽，适用于张拉较高的大型构件，如吊车梁、箱梁等。

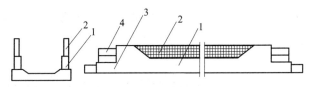

1—钢筋混凝土端柱；2—砖墙；3—下横梁；4—上横梁。

图 5.4　槽式台座

槽式台座的长度一般不大于 76 m，宽度随构件外形及制作方式而定，一般不小于 1 m。为便于混凝土的运输、浇筑及蒸汽养护，台座宜低于地面。槽式台座一般与地面相平，以便运送混凝土和蒸汽养护，砖墙挡水和防水。端柱、传力柱的端面必须平整，对接接头必须紧密。

5.2.2　夹　具

夹具是先张法施工时为保持预应力筋拉力并将其固定在台座上的临时性锚固装置，按其作用分为张拉夹具和锚固夹具。对各种夹具的要求是：工作方便可靠、构造简单、加工方便。夹具种类很多，各地使用不一。常用的夹具有：

1. 钢丝夹具

先张法中钢丝夹具分两类：一类是将预应力筋锚固在台座或钢模上的锚固夹具（图 5.5）；另一类是张拉时夹持预应力筋用的张拉夹具（图 5.6）。锚固夹具与张拉夹具都是重复使用的工具。

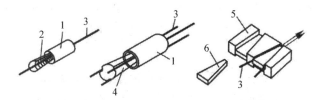

（a）圆锥齿板式　（b）圆锥槽式　（c）楔形

1—套筒；2—齿板；3—钢丝；4、6—锥塞；5—锚板。

图 5.5　钢丝的锚固夹具

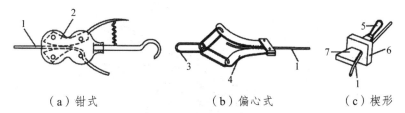

（a）钳式　　　　（b）偏心式　　　　（c）楔形

1—钢丝；2—钳齿；3—拉钩；4—偏心齿条；5—拉环；6—锚板；7—楔块。

图 5.6　钢丝的张拉夹具

2. 钢筋夹具

钢筋锚固多用螺母锚具、镦头锚具和销片夹具（图 5.7）等。张拉时可用连接器与螺母锚具连接，或用销片夹具等。

5.2.3　张拉设备

张拉设备应当操作方便、可靠，准确控制张拉应力，以稳定的

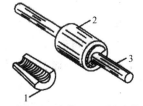

1—销片；2—套筒；3—预应力筋。

图 5.7　两片式销片夹具

速率增大拉力，在先张法中常用的是拉杆式千斤顶、穿心式千斤顶、台座式液压千斤顶、电动螺杆张拉机和电动卷扬张拉机等。

1. 拉杆式千斤顶

拉杆式千斤顶用于螺母锚具、锥形螺杆锚具、钢丝镦头锚具等。它由主油缸、主缸活塞、回油缸、回油活塞、连接器、传力架、活塞拉杆等组成。图 5.8 所示是用拉杆式千斤顶张拉时的工作示意图。张拉前，先将连接器旋在预应力筋的螺丝端杆上，相互连接牢固。千斤顶由传力架支承在构件端部的钢板上。张拉时，高压油进入主油缸，推动主缸活塞及拉杆，预应力筋通过连接器和螺丝端杆被拉伸。千斤顶拉力的大小可由油泵压力表的读数直接显示。当张拉力达到规定值时，拧紧螺丝端杆上的螺母，将预应力筋锚固在构件的端部。锚固后回油缸进油，推动回油活塞工作，千斤顶脱离构件，主缸活塞、拉杆和连接器回到原始位置。最后将连接器从螺丝端杆上卸掉，卸下千斤顶，张拉结束。

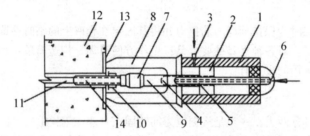

1—主油缸；2—主缸活塞；3—进油孔；4—回油缸；5—回油活塞；6—回油孔；7—连接器；8—传力架；9—拉杆；
10—螺母；11—预应力筋；12—混凝土构件；13—预埋铁板；14—螺丝端杆。

图 5.8　拉杆式张拉千斤顶张拉原理

2. 穿心式千斤顶

穿心式千斤顶具有一个穿心孔，是利用双液压缸张拉预应力筋和顶压锚具的双作用千斤顶。穿心式千斤顶适用于张拉带 JM 型锚具、XM 型锚具的钢筋，配上撑脚与拉杆后，也可作为拉杆式千斤顶，张拉带螺母锚具和镦头锚具的预应力筋。图 5.9 所示为 JM 型锚具，图 5.10 所示为 YC-60 型千斤顶的安装示意图。

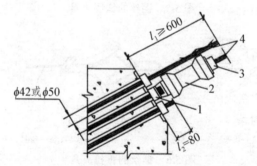

1—工作锚；2—YC-60 型千斤顶；3—工具锚；4—预应力筋束。

图 5.9　JM 型锚具的安装示意图

3. 台座式千斤顶

台座式千斤顶是在先张法四横梁式或三横梁式台座上成组整体张拉或放松预应力筋的设备。当采用四横梁式装置时，拉力架由两根活动横梁和两根大螺杆组成，张拉时台座千斤顶推动拉力架横梁，带动预应力筋成组张拉，见图 5.11（a）。当采用三横梁式装置时，台座式千斤顶与活动横梁组装在一起，张拉时台座式千斤顶与活动横梁直接带动预应力筋成组张拉，见图 5.11（b）。

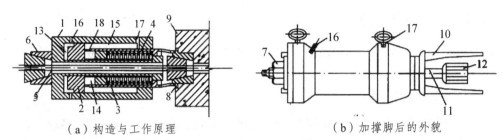

（a）构造与工作原理　　　　　（b）加撑脚后的外貌

1—张拉油缸；2—顶压油缸（张拉活塞）；3—顶压活塞；4—弹簧；5—预应力筋；6—工具锚；7—螺帽；8—锚环；
9—构件；10—撑套；11—张拉杆；12—连接器；13—张拉工作油室；14—顶压工作油室；
15—张拉回程油室；16—张拉缸油嘴；17—顶压缸油嘴；18—油孔。

图 5.10　YC60 型千斤顶

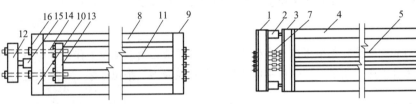

（a）四横梁式成组张拉装置　　　　（b）三横梁式成组张拉装置

1—活动横梁；2—千斤顶；3—固定横梁；4—槽式台座；5—预应力筋；6—放松装置；7—连接器；
8—台座传力柱；9、10—后、前横梁；11—钢丝（筋）；12、13—拉力架横梁；
14—大螺杆；15—台座式千斤顶；16—螺母。

图 5.11　预应力钢筋成组张拉装置

4. 电动螺杆张拉机

电动螺杆张拉机主要适用于预制厂在长线台座上张拉冷拔低碳钢丝。其工作原理为：电动机正向旋转时，通过减速箱带动螺母旋转，螺母即推动螺杆沿轴向后移动，即可张拉钢筋。弹簧测力计上装有计量标尺和微动开关，当张拉力达到要求时，电动机能够自动停止转动。锚固好钢丝（筋）后，使电动机反向旋转，螺杆即向前运动，放松钢丝（筋），完成张拉过程。小型电动螺杆张拉机如图 5.12 所示。

5. 电动卷扬机

电动卷扬机主要用于长线台座上张拉冷拔低碳钢丝。工程上常用的是 LYZ-1 型电动卷扬机，其最大张拉力为 10 kN，最大张拉行程为 5 m，张拉速度为 2.5 m/min，电动机功率为 0.75 kW。LYZ-1型又分为 LYZ-1A 型（支撑式）和 LYZ-1B 型（夹轨式）两种。

图 5.13 所示为采用卷扬机张拉单根预应力筋的示意图。

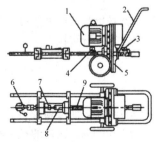

1—电动机；2—手柄；3—前限位开关；4—后限位开关；
5—减速箱；6—夹具；7—测力器；8—计量标尺；9—螺杆。

图 5.12　电动螺杆张拉机

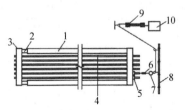

1—台座；2—放松装置；3—横梁；4—预应力筋；5—锚固夹具；
6—张拉夹具；7—测力计；8—固定梁；
9—滑轮组；10—卷扬机

图 5.13　用卷扬机张拉预应力筋

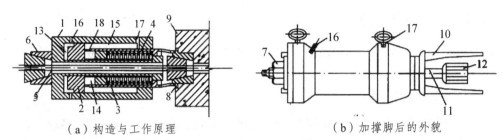第 5 章　预应力混凝土工程

5.2.4　先张法施工工艺

先张法施工工艺包括预应力筋的铺设、预应力筋的张拉、混凝土的浇筑与养护和预应力筋的放张等施工过程。

1. 预应力筋的铺设

在预应力筋铺设前，应对台面及模板涂刷隔离剂；为避免铺设预应力筋时因其自重下垂破坏隔离剂，玷污预应力筋，影响预应力筋与混凝土的黏结，应在预应力筋设计位置下面先放置好垫块或定位钢筋后铺设。

预应力钢丝宜用牵引车铺设。铺设时，钢筋接长或钢筋与螺杆的连接，可采用套筒双拼式连接器。钢筋采用焊接时，应合理布置接头位置，尽可能避免将焊接接头拉入构件内。

2. 预应力筋的张拉

先张法预应力筋的张拉有单根张拉和多根成组张拉。预应力筋的张拉工作是预应力混凝土施工中的关键工序，为确保施工质量，在张拉中应严格控制张拉应力、张拉程序、计算张拉力和进行预应力值校核。

1）张拉控制应力

预应力筋的张拉工作是预应力施工中的关键工序，应严格按设计要求进行。

预应力筋张拉控制应力的大小直接影响预应力效果，影响到构件的抗裂度和刚度，因而控制应力不能过低。但是，控制应力也不能过高，不允许超过其屈服强度，以使预应力筋处于弹性工作状态。否则会使构件出现裂缝的荷载与破坏荷载很接近，如此则很危险；此外，过大的超张拉会造成反拱过大，预拉区出现裂缝也是不利的。因此，预应力筋的张拉控制应力应符合设计要求。当施工中预应力筋需要超张拉时，可比设计要求提高 5%，但其最大张拉控制应力不得超过表 5.1 的规定。

表 5.1　最大张拉控制应力限值

预应力筋种类	先张法	后张法
碳素钢丝、刻痕钢丝、钢绞线	$0.80f_{ptk}$	$0.75f_{ptk}$
冷拔低碳钢丝、热处理钢筋	$0.75f_{ptk}$	$0.70f_{ptk}$
冷拉钢筋	$0.95f_{pyk}$	$0.90f_{pyk}$

注：f_{ptk} 为预应力筋极限抗拉强度标准值；f_{pyk} 为预应力筋屈服强度标准值。

2）张拉程序

预应力筋的张拉程序有超张拉和一次张拉两种。所谓超张拉，就是指张拉应力超过规范规定的控制应力值。采用超张拉方法时，预应力筋可按下列两种张拉程序之一进行张拉：

$$0 \rightarrow 105\%\sigma_{con}（持荷\ 2\ min）\rightarrow \sigma_{con} \qquad (5.3)$$

$$0 \rightarrow 103\%\sigma_{con} \qquad (5.4)$$

第一种张拉程序中，超张拉 5% 并持荷 2 min，其目的是在高应力状态下加速预应力筋松弛早期发展，以减少应力松弛引起的预应力损失。第二种张拉程序中，超张拉 3%，其目的是弥补预应力筋的松弛损失，这种张拉程序施工简单，一般多采用。所谓应力松弛，是指钢材在常温高应力作用下，由于塑性变形而使应力随时间延续而降低的现象。这种现象在张拉后的前几分钟内发展得很快，往后则趋于缓慢。一般超张拉 5% 并持荷 2 min，再回到控制应力，松弛已完成 50% 以上。

3）预应力筋伸长值的演算

张拉预应力筋可单根进行也可多根成组同时进行。同时张拉多根预应力筋时，应预先调整预应力，使其相互之间的应力一致。预应力筋张拉锚固后，对设计位置的偏差不得大于 5 mm，也不得大于截面短边的 4%。

预应力筋张拉后，一般应校核其伸长值，其理论伸长值与实际伸长值的误差不应超过 10%。若超过，则应分析其原因，采取措施后再继续施工。

理论伸长值按下式计算：

$$\Delta l = \frac{F_p \cdot l}{A_p \cdot E_s} \tag{5.5}$$

式中　F_p——预应力筋张拉力；

　　　　l——预应力筋长度；

　　　　A_p——预应力筋截面面积；

　　　　E_s——预应力筋的弹性模量。

预应力筋实际伸长值，宜在初应力为张拉控制应力 10% 左右时开始测量，但必须加上初应力下的推算伸长值。通过伸长值的检验，可以综合反映张拉力是否足够以及预应力筋是否有异常现象等。因此，对于伸长值的检验必须重视。

4）预应力筋张拉力计算

预应力筋张拉力的计算公式如下：

$$F_p = m\sigma_{con} A_p \tag{5.6}$$

式中　m——超张拉系数，取值 1.03 或 1.05；

　　　　σ_{con}——预应力筋张拉控制应力（N/mm²）；

　　　　A_p——预应力筋截面面积（mm²）。

在张拉预应力筋的施工中应当注意以下事项：

（1）应首先张拉靠近台座截面重心处的预应力筋，以避免台座承受过大的偏心力。

（2）张拉机具与预应力筋应在同一条直线上，张拉应以稳定的速率逐渐加大拉力。

（3）拉到规定应力再顶紧锚塞时，用力不要过猛，以防钢丝折断。

（4）在拧紧螺母时，应时刻观察压力表上的读数，始终保持所需要的张拉力。

（5）预应力筋张拉完毕后与设计位置的偏差不得大于 5 mm，且不得大于构件截面最短边长的 4%。

（6）同一构件中，各预应力筋的应力应均匀，其偏差的绝对值不得超过设计规定的控制应力值的 5%。

（7）台座两端应有防护设施，沿台座长度方向每隔 4~5 m 放一个防护架，张拉钢筋时两端严禁站人，也不准进入台座。

3. 混凝土的浇筑与养护

预应力筋张拉完毕后，应立即绑扎骨架、支模、浇筑混凝土。台座内每条生产线上的构件，其混凝土应连续浇筑。混凝土必须振捣密实，特别对构件的端部，要注意加强振捣，以保证混凝土强度和黏结力。浇筑和振捣混凝土时，不可碰撞预应力筋；在混凝土未达到一定强度前，不允许碰撞或踩动预应力筋；当叠层生产时，必须待下层混凝土强度达 8~10 N/mm² 后方可进行。

混凝土可采用自然养护或湿热养护。当采用湿热养护时，采取二次升温制，初次升温的温差不宜超过 20 ℃；当构件混凝土强度达到 7.5～10 N/mm² 时，再按一般规定继续升温养护，这样可以减少预应力的损失。

4. 预应力筋的放张

预应力筋放张过程是预应力的传递过程，是先张法构件能否获得良好质量的一个重要环节，应根据放张要求，确定正确的放张顺序、放张方法和相应的技术措施。

1）放张要求

在进行预应力筋的放张时，混凝土强度必须符合设计要求；当设计无具体规定时，混凝土强度不得低于设计标准值的 75%。对于重叠生产的构件，要求最上一层构件的混凝土强度不低于设计强度标准值的 75% 时方可进行预应力筋的放张。过早放张由于混凝土强度不足，会产生较大的混凝土弹性回缩而引起较大的预应力损失或钢丝滑动。故放张过程中，应使预应力构件自由收缩，避免过大的冲击与偏心。

2）放张顺序

预应力筋的放张顺序，应符合设计要求，当设计无具体要求时，应符合下列规定：

（1）对承受轴心预压力的构件（加压杆、桩等），所有预应力筋应同时放张。

（2）对承受偏心预压力的构件，应先同时放张预应力较小区域的预应力筋，再同时放张预应力较大区域的预应力筋。

（3）当不能按上述规定放张时，应分阶段、对称、相互交错地放张，以防止在放张过程中构件产生翘曲、开裂及断筋现象。

3）放张方法

（1）对预应力钢丝或细钢丝的板类构件，放张时可直接用钢丝钳或氧炔焰切割，并宜从生产线中间处切断，以减少回弹量，且有利于脱模；对每一块板，应从外向内对称放张，以免构件扭转、两端开裂。

（2）对预应力筋数量较少的粗钢筋构件，可采用氧炔焰在烘烤区轮换加热每根粗钢筋，使其同步升温，钢筋内应力均匀徐徐下降，外形慢慢伸长，待钢筋出现颈缩现象时，即可切断。

（3）对预应力筋配置较多的构件，不允许采用剪断或割断等方式突然放张，以避免最后放张的几根预应力筋产生过大的冲击而断裂，致使混凝土构件开裂。为此，应采用千斤顶或在台座与横梁间设置砂箱（图 5.14）和楔块（图 5.15），或在准备切割的一端预先浇筑混凝土块等方法，进行缓慢放张。

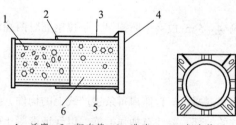

1—活塞；2—钢套管；3—进砂口；4—钢套箱；
5—出砂口；6—砂

图 5.14 砂箱放张法

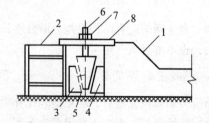

1—台座；2—横梁；3、4—钢块；5—钢楔块；
6—螺杆；7—承力板；8—螺母

图 5.15 楔块放张法

5.3　后张法

后张法施工是在浇筑混凝土构件时，在放置预应力筋的位置处预留孔道，待混凝土达到一定强度（一般不低于设计强度标准值的 75%）后，将预应力筋穿入孔道中并进行张拉，然后用锚具将预应力筋锚固在构件上，最后进行孔道灌浆的施工方法。预应力筋承受的张拉力通过锚具传递给混凝土构件，使混凝土产生预压应力。

图 5.16 所示为预应力混凝土构件后张法施工示意图。图 5.16（a）所示为制作混凝土构件并在预应力筋的设计位置上预留孔道，待混凝土达到规定的强度后，穿入预应力筋进行张拉。图 5.16（b）所示为预应力筋的张拉，用张拉机械直接在构件上进行张拉，混凝土同时完成弹性压缩。图 5.16（c）所示为预应力筋的锚固和孔道灌浆，预应力筋的张拉力通过构件两端的锚具，传递给混凝土构件，使其产生预压应力，最后进行孔道灌浆。

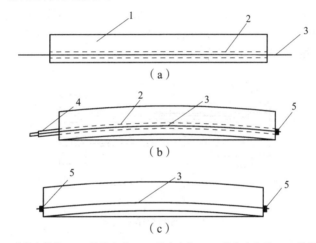

1—混凝土构件；2—预留孔道；3—预应力筋；4—张拉千斤顶；5—锚具。

图 5.16　后张法施工示意图

后张法施工由于直接在混凝土构件上进行张拉，故不需要固定的台座设备，不受地点限制，灵活性大，适用于在施工现场生产大型预应力混凝土构件，特别是大跨度构件。后张法施工工序较多，工艺复杂，构件所用的锚具不能重复利用。

5.3.1　锚　具

锚具是后张法结构或构件中保持预应力筋的张拉力，并将其传递到混凝土上的永久性锚固装置，是结构或构件的重要组成部分，是保证预应力值和结构安全的关键，故应尺寸准确，有足够的强度和刚度，工作可靠，构造简单，施工方便，预应力损失小，成本低廉。

锚具种类很多，按构造形式可分为螺杆锚具、夹片锚具、锥销式锚具、墩头锚具等；按工作特点可分为张拉端锚具、固定端锚具；按锚固的钢材不同可分为单根钢筋锚具、钢筋束锚具、钢绞线束锚具、钢丝束锚具等；按其锚固方式不同可分为支承式锚具、锥塞式锚具、夹片式锚具和握裹式锚具。

1. 支承式锚具

1）螺母锚具

螺母锚具由螺丝端杆、螺母及垫板组成（图 5.17），适用于锚固直径为 18 ~ 36 mm 的冷拉 HRB335、HRB400 级钢筋。此锚具也可作先张法夹具使用。

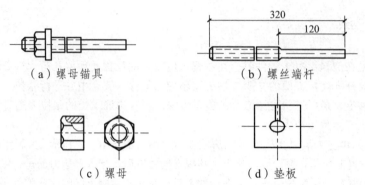

（a）螺母锚具　　　　　　（b）螺丝端杆

（c）螺母　　　　　　　　（d）垫板

图 5.17　螺母锚具

2）镦头锚具

用于单根粗钢筋的镦头锚具一般直接在预应力筋端部热镦、冷镦或锻打成型。镦头锚具也适用于锚固多根钢丝束。钢丝束镦头锚具分为 A 型和 B 型。A 型由锚环和螺母组成，可用于张拉；B 型为锚板，用于固定端。钢丝束镦头锚具构造如图 5.18 所示。

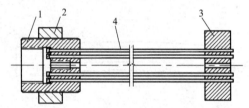

（a）张拉端锚具（A 型）　　　（b）固定端锚具（B 型）

1—锚环；2—螺母；3—锚板；4—钢丝束。

图 5.18　钢丝束镦头锚具

3）精轧螺纹钢筋锚具

精轧螺纹钢筋锚具由垫板和螺母组成，是一种利用与该钢筋螺纹匹配的特制螺母锚固的支承式锚具，适用于锚固直径为 25～32 mm 的高强度精轧螺纹钢筋，如图 5.19 所示。

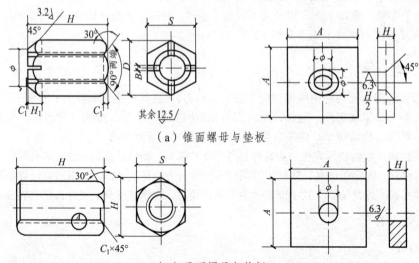

（a）锥面螺母与垫板

（b）平面螺母与垫板

图 5.19　精轧螺纹钢筋锚具

2. 锥塞式锚具

1）锥形锚具

锥形锚具由钢质锚环和锚塞组成（图 5.20），用于锚固钢丝束。锚环内孔的锥度应与锚塞的锥度一致。锚塞上刻有细齿槽，可夹紧钢丝防止滑动。

2）锥形螺杆锚具

锥形螺杆锚具用于锚固 14 ~ 28 根直径 5 mm 的钢丝束。它由锥形螺杆、套筒、螺母等组成（图 5.21）。

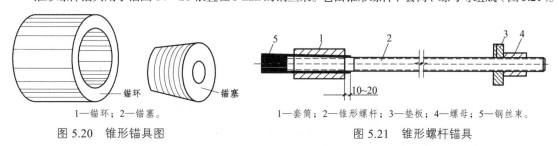

1—锚环；2—锚塞。

图 5.20　锥形锚具图

1—套筒；2—锥形螺杆；3—垫板；4—螺母；5—钢丝束。

图 5.21　锥形螺杆锚具

3. 夹片式锚具

1）单孔夹片锚具

单孔夹片锚具由锚环与夹片组成。夹片的种类很多，按片数可分为三片式与二片式；按开缝形式可分为直开缝与斜开缝（图 5.22）。

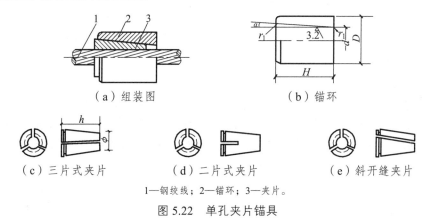

（a）组装图　　　　　　　　　　（b）锚环

（c）三片式夹片　　　（d）二片式夹片　　　（e）斜开缝夹片

1—钢绞线；2—锚环；3—夹片。

图 5.22　单孔夹片锚具

2）多孔夹片锚具

多孔夹片锚具又称预应力钢筋束锚具，是在一块多孔锚板上，利用每个锥形孔装一副夹片夹持一根钢筋或钢绞线的一种楔紧式锚具。这种锚具在现代预应力混凝土工程中广泛应用，主要的产品有：XM 型、QM 型、QVM 型、BS 型等（图 5.23 ~ 图 5.25）。

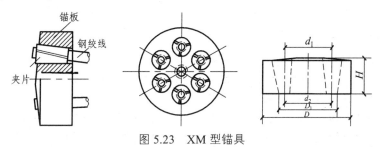

图 5.23　XM 型锚具

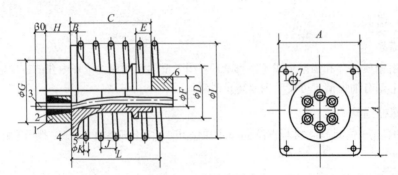

1—锚板；2—夹片；3—钢绞线；4—喇叭形铸铁垫板；5—弹簧圈；6—预留孔道的螺旋管；7—灌浆孔。

图 5.24　QM 型锚具及配件

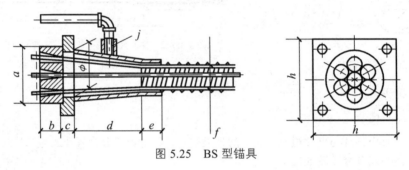

图 5.25　BS 型锚具

4. 握裹式锚具

钢绞线束固定端的锚具除了可以采用与张拉端相同的锚具外，还可选用握裹式锚具。握裹式锚具有挤压锚具和压花锚具两类。

1）挤压锚具

挤压锚具是利用液压压头机将套筒挤紧在钢绞线端头上的一种锚具（图 5.26）。套筒内衬有硬钢丝螺旋圈，在挤压后硬钢丝全部脆断，一半嵌入外钢套，一半压入钢绞线，从而增加钢套筒与钢绞线之间的摩阻力。锚具下设有钢垫板与螺旋筋。这种锚具适用于构件端部设计应力较大或端部尺寸受到限制的情况。

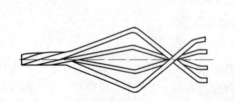

图 5.26　挤压锚具的构造

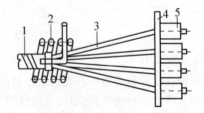

1—波纹管；2—螺旋筋；3—钢绞线；4—钢垫板；5—挤压锚具。

图 5.27　压花锚具

2）压花锚具

压花锚具是利用液压压花机将钢绞线端头压成梨形散花状的一种锚具（图 5.27）。梨形头的尺寸对于 $\phi15$ mm 钢绞线不小于 $\phi95$ mm × 150 mm。多根钢绞线梨形头应分排埋置在混凝土内。为提高压花锚四周混凝土及散花头根部混凝土的抗裂强度，在散花头的头部配置构造筋，在散花头的根部配置螺旋筋，压花锚距构件截面边缘不小于 30 cm。第一排压花锚的锚固长度，对 $\phi15$ mm 钢绞线不小于 95 cm，每排相隔至少 30 cm。多根钢绞线压花锚具构造如图 5.28 所示。

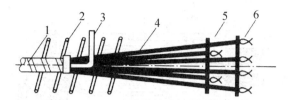

1—波纹管；2—螺旋筋；3—灌浆管；4—钢绞线；5—构造筋；6—压花锚具。

图 5.28　多根钢绞线压花锚具

5.3.2　张拉机械

后张法张拉时所用的张拉千斤顶，与先张法基本相同，关键是在施工时应根据所用预应力筋的种类及其张拉锚固工艺情况，选用适合的张拉设备，以确保施工质量。在选用时，应特别注意以下三点：

（1）预应力的张拉力不得大于设备的额定张拉力。

（2）预应力筋的一次张拉伸长值，不得超过设备的最大张拉行程。

（3）当一次张拉不足时，可采取分级重复张拉的方法，但所用的锚具与夹具应适宜重复张拉的要求。

1. 拉杆式千斤顶（代号 YL）

拉杆式千斤顶适用于张拉以螺丝端杆锚具为张拉锚具的粗钢筋和以锥形螺杆锚具为张拉锚具的钢丝束。最大张拉力为 600 kN，张拉行程 150 mm。拉杆式千斤顶的构造示意图如图 5.29 所示。

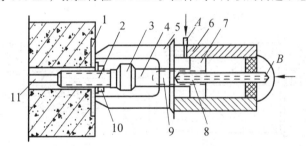

1—预埋铁板；2—螺杆锚具；3—连接器；4—拉杆；5—撑脚；6—主缸体；7—主缸活塞；
8—副缸活塞；9—副缸体；10—螺母；11—钢筋；A—主油口；B—副油口。

图 5.29　拉杆式千斤顶构造示意图

拉杆式千斤顶张拉预应力筋时，首先使连接器与预应力筋的螺丝端杆相连接，顶杆支撑在构件端部的预埋钢板上。高压油由 A 进入主缸时，则推动主缸活塞向左移动，并带动拉杆和连接器以及螺丝端杆同时向右移动，对预应力筋进行张拉。达到张拉力时，拧紧预应力筋的螺帽，将预应力筋锚固在构件的端部。高压油再由副油口 B 进入副缸，推动副缸使主缸活塞和拉杆向右移动，使其恢复初始位置。此时主缸的高压油流回高压油泵中去，完成一次张拉过程。

2. YC-60 型穿心千斤顶

YC-60 型穿心式千斤顶（图 5.30）适用于张拉各种形式的预应力筋，是目前我国预应力混凝土构件施工中应用最为广泛的张拉机械。YC-60 型穿心式千斤顶加装撑脚、张拉杆和连接器后，就可以张拉以螺丝端杆锚具为张拉锚具的单根粗钢筋、以锥形螺杆锚具和 DM5A 型墩头锚具为张拉锚具的钢丝束。YC-60 型穿心式千斤顶增设顶压分束器，就可以张拉以 KT-Z 型锚具为张拉锚具的钢筋束和钢绞线束。

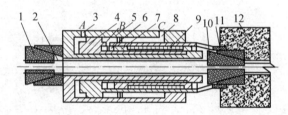

1—工具锚；2—预应力筋；3—张拉油腔；4—张拉活塞；5—张拉缸体；6—顶压油腔；7—顶压活塞；8—回程油腔；
9—弹簧；10—夹片；11—锚环；12—构件；A—张拉缸油口；B—顶压缸油口；C—回程油口。

图 5.30　YC-60 型穿心式千斤顶的构造示意图

张拉时，高压油从张拉缸油口 A 进入张拉油腔 3；同时，回程油口 C 回油。因张拉活塞 4 顶在构件 12 上，故张拉缸体逐渐向左移动而张拉预应力筋。当张拉力达到规定值时即进行顶压，关闭张拉油口 A，张拉缸持荷，高压油经回程油口 C 及顶压缸油口 B 进入顶压油腔 6，顶压活塞 7 右移，将夹片 10 顶入锚环 11 内，实现预应力筋的顶压锚固。回程时，松脱工具锚，回程油口 C 继续进油，同时打开张拉油口 A 回油。压力油使回程油腔 8 容积增大，张拉缸体右移复位。此后，停止供油，打开回程油口 C，顶压活塞在弹簧 9 的回弹力下左移复位。顶压油腔回油，张拉完毕。

3. 锥锚式双作用千斤顶

锥锚式双作用千斤顶（图 5.31）适用于张拉以 KT-Z 型锚具为张拉锚具的钢筋束和钢绞线束，张拉以钢质锥形锚具为张拉锚具的钢丝束。

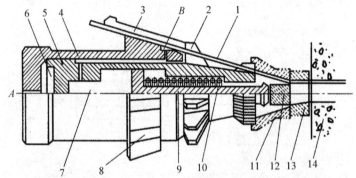

1—预应力筋；2—退楔翼片；3—楔块；4—退楔缸；5—张拉缸；6—大缸油腔；7—小缸油腔；8—锥形卡环；
9—小缸活塞；10—压簧；11—对中套；12—锚塞；A—大缸油口；B—小缸油口。

图 5.31　YC-60 型穿心式千斤顶的构造示意图

张拉时，高压油从大缸油口 A 进入大缸油腔 6，小缸油口 B 回油。在大缸活塞 5 右移顶住对中套 11、锚环 13 和构件 14 后，高压油驱动大缸缸体 4 左移，张拉钢筋束直至规定值。顶压时，关闭大缸油口，大缸持荷；高压油从小缸油口进入小缸油腔 7，推动小缸活塞 9 右移，将锚塞 12 顶压进锚环中，以锚固钢丝束；同时，压簧 10 受压变形。回程时，A 油口回油，B 油口进油，大缸活塞左移，退楔翼板 2 顶退楔块使其松脱，大缸也同时复位，最后 B 油口回油，小缸活塞在压簧的回弹力下复位，张拉完毕。

5.3.3　预应力筋的制作

预应力筋的制作与钢筋的直径、钢材的品种、锚具的类型、张拉设备和张拉工艺有关。目前常用的预应力筋有单根钢筋、钢筋束、钢绞线束及钢丝束。

1. 单根钢筋的制作

单根钢筋的制作一般包括配料、对焊、冷拉等工序。单根预应力粗钢筋的下料长度应由计算确定，计算时应考虑结构的孔道长度、锚夹具厚度、千斤顶长度、焊接接头或墩头的预留量、冷拉伸长率、弹性回缩值、张拉伸长量等因素。

单根预应力筋的张拉端采用螺丝端杆锚具，固定端采用帮条锚具或墩头锚具。根据预应力筋是一端张拉还是两端张拉的情况，锚具与预应力筋的组合形式基本上有三种：两端都采用螺丝端杆锚具，一端螺丝端杆锚具另一端帮条锚具或墩头锚具，如图 5.32 所示。

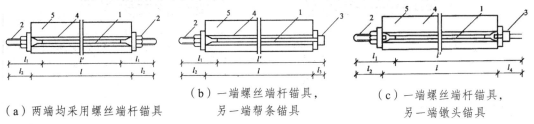

（a）两端均采用螺丝端杆锚具　　（b）一端螺丝端杆锚具，　　　（c）一端螺丝端杆锚具，
　　　　　　　　　　　　　　　　　　　另一端帮条锚具　　　　　　　　另一端墩头锚具

1—预应力筋；2—螺丝端杆锚具；3—帮条（墩头）锚具；4—孔道；5—混凝土构件。

图 5.32　单根钢筋下料长度计算简图

（1）预应力筋两端采用螺丝端杆锚具的下料长度计算可参考下式：

$$L = \frac{l - 2l_1 + 2l_2}{1 + \gamma - \delta} + n\Delta \tag{5.7}$$

式中　l——构件孔道长度（mm）；

　　　　l_1——螺丝端杆长度，一般为 320 mm；

　　　　l_2——螺丝端杆的外露长度，一般为 120~150 mm 或按下式计算：

　　　　张拉端为 $l_2 = 2H + h + 5$ mm，锚固端为 $l_2 = H + h + 10$ mm；

　　　　γ——钢筋的试验冷拉率；

　　　　δ——钢筋冷拉的弹性回缩率，一般为 0.4%~0.6%；

　　　　n——钢筋与钢筋、钢筋与螺丝端杆的对焊接头总数；

　　　　Δ——每个对焊接头的压缩量，$\Delta = d$；

　　　　H——螺母高度（mm）；

　　　　h——垫板厚度（mm）。

（2）预应力筋一端采用螺丝端杆锚具，另一端采用帮条锚具或墩头锚具的下料长度计算可参考下式：

$$L = \frac{l - l_1 + l_2 + l_3}{1 + \gamma - \delta} + n\Delta \qquad 或 \qquad L = \frac{l - l_1 + l_2 + l_4}{1 + \gamma - \delta} + n\Delta$$

式中　l_3——帮条锚具长度，取值 70~80 mm；

　　　　l_4——墩头锚具长度，取值 2.25 倍钢筋直径加 15 mm（垫板厚度）。

2. 钢筋束（钢绞线束）的制作

钢筋束目前主要采用 3~6 根 φ12 钢筋组成，钢绞线束主要采用 3~6 根 7φ4 组成。由于其强度高、柔性好，而且钢筋不需要接头等优点，近年来钢筋束和钢绞线束预应力筋的应用越来越广泛。钢筋束所用钢筋一般是成圆盘状供应，长度较长，不需要对焊接长。钢筋束预应力筋的制作工艺一般是下料和编束。热处理钢筋及钢绞线下料切断时，宜采用切断机或砂轮锯切断，不得采用电弧切割。钢绞线切断前，在切口两侧 50 mm 处应用铅丝绑扎，以免钢绞线松散。钢筋束或钢绞线束预应力筋的编束，主要是为了保证穿入构件孔道中的预应力筋束不发生扭结。成束预应力筋宜采用穿束网套穿束。穿束前应逐根理顺，用铅丝每隔 1.0 m 左右绑扎成束，不得紊乱。钢筋束或钢绞线束的下料长度，主要与构件的长度、所选择的锚具和张拉机械有关，见图 5.33。

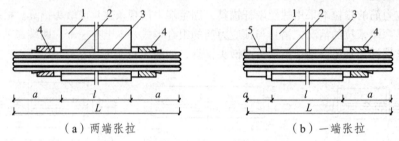

（a）两端张拉　　　　　　　　　　　　（b）一端张拉

图 5.33　钢筋束下料长度计算示意图

预应力筋两端同时张拉时，下料长度为

$$L = l + 2a \tag{5.8}$$

预应力筋一端张拉时，下料长度为

$$L = l + a + b \tag{5.9}$$

式中　L——预应力筋的下料长度；

l——构件的孔道长度；

a——张拉端余量；

b——固定端余量。

张拉端留量 a 固定端留量 b 与锚具和张拉机械有关，采用 JM12 型锚具和 YC60 型千斤顶张拉时，$a = 850$ mm，$b = 80$ mm；对于钢筋束，若固定端采用镦头锚具，$b = 2.25d + 15$ mm。

3. 钢丝束的制作

钢丝束的制作，随着选用锚具形式的不同制作方法也有差异。一般需经下料、编束和安装锚具等工序。

1）制作工艺

当采用钢丝束作为预应力筋时，为了保证张拉时钢丝束中每根钢丝应力值的均匀性，钢丝束制作时必须等长下料，同束钢丝中下料长度的相对误差应控制在 $L/5\,000$ 以内，且不得大于 5 mm（L 为钢丝长度）。为保证达到上述下料精度，一般有两种方法：一种方法是应力下料，即拉钢丝拉至 300 MPa 应力状态下，画定长度，放松后剪切下料；另一种方法是用钢管限位法，即将钢丝通过小直径的钢管（钢管内径略粗于钢丝直径），在平直的工作台上等长下料。后一种方法比较简单，采用较广泛。钢丝下料后应逐根理顺进行编束，编束工作一般在比较平整的场地上进行，首先把钢丝理顺放平，然后隔 1.0 m 用 22 号铁丝将钢丝编成帘子状，然后每隔 1 m 放置一个螺旋衬圈，再将编好的钢丝帘绕衬圈围成圆束，如图 5.34 所示。编束的目的是防止钢丝互相扭结。

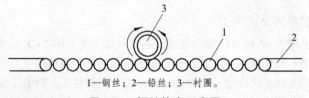

1—钢丝；2—铅丝；3—衬圈。

图 5.34　钢丝编束示意图

2）下料长度计算

采用锥形螺杆锚具两端同时张拉（图 5.32）时，预应力筋的下料长度计算公式如下：

$$L = L_0 + \Delta = l - 2l_5 + 2l_6 + 2(l_7 + D) + \Delta \qquad (5.10)$$

式中　L——预应力筋的下料长度；

　　　L_0——预应力筋的成品长度；

　　　l——构件的孔道长度；

　　　l_5——锥形螺杆长度（可取 380 mm）；

　　　l_6——锥形螺杆的外露长度（可取 120 mm）；

　　　l_7——锥形螺杆的套筒长度（可取 100 mm）；

　　　D——钢丝伸出套筒长度（可取 20 mm）；

　　　Δ——钢丝应力下料后的弹性回缩值（由试验确定）。

采用锚杯式镦头锚具一端张拉（图 5.32）时，预应力筋的下料长度计算公式如下：

$$L = l + 2a + 2\delta - 0.5(H - H_1) - \Delta L - C \qquad (5.11)$$

式中　L——预应力筋的下料长度；

　　　l——构件的孔道长度；

　　　a——锚板厚度或锚杯底部厚度；

　　　δ——钢丝镦头余量（取钢丝直径的 2 倍）；

　　　H——锚杯高度；

　　　H_1——螺母高度；

　　　ΔL——张拉时钢丝伸长值；

　　　C——混凝土弹性压缩值（当其值很小时可略去不计）。

5.3.4　后张法施工工艺

后张法的施工工艺主要包括：预留孔道、预应力筋制作、预应力筋的穿入敷设、预应力筋的张拉与锚固和孔道灌浆。

1. 预留孔道

预留孔道方法有钢管抽芯法、胶管抽芯法、预埋管法等。其基本要求是：孔道的尺寸与位置应正确，孔道应平顺，接头不漏浆，端部的预埋钢板应垂直于孔道中心线，灌浆孔及泌水管的孔径应能保证浆液畅通。

1）钢管抽芯法

钢管抽芯法适用于留设直线孔道。钢管抽芯法是预先将钢管敷设在模板的孔道位置上，在混凝土浇筑后每隔一定时间慢慢转动钢管，防止它与混凝土粘住，待混凝土初凝后、终凝前抽出钢管形成孔道。选用的钢管要求平直，表面光滑，敷设位置准确。钢管用钢筋井字架固定，间距不宜大于1.0 m。每根钢管的长度不超过 15 m，以便于转动和抽管。钢管两端应各伸出构件外 0.5 m 左右。较长的构件可采用两根钢管，中间用套管连接，其连接方法见图 5.35。

准确地掌握抽管时间很重要。抽管时间与水泥品种、气温和养护条件有关。抽管宜在混凝土初凝后、终凝以前进行，以用手指按压混凝土表面不显指纹为宜。抽管过早，会造成塌孔事故；抽管太晚，混凝土与钢管黏结牢固，抽管困难，甚至抽不出来。常温下抽管时间在混凝土浇筑后 3~5 h。抽管顺序宜先上后下进行。抽管方法可用人工抽管或卷扬机抽管，抽管时必须速度均匀，边抽边转并与孔道保持在一直线上。抽管后应及时检查孔道情况，并做好孔道清理工作，防止穿筋困难。

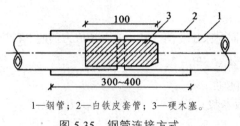

1—钢管；2—白铁皮套管；3—硬木塞。

图 5.35　钢管连接方式

2）胶管抽芯法

胶管有布胶管和钢丝网胶管两种。布胶管采用 5 ~ 7 层帆布夹层、壁厚 6 ~ 7 mm 的普通橡皮管，可用于直线、曲线或折线孔道。胶管安放于设计位置后，用钢筋井字架固定，直线孔道井字架间距不宜大于 0.5 m，曲线孔道适当加密；在浇筑混凝土前，在胶管中以 0.5 ~ 0.8 N/mm² 的压力充水或充气，管径增大约 30 mm，待浇筑的混凝土初凝后，放出压缩空气或压力水，管径缩小，混凝土脱离，随即抽出胶管形成孔道。钢丝网胶管质硬，具有一定的弹性，抽管时在拉力作用下断面缩小，易于拔出。

胶管抽芯与钢管抽芯相比，具有弹性好、便于弯曲、不需转动等优点，不仅可以留设直线孔道，而且可以留设曲线孔道。使用胶管留设孔道时，胶管必须具有良好的密封装置，抽管时间应比钢管略迟。

3）预埋管法

预埋管法是利用与孔道直径相同的波纹管埋在构件中，无须抽出，一般采用金属或塑料波纹管制作。预埋管法因省去抽管工序，且孔道留设的位置、形状也易保证，故目前应用较为普遍。金属波纹管由镀锌薄钢带经波纹卷管机压波卷成，应符合行业标准《预应力混凝土用金属波纹管》JG 225 的要求；塑料波纹管是以高密度聚乙烯或聚丙乙烯塑料为原料，用挤塑机或专用制管机经热挤压定形而成，具有质量小、刚度好、弯折方便、连接简单等优点，应符合行业标准《预应力混凝土桥梁用塑料波纹管》JT/T 529 的要求。

波纹管应在 1 kN 径向力作用下不变形，使用前应做灌水试验，检查有无渗漏现象。波纹管的固定采用钢筋井字架，间距不宜大于 0.8 m，曲线孔道时应加密，并用铁丝绑扎牢固。

预应力结构混凝土浇筑应避免成孔管道破损、移位或连接处脱落，并应避免预应力筋、锚具及锚垫板等移位。预应力锚固区等配筋密集部位应采取保证混凝土浇筑密实的措施。先张法预应力混凝土构件，应在张拉后及时浇筑混凝土。

2. 预应力筋的制作

1）钢丝下料与编束

消除应力钢丝放开后可直接下料，下料如发现钢丝表面有电接头或机械损伤，应随时剔除。采用镦头锚具时，钢丝的等长要求较严，同束钢丝下料长度的相对差值，不应大于 $L/5\ 000$，且不得大于 5 mm（L 为钢丝下料长度）。

编束可保证钢丝束两端钢丝的排列顺序一致，在穿束与张拉时不致紊乱。

2）钢绞线下料与编束

为了防止在下料过程中钢绞线紊乱并弹出伤人，应将钢绞线盘卷在事先制作的铁笼内，从盘卷中央逐步抽出。钢绞线下料宜用砂轮切割机切割，不得采用电弧切割。

钢绞线用 20 号铁丝绑扎编束，间距为 1 ~ 1.5 m。编束时应先将钢绞线理顺，使各根钢绞线松紧一致。如果钢绞线是单根穿入孔道，则不必编束。

3. 预应力筋的穿束

1）穿束顺序

预应力筋穿入孔道，简称穿束。穿束可分为先穿束法和后穿束法两种。

先穿束法：在浇筑混凝土之前穿束。此法按穿束与预埋螺旋管之间的配合，可分为以下三种：

（1）先穿束后装管。先将预应力筋穿入钢筋骨架内，后将螺旋管逐节从两端套入并连接。

（2）先装管后穿束。先将螺旋管安装就位，后将预应力筋穿入。

（3）二者组装放入。即在构件外侧的脚手架上将预应力筋与螺旋管组装后，从钢筋骨架顶部放入设计部位。

后穿束法：在混凝土浇筑之后穿束。此种穿束方法不占工期，便于用通孔器或高压水通孔，穿束后立即可以张拉，易于防锈，但穿束时比较费力。

2）穿束方法

根据一次穿入数量，可分为整束穿和单束穿。对钢丝束一般应整束穿；对钢绞线优先采用整束穿也可用单根穿。穿束工作可由人工、卷扬机或穿束机进行。

（1）人工穿束。

可利用起重设备将预应力筋吊起，工人站在脚手架上将其逐步穿入孔内。束的前端应扎紧并裹胶布，以便顺利通过孔道。对多波曲线束，宜采用特制的牵引头，工人在前头牵引，后头推送，用对讲机随时联系，保持前后两端同时用力。

（2）卷扬机穿束。

主要用于超长束、特重束、多波曲线束等整束穿入。卷扬机的电动机功率为 1.5～2.0 kW，卷扬机速度宜为 10 m/min，束的前端应装有穿束网套或特别的牵引头。

（3）穿束机穿束。

穿束机是一种专门用来穿束的设备，主要用于大型桥梁与构筑物单根钢绞线的穿入。

4. 预应力筋的张拉

预应力筋张拉时结构的混凝土强度应符合设计要求，当设计无具体要求时，不应低于设计强度等级的 75%。在预应力筋张拉中，主要是解决好张拉控制应力、张拉方式、张拉顺序、张拉程序、张拉伸长值校核等问题。

1）张拉控制应力

预应力钢筋的张拉控制应力值 σ_{con} 的限值见表 5.1。预应力筋伸长值的演算、预应力筋张拉力的计算与先张法相同。

2）张拉方法

（1）一端张拉方式。

适用于长度 ≤30 m 的直线预应力筋与锚固损失影响长度 $L_F \geq L/2$（L 为预应力筋长度）的曲线预应力筋。设计认可放宽以上限制的，也可将张拉端分别设置在构件的两端。

（2）两端张拉方式。

适用于长度 >30 m 的直线预应力筋与锚固损失影响长度 $L_F < L/2$ 的曲线预应力筋。当张拉设备不足或由于张拉顺序安排关系，也可先在一端张拉完成后，再移到另一端张拉，补足张拉力后锚固。

（3）分批张拉方式。

适用于配有多束预应力筋的构件或结构。在确定张拉力时，应考虑束间的弹性压缩损失影响，或将弹性压缩损失平均值统一增加到每根预应力筋的张拉力内。

（4）分段张拉方式。

适用于多跨连续梁板的逐段张拉。在第一段混凝土浇筑与预应力筋张拉锚固后，第二段预应力筋利用锚头连接器接长。

（5）分阶段张拉方式。

这是为了平衡各阶段的荷载所采取的分阶段逐步施加预应力的方式，具有应力、挠度与反拱容易控制，省材料等优点。

（6）补偿张拉方式。

这是一种在早期预应力损失基本完成后，再进行张拉，以弥补损失，达到预期的预应力效果的方式，在水利工程与岩土锚杆中应用较多。

3）张拉顺序

预应力筋的张拉顺序应符合设计要求，当设计无具体要求时，可采用分批、分阶段对称张拉，以使混凝土不产生超应力、构件不扭转与侧弯、结构不变位等。因此，对称张拉是一项重要原则。同时，还要考虑到尽量减少张拉机械的移动次数。

对配有多根预应力筋的预应力混凝土构件，由于不可能同时一次张拉，应分批、对称地进行张拉。分批张拉时，要考虑后批预应力筋张拉时对混凝土产生的弹性压缩，而引起前批张拉锚固好的预应力筋应力值的降低，所以对前批张拉的预应力筋的张拉应力值应增加$\Delta\sigma$，且

$$\Delta\sigma = \frac{E_s}{E_c} \cdot \frac{(\sigma_{con} - \sigma_1)A_p}{A_n} \qquad (5.12)$$

式中　$\Delta\sigma$——前批张拉钢筋应增加的应力；

　　　E_s——钢筋的弹性模量（MPa）；

　　　E_c——混凝土的弹性模量（MPa）；

　　　σ_1——预应力筋的第一批应力损失值（包括锚具变形与摩擦损失，MPa）；

　　　A_p——后批张拉的预应力筋截面面积（mm^2）；

　　　A_n——混凝土构件的净截面面积（mm^2）。

采用分批张拉时，应按上式计算出分批张拉的预应力损失值，分别加到前批张拉预应力筋的张拉控制应力值内或同一张拉值逐根复位补足。

4）张拉程序

后张法预应力筋的张拉程序一般与先张法相同，应根据构件类型、张拉锚固体系、松弛损失取值等因素确定。

5）张拉伸长值校核

对张拉伸长值进行校核，可以综合反映张拉力是否足够，孔道摩阻损失是否偏大，以及预应力筋是否有异常现象等。根据《混凝土结构工程施工质量验收规范》GB 50204 的规定：如实际伸长值比计算伸长值偏差超过 ±6%，应暂停张拉，在采取措施予以调整后，方可继续张拉。预应力筋的伸长值Δl（mm）可按下式计算：

$$\Delta l = \frac{F_p l}{A_p E_s} \qquad (5.13)$$

预应力筋的实际伸长值，应在初应力为张拉控制应力的 10%左右时开始量测，但必须加上初应力以下的推算伸长值；对后张法，还应扣除混凝土构件在张拉过程中的弹性回缩。

6）张拉注意事项

（1）在预应力作业中应特别注意安全。在任何情况下，作业人员均不得站在预应力筋的两端操作，张拉千斤顶的后面应设防护装置。

（2）操作千斤顶和测量伸长值的人员，应站在千斤顶的侧面工作；在油泵开动的过程中，不得擅自离开岗位。

（3）确实做到千斤顶、孔道与锚环三对中，以使张拉工作顺利进行，使测得的数据准确，避免过大的孔道摩擦。

（4）采用锥锚千斤顶张拉钢丝束时，应先使千斤顶张拉缸进油，至压力表略有启动时暂停，检查每根钢丝的松紧并进行调整，然后再打紧楔块。

（5）钢丝束镦头锚固体系，在张拉过程中应随时拧紧螺母，锚固时如遇钢丝束偏长或偏短，应增加螺母或用连接器解决。

（6）新的工具锚夹片在第一次使用前，应在夹片背面涂上润滑剂，以后每使用 5 ~ 10 次，应将工具锚上的挡板连同夹片一同卸下，向锚板的锥孔中再涂上一层润滑剂，以防夹片在退楔时卡住。

（7）多根钢绞线束所用的夹片锚固体系，如遇到个别钢绞线滑移，可在更换夹片后用小型千斤顶单根张拉。

（8）当预应力筋是逐根或逐束张拉时，应保证各阶段不出现对结构不利的应力状态；同时宜考虑后批张拉预应力筋所产生的结构构件的弹性压缩对先批张拉预应力筋的影响，确定张拉力。

（9）多根钢丝同时张拉时，构件截面中断丝和滑脱钢丝的数量，不得大于钢丝总数的 3%，且一束钢丝中只允许一根；对多跨双向连续板，其同一截面应按每跨计算。

（10）每个构件张拉完毕后，应检查端部和其他部位有无裂缝，并填写张拉记录表。

（11）长期外露的锚具，应涂刷防锈油漆，或用混凝土、砂浆封裹，以防止腐蚀。

5. 灌浆与封锚

有黏结预应力筋张拉后应随即进行孔道灌浆，以防预应力筋锈蚀，同时可增加结构的抗裂性和耐久性。

灌浆前，用压力水冲洗和湿润孔道；灌浆过程中，用电动或手动灰浆泵，水泥浆应均匀缓慢地注入，中途不得中断。灌满孔道并封闭气孔后，宜再加注压力至 0.5 ~ 0.6 MPa，并稳定一段时间，以确保孔道灌浆的密实性。为使孔道灌浆密实，可在灰浆中加入 0.05% ~ 0.10% 的铝粉或 0.25% 的木质素磺酸钙。对不掺外加剂的水泥浆，可采用二次灌浆法来提高灌浆的密实性。

灌浆顺序应先下后上，曲线孔道灌浆应由最低点注入水泥浆，至最高点排气孔排尽空气并溢出浓浆为止。

预应力筋锚固后的外露部分应采用机械方法切割，其外露长度不宜小于 30 mm。锚固的封闭保护应符合设计要求，当设计无具体要求时，应符合下列规定：

（1）应采取防止锚具腐蚀和遭受机械损伤的有效措施。

（2）凸出式锚固端锚具的保护层厚度不应小于 50 mm。

（3）外露预应力筋的保护层厚度：处于正常环境时，不应小于 20 mm；处于易受腐蚀的环境时，不应小于 50 mm。

工程经验表明，当工程所处环境温度低于 - 15 ℃ 时，易造成预应力筋张拉阶段的脆性断裂，不宜进行预应力筋张拉；灌浆施工会受环境温度影响，高温下因水分蒸发，水泥浆的稠度将迅速提高，而冬期的水泥浆易受冻结冰，从而造成灌浆操作困难，且难以保证质量，因此应尽量避开高温环境下灌浆和冬期灌浆。如果不得已在冬期环境下灌浆施工，应通过采用抗冻水泥浆或对构件采取保温措施等来保证灌浆质量。

5.4　无黏结预应力混凝土

在后张法预应力混凝土构件中，预应力筋分为有黏结和无黏结两种。

有黏结的预应力是后张法的常规做法，张拉后通过灌浆使预应力筋与混凝土黏结。

无黏结预应力是近几年发展起来的新技术，其做法是在预应力筋表面刷涂油脂并包塑料带（管）后如同普通钢筋一样先铺设在支好的模板内，再浇筑混凝土，待混凝土达到规定的强度后，进行预应力筋张拉和锚固。这种预应力工艺是借助两端的锚具传递预应力，无须留孔灌浆，施工简便，摩擦损失小，预应力筋易弯成多跨曲线形状等，但对锚具锚固能力要求较高，适用于大柱网整体现浇楼盖结构，尤其在双向连续平板和密肋楼板中使用最为经济合理。

目前无黏结预应力混凝土平板结构的跨度，单向板可达 9～10 m，双向板为 9 m×9 m，密肋板为 12 m，现浇梁跨度可达 27 m。

5.4.1　无黏结预应力筋的制作

无黏结预应力筋一般是由钢绞线或 7ϕ5 高强钢丝组成的钢丝束，通过专用设备涂包防腐油脂和塑料套管而构成的一种新型预应力筋，其截面如图 5.36 所示。

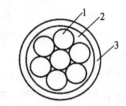

1—钢绞线或钢丝束；2—防腐润滑油脂；
3—塑料管。

图 5.36　无黏结预应力筋截面

5.4.2　无黏结预应力筋锚具

无黏结预应力结构中，预应力筋的张拉力完全借助于锚具传递给混凝土，外荷载作用引起预应力筋受力的变化也全部由锚具承担。因此，无黏结预应力筋用的锚具不仅受力较大，而且承受重复荷载。

1. 张拉端

锚具张拉端凸出混凝土表面如图 5.37 所示；锚具凹进混凝土表面如图 5.38 所示。

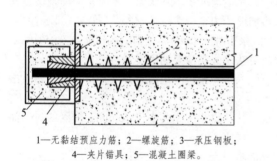

1—无黏结预应力筋；2—螺旋筋；3—承压钢板；
4—夹片锚具；5—混凝土圈梁。

图 5.37　突出式锚具张拉端的构造

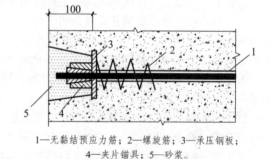

1—无黏结预应力筋；2—螺旋筋；3—承压钢板；
4—夹片锚具；5—砂浆。

图 5.38　凹入式锚具张拉端的构造

2. 固定端

挤压锚具固定端由挤压锚具、承压板和螺旋筋等组成，如图 5.39 所示。

5.4.3　张拉设备及机具

配套张拉设备有千斤顶和油泵，机具有压顶器（液压和弹簧两种）、张拉杆、工具锚等几种。

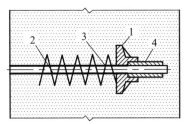

1—承压板；2—螺旋筋；3—无黏结预应力筋；4—挤压元件。

图 5.39　挤压锚具固定端的构造

1. 前卡千斤顶

无黏结预应力筋一般均采用前卡千斤顶单根张拉方法。YCQ20 型前卡穿心千斤顶与 QM 型锚具配合，可以采用不压顶工艺张拉，施工效率很高。对于要求压顶的锚具，也可安装顶压器；对于群锚，还可以安装双筒撑套。

2. 电动高压油泵

电动高压油泵是为千斤顶、挤压机或 LD-10 型镦头器提供高压的设备。在无黏结预应力混凝土施工中，常用的有中型泵和小型泵两种。中型泵可以和各种液压设备配套使用，但在高层建筑中略显笨重；另外一种手提式小型油泵，比较轻便，但油箱太小，可与 YCQ20 型千斤顶及 LD-10 镦头器配套使用，但速度较慢，易发热，使用时须待冷却。

5.4.4　无黏结预应力施工

无黏结预应力在施工中，主要问题是无黏结预应力筋的铺设、张拉和端部锚头处理。无黏结筋在使用前应逐根检查外包层的完好程度。对有轻微破损者，可包塑料带补好；对破损严重者应予以报废。

1. 无黏结预应力筋的铺设

在单向连续梁板中，无黏结筋的铺设比较简单，如同普通钢筋一样铺设在设计位置上；在双向连续平板中，无黏结筋一般为双向曲线配筋，两个方向的无黏结筋互相穿插，给施工操作带来困难，因此确定铺设顺序很重要。铺设双向配筋的无黏结筋时，应先铺设标高低的无黏结筋，再铺设标高较高的无黏结筋，并应尽量避免两个方向的无黏结筋相互穿插编结。人工编序比较烦琐而且极易出错，根据编序特点采用电子计算处理较为合理。

无黏结筋应严格按设计要求的曲线形状就位并固定牢靠。铺设无黏结筋时，无黏结筋的曲率可垫铁马凳控制。铁马凳高度应根据设计要求的无黏结筋曲率确定，铁马凳间隔不宜大于 2 m 并应用铁丝将其与无黏结筋扎紧；也可以用铁丝将无黏结筋与非预应力钢筋绑扎牢固，以防止无黏结筋在浇筑混凝土过程中发生位移，绑扎点的间距为 0.7～1.0 m。无黏结筋控制点的安装偏差：矢高方向 ±5 mm；水平方向 ±30 mm。

2. 无黏结预应力筋的张拉

由于无黏结预应力筋一般为曲线配筋，故应两端同时张拉。无黏结筋的张拉顺序应与其铺设顺序一致，先铺设的先张拉，后铺设的后张拉。成束无黏结筋正式张拉前，宜先用千斤顶往复抽动 1～2 次以降低张拉摩擦损失。无黏结筋的张拉过程中，当有个别钢丝发生滑脱或断裂时，可相应降低张拉力，但滑脱或断裂的数量不应超过结构同一截面无黏结预应力筋总量的 2%。

3. 无黏结预应力筋的端部锚头处理

无黏结筋端部锚头的防腐处理应特别重视。采用 XM 型夹片式锚具的钢绞线，张拉端头构造简单，无须另加设施，端头钢绞线预留长度不小于 150 mm，多余部分切断并将钢绞线散开打弯，埋设在混凝土中以加强锚固，见图 5.40。

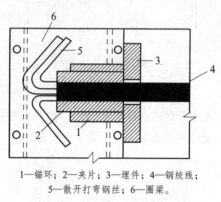

1—锚环；2—夹片；3—埋件；4—钢绞线；
5—散开打弯钢丝；6—圈梁。

图 5.40　钢绞线端部锚头处理

复习思考题

1. 简述先张法的工艺流程及夹具、张拉设备的选用。
2. 简述后张法的工艺流程及锚具、张拉设备选用。
3. 简述张拉的程序。为什么要进行超张拉？
4. 后张法分批张拉中，如何弥补混凝土弹性压缩引起的预应力损失？

第6章 结构安装工程

结构安装就是用起重机将预制构件或构件单元安放到设计位置的工艺过程。它是装配式结构工程施工的主导工程,对整个工程质量、施工进度和工程造价等有着直接的影响,应予以充分重视。

结构吊装具有设计标准化、构件定型化、产品工厂化、安装机械化的优点,可以改善劳动条件、加快施工进度,从而提高劳动生产率。

结构吊装有以下特点:

(1)基础轴线及标高、构件的几何尺寸及预埋件位置是否正确直接影响工程质量和施工速度。因此在吊装前应做好基础与构件的检查工作。

(2)有的预制构件在运输和吊装过程中,由于吊点和支点的原因,其受力状态和使用时不一致,甚至完全相反,需进行吊装验算,必要时应采取相应的加强措施。

(3)构件的尺寸与重量取决于已有起重机的能力,构件的吊装方法也随起重机而异。设计时构件的种类应尽量少,重量尽量轻、体积要小,但不能极端,否则吊次过多,不能充分发挥机械的效率,装配工作量大。

(4)结构吊装时,构件重量大,且为高空作业,工作面狭小,易发生安全事故,必须加强安全教育,采取可靠的安全措施。

(5)采用大型机械时,其费用较高,应在施工前进行充分细致的施工方案编制和选择,精心组织,尽量不让施工机械闲置,充分发挥其效能,降低机械费开支。

6.1 起重机械

起重机械是施工中采用的重要设备,合理选择与使用起重机械对减轻劳动强度、提高劳动生产率、加速工程进度、降低工程造价有重要作用。

6.1.1 索具设备

结构安装过程中使用的索具设备主要有:钢丝绳、滑轮组、卷扬机、吊钩、卡环、横吊梁。

1. 钢丝绳

1)钢丝绳的规格

钢丝绳是由直径相同的光面钢丝捻成钢丝股,再由6股钢丝股和1股绳芯搓捻而成,钢丝绳按每股钢丝的根数可分为3种规格。

(1)6×19+1:6股钢丝股,每股19根钢丝,中间加一根绳芯。这种钢丝粗、硬而耐磨,不易弯曲,一般用作缆风绳。

(2)6×37+1:6股钢丝股,每股37根钢丝,中间加一根绳芯。这种钢丝细,较柔软,用于穿滑车组和作起重绳。

（3）6×61+1：6 股钢丝股，每股 61 根钢丝，中间加一根绳芯。这种钢丝质地软，用于重型起重机械。

2）钢丝绳的种类

按钢丝和钢丝股搓捻方向不同可分为顺捻绳和反捻绳两种。

顺捻绳：每股钢丝的搓捻方向与钢丝股的搓捻方向相同，其柔性好、表面平整、不易磨损，但易松散和扭结卷曲，吊重物时易使重物旋转，一般用于拖拉或牵引装置。

反捻绳：每股钢丝的搓捻方向与钢丝股的搓捻方向相反，钢丝绳较硬，不易松散，吊重物不扭结旋转，多用于吊装工作。

2. 卷扬机

卷扬机又称绞车，按驱动方式分为手动和机动两种。建筑施工常用的电动卷扬机有快速和慢速两种，慢速卷扬机（JJM 型）主要用于吊装结构、冷拉钢筋和张拉预应力筋，快速卷扬机（JJK 型）主要用于垂直运输和水平运输以及打桩作业。

卷扬机在使用时必须用地锚固定，以防作业时产生滑动或倾覆。

1）手动卷扬机

手动卷扬机为人力启动的主要工具，主要有手摇卷扬机、绞磨两种。

（1）手摇卷扬机由机架、手摇柄、齿轮、卷筒组成。额定牵引力 5~50 kN，手柄施力 0.15 kN 左右。

（2）绞磨又称绞盘，分木制和铁制两种。其构造简单，操作方便，小型的应用广；需较大的场地，用人多，牵引力小，不如手摇卷扬机安全。绞磨由竖轴、细腰卷筒、机架、棘轮、棘爪、推杆组成。棘轮和棘爪的作用是防止卷筒突然反转。

2）机动卷扬机

常用的机动卷扬机为电动卷扬机，也有内燃机或蒸汽机作动力的。电动卷扬机由电动机、减速机构、卷筒、电磁制动器等组成。电动卷扬机牵引力大，操作轻便安全，应用广泛。

使用卷扬机时的注意事项：为使钢丝绳能自动地在卷筒上往复缠绕，卷扬机的安装位置距第一个导向滑轮的距离应大于卷筒长度 a 的 15 倍，即绳的摆角不大于 4°。钢丝绳从下引入卷筒，近水平进入，减少倾覆力矩。

3. 滑轮组

滑轮组由若干个定滑轮和动滑轮以及钢丝绳组成。其特点是：既可以省力，又可以根据需要改变用力方向。滑轮组可用作简单的起重工具，又是起重机的重要部件。

滑轮组中共同负担构件重量的绳索根数称为工作线数，也就是在动滑轮上穿绕的绳索根数。滑轮组起重省力的多少，主要取决于工作线数和滑动轴承的摩阻力大小。滑轮组的绳索跑头可分为从定滑轮引出和从动滑轮上引出两种。

负担重量的根数，称为工作线数，3 根工作线数称"走 3"。

钢丝绳在滑轮组上的穿法分为顺穿法和花穿法。

顺穿法：将钢丝绳从一侧开始按顺序穿过各个滑轮。滑轮组滑轮数目较多时易卡绳，称"咬绳"。

花穿法：间隔或跳跃式穿绳，跑头从中间穿出，两侧钢丝绳受力相差较小，能避免咬绳。"四·四"（4 门）滑轮组以上，宜采用花穿法。

6.1.2 起重机械

用于结构吊装的起重机械主要有桅杆式起重机、自行式起重机、塔式起重机。

1. 桅杆式起重机

桅杆式起重机的特点：能在比较狭窄的工地使用，制作简单，拆装方便，起重量也较大，可达100 t 以上，受地形限制小，能解决大型机械缺乏和不足的困难；但其服务半径小，灵活性差，移动较困难，而且需要设置较多的缆风绳，故一般仅用于安装工程量集中的工程。

1）桅杆式起重机的构造和性能

桅杆式起重机分为独脚桅杆、悬臂桅杆、人字桅杆、牵缆式桅杆，如图 6.1 所示。

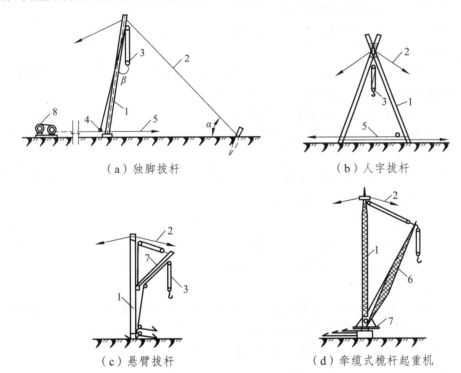

（a）独脚拔杆　　　　　　　　　　　　（b）人字拔杆

（c）悬臂拔杆　　　　　　　　　（d）牵缆式桅杆起重机

1—拔杆；2—缆风绳；3—起重滑轮组；4—导向装置；5—拉索；
6—主缆风绳；7—起重臂；8—回转盘。

图 6.1 桅杆式起重机

（1）独脚桅杆。

俗称"拔杆"，主要构成材料为木料或钢材。

单根独脚桅杆适用于预制柱、梁和屋架等构件的吊装。多根独脚桅杆组合可用于大型结构的整体吊装。

独脚桅杆组成部分：拖子，供移动时使用；缆风绳，维持桅杆的稳定，6～12 根，多用钢丝绳，也可用麻绳；桅杆，承重部件；卷扬机，动力设备；滑轮组，转换受力方向，省力机构；锚碇，固定缆风绳、卷扬机，平衡卷扬机拉力。

施工时，桅杆有 ≤10° 的倾角 β，以防吊装构件撞击桅杆。

① 木独脚桅杆。

由圆木做成，起吊高度为 8～15 m，起重量在 3～10 t。若提高起重量，可用 2～3 根组合，中间绑加劲杆。桅杆接长处，做成阶梯形，铁丝或钢丝绳绑扎牢固。

② 管式独脚桅杆。

由钢管做成，起吊高度可达 30 m，起重量可达 45 t。

③ 格构式独脚桅杆。

由格构柱做成，起吊高度可达 75 m，起重量达 100 t。柱体由多段组成，既便于改变高度，又方便运输。

（2）人字桅杆。

又称"人字拔杆"，由两根木杆或钢杆以钢丝绳绑扎或铁件铰接而成，底部设拉杆（绳）以平衡桅杆本身的水平推力，桅杆夹角以 30°为宜。其中一根桅杆的底部装有导向滑轮，起重绳通过它联向卷扬机，另用一根钢丝绳联向锚碇，保证底部稳定。

其特点是：起重量大，侧向稳定性好，构件起吊后的活动范围较小，可用于吊装重型柱等构件。

（3）悬臂桅杆。

在桅杆中部或 2/3 高度处安装一根悬臂，增加起重高度和工作半径。为使铰接处的桅杆得以加强，用撑杆和拉绳（钢丝绳）进行加固。

其特点是：起升高度大，工作幅度大，起重臂可左右转动，可达 120°~270°，为吊装工作带来方便。但起重量较小，多用于轻型构件的吊装。

（4）牵缆式桅杆。

起重臂可以起伏，整个机身可以 360°回转，起重量一般为 15~60 t，适用于构件多而集中的吊装；灵活性好，能在较大的服务范围内将构件吊到需要位置上。

2）桅杆的竖立

桅杆竖立之前要做好准备工作：桅杆的拼接、钢丝绳的穿绕、缆风绳的固定、锚碇和卷扬机的设置，并经仔细检查后，方可着手竖立。竖立方法有滑行法、旋转法、倒杆法。

（1）滑行法。

设置一根辅助桅杆，其长度为工作桅杆的一半加 3~3.5 m，将辅助桅杆立于地面靠近工作桅杆重心，并在底端安装好拖子，辅助桅杆的滑轮组连接于工作桅杆重心上的 1~1.5 m 处，开动卷扬机，工作桅杆和拖子沿地面滑行到安装位置，最后收紧缆风绳。

（2）旋转法。

将工作桅杆下端固定在辅助桅杆根部，顶端略加垫高；用辅助桅杆的滑轮组将工作桅杆绕辅助桅杆下端支点转起，此时必须稳住工作桅杆，以免摇晃；当工作桅杆升高到 60°~70°时制动卷扬机，用缆风绳将其拉到安装位置。辅助桅杆的高度应为工作桅杆高度的 1/3~1/4。

高度和重量不大的桅杆，可以直接将顶端垫高，直接用滑轮组与卷扬机相连，开动卷扬机，桅杆绕下支垫旋转竖立。

（3）倒杆法。

将辅助桅杆竖立，用一套滑轮组将其与工作桅杆组成直角三角形，用另一套滑轮组通过锚碇与卷扬机相连，开动卷扬机将辅助桅杆扳倒，当工作桅杆到 60°~70°时，停止卷扬机，用缆风绳将工作桅杆竖立。辅助桅杆的高度应为工作桅杆高度的 1/3~1/4。

此法应注意两点：工作桅杆底部系好绳索连向锚碇，以免在竖立过程中滑动；工作桅杆转动的反面用缆风绳予以控制以防转动过度而倾倒。

桅杆竖立后，将缆风绳收紧到初拉力，固定底部，以防摇晃和倾倒。

2. 自行式起重机

自行式起重机按行走机构分为履带式、轮胎式。轮胎式分为汽车起重机和轮胎起重机。

自行式起重机的优点是灵活性大，移动方便，能为整个工地服务，适用范围广，起重机本身是一个安装好的整体，一到现场即可投入使用，无须拼接安装；其缺点是稳定性小。

1）履带式起重机

履带式起重机对施工现场适应性强，因此发展较快，应用较广。

履带式起重机，由于履带的面积大，故对地面的压强较低，行走时不超过 0.2 MPa，起重时不超过 0.4 MPa，可以在较坎坷的松软路面行驶，必要时可垫路基箱。

履带式起重机是一种通用的起重机械，它由行走装置、回转机构、机身及起重臂等部分组成（图 6.2）。行走装置为链式履带，以减少对地面的压力；回转机构为装在底盘上的转盘，使机身可回转 360°；机身内部有动力装置、卷扬机及操纵系统；起重臂是用角钢组成的格构式杆件，下端铰接在机身的前面，随机身回转，起重臂可分节接长。常用的履带式起重机起重量为 100 ~ 500 kN，目前最大的起重量达 3 000 kN，最大起重高度可达 135 m，广泛用于单层工业厂房、旱地桥梁等结构的安装工程，以及其他吊装工程中。

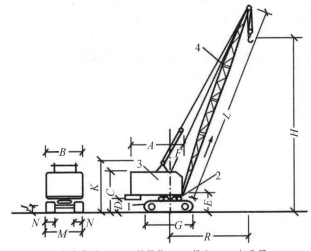

1—行走装置；2—回转机构；3—机身；4—起重臂。

图 6.2　履带式起重机

（1）履带式起重机的技术性能。

履带式起重机的主要技术性能包括 3 个主要参数：起重量 Q、起重半径 R 和起重高度 H。起重量 Q 是指起重机安全工作所允许的最大起重物的重量，一般不包括吊钩的重量；起重半径 R 是指起重机回转中心至吊钩的水平距离；起重高度 H 是指起重吊钩中心至停机面的垂直距离。

起重量 Q、起重半径 R 和起重高度 H 这 3 个参数之间存在相互制约的关系，且与起重臂的长度 L 和仰角 α 有关。当臂长一定时，随着起重臂仰角的增大，起重量 Q 增大，起重半径 R 减小，起重高度 H 增大；当起重臂仰角一定时，随着起重臂臂长的增加，起重量 Q 减小，起重半径 R 增大，起重高度 H 增大。

（2）履带式起重机的操作要求。

为了保证履带式起重机安全工作，在使用中应注意以下事项：

① 吊装时，起重机吊钩中心到起重臂顶部定滑轮之间应保持一定的安全距离，一般为 2.5 ~ 3.5 m。

② 满载起吊时，起重机必须置于坚实的水平地面上，先将重物吊离地面 20 ~ 30 cm，检查并确

认起重机的稳定性、制动器的可靠性和起吊构件绑扎的牢固性后，才能继续起吊。起吊时动作要平稳，并禁止同时进行两种及以上动作。

③ 对无提升限定装置的起重机，起重臂最大仰角不得超过 78°。

④ 起重机行驶的道路应平整坚实，允许的最大坡度不应超过 3°。

⑤ 双机抬吊构件时，构件的重量不得超过两台起重机所允许起重量总和的 75%。

2）汽车式起重机

汽车式起重机是把起重机构安装在普通载重汽车或专用汽车底盘上的一种自行式起重机。其构造与履带式基本相同，只是底盘上装有可伸缩的支腿。其行驶的驾驶室与起重操纵室是分开的，如图 6.3 所示。起重臂的构造形式有桁架臂和伸缩臂两种，目前普遍使用的是液压伸缩臂起重机。

汽车式起重机的优点是行驶速度快，转移方便，对路面损伤小。因此，特别适用于流动性大，经常变换地点的作业。其缺点是起重作业时必须将可伸缩的支腿落地，且支腿下需安放枕木以增大机械的支撑面积，并保证必要的稳定性。这种起重机不能负荷行驶，也不适于在松软或泥泞的地面上工作。它广泛用于构件运输、装卸作业和结构安装工程中。

3）轮胎式起重机

轮胎式起重机是把起重机构安装在加重型轮胎和轮轴组成的特制底盘上的一种全回转式起重机，其上部构造与履带式起重机基本相同，但行走装置为轮胎，如图 6.4 所示。起重机设有 4 个可伸缩的支腿，在平坦地面上进行小起重量吊装时，可不用支腿并吊物低速行驶，但一般情况下均使用支腿以增加机身的稳定性，并保护轮胎。与汽车式起重机相比，其优点有横向尺寸较宽、稳定性较好、车身短、转弯半径小等。但其行驶速度较汽车式慢，故不宜做长距离行驶，也不适于在松软或泥泞的地面上工作。它适用于作业地点相对固定而且作业量较大的场合。

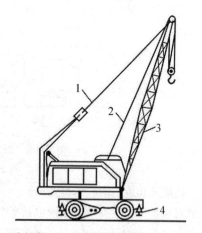

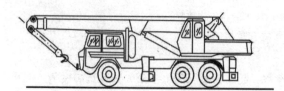

图 6.3　QY-8 型汽车式起重机

1—变幅索；2—起重索；3—起重杆；4—支腿。

图 6.4　轮胎式起重机

3．塔式起重机

1）塔式起重机的类型和特点

塔式起重机简称塔吊，是一种塔身直立、起重臂安装在塔台顶部并可作 360° 回转的起重机械。除用于结构安装工程外，也广泛用于多层和高层建筑的垂直运输。

（1）塔式起重机的类型。

塔式起重机的类型很多，按其在工程中使用和架设方法的不同可分为轨道式起重机、固定式起重机、附着式起重机和内爬式起重机 4 种，见图 6.5。

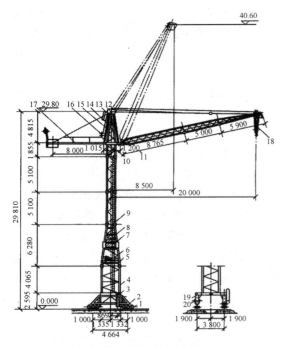

（a）轨道式塔式起重机

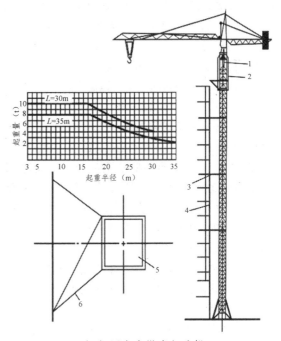

（b）固定式塔式起重机

1—被动台车；2—活动侧架；3—平台；4—第一节架；5—第二节架；
6—卷扬机构；7—操纵配电系统；8—司机室；9—互换节架；
10—回转机构；11—起重臂；12—中央集电环；
13—超负荷保险装置；14—塔顶；15—塔帽；
16—手摇变幅机构；17—平衡臂；
18—吊钩；19—固定侧架；
20—主动台车

1—液压千斤顶；2—顶升套架；
3—锚固装置；4—建筑物

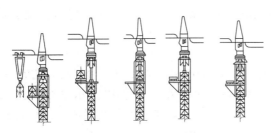

（c）附着式自身塔式起重机的顶升过程

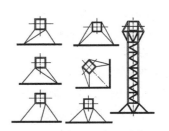

（d）附着杆的布置形式

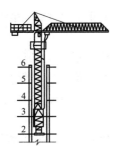

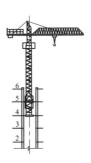

（e）内爬式起重机

图 6.5　塔式起重机

① 轨道式塔式起重机。该起重机在直线或曲线轨道上均能运行，且可负荷运行，生产效率高。它作业面大，覆盖范围为长方形空间，适合于条状的建筑物或其他结构物。轨道式塔吊塔身的受力状况较好、造价低、拆装快、转移方便、无须与结构物拉结；但其占用施工场地较多，且铺设轨道的工作量大，因而台班费用较高。

② 固定式塔式起重机。该起重机的塔身固定在混凝土基础上。它安装方便，占用施工场地小，但起升高度不大，一般在 50 m 以内，适合于多层建筑的施工。

③ 附着式塔式起重机。该起重机的塔身固定在建筑物或构筑物近旁的混凝土基础上，且每隔 20 m 左右的高度用系杆与近旁的结构物用锚固装置连接起来。因其稳定性好，故而起升高度大，一般为 70~100 m，有些型号可达 160 m。起重机依靠顶升系统，可随施工进程自行向上顶升接高。它占用施工场地很小，特别适合在较狭窄工地施工，但因塔身固定，服务范围受到限制。

④ 内爬式塔式超重机。该起重机安装在建筑物内部的结构上（常利用电梯井、楼梯间等空间），借助于爬升机构随建筑物的升高而向上爬升，一般每隔 1~2 层楼便爬升 1 次。由于起重机塔身短，用钢量省，因而造价低。它不占用施工场地，不需要轨道和附着装置，但须对结构进行相应的加固，且不便拆卸。内爬式塔式起重机适用于施工场地非常狭窄的高层建筑的施工；当建筑平面面积较大时，采用内爬式起重机也可扩大服务范围。

（2）塔式起重机的特点。

各类塔式起重机共同的特点是：塔身高度大，臂架长，作业面大，可以覆盖广阔的空间；能吊运各类施工用材料、制品、预制构件及设备，特别适合吊运超长、超宽的重大物体；能同时进行起升、回转及行走动作，同时完成垂直运输和水平运输作业，且有多种工作速度，因而生产效率高；可通过改变吊钩滑轮组钢丝绳的倍率，来提高起重量，能较好地适应各种施工的需要；设有较安全的安全装置，运行安全可靠；驾驶室设在塔身上部，司机视野好，便于提高生产率和保证安全。

2）塔式起重机的选用

选用塔式起重机时，首先应根据施工对象确定所要求的参数。塔式起重机的主要参数有起重幅度、起重量、起重力矩和起重高度。

（1）起重幅度。

起重幅度又称回转半径或工作半径，是从塔吊回转中心线至吊钩中心线的水平距离，它又包括最大幅度和最小幅度两个参数。对于采用俯仰变幅臂架的塔吊，最大幅度是指当动臂处于接近水平或与水平夹角为15°时的幅度；当动臂仰成 63°~65°（个别可仰至 85°）时的幅度，则为最小幅度。

施工中选择塔式起重机时，首先应考察该塔吊的最大幅度是否能满足施工需要。

（2）起重量。

起重量包括最大幅度时的起重量和最大起重量两个参数。起重量由重物、吊索、铁扁担或容器等的重量组成。

起重量参数的变化很大，在进行塔吊选型时，必须依据拟建工程的构造特点、所吊构件或部件的类型及重量、施工方法等，作出合理的选择，尽量做到既能充分满足施工需要，又可取得最大经济效益。

（3）起重力矩。

起重幅度和与之相对应的起重量的乘积，称为起重力矩。塔吊的额定起重力矩是反映塔吊起重能力的一项首要指标。在进行塔吊选型时，初步确定起重幅度和起重量的参数后，还必须根据塔吊技术说明书中给出的数据，核查是否超过额定起重力矩。

（4）起重高度。

起重高度是自轨道基础的轨顶表面或混凝土基础顶面至吊钩中心的垂直距离，其大小与塔身高度及臂架构造形式有关。选用时，应根据拟建工程的总高度、预制构件或部件的最大高度、脚手架构造尺寸以及施工方法等确定。

近年来，国内外新型塔式起重机不断涌现。国内研制的有 QT4-10、QT16、QT25、QJ45、QT60、QT80、QTl00 及 QTZ200、QTZ250 型等塔式起重机。

6.2 单层工业厂房结构安装

单层工业厂房常采用装配式钢筋混凝土结构。主要承重构件中除基础现浇外，柱、吊车梁、屋架、天窗架和屋面板等均为预制构件。根据构件的尺寸、重量及运输构件的能力，预制构件中较大的一般在现场就地制作，中小型的多集中在工厂制作。结构安装工程是单层工业厂房施工的主导工种工程。

6.2.1 结构安装前的准备工作

结构安装前的准备工作包括场地清理，道路的修筑，基础的准备，构件的运输、排放、堆放、拼装加固、检查清理、弹线编号，吊装机具的准备。

1. 基础的准备

建筑物的基础一般在施工现场就地浇筑，分为钢筋混凝土杯形基础、钢柱基础。

1）装配式钢筋混凝土基础

基础浇筑时应保证定位轴线和杯口尺寸的正确，以便柱的吊装。基础的准备工作主要有标高调整和弹线。

（1）标高调整。

为保证柱牛腿设计标高符合要求，需测出基础杯口原有标高（小柱中心，大柱 4 个角点）；再量出牛腿顶面到柱底面的距离，结合柱底面制作误差，计算基础杯口底标高调整值，并在杯口内作标记；然后用水泥砂浆或细石混凝土垫至标记处。

（2）弹线。

杯口顶面上弹出建筑物的纵横定位轴线和柱的吊装线，作为柱对位和校正的依据。弹线时应注意柱、基对应。

杯形基础做好后应盖好，基坑回填时近基础的土面应低于杯口面，以防止污物、泥土、地面水落入基础中。

2）钢柱基础的准备

钢柱基础通常设计为平面，用锚栓将钢柱与基础连成整体。注意保证基础顶面的标高、锚栓的位置准确。

保证锚栓位置的方法是，将锚栓安置在用角钢制作的固定架上（与基础模板分开），然后浇筑混凝土。锚栓的螺纹应涂黄油，并用套子套住。

（1）一次浇筑法。

将柱脚基础一次浇筑到设计标高。将混凝土浇筑到设计标高以下 4~6 cm，接着用细石混凝土精确找平到设计标高。此法少一次浇筑工序，节约时间，但要求钢柱制作尺寸十分准确，且要保证细石混凝土与下层混凝土紧密连接。

（2）二次浇筑法。

柱脚基础分两次浇筑到设计标高。第一次将混凝土浇筑到设计标高以下 4~6 cm，待混凝土达到一定强度后，放置钢垫板并精确校准其标高，然后吊装钢柱。钢柱校正后在柱脚钢板下浇筑细石混凝土。多一道工序，但钢柱容易校正，适用于重型钢柱。

2. 构件的运输与堆放

1）构件的运输

装配式钢筋混凝土构件在预制厂制作，也可在施工现场制作。重量不大而数量很多的定型构件在预制厂制作，如屋面板、连系梁、轻型吊车梁等；尺寸和重量大、运输不方便的构件在现场制作，如柱、屋架、重型吊车梁等。

现场条件不满足，运输条件许可时，柱、屋架也可在预制厂制作。预制厂预制的构件，在吊装前需运至吊装地点就位。

运输工具有汽车、火车、船舶。汽车运输灵活方便，可直接运至现场，故预制构件一般采用载重汽车、半托式或全托式的平板拖车运输。构件在运输过程中必须保证不倾倒、不变形、不破坏，为此有如下要求：构件的强度，当设计无具体要求时，不得低于混凝土设计强度标准值的75%；构件的支垫位置要正确，数量要适当；装卸时吊点位置要符合设计要求；运输道路要平整，有足够的宽度和转弯半径。

（1）汽车运输方法。

大型屋面板和 6 m 以内的吊车梁、连系梁均用载重汽车运输，运输时用木垫垫好，并适当固定。鱼腹式吊车梁，采用倒放的方式，用铁丝穿入预留孔中将各梁连在一起，这样比较稳定。

① 柱的运输。

6 m 以内的小柱采用载重汽车运输，较长的柱采用拖车运输，见图 6.6。

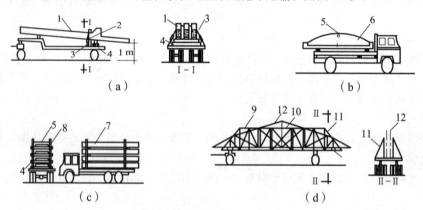

（a）

（b）

（c）

（d）

1—柱子；2—倒链；3—钢丝绳；4—垫木；5—铅丝；6—鱼腹式吊车梁；7—大型屋面板；
8—木杆；9—钢拖架首节；10—钢拖架中间节；
11—钢绳架尾节；12—屋架。

图 6.6　柱的运输

柱侧放刚度较大时，应侧放，但应防止倾倒。柱太长，采用两点支撑，抗弯能力不足时可采用平衡梁三点支撑，以缩短悬臂长度，减少运输中出现裂缝的可能。

② 屋架的运输。

屋架一般尺寸较大，侧向刚度较差，用拖车或特制的钢拖架运输，防倾倒措施可靠，拖架用拖车头或拖拉机牵引。

18 m 内的钢屋架可在载重汽车上加装运输支架，将屋架悬挂在支架两侧运输，用绳索绑牢，屋架两端头用角钢或杉木联系，以免在运输中左右摇摆。

（2）构件运输中应注意的问题。

运输构件，既要提高效率，又要注意保证构件运输过程中不损坏、不变形，并要为吊装作业创造有利条件。

① 混凝土强度。混凝土强度不得低于设计规定；无设计规定时，不得低于混凝土设计强度的 70%。

② 支撑位置。支撑位置和装卸时的吊点一致，较长而重的构件应根据吊装方法和运输方向确定装车方向。

③ 运输道路。运输道路平整坚实，有足够的宽度和转弯半径。

④ 构件运输顺序。构件运输顺序和卸车位置应按施工组织设计的规定进行，以免造成现场混乱，增加二次搬运。

2）构件的堆放

预制构件运输到现场后应按平面图规定的位置堆放，避免二次搬运。构件堆放应符合下列规定：堆放构件的场地应平整坚实，并具有排水措施；构件就位时，应根据设计的受力情况搁置在垫木或支架上，并应保持稳定；大型构件（柱、屋架）应按施工组织设计规定的构件排放布置图排放，小型构件（屋面板、连系梁等）按规定的适当位置堆放；重叠堆放的构件，吊环应向上，标志朝外；构件之间垫以垫木，上下层垫木应在同一垂直线上；重叠构件的堆垛高度应根据构件和垫木强度、地面承载力及堆垛的稳定性确定；薄腹梁、屋架等立放构件，应从两边撑牢；采用支架靠放的构件必须对称靠放和吊运，上部用木块隔开。

3. 构件的拼装和加固

为了便于运输和避免扶直过程中损坏构件，天窗架及大型屋架可制成两个榀，运到现场后拼装成整体。

构件的拼装分为平拼和立拼两种。前者将构件平放拼装，拼装后扶直，一般适用于小跨度构件，如天窗架。后者适用于侧向刚度较差的大跨度屋架，不容易移动和扶直的构件；构件拼装时在吊装位置呈直立状态，可减少移动和扶直工序。

对于一些侧向刚度较差的天窗架、屋架，在拼装、焊接、翻身扶直及吊装过程中，为了防止变形和开裂，一般都用横杆进行临时加固。

天窗架、大跨度屋架和组合屋架，为便于运输，避免在扶直过程中被损伤，一般预制成块，到工地拼装。拼装前应检查混凝土强度、外形尺寸、裂缝损伤情况。

1）天窗架的拼装

用横杆临时夹紧，在一面焊好、扶直矫正后，再焊另一面。应注意防止焊接、扶直、吊装过程中发生变形。

2）预应力混凝土屋架拼装（图 6.7）

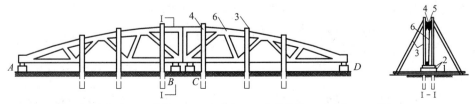

1—砖砌支垫；2—垫块；3—三角支架；4—绑扎铁丝；5—木楔；6—屋架。

图 6.7　预应力混凝土屋架拼装

（1）做好屋架块体支墩。

砖支墩应高出地面 300 mm，顶面在同一水平面上，牢固无沉陷，每个块体两个支墩。支墩上放垫木，高度由起拱确定，其上弹出屋架拼装基准线（跨度、中轴、边线）。起拱高度：预应力混凝土屋架为 $l/1\,000$，钢筋混凝土屋架为 $l/700 \sim l/600$。

（2）竖立支架。

支架的作用是稳定屋架，应有足够的强度、刚度和稳定性。立柱用直径不小于 100 mm 的圆木制成，埋入土中约 1 m，两侧加斜撑。每榀屋架用 6 ~ 8 个支架。

（3）块体就位。

块体拼装前应清除孔道内的杂物，然后将块体吊到支墩上按拼装基准线就位。预留孔道连接处用铁皮管或其他方式连接，防止灌注立缝时混凝土或砂浆流入孔道内。

（4）穿预应力筋。

穿筋后对屋架的跨度、起拱、侧向弯曲再进行检查。

（5）焊接上弦拼接钢板及灌注下弦接头立缝。

灌注前接头处的混凝土表面应清洗干净、充分湿润后填入细石混凝土或砂浆。填缝要密实。

（6）张拉预应力筋和孔道灌浆。

在立缝灌注的混凝土或砂浆达到设计要求后，方可张拉预应力筋和孔道灌浆。

（7）焊接下弦拼接钢板及灌注上弦接头立缝。

待预应力筋孔道灌浆的砂浆强度达到设计要求后，方可进行吊装。组合屋架的拼装基本上与上述工序相同。

3）钢屋架的拼装

钢屋架一般在拼装台上进行平拼。拼装台表面应经过水准仪抄平。拼装时，将拼装块体吊到拼装台上，拼装接口处拼装螺栓，检查并校正跨距、起拱，拧紧螺栓进行电焊，钢屋架翻身焊接另一面。拼装台较高，可采用仰焊。钢屋架刚度较差，翻身、扶直、起吊应用杉木绑扎加固。

4. 构件的检查和清理

（1）构件的型号和数量是否与设计相符，尤其外运而来的构件。

（2）在吊装之前应对所有构件进行全面检查，检查的主要内容如下。

① 构件的外观：包括构件的型号、数量、外观尺寸（总长度、截面尺寸、侧向弯曲）、预埋件及预留洞位置以及构件表面有无空洞、蜂窝、麻面、缺陷、变形、裂缝等缺陷。

② 件的强度：当设计无具体要求时，一般柱子要达到混凝土设计强度的 75%，大型构件（大孔洞梁、屋架）应达到 100%，预应力混凝土构件孔道灌浆的强度不应低于 15 MPa。

构件的检查应作出记录，不合格构件应会同有关单位（设计、质量监督）进行研究并采取措施后，才可吊装。

（3）构件的外形尺寸、预埋件的位置和尺寸。

柱：总长度、柱脚到牛腿面的长度、柱脚底面的平整度、截面尺寸、预埋件的位置尺寸。

屋架：总长度、侧向弯曲、连接屋面板、天窗架、支撑等构件用的预埋件的位置。

吊车梁：总长度、高度、侧向弯曲、预埋件位置。

（4）构件清理工作主要是清理预埋件上的砂浆、污物。

5. 构件的弹线和编号

构件在质量检查合格后，即可在构件上弹出吊装的定位墨线，作为吊装时定位、校正的依据。对形状复杂的构件要标出重心和绑扎点的位置。

在对构件弹线的同时，应依据设计图纸对构件进行编号，编号应写在明显的部位，对上下、左右难辨的构件，还应注明方向，以免吊装时出错。对外形一样而配筋或预埋件不同的构件，拆模后就注明。

柱：在 3 个侧面上弹出吊装准线，矩形柱为几何中心线，工字形柱在翼缘上弹吊装准线，避免视差。柱顶和牛腿面弹出屋架和吊车梁的吊装准线。

屋架上弦顶面弹出几何中心线，并延至屋架两端下部，用于检查屋面板、屋架的垂直度，再从屋架中央向两端弹出天窗架、屋面板、檩条的吊装定位线作为纵横吊装基准线。

吊车梁应在梁的两端及顶面弹出吊装定位准线。

6.2.2　构件吊装工艺

结构构件吊装工序一般为：绑扎、吊升、对位、临时固定、校正、最后固定。

1．柱的安装

1）柱的绑扎

柱绑扎的要求是牢固可靠、易绑易拆。绑扎方法应根据柱的形状、几何尺寸、重量、配筋、吊装方法、所用的吊具来确定。

绑扎工具：吊索（千斤绳）、普通卡环（插销带螺纹）、活络卡环、销子、横吊梁。为使其在高空中脱钩方便，宜采用活络式卡环。为避免吊装柱子时吊索磨损柱表面，要在吊索与构件之间垫麻袋或木板等。

绑扎点的数量和位置应根据柱的形状、断面、长度、配筋和起重机性能等情况确定。对中、小型柱（≤130 kN）采用一点绑扎，绑扎点一般选在牛腿下；对重型柱或细而长的柱子，需采用两点绑扎，绑扎点的位置应使两根吊索的合力作用线高于柱子的重心，这样才能保证柱子起吊后自行回转直立。

常用的绑扎方法有斜吊绑扎法和直吊绑扎法两种。

（1）斜吊绑扎法。当柱子平放起吊的抗弯强度满足要求时，可采用此法。柱子在平放状态下绑扎并直接从底模起吊，柱起吊后柱身略呈倾斜状态（图 6.8），吊索在柱子的宽面一侧，吊钩可低于柱顶，因此起重臂可短些。另一种是用专用柱销绑扎，其优点是免除用吊索捆绑的困难，尤其是大直径钢丝绳。斜吊绑扎法的特点是柱不需翻身，起重臂长和起重高度都可以小一些，但由于柱吊离地面后呈倾斜状态，对位不大方便。

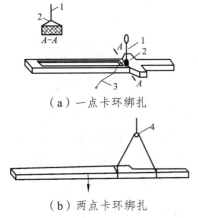

（a）一点卡环绑扎

（b）两点卡环绑扎

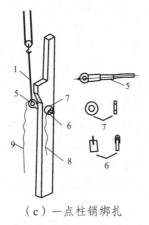

（c）一点柱销绑扎

1—吊索；2—活络卡环；3—卡环插销拉索；4—滑轮；5—柱销；
6—插销；7—垫圈；8—插销拉索；9—柱销拉索。

图 6.8　柱斜吊绑扎

（2）直吊绑扎法。当柱子平放起吊的抗弯强度不能满足要求时，需先将柱子翻身，以提高柱截面的抗弯能力。柱起吊后柱身呈垂直状态，吊索分别在柱子两侧并通过横吊梁与吊钩相连（图6.9）。这种绑扎法的特点是柱起吊后呈垂直状态，对位容易，横吊梁应高于柱顶面，起重臂较长。

（3）两点绑扎法。一点起吊抗弯刚度不够时采用，下绑扎点距重心的距离小于上绑扎点到重心的距离，柱吊起后能自行回转到直立状态。

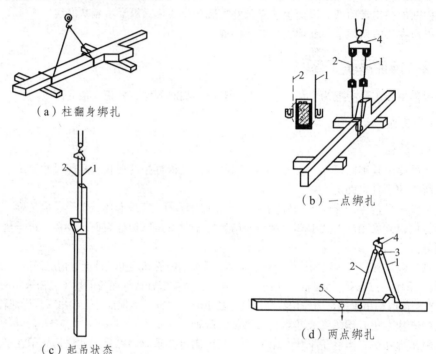

（a）柱翻身绑扎

（b）一点绑扎

（c）起吊状态

（d）两点绑扎

1、2—起重绳；3—定滑轮；4—横吊梁。

图6.9 柱直吊绑扎

2）柱的吊升

柱的吊升方法根据柱在吊升过程中的运动特点分为旋转法和滑行法两种。

（1）旋转法（图6.10）。柱脚靠近基础，柱的绑扎点、柱脚、柱基中心3点共弧，弧的曲率半径等于起重机的工作半径；起重机在起吊过程中臂的仰角和臂长不变，通过升钩改变高度，只作回转，使柱子绕着柱脚旋转成直立状态，然后吊离地面，略转动起重臂，将柱放入基础杯口。柱脚的位置在柱直立以前是不动的，直立后升钩，柱脚离地旋转至基础上方，再插入杯口。

优点：柱在吊装过程中震动小，生产率高。

缺点：对起重机的机动性（回转）要求高，需同时完成收钩和回转的操作，宜用自行式起重机。

（2）滑行法（图6.11）。柱的绑扎点离杯口基础近，柱脚离基础远，起吊过程中，起重机的仰角、臂长不变，臂也不旋转，仅起重钩上升，而柱脚沿地面滑行（被拖向）到基础，至绑扎点位置柱身呈直立状态，然后吊离地面，略转动超重臂，最后提升插入杯口基础。起吊前起重钩和杯口中心在同一垂直线上。

滑行法吊升柱时，起重机只收钩。柱脚沿地面滑行，滑行法吊升时，柱受震动较大，应用滑橇等措施，减少柱脚与地面的摩擦。但滑行法对起重机的机动性能要求较低，只需完成收钩上升一个动作，适用于人字桅杆、独脚桅杆，长而重的柱为便于构件布置和吊升也常采用此法。

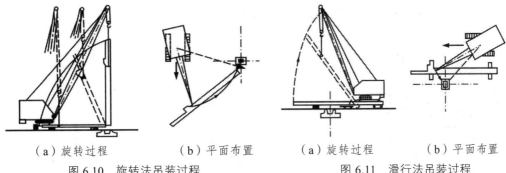

（a）旋转过程　　（b）平面布置　　　（a）旋转过程　　（b）平面布置

图 6.10　旋转法吊装过程　　　　　　图 6.11　滑行法吊装过程

旋转法和滑行法是两种基本的方法，应力求以这两种基本的方法来布置和起吊构件。

采用旋转法不能使三点共弧时，可采用两点共弧。

（3）双机抬吊。分为双机一点抬吊（图 6.12）和双机两点抬吊（图 6.13）。

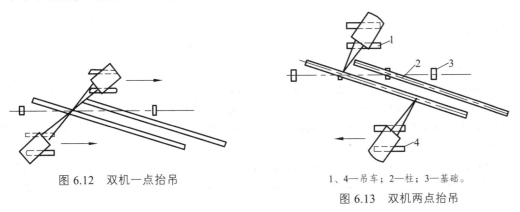

图 6.12　双机一点抬吊

1、4—吊车；2—柱；3—基础。

图 6.13　双机两点抬吊

一点抬吊：两个起重机吊钩位于一点，起重臂不可能水平旋转，只能采用滑行法。柱的布置：绑扎点位于杯口基础附近，两台起重机停放位置相对立，其吊钩均位于基础上方。两台起重机升钩、落钩、回转等速度均应一致，一般选用同型号起重机，并在柱脚处加滑橇。

两点抬吊：两个起重机吊钩位于不同地方，吊装过程起重臂必须旋转，采用旋转法，一台抬上吊点，一台抬下吊点。柱的布置：吊点与基础中心处于起重机工作半径的圆弧上，两台起重机并立于柱的一侧。起吊时，两机同时以同一起升速度起升吊钩，使柱子离地面的高度大于下吊点至柱底面的距离后，吊钩停止上升。然后两台起重机吊臂同时向杯口回转，上吊点回转升钩，下吊点仅回转，直至柱子垂直，对准杯口。最后双机以相同的速度缓慢落钩，将柱插入杯口中。

3）柱的对位和临时固定

（1）柱的对位。

柱脚插入杯口后，并不立即降入杯底，而是在离杯底 30～50 mm 处进行对位。对位的方法是用八块木楔或钢楔从柱的四周放入杯口，每边放两块，用撬棍拨动柱脚或通过起重机操作，使柱的吊装准线对准杯口上的定位轴线，并保持柱的垂直。

（2）柱的临时固定。

柱对位后，放松吊钩，柱沉至杯底。再复核吊装准线的对准情况后，对称地打紧楔块，将柱临时固定（图 6.14）。然后起重机脱钩，拆除绑扎索具。当柱较高、基础杯口深度与柱长度之比小于 1/20，或柱的牛腿较大时，仅靠柱脚处的楔块不能保证临时固定柱子的稳定，这时可采取增设缆风绳或加斜撑的方法来加强柱临时固定时的稳定性。

临时固定可用钢楔或木楔，钢楔易拔出，一般做成两个尺寸配合使用。

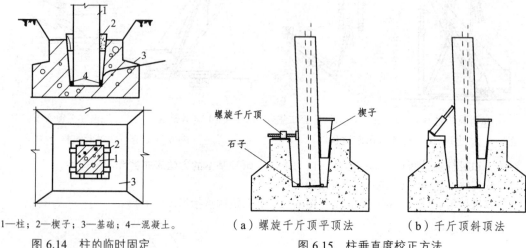

1—柱；2—楔子；3—基础；4—混凝土。

图 6.14　柱的临时固定

（a）螺旋千斤顶平顶法　　　（b）千斤顶斜顶法

图 6.15　柱垂直度校正方法

4）柱的校正

柱子对位后将楔块略加打紧，放松吊钩，柱自重沉入杯底，再观察吊装准线。柱的校正内容包括平面位置、标高和垂直度三个方面。柱的平面位置通过钢楔校正，柱垂直度用千斤顶校正。由于柱的标高校正已在基础抄平时完成，平面位置校正在对位过程中也已完成，因此柱的校正主要是指垂直度的校正。

柱垂直度的控制方法是用两台经纬仪在柱相邻的两边检查柱吊装准线的垂直度。其允许偏差值：当柱高 $H<5\ m$ 时，为 5 mm；柱高 $H=5\sim10\ m$ 时，为 10 mm；柱高 $H>10\ m$ 时，$H/1\ 000$ 为且不大于 20 mm。

柱垂直度的校正方法：当柱的垂直偏差较小时，可用打紧或放松楔块的方法或用钢钎来纠正；偏差较大时，可用螺旋千斤顶斜顶、平顶、钢管支撑斜顶等方法纠正（图 6.15）。

5）柱的最后固定

柱的校正完成后应立即进行最后固定。最后固定的方法是在柱脚与基础杯口间的空隙内灌注细石混凝土，其强度等级应比构件混凝土强度等级提高两级。细石混凝土的浇筑分两次进行：第一次浇筑到楔块底部，第二次在第一次浇筑的混凝土强度达 25%设计强度后，拔出楔块，将杯口灌满细石混凝土，见图 6.16。

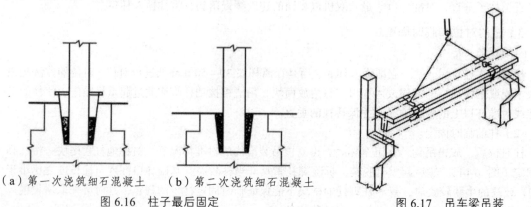

（a）第一次浇筑细石混凝土　　（b）第二次浇筑细石混凝土

图 6.16　柱子最后固定

图 6.17　吊车梁吊装

2. 吊车梁的吊装

吊车梁的安装应在柱子杯口第二次浇筑的细石混凝土强度达到设计强度的 75% 以后进行。

1）绑扎、安装就位和临时固定

绑扎：吊车梁的绑扎点应对称设在梁的两端，使吊钩的垂线对准梁的重心，两点绑扎水平起吊就位。梁两端设拉绳控制转动，避免悬空时碰撞柱子。

就位：缓慢落钩，使吊车梁端面中心线与牛腿面的轴线对准。轴线未对准，应吊起，重新就位（图 6.17）。

临时固定：一般来说，吊车梁的自身稳定性较好，对位后不需进行临时固定，仅用垫铁垫平。但当吊车梁横截面的高宽比大于 4 时，除用铁片垫平外，可用铁丝将吊车梁临时绑在柱子上，以防倾倒。

2）吊车梁的校正和最后固定

吊车梁的校正内容包括标高、平面位置和垂直度。标高取决于牛腿面的标高，在吊装柱子时已进行过调整，仍有误差可以在轨道安装时进行调整。吊车梁的平面位置和垂直度的校正，对一般的中小型吊车梁，校正工作应在厂房结构校正和固定后进行。这是因为，在安装屋架、支撑及其他构件时，可能引起吊车梁位置的变化，影响吊车梁位置的准确性。对于较重的吊车梁，由于脱钩后校正困难，可边吊边校，但屋架等构件固定后，需再复查一次。吊车梁的垂直度用线坠检查，当偏差超过规范规定的允许值（5 mm）时，在梁的两端与柱牛腿面之间支座处垫斜垫铁予以纠正。

吊车梁平面位置的校正主要是检查吊车梁纵向轴线的直线度和跨距是否符合要求。常用方法主要有：通线法、平移轴线法、边吊边校法。

（1）通线法：又称拉钢丝法。它根据定位轴线在厂房两端的地面上定出吊车梁的安装轴线位置并打入木桩，用钢尺检查两列吊车梁的轨距是否满足要求；然后用经纬仪将厂房两端的 4 根吊车梁的位置校正正确；最后在 4 根已校正好的吊车梁端部设置支架，高约 200 mm，并根据吊车梁的定位轴线拉钢丝通线图（图 6.18）。

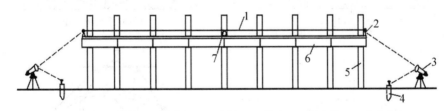

1—通线；2—支架；3—经纬仪；4—木桩；5—柱子；6—吊车梁；7—悬重物。

图 6.18　通线法校正吊车梁

（2）平移轴线法：吊车梁数量多、钢丝不易拉紧时采用。

在柱列边设置经纬仪，逐根将杯口上柱的吊装准线投影到吊车梁顶面处的柱身上，并做出标志（图 6.19）。若标志线至柱定位轴线的距离为 a，则标志距吊车梁定位轴线的距离为 $\lambda - a$，其中 λ 为柱定位轴线到吊车梁定位轴线之间的距离。根据柱的定位轴线到吊车梁定位轴线之间的距离逐根调整吊车梁，并检查两列吊车梁之间的跨距 L_k。这种方法适用于同一轴线上吊车梁数量较多的情况。

（3）边吊边校法：较重吊车梁脱钩后移动困难，采用边吊边校法。

吊车梁的最后固定：吊车梁校正完毕后，用连接钢板与柱侧面、吊车梁顶端的预埋件相焊接，并在接头处支模，浇筑细石混凝土。

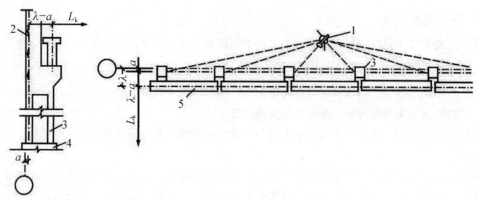

1—经纬仪；2—标志；3—柱子；4—柱基础；5—吊车梁。

图 6.19 平移轴线法

3. 屋架的吊装

屋架吊装工艺包括绑扎、扶直、就位、临时固定、校正和最后固定。

1）屋架的绑扎

屋架吊装时绑扎点应位于上弦肋节点处，高于屋架重心，左右对称，这样屋架起吊后不易倾覆和转动，在屋架两端应加拉绳，以控制屋架的转动。

吊索与水平线的夹角不得小于 45°，避免屋架承受过大压力。为减少屋架的起重高度和横向压力，可采用横吊梁进行吊装。屋架跨度小于 18 m，两点绑扎；屋架跨度大于 18 m，四点绑扎；屋架跨度超过 30 m，应采用横吊梁，减少绑扎吊索高度；三角形组合屋架，因其刚性较差且下弦杆不能承受压力，要采用横吊梁（图 6.20）。

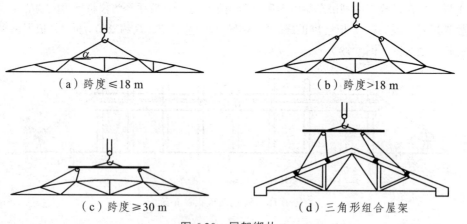

（a）跨度≤18 m   （b）跨度>18 m

（c）跨度≥30 m   （d）三角形组合屋架

图 6.20 屋架绑扎

2）屋架的扶直与就位

单层工业厂房的屋架一般均在施工现场平卧叠浇，因此，在吊装屋架前，需将平卧制作的屋架扶成直立状态，然后吊放到设计规定的位置排放，这个施工过程称为屋架的扶直与就位。

屋架扶直方式分为正向扶直和反向扶直，见图 6.21。

（1）正向扶直：起重机动作为升钩升臂。起重机位于屋架下弦杆一边，吊钩对准屋架上弦中点，收紧吊索，起臂使屋架脱模，然后使吊钩上升、起臂，以下弦为轴使屋架旋转成直立状态。

（2）反向扶直：起重机动作为升钩降臂。起重机位于屋架上弦杆一边。首先以吊钩对准屋架中心，收紧吊钩，接着使吊钩上升并同时降低起重臂，使屋架以下弦为轴缓慢转为直立状态。

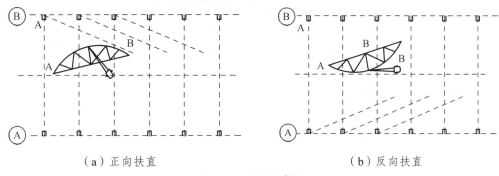

（a）正向扶直　　　　　　　（b）反向扶直

图 6.21　屋架的扶直

正向扶直升起吊臂，而反向扶直落下吊臂，一般升臂比落臂易于操作且较安全，故应尽可能采用正向扶直。

在扶直的过程中，起重机吊钩对准屋架中心，吊索左右对称，与水平面夹角应大于 60°。屋架数榀在一起叠浇时，为防止屋架下滑造成损伤，应在屋架两端搭设枕木垛，其高度与屋架的底面平齐。叠浇的屋架之间有粘连时，应用撬杠等去除黏结后再扶直。

3）屋架的吊升、对位与临时固定

屋架采用悬吊法吊升。屋架起吊后旋转至设计位置上方，超过柱顶约 300 mm，然后缓缓下落在柱顶上，进行对位，力求对准安装准线。屋架对位以建筑物的轴线为准，对位前事先将建筑物轴线用经纬仪投放到柱顶面上。对位后立即进行临时固定，然后起重机脱钩。

第一榀屋架的临时固定方法是：用四根缆风绳从两边拉牢。若已吊装完抗风柱，可将屋架与抗风柱连接。第二榀屋架及以后的屋架用屋架校正器临时固定在前一榀屋架上，每榀屋架至少需要两个屋架校正器（图 6.22）。

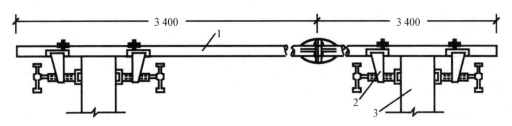

1—钢管；2—撑脚；3—屋架上弦。

图 6.22　屋架校正器

4）屋架的校正与最后固定

屋架的校正内容是检查并校正其垂直度，检查采用经纬仪或垂球，校正用屋架校正器或缆风绳。屋架上弦中部对通过两个支座中心的垂直面偏差不得大于 $h/250$（h 为屋架高度）。

（1）经纬仪检查：在屋架上安装 3 个卡尺，1 个安装在屋架上弦中央，另 2 个安装在屋架的两端，卡尺与屋架的平面垂直。从屋架上弦的几何中心线量取 500 mm 并在卡尺上做标志，然后在距屋架中心线 500 m 处的地面上设置 1 台经纬仪，检查 3 个卡尺上的标志是否在同一垂直面上（图 6.23）。

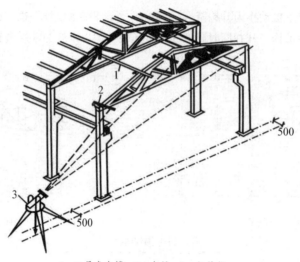

1—工具式支撑；2—卡尺；3—经纬仪。

图 6.23　屋架临时固定和校正

（2）垂球检查：卡尺设置与经纬仪检查方法相同。从屋架上弦的几何中心线向卡尺方向量300 mm 并在 3 个卡尺上做出标志，然后在两端卡尺的标志处拉一条通线，在中央卡尺标志处向下挂垂球，检查 3 个卡尺上的标志是否在同一垂直面上。

屋架校正完毕立即按设计固定，牢固稳定后起重机才可松钩。

中、小型屋架一般均用单机吊装，当屋架跨度大于 24 m 或重量较大时，可考虑采用双机抬吊。

4. 屋面板的安装

屋面板一般预埋有吊环，用 4 根等长的带吊钩吊索吊升固定。屋面板的安装顺序应自檐口两边左右对称地逐块铺向屋脊，避免屋架不对称受力。屋面板对位后，立即用电焊固定。

5. 天窗架的安装

天窗架的吊装应在天窗架两侧的屋面板吊装完成后进行，其吊装方法与屋架的吊装基本相同。

6.2.3　结构吊装方案

结构吊装方案主要根据厂房结构形式、跨度、构件重量、安装高度、吊装工程量、工期要求，并结合施工现场条件、现有起重机械设备等因素综合考虑后，着重解决起重机的选择、结构吊装方法、起重机开行路线、构件平面布置等问题。

1. 结构吊装方法

单层工业厂房的结构吊装方法有分件吊装法和综合吊装法。

1）分件吊装法

分件吊装法是指起重机每开行一次，只吊装一种或两种构件。通常分三次开行安装完毕：第一次开行吊装柱，并逐一进行校正和最后固定；第二次吊装吊车梁、连系梁及柱间支撑等；第三次以节间为单位吊装屋架、天窗架、屋面板屋面支撑等构件。

分件吊装法由于每次吊装的基本上是同类构件，可根据构件的重量和安装高度选择不同的起重机或同种起重机不同的起重臂；同时每次吊装同类构件，在吊装过程中不需要频繁更换索具，容易熟练操作，所以吊装速度快，能充分发挥起重机的工作性能；在吊装相应位置另一种构件之前，有充分的校正时间。另外，构件可分批进场，供应单一，现场不致拥挤，现场的平面布置以及校正等比较容易组织。因此，目前一般单层工业厂房多采用分件吊装法。但分件吊装法由于起重机开行路线长，停机点多，从施工组织的角度，不能为吊装的后续工程及早提供工作面，后续工程不能与吊装工程搭接施工。

2）综合吊装法

综合吊装法是指起重机在厂房跨中一次开行中，分节间吊装完所有各种类型构件，又称节间吊装法。先吊 4~6 根柱子，接着就进行校正和最后固定，然后吊装该节间的吊车梁、连系梁、屋架、屋面板和天窗架等构件。

综合吊装法的特点是能及早为后续工程提供工作面，使后续工程与吊装工程搭接，形成流水作业，有利于加快工程进度；起重机的停机点少，开行路线短。但由于一种机械同时吊装多种类构件，索具更换频繁，操作多变，影响生产效率的提高，安装小构件时，起重机不能充分利用其起重能力；另外，构件供应、平面布置复杂，且构件校正和最后固定的时间紧张，不利于施工组织。所以，一般情况下不采用这种吊装方法，只有当采用桅杆式等移动困难的起重机，或者对某些特殊结构（如门架式结构），或必须为后续工程及早提供工作面时才采用。

2. 起重机的选择

起重机选择包括起重机类型、型号的确定。

1）起重机类型的选择

起重机类型的选择应根据厂房的结构形式、构件重量、安装高度、吊装方法及现有起重设备条件来确定，要综合考虑其合理性、可行性和经济性。一般中小型厂房由于平面尺寸较大、构件较轻、安装高度不大，厂房内设备安装多在厂房结构安装完成后进行（封闭式施工），采用履带式起重机。

当缺乏上述起重设备时，可采用自制桅杆式起重机。重型厂房跨度大、构件重、安装高度大，厂房内设备安装往往与结构吊装同时进行，所以，一般选用大型自行式起重机以及重型塔式起重机与其他起重机械配合使用。

同一型号的起重机，有几种不同长度的起重臂。如果构件的重量、安装高度相差较大时，可用同型号不同臂长的起重机。

2）起重机型号的选择

起重机的型号要根据构件的尺寸、重量和安装高度确定。所选起重机的 3 个工作参数，即起重量、起重高度和起重半径都必须满足构件吊装的要求。

（1）起重量 Q。

起重机的起重量必须大于或等于所安装构件的重量与索具重量之和，即必须满足下式要求：

$$Q > Q_1 + Q_2 \qquad (6.1)$$

式中　Q——起重机的起重量（kN）；

　　　Q_1——构件的重量（kN）；

　　　Q_2——索具的重量（kN）。

（2）起重高度 H。

起重机的起重高度必须满足构件的吊装高度要求（图 6.24）：

$$H \geq h_1 + h_2 + h_3 + h_4 \qquad (6.2)$$

式中　H——起重机的起重高度（m）；

h_1——安装支座表面的高度（m），从停机面算起；

h_2——安装空隙，不小于 0.3 m；

h_3——绑扎点至构件吊起底面的距离（m）；

h_4——索具高度，自绑扎点至吊钩面的距离（m）。

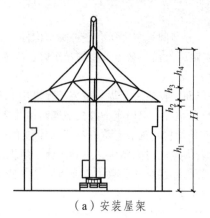

（a）安装屋架　　　　　　　　　　　　（b）安装柱子

图 6.24　起重高度计算简图

（3）起重半径 R。

起重半径的确定一般分为 3 种情况。

① 起重机可到到构件附近，不需验算起重半径。根据计算的起重量 Q 和起重高度 H，查阅起重机性能曲线或性能表，即可选择起重机的型号和起重臂长度 L；并可查得相应起重量和起重高度下的起重半径 R，作为确定起重机开行路线和停机点位置的依据。

② 当起重机不能直接开到吊装位置附近时，就需根据实际情况确定吊装时的最小起重半径 R。根据起重量 Q、起重高度 H 和起重半径 R 三个参数参阅起重机性能曲线或性能表，选择起重机的型号和起重臂长度 L。

③ 起重臂需要跨过已安装好的结构（或障碍）去吊装构件（如跨过屋架或天窗架吊装屋面板）时，为不使起重臂与结构相碰，或使宽度较大构件不碰起重臂，需确定起重机吊装该构件时的最小起重臂长度 L 及相应的起重半径 R，并据此及起重量 Q、起重高度 H 查阅起重机性能曲线或性能表，选择起重机的型号和起重臂长度 L。

确定起重机的最小起重臂长的方法有数解法和图解法（图 6.25）。其中，根据数解法的几何关系，起重臂的最小长度可按下式计算：

$$L \geqslant l_1 + l_2 = \frac{h}{\sin \alpha} + \frac{f+g}{\cos \alpha} \tag{6.3}$$

式中　L——起重臂长度（m）；

　　　h——起重臂底绞至构件吊装支座顶面的距离（$h = h_1 - E$）（m）；

　　　h_1——停机面至构件吊装支座顶面的高度（m）；

　　　E——起重臂底绞至停机面的距离（m）；

　　　f——起重吊钩需跨越已安装好构件的水平距离（m）；

　　　g——起重臂轴线与已安装好结构的水平距离，一般为 1 m。

为求得最小起重臂长，可对式（6.3）进行微分，并令 $\mathrm{d}l/\mathrm{d}\alpha = 0$，即

$$\frac{\mathrm{d}l}{\mathrm{d}\alpha} = \frac{-h\cos \alpha}{\sin^2 \alpha} + \frac{(f+g)\sin \alpha}{\cos^2 \alpha} = 0 \tag{6.4}$$

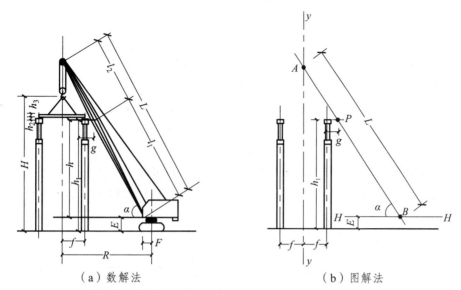

（a）数解法　　　　　　　　　　（b）图解法

图 6.25　起重机最小臂长计算

$$\alpha = \arctan \sqrt[3]{\dfrac{h}{f+g}} \qquad\qquad (6.5)$$

将 α 值代入式（6.5）即可求出所需的最小起重臂长。然后由实际采用的 L 及 α 值计算出起重半径：

$$R = F + L\cos\alpha \qquad\qquad (6.6)$$

式中　F——起重机回转中心至起重臂铰的距离（m）。

起重机型号选定后，根据厂房的构件吊装工程量、工期及起重机的台班产量，计算所需的起重机数量。

3. 起重机开行路线及停机位置

采用分件吊装时，起重机开行路线有以下几种（图 6.26）：

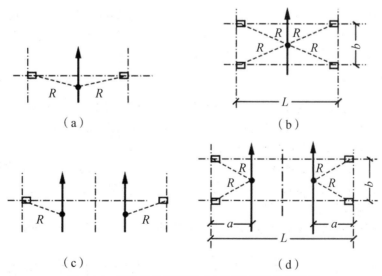

（a）　　　　　　　　　　　　　（b）

（c）　　　　　　　　　　　　　（d）

图 6.26　起重机吊装柱时的开行路线及停机位置

（1）柱跨内布置：

$R>L/2$，在跨中开行，停机点吊 2 根柱（图 6.26（a））；

$R>\sqrt{(L/2)^2+(b/2)^2}$，在跨中开行，每个停机点可吊 4 根柱（图 6.26（b））；

$R<L/2$，跨内靠边开行，停机点吊 1 根柱（图 6.26（c））；

$R>\sqrt{a^2+(b/2)^2}$，在跨内靠边开行，每停机点吊 2 根柱（图 6.26（d））。

（2）柱跨外布置：在跨外沿轴线开行，每个停机点可吊 1~2 根柱。

（3）屋架扶直就位及屋盖系统吊装时，起重机在跨中开行。

单跨厂房采用分件吊装法时需确定开行路线，画出停机位置图。

起重机从 A 轴线进场，沿跨外开行吊装 A 列柱，再沿 B 轴线跨内开行吊装 B 列柱，然后转到 A 轴线扶直屋架并将其就位，再转到 B 轴线吊装 B 列吊车梁、连系梁，随后转到 A 轴线吊装 A 列吊车梁、连系梁，最后转到跨中吊装屋盖系统，见图 6.27。

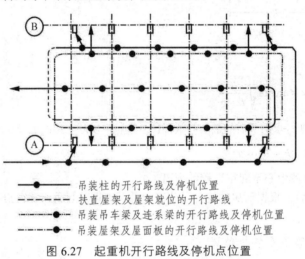

———●——— 吊装柱的开行路线及停机位置

------ 扶直屋架及屋架就位的开行路线

——●—— 吊装吊车梁及连系梁的开行路线及停机位置

——●—— 吊装屋架及屋面板的开行路线及停机位置

图 6.27　起重机开行路线及停机点位置

当多跨并列且有纵横跨时可先吊装纵向跨，然后吊装横向跨。高低跨并列时应先吊装高跨，后吊装低跨。面积较大或有多跨时，为加速工程进度，可将厂房划分若干施工段，选用多台起重机同时进行施工，每台起重机可独立作业，负责完成一个区段的全部吊装任务；也可选用不同性能的起重机协同作业，分别吊装柱和屋盖系统，组织大流水施工。

4. 构件平面布置

起重机型号、结构吊装方案确定后，现场预制构件的平面布置是吊装工程中一件很重要的工作。构件布置得合理，可以免除构件在场内的二次搬运，充分发挥起重机械的效率。构件的平面布置与吊装方法、起重机械性能、构件制作方法等有关，主要要求如下：

① 每跨构件尽可能布置在跨内，如确有困难时，可考虑布置在跨外而便于吊装的地方。

② 构件布置方式应满足吊装工艺要求，尽可能布置在起重机的起重半径之内，尽量减少起重机负重行走的距离及起重臂起伏的次数。

③ 构件布置时应满足吊装顺序的要求，并注意构件安装时的朝向，避免在空中调头，影响施工进度和安全。

④ 构件之间应留有一定的距离（一般不小于 1 m），以便于支模和浇筑混凝土。预应力构件还应考虑抽管、穿筋的操作场所。

⑤ 各种构件均应力求占地最少，保证起重机械、运输车辆运行道路的畅通，并保证起重机械回转时不致与构件碰撞。

⑥ 所有构件应布置在坚实的地基上，在新填土上布置时，土要夯实，并采取一定措施防止下沉影响构件质量。

构件平面布置分为预制、吊装两个阶段。

1）预制阶段构件布置

（1）柱的布置。由于柱的起吊方法有旋转法和滑行法两种，为配合这两种起吊方法，预制柱的布置可采取下列两种方式：

① 斜向布置：采用自行式起重机按旋转法吊柱时，宜斜向排列，按三点共弧或两点共弧布置。

按三点共弧作斜向布置时，其预制位置可采用图 6.28 所示的作图法确定。其步骤如下：以杯口基础为圆心，以起重半径画弧，与开行

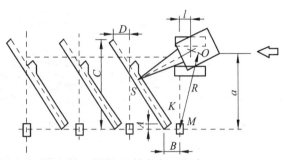

图 6.28　柱子斜向布置方法之一

路线的交点即停机点；以停机点为圆心，以起重半径画弧并通过杯口基础；在杯口基础附近的弧上确定柱脚位置；以柱脚为圆心，以柱脚到绑扎点的距离为半径画弧，与前一弧线的交点即为绑扎点。通过柱脚和绑扎点确定柱布置位置。

对于牛腿的朝向，当布置在跨内时，牛腿应面向起重机；布置在跨外时，牛腿应背向起重机。若场地限制、柱过长，三点共弧困难，则可按两点共弧布置（图 6.29、图 6.30）。

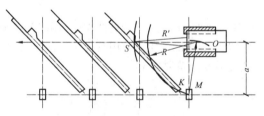

图 6.29　柱子斜向布置方法之二
（柱脚与柱基两点共弧）

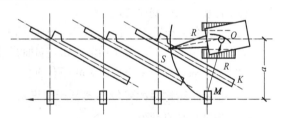

图 6.30　柱子斜向布置方法之三
（吊点与柱基两点共弧）

② 纵向布置：当采用滑行法起吊时，柱可按纵向布置，预制时与厂房纵轴平行排列。若柱长小于 12 m，为节约模板及场地，两柱可以叠浇，排成一行；若柱长大于 12 m，也可叠浇排成两行。布置时，可将起重机停在两柱之间，每停一点吊两根柱。柱的吊点应安排在起重机吊装该柱时的起重半径上，见图 6.31。

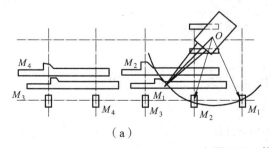

（a）

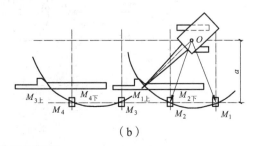

（b）

图 6.31　柱子纵向布置

263

（2）屋架的布置。屋架一般跨内平卧叠浇预制，每叠 2～3 格。布置方式有正面斜向、正反斜向及正反纵向布置等 3 种，见图 6.32。

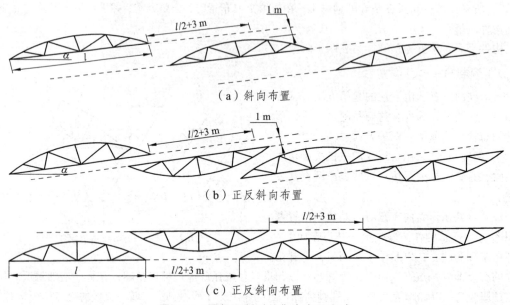

（a）斜向布置

（b）正反斜向布置

（c）正反斜向布置

图 6.32　屋架预制时的集中布置方式

屋架应优先采用正面斜向布置，以便于屋架扶直就位。

屋架平卧预制时尚应考虑屋架扶直就位要求和扶直的先后次序，先扶直的放在上层并按轴线编号，标记出屋架两端朝向及预埋件位置。

屋架正面斜向布置时，下弦与厂房纵轴线的夹角为 10°～20°；预应力屋架的两端应留出 $l/2+3$ m 的距离作为抽管、穿筋的操作场地；如一端抽管时，应留出 $l+3$ m 的距离。用胶皮管作预留孔时，可适当缩短。每两垛屋架间要留 1 m 左右的空隙，以便支模和浇筑混凝土。

2）吊装阶段构件的就位布置及运输堆放

（1）屋架的扶直就位。

屋架扶直就位位置分同侧就位和异侧就位。就位方式分为靠柱边斜向就位和靠柱边成组纵向就位。

① 斜向就位：屋架靠柱边斜向就位，可按下述作图法确定，见图 6.33。

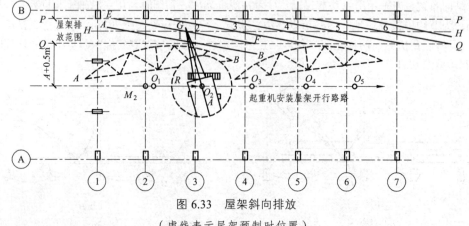

图 6.33　屋架斜向排放

（虚线表示屋架预制时位置）

264

Ⅰ. 确定起重机吊装屋架时的开行路线及停机位置。

Ⅱ. 确定屋架的就位位置，若先安装抗风柱，①轴屋架需退到②轴线屋架的附近就位，使①轴屋架在吊装过程中不碰已安装的抗风柱，具体通过作图定位。

② 纵向就位：以 4～5 榀为一组靠柱边顺轴线纵向排列。屋架与柱之间、屋架与屋架之间的净距不小于 0.2 m，相互之间应用铅丝及支撑拉紧撑牢。

每组屋架之间应留 3 m 左右的间距作为横向通道。

每组屋架就位中心线应在该组屋架倒数第二榀安装轴线之后 2 m 外，可避免在已安装好的屋架下绑扎和起吊屋架；起吊后也不致与已安装的屋架相碰，见图 6.34。

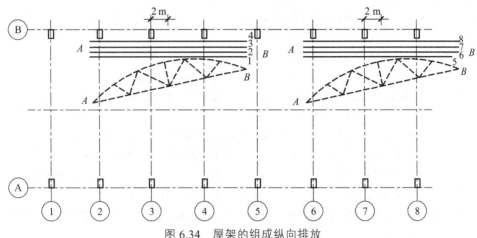

图 6.34　屋架的组成纵向排放
（虚线表示屋架预制时的位置）

（2）吊车梁、连系梁、屋面板。

吊车梁、连系梁、屋面板一般在场外预制，然后运至工地就位吊装。

构件运到现场后按编号及构件吊装顺序进行就位或集中堆放。梁式构件叠放不宜超过 2 层；大型屋面板叠放不宜超过 8 层。

吊车梁、连系梁的就位位置，一般在其吊装位置的柱列附近，跨内跨外均可。条件允许可不就位，"随吊随运"。

屋面板的就位位置，跨内跨外均可。

堆放位置应根据起重机吊屋面板时所选用起重半径确定。当布置在跨内时，约后退 3～4 个节间；当布置在跨外时，应向后退 1～2 个节间开始堆放。

6.3　钢结构安装

6.3.1　钢构件的制作与堆放

1. 钢构件的制作

钢构件加工制作的工艺流程为：放样→号料与矫正→画线→切割→边缘加工→制孔→组装→连接→摩擦面处理→涂装。

1）放　样

放样工作包括核对图纸各部分的尺寸、制作样板和样杆，作为下料、制弯、制孔等加工的依据。

2）号料与矫正

号料是指核对钢材的规格、材质、批号，若其表面质量不满足要求，应对钢材进行矫正。

3）画　线

画线是指按照加工制作图，并利用样板和样杆在钢材上画出切割、弯曲、制孔等加工位置。

（1）切割。钢材切割有使用气割、等离子切割等高温热源方法的，也有使用剪切、切削、摩擦热等机械加工方法的。

（2）边缘加工。对尺寸要求严格的部位或当图纸有要求时，应进行边缘加工。边缘和端部加工的方法主要有铲边、刨边、铣边、碳弧气刨、气割和坡口机加工等。

（3）制孔。钢材机械制孔的方法有钻孔棚冲孔，钻孔设备通常有钻床、数控钻床、磁座钻及手提式电钻等。

（4）组装。钢构件的组装是把制备完成的半成品和零件按图纸规定运输单元，组装成构件和其部件。组装的方法有地样法、仿形复制装配法、立装法、卧装法、胎模装配法等。

（5）连接。钢构件连接的方法有焊接、铆接、普通螺栓连接和高强度螺栓连接等。连接是加工制作中的关键工艺，应严格按规范要求进行操作。

（6）摩擦面处理。采用高强度螺栓连接时，其连接节点处的钢材表面应进行处理，处理后的抗滑移系数必须符合设计文件的要求。摩擦面处理的方法一般有喷砂、喷丸、酸洗、砂轮打磨等。

（7）涂装。钢构件在涂层之前应进行除锈处理。涂料、涂装遍数、涂层厚度均应符合设计文件的要求。涂装时的环境温度和相对湿度应符合涂料产品说明书的要求。

钢构件涂装后，应按设计图纸进行编号，编号的位置应符合便于堆放、便于安装、便于检查的原则。对大型构件还应标明重量、重心位置和定位标记。

2. 钢构件的堆放

构件堆放的场地应平整坚实、排水通畅，同时有车辆进出的回路。在堆放时应对构件进行严格的检查，若发现有变形不合格的构件，应进行矫正，然后再堆放。已堆放好的构件要进行适当保护。不同类型的钢构件不宜堆放在一起。

6.3.2　钢结构单层工业厂房安装

1. 安装前的准备工作

1）施工组织设计

钢结构在安装前应进行安装工程的施工组织设计。其内容包括：计算钢结构构件和连接件数量；选择起重机械；确定构件吊装方法；确定吊装流水程序；编制进度计划，确定劳动组织，布置构件的平面位置；确定质量保证措施、安全保证措施等。

2）基础准备

钢柱基础的顶面通常设计为平面，通过地脚螺栓将钢柱与基础连成整体，施工时应保证基础顶面标高及地脚螺栓位置的准确。其允许偏差为：基础顶面标高差为 ±2 mm，倾斜度为 1/1 000；地脚螺栓位置允许偏差，在支座范围内为 5 mm。施工时可用角钢做成固定架，将地脚螺栓安置在与基础模板分开的固定架上。

为保证基础顶面标高的准确，施工时可采用一次浇筑法或二次浇筑法进行。

一次浇筑法：基础表面混凝土一次浇筑至设计标高以下 20～30 mm 处，然后在设计标高处设角钢或槽钢制作的导架，准确测定其标高，再以导架为依据，用水泥砂浆仔细铺筑支座表面，如图 6.35 所示。

二次浇筑法：基础表面混凝土先浇筑至距设计标高 50～60 mm 处，柱子吊装时，在基础面上安放钢垫板（不得多于 3 块）以调整标高，待柱子吊装就位后，再在钢柱脚底板下浇筑细石混凝土，如图 6.36 所示。用这种方法校正钢柱比较容易，多用于重型钢柱的吊装。

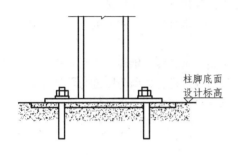

图 6.35　钢柱基础的一次浇筑法

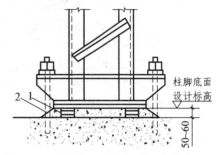

1—调整柱子用的钢垫板；2—柱子安装后浇筑的细石混凝土。

图 6.36　钢柱基础的二次浇筑法

3）构件的检查与弹线

在吊装钢构件之前，应检查构件的外形和几何尺寸，如有偏差应在吊装前设法消除。

在钢柱的底部和上部标出两个方向的轴线，在底部适当高度处标出标高准线，以便校正钢柱的平面位置、垂直度，屋架和吊车梁的标高等。对不易辨别上下、左右的构件，应在构件上加以标明，以免吊装时出错。

2. 构件安装工艺

1）钢柱的安装

（1）钢柱的吊升。钢柱的吊升可采用自行杆式或塔式起重机，用旋转法或滑行法吊升。当钢柱较重时，可采用双机抬吊，即用一台起重机抬柱的上吊点，一台起重机抬下吊点，采用双机并立相对旋转法进行吊装。钢柱经过初校，待垂直度偏差控制在 20 mm 以内方可使起重机脱钩。

（2）钢柱的校正与固定。钢柱的校正包括标高、平面位置和垂直度较正。标高的校正是在钢柱底部设置标高控制块（图 6.37（a））。平面位置的校正应用经纬仪从两个方向检查钢柱的安装准线。对于重型钢柱可用螺旋千斤顶加链条套环托座（图 6.38），沿水平方向顶校钢柱。钢柱的垂直度用经纬仪检测，如有偏差用螺旋千斤顶或油压千斤顶进行校正（图 6.37（b））。在校正过程中，应随时观察柱底部和标高控制块之间是否脱空，以防校正中造成水平标高的误差。

校正后为防止钢柱产生位移，应在柱底板四边用 10 mm 厚钢板定位，并电焊固定。钢柱复校后，紧固地脚螺栓，并将承重垫块上下点焊固定，防止移动。

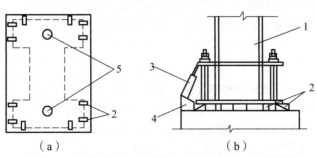

1—钢柱；2—承重垫块；3—千斤顶；4—钢托座；5—标高控制块。

图 6.37　钢柱垂直度矫正及承重块布置

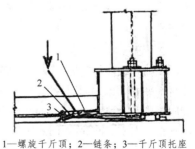

1—螺旋千斤顶；2—链条；3—千斤顶托座。

图 6.38　钢柱位置矫正

2）钢吊车梁的安装

在钢柱吊装完成经校正固定于基础上之后，即可安装吊车梁。安装顺序应从有柱间支撑的节间开始。钢吊车梁均为简支梁，梁端之间应留有 10 mm 左右的间隙。梁的搁置处与柱牛腿面之间留有空隙，并设钢垫板。梁和牛腿用螺栓连接固定，梁与制动架之间用高强螺栓连接。

（1）钢吊车梁的吊升。钢吊车梁可用自行杆式起重机吊装，也可以用塔式起重机、桅杆式起重机等进行吊装；对重量很大的吊车梁，可用双机抬吊。

（2）钢吊车梁的校正与固定。吊车梁校正的内容包括标高、垂直度、轴线、跨距的校正。标高的校正可在屋盖吊装前进行，其他项目的校正可在屋盖安装完成后进行，因为屋盖的吊装可能会引起钢柱的变位。吊车梁标高的校正，用千斤顶或起重机使梁作竖向移动，并垫钢板，使其偏差在允许范围内。钢结构吊车梁轴线的校正同钢筋混凝土吊车梁。

3）钢屋架的安装与校正

（1）钢屋架的拼装、翻身扶直。钢屋架的侧向稳定性差，如果起重机的起重量、起重臂的长度允许时，应先拼装两榀屋架及其上部的天窗架、檩条、支撑等成为整体，然后再一次吊装。这样可以保证吊装的稳定性，同时也可提高吊装效率。钢屋架吊升时，为加强其侧向刚度，必要时应绑扎几道杉木杆，作为临时加固措施。

（2）钢屋架的吊升。钢屋架的吊装可采用内行杆式起重机、塔式起重机或桅杆式起重机等。根据屋架的跨度、重量和安装高度的不同，选用不同的起重机械和吊装方法。

（3）钢屋架的临时固定。屋架的临时固定可用临时螺栓和冲钉。

（4）钢屋架的校正与固定。钢屋架的校正内容主要包括垂直度和弦杆的正直度。垂直度用垂球检验，弦杆的正直度用拉紧的测绳进行检验。屋架的最后固定可用电焊或高强度螺栓。

3．钢结构的连接与固定

钢结构的连接方法通常有三种：焊接、铆接和螺栓连接。对于焊接和高强度螺栓并用的连接，当设计无特殊要求时，应按先螺栓后焊接的顺序施工。钢构件的连接接头应经检查合格后方可紧固或焊接。

螺栓有普通螺栓和高强度螺栓两种。高强度螺栓又有高强度大六角头螺栓和扭剪型高强度螺栓。钢结构所用的扭剪型高强度螺栓连接副包括一个螺栓、一个螺母和一个垫圈。扭剪型高强度螺栓的优点是：受力好，耐疲劳，能承受动力荷载；施工方便，可拆换；可目视判定是否终拧，不易漏拧，安全度高。下面主要介绍高强度螺栓连接的施工。

1）摩擦面的处理

高强度螺栓连接时，必须对构件摩擦面进行加工处理。在制造厂进行处理可采用喷砂、喷水、酸洗或砂轮打磨等方法。处理好的摩擦面应有保护措施，不得涂油漆或污损。制造厂处理好的摩擦面，进场后应逐个进行所附试件抗滑移系数的复验，合格后方可安装。摩擦面抗滑移系数应符合设计要求。

2）连接板的安装

高强度螺栓连接板的接触面要平整，板面不能翘曲变形，安装前应认真检查，对变形的连接板应矫正平整。因连接构件的厚度不同，或制作和安装偏差等原因造成连接面之间的间隙，小于 1.0 mm 的间隙可不处理；1.0～3.0 mm 的间隙，应将高出的一侧磨成 1∶10 的斜面，打磨方向应与受力方向垂直；大于 3.0 mm 的间隙应加垫板，垫板两面的处理方法应与构件相同。

3）高强度螺栓的安装

（1）高强度螺栓的选用。高强度螺栓的形式、规格应符合设计要求。施工前，高强度大六角头螺栓连接副应按出厂批号复验扭矩系数，扭剪型高强度螺栓连接副应按出厂批号复验预拉力，复验合格后方可使用。选用螺栓长度时应考虑被连接构件的厚度、螺母厚度、垫圈厚度，且紧固后要露出 3 扣螺纹的余长。

（2）高强度螺栓连接副的存放。高强度螺栓连接副应按批号分别存放，并应在同批号内配套使用。在储存、运输、施工过程中不得混放，要防止锈蚀、污垢和碰伤螺纹等可能导致扭矩系数变化的情况发生。

（3）安装要求。钢结构安装前，应对连接摩擦面进行清理。高强度螺栓连接摩擦面应保持干燥、整洁，不应有飞边、毛刺、焊接飞溅物、焊疤、氧化铁皮、污垢等，除设计要求外摩擦面不应涂漆。

（4）临时螺栓连接。高强度螺栓连接时接头处应采用冲钉和临时螺栓连接。临时螺栓的数量应为接头上螺栓总数的 1/3，并不少于 2 个；冲钉的使用数量不宜超过临时螺栓数量的 30%。安装冲钉时不得因强行击打而使螺栓孔变形造成飞边。严禁使用高强度螺栓代替临时螺栓，以防因损伤螺纹造成扭矩系数增大。对错位的螺栓孔应采用铰刀或粗锉刀进行处理规整，不应采用气割扩孔。处理时应先紧固临时螺栓主板，至板间无间隙，以防切屑落入。钢结构应在临时螺栓连接状态下进行安装精度的校正。

（5）高强度螺栓安装。钢结构的安装精度经调整达到标准规定后，便可安装高强度螺栓。首先安装接头中那些未安装临时螺栓和冲钉的螺孔。高强度螺栓应能自由穿入螺栓孔，穿入方向应该一致。每个螺栓端部不得垫 3 个及以上的垫圈，不得采用大螺母代替垫圈。已安装的高强度螺栓用普通扳手充分拧紧后，再逐个用高强度螺栓换下冲钉和临时螺栓。在安装过程中，连接副的表面如果涂有过多的润滑剂或防锈剂，应使用干净的布轻轻擦拭掉，防止其安装后流到连接摩擦面中，不得用清洗剂清洗，否则会造成扭矩系数的变化。

4）高强度螺栓的紧固

为了使每个螺栓的预拉力均匀相等，高强度螺栓的拧紧可分为初拧和终拧。对于大型节点应分为初拧、复拧和终拧，复拧扭矩应等于初拧扭矩。

初拧扭矩值宜为终拧扭矩的 50%。终拧扭矩值可按下式计算

$$T_c = K(P + \Delta P)d \qquad (6.7)$$

式中　T_c——终拧扭矩值（N·m）；

　　　P——高强度螺栓设计预应力（kN）；

　　　ΔP——预应力损失值（kN），取设计预应力的10%；

　　　d——高强度螺栓螺杆直径（mm）；

　　　K——扭矩系数，扭剪型高强度螺栓取 0.13。

高强度螺栓多用电动扳手进行紧固，电动扳手不能使用的场合，用测力扳手进行紧固。紧固后用鲜明色彩的涂料在螺栓尾部涂上终拧标记以备查。高强度螺栓的紧固应按一定顺序进行，宜由螺栓群中央依次向外拧紧，并应在当天终拧完毕。

高强度螺栓连接副终拧后，螺栓丝扣应外留 2 ~ 3 扣，其中允许有 10%的螺栓丝扣外露 1 扣或 4 扣。

对已紧固的螺栓，应逐个检查验收。对终拧用电动扳手紧固的扭剪型高强度螺栓，应以目测尾部梅花头拧掉为合格。对于用测力扳手紧固的高强度螺栓，仍用测力扳手检查是否紧固到规定的终

拧扭矩值。高强度大六角头螺栓采用转角法施工时，初拧结束后应在螺母与螺杆端面同一处刻画出终拧角的起始线和终值线，以待检查；采用扭矩法施工时，检查时应将螺母回拧 30°～50°再拧至原位，测定终拧扭矩值，其偏差不得大于 ±10%。欠拧、漏拧者应及时补拧，超拧者应予更换。

6.3.3 钢结构高层建筑安装

钢结构具有强度高、抗震性能好、施工速度快等优点，因而广泛用于高层和超高层建筑。其缺点是用钢量大、造价高、防火要求高。

1. 钢结构安装前的准备工作

1）钢构件的预检和配套

结构安装单位对钢构件预检的项目主要有构件的外形和几何尺寸、螺栓孔大小和间距、连接件位置、焊缝剖口、高强度螺栓节点摩擦面、构件数量规格等。构件的内在制作质量以制造厂质量报告为准。至于构件预检的数量，一般情况下关键构件全部检查，其他构件抽查 10%～20%，预检时应记录一切预检的数据。

构件的配套应按安装流水顺序进行，以一个结构安装流水段（一般高层钢结构工程的安装是以一节钢柱框架为一个安装流水段）为单元，将所有钢构件分别由堆场整理出来，集中到配套场地。在数量和规格齐全之后进行构件预检和处理修复，然后根据安装顺序，分批将合格的构件由运输车辆供应到工地现场。配套中应特别注意附件（如连接板等）的配套，否则小小的零件将会影响到整个安装进度，一般对零星附件是采用螺栓或铅丝直接临时捆扎在安装节点上。

2）钢柱基础的检查

由于第一节钢柱直接安装在钢筋混凝土柱基的顶板上，故钢结构的安装质量和工效与柱基的定位轴线、基准标高直接相关。柱基的预检重点是定位轴线及间距、柱基顶面标高和地脚螺栓预埋位置。

（1）定位轴线检查。定位轴线从基础施工起就应重视，首先要做好控制桩。待基础混凝土浇筑后再根据控制桩将定位轴线引测到柱基钢筋混凝土板的顶面上，然后预检定位线是否原定位线重合、封闭，每根定位轴线总尺寸误差值是否超过控制数，纵横定位轴线是否垂直、平行。定位轴线顶检是在弹过线的基础上进行的。

（2）柱间距检查。柱间距检查是在定位轴线确定的前提下进行的，采用标准尺实测柱距（应是通过计算调整过的标准尺）。柱间距偏差值应严格控制在 ±3 mm 范围内。因为定位轴线的交点是柱基的中心点，是钢柱安装的基准点，钢柱竖向间距以此为准。框架钢梁连接螺孔的孔洞直径一般比高强螺栓直径大 1.5～2.0 mm，如柱距过大或过小，直接影响到整个竖向结构中框架梁的安装连接和钢柱的垂直度，安装中还会有安装误差。

（3）单独柱基中心线检查。检查单独柱基的中心线与定位轴线之间的误差，调整柱基中心线使其与定位轴线重合，然后以柱基中心线为依据，检查地脚螺栓的预埋位置。

（4）柱基地脚螺栓检查。检查内容为螺栓长度、垂直度及间距，以确定基准标高。

（5）基准标高实测。在柱基中心表面和钢柱底面之间，考虑到施工因素，规定有一定的间隙作为钢柱安装前的标高调整，该间隙规范规定为 50 mm。基准标高点一般设置在柱底板的适当位置，四周加以保护，作为整个高层钢结构施工阶段标高的依据。以基准标高点为依据，对钢柱的柱基表面进行标高实测，将测得的标高偏差用平面图表示，作为临时支承标高块调整的依据。

3）标高控制块的设置及柱底灌浆

为了精确控制钢结构上部的标高，在钢柱吊装之前，要根据钢柱预检的结果（实际长度、牛腿间距离、钢柱底板平整度等），在柱子基础表面浇筑标高控制块（图 6.39）。标高块用无收缩砂浆支模板浇筑，其强度不宜小于 30 N/mm^2，标高块表面须埋设厚度为 16 ~ 20 mm 的钢板。浇筑标高块之前应凿毛基础表面，以增强黏结。

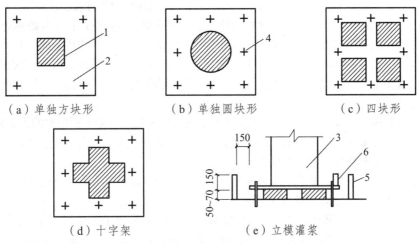

（a）单独方块形　　　　　（b）单独圆块形　　　　　（c）四块形

（d）十字架　　　　　（e）立模灌浆

1—标高块；2—基础表面；3—钢柱；4—地脚螺栓；5—模板；6—灌浆口。

图 6.39　临时支承标高块的设置

待第一节钢柱吊装、校正和锚固螺栓固定后，要进行底层钢柱的柱底灌浆。灌浆前应在钢柱底板四周立模板，用水清洗基础表面，排除多余积水后再灌浆。灌浆用砂浆基本上保持自由流动，灌浆从一边进行，连续灌注。灌浆后用湿草包或麻袋等遮盖保护。

4）钢构件的现场堆放

按照安装流水顺序由中转堆场配套运入现场的钢构件，宜利用现场的装卸机械，尽量将其就位到安装机械的回转半径内。由运输造成的构件变形，在施工现场要加以矫正。

5）安装机械的选择

高层钢结构的安装均采用塔式起重机。塔式起重机应具有足够的起重能力，其臂杆长度应具有足够的覆盖面，以满足不同部位构件吊装的需要；多机作业时，臂杆要有足够的高差，以保证不碰撞地安全运转，各塔式起重机之间还应有足够的安全距离，确保臂杆不与塔身相碰。

6）安装流水段的划分

高层钢结构安装需按照建筑物的平面形状、结构形式、安装机械数量和位置等划分流水段。

平面流水段的划分应考虑钢结构安装过程中的整体稳定性和对称性，安装顺序一般由中央向四周扩展，以减少焊接误差。

立面流水段的划分以一节钢柱高度内的所有构件作为一个流水段。

2. 构件安装工艺

1）钢柱的安装

（1）绑扎与起用。

钢柱的吊点在吊耳处（柱子在制作时于吊点部位焊有吊耳，吊装完毕再割去）。根据钢柱的重量和起重机的起重量，钢柱的吊装可用双机抬吊或单机吊装（图 6.40）。单机吊装时需在柱子根

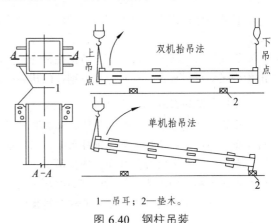

1—吊耳；2—垫木。

图 6.40　钢柱吊装

部垫以垫木，以回转法起吊，严禁柱根拖地。双机抬吊时，钢柱吊离地面后在空中进行回直。

（2）安装与校正。

钢结构高层建筑的柱子，多为 3 ~ 4 层一节，节与节之间用坡口焊连接。

在吊装第一节钢柱时，应在预埋的地脚螺栓上加设保护套，以免钢柱就位时破坏地脚螺栓的丝牙。钢柱吊装前，应预先在地面上将操作挂篮、爬梯等固定在施工需要的柱子部位上。

钢柱就位后，先调整标高，再调整位移，最后调整垂直度。柱子要按规范规定的数值进行校正，标准柱子的垂直偏差应校正到零。当上柱与下柱发生扭转错位时，可在连接上下柱的耳板处加垫板进行调整。

为了控制安装误差，对高层钢结构须预先确定标准柱（能控制框架平面轮廓的少数柱子），一般选择平面转角柱为标准柱。正方形框架取 4 根转角柱，长方形框架当长边与短边之比大于 2 时取 6 根柱，多边形框架则取转角柱为标准柱。

标准柱的检查一般取其柱基中心线为基准点，用激光经纬仪以基准点为依据对标准柱的垂直度进行观测，在柱子顶部固定有测量目标（图 6.41）。激光仪测量时，为了纠正由于钢结构振动产生的误差和仪器安置误差、机械误差等，激光仪每测一次转动 90°，在目标上共测 4 个激光点，以这 4 个激光点的相交点为准，量测安装误差。为使激光束通过，在激光仪上方的金属或混凝土楼板上必须固定或埋设一个小钢管。激光仪设在地下室底板上的基准点处。

除标准柱外，其他柱子的误差量测不用激光经纬仪，通常用丈量法，即以标准柱为依据，在角柱上沿柱子外侧拉设钢丝绳，组成平面封闭状方格，用钢尺丈量距离。超过允许偏差者则进行调整（图 6.42）。

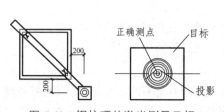

图 6.41 钢柱顶的激光测量目标

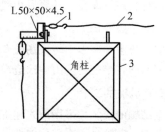

1—花篮螺丝；2—钢丝绳；3—角柱。

图 6.42 钢柱校正用钢丝绳

钢柱标高的调整是在每安装一节钢柱后，对柱顶标高进行一次实测。标高误差超过 6 mm 时，需进行调整，多用低碳钢钢板垫到规定的要求。如误差过大（大于 20 mm）不宜一次调整，可先调整一部分，待上节柱再调整，否则一次调整过大会影响支撑的安装和钢梁表面的标高。框架中柱的标高宜稍高些，因为钢框架安装工期较长，结构自重不断增大，中柱承受的结构荷载较大，基础沉降亦大。

钢柱轴线位移的校正是以下节钢柱顶部的实际柱中心线为准，所安装钢柱的底部对准下节钢柱的中心线即可。校正位移时应注意钢柱的扭转，钢柱扭转对框架安装很不利。

2）钢梁的安装

钢梁安装前应于柱子牛腿处检查标高和柱子间距。主梁安装前应在梁上装好扶手杆和扶手绳，待主梁安装就位后将扶手绳与钢柱系牢，以保证施工人员的安全。

钢梁一般在上翼缘处开孔，作为吊点。吊点位置取决于钢梁的跨度。为加快吊装速度，对重量较小的次梁和其他小梁，可利用多头吊索一次吊装数根构件。

安装框架主梁时，要根据焊缝收缩量预留焊缝变形量。安装主梁时对柱子垂直度的监测，除监测安放主梁的柱子两端的垂直度变化外,还要监测相邻的与主梁连接的各根柱子垂直度的变化情况,以保证柱子除预留焊缝收缩值外,各项偏差均符合规范规定。

安装楼层压型钢板时,先在梁上画出压型钢板铺放的位置线。铺放时要对正相邻两排压型钢板端头的波形槽口,以便使现浇混凝土层中的钢筋能顺利通过。

在每一节柱子高度范围内的全部构件安装、焊接、螺栓连接完成并验收合格后,才能从地面引测上一节柱子的定位轴线。

3. 钢结构构件的连接施工

钢构件的现场连接是钢结构施工中的重要问题。对连接的基本要求是:提供设计要求的约束条件,应有足够的强度和规定的延性,制作和施工简便。

目前,高层钢结构的现场连接主要是采用高强度螺栓和焊接。各节钢柱间多为坡口电焊连接。梁与柱、梁与梁之间的连接视约束要求而定,有的采用高强度螺栓连接,有的则是坡口焊和高强度螺栓连接共用。

高层钢结构柱与柱、柱与梁电焊连接时,应重视其焊接顺序。正确的焊接顺序能减少焊接变形,保证焊接质量。一般情况下应从中心向四周扩散,采用结构对称、节点对称的焊接顺序。钢结构焊接后,必须进行焊缝外观检验及超声波检验。

复习思考题

1. 试述柱子斜吊法和直吊法各有什么特点?
2. 试比较柱的旋转法与滑升法吊升过程的区别及上述两种方法的优缺点。
3. 说明单厂结构安装综合吊装法与分件吊装法的优缺点。
4. 屋架扶直方法有哪些? 各有什么特点?
5. 什么是柱子吊装旋转法? 有什么特点?

第 7 章 防水工程

7.1 屋面防水工程

屋面防水工程是房屋建筑的一项重要工程，屋面根据排水坡度分为平屋面和斜坡屋面两类；根据屋面防水材料的不同又可分为卷材防水层屋面（柔性防水层屋面）、瓦屋面、构件自防水屋面、现浇钢筋混凝土防水屋面（刚性防水屋面）等。

根据建筑物的类别、重要程度、使用功能要求并参考《屋面工程技术规范》GB 50345—2012和《屋面工程质量验收规范》GB 20207—2012，将屋面防水层分为两个等级，并按不同等级进行设防（表 7.1）。防水屋面的常用种类有卷材防水屋面、涂膜防水屋面和刚性防水屋面等。

表 7.1 屋面防水等级和设防要求

防水等级	建筑类别	设防要求
Ⅰ 级	重要建筑和高层建筑	两道防水设防
Ⅱ 级	一般建筑	一道防水设防

7.1.1 普通卷材屋面防水

1. 卷材防水材料及构造

卷材防水屋面所用的卷材有沥青防水卷材、高聚物改性沥青防水卷材及合成高分子卷材等，目前沥青卷材已被淘汰。卷材经粘贴后形成整片的屋面覆盖层可起到防水作用。卷材有一定的韧性，可以适应一定程度的胀缩和变形。粘贴层的材料取决于卷材种类：沥青卷材可用沥青胶做粘贴层；高聚物改性沥青防水卷材则用改性沥青胶；合成橡胶树脂类卷材及合成高分子系列的卷材，需用特制黏结剂冷粘贴于预涂底胶的屋面基层上，形成一层整体、不透水的屋面防水覆盖层。图 7.1 所示是卷材防水屋面构造图。

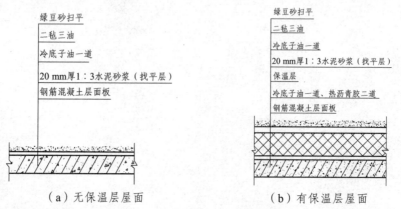

（a）无保温层屋面　　　　　　　　　（b）有保温层屋面

图 7.1 卷材防水屋面构造示意图

对于卷材屋面的防水功能要求，主要是：

耐久性，又叫大气稳定性，在日光、温度、臭氧影响下，卷材有较好的抗老化性能。

耐热性，又叫温度稳定性，卷材应具有防止高温软化、低温硬化的稳定性。

耐重复伸缩，在温差作用下，屋面基层会反复伸缩与龟裂，卷材应有足够的抗拉强度和极限延伸率。

保持卷材防水层的整体性，还应注意卷材接缝的黏结，使一层层的卷材黏结成整体防水层。

保持卷材与基层的黏结，防止卷材防水层起鼓或剥离。

2. 基层与找平层

基层、找平层应做好嵌缝、找平及转角和基层处理等工作。

采用水泥砂浆找平层时，水泥砂浆抹平收水后应二次压光，充分养护，不得有酥松、起砂、起皮及起壳现象，否则，必须进行修补。屋面基层与女儿墙、立墙、天窗壁、烟囱、变形缝等突出屋面结构的连接处，以及基层的转角处，均应做成圆弧。圆弧半径参见表 7.2。

表 7.2　转角处圆弧半径

卷材种类	圆弧半径/mm
沥青防水卷材	100 ~ 150
高聚物改性沥青防水卷材	50
合成高分子防水卷材	20

找平层宜设分格缝，并嵌填密封材料。分格缝应留设在板端缝处，其纵横缝的最大间距：水泥砂浆或细石混凝土找平层不宜大于 6 m，沥青砂浆找平层不宜大于 4 m。

铺设防水层或隔汽层前找平层必须干燥、洁净。基层处理剂（冷底子油）的选用应与卷材的材性相容。基层处理剂可采用喷涂、刷涂施工。喷、刷应均匀，待第一遍干燥后再进行第二遍喷、刷，待最后一遍干燥后，方可铺设卷材。

3. 普通卷材的铺设

1）施工顺序及铺设方向

卷材铺贴在整个工程中应采取"先高后低、先远后近"的施工顺序，即高低跨屋面，先铺高跨后铺低跨；等高的大面积屋面，先铺离上料地点较远的部位，后铺较近部位。这样可以避免已铺屋面因材料运输遭人员踩踏和破坏。

卷材大面积铺贴前，应先做好节点密封、附加层和屋面排水较集中部位（檐口、天沟等）与分格缝的空铺条处理等，然后由屋面最低标高处向上施工。

施工段的划分宜设在屋脊、檐口、天沟、变形缝等处。

卷材铺贴方向应根据屋面坡度和周围是否有振动来确定。当屋面坡度小于 3%时，卷材宜平行于屋脊铺贴；屋面坡度在 3% ~ 15%时，卷材可平行或垂直于屋脊铺贴。屋面坡度大于15%或受振动时，沥青防水卷材应垂直于屋脊铺贴；高聚物改性沥青防水卷材和合成高分子防水卷材可平行或垂直于屋脊铺贴，但上下层卷材不得相互垂直铺贴。

2）搭接方法、宽度和要求

卷材铺贴应采用搭接法，各种卷材的搭接宽度应符合表 7.3 的要求。同时，相邻两幅卷材的接头还应相互错开 300 mm 以上，以免接头处多层卷材相重叠而黏结不实。叠层铺贴，上下层两幅卷材的搭接缝也应错开 1/3 幅宽（图 7.2）。

表 7.3　卷材搭接宽度　　　　　　　　　　单位：mm

卷材类别		搭接宽度
合成高分子防水卷材	胶粘剂	80
	胶粘带	50
	单缝焊	60，有效焊接宽度不小于 25
	双缝焊	80，有效焊接宽度>10×2＋空腔宽
高聚物改性沥青防水卷材	胶黏剂	100
	自粘	80

当用高聚物改性沥青防水卷材点黏或空铺时，两头部分必须全黏 500 mm 以上。

平行于屋脊的搭接缝，应顺水流方向搭接；垂直于屋脊的搭接缝应顺年最大频率风向搭接。

叠层铺设的各层卷材，在天沟与屋面的连接处，应采用叉接法搭接，搭接缝应错开；接缝宜留在屋面或天沟侧面，不宜留在沟底。

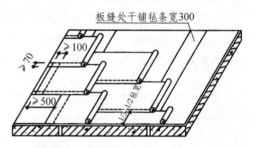

图 7.2　卷材水平铺贴搭接要求

7.1.2　高分子卷材屋面防水

高分子卷材防水屋面施工的主体材料，常用的有三元乙丙橡胶卷材、氯化聚乙烯-橡胶共混防水卷材、氯磺化聚乙烯防水卷材、氯化聚乙烯防水卷材以及聚氯乙烯防水卷材等。高分子卷材还配有基层处理剂、基层胶黏剂、接缝胶黏剂、表面着色剂等。其施工分为基层处理和防水卷材的铺贴。图 7.3 所示为二布六胶高分子卷材防水层构造示意图。

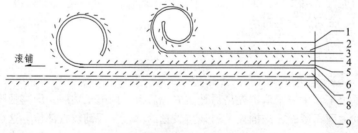

1—着色剂；2—上层胶黏剂；3—上层卷材；4，5—中层胶黏剂；6—下层卷材；
7—下层胶黏剂；8—底胶；9—屋面基层。

图 7.3　高分子卷材防水层构造示意图

高分子防水卷材的铺贴有冷黏结法和热风焊接法两种施工方法。冷黏结法施工工序如下：

1. 底　胶

将高分子防水材料胶黏剂配制成的基层处理剂或胶黏带，均匀地深刷在基层的表面，在干燥 4 ～ 12 h 后再进行后道工序。胶黏剂涂刷应均匀、不露底、不堆积。

2. 卷材上胶

先把卷材在干净平整的面层上展开，用长滚刷蘸满搅拌均匀的胶黏剂，涂刷在卷材的表面，涂胶的厚度要均匀且无漏涂，但在沿搭接部位应留出 100 mm 宽的无胶带。静置 10 ～ 20 min，当胶膜干燥且手指触摸基本不黏手时，用纸筒芯重新卷好带胶的卷材。

3. 滚　铺

卷材的铺贴应从流水口下坡开始。先弹出基准线，然后将已涂刷胶黏剂的卷材一端先粘贴固定在预定部位，再逐渐沿基线滚动展开卷材，将卷材粘贴在基层上。卷材滚铺施工中应注意：铺设同一跨屋面的防水层时，应先铺排水口、天沟、檐口等处排水比较集中的部位，按标高由低到高的顺序铺；在铺多跨或高低跨屋面防水卷材时，应按先高后低、先远后近的顺序进行；应将卷材顺长方向铺，并使卷材长面与流水坡度垂直，卷材的搭接要顺流水方向，不应成逆向。

4. 上　胶

在铺贴完成的卷材表面再均匀地涂刷一层胶黏剂。

5. 复层卷材

根据设计要求可重复上述施工方法，再铺贴一层或数层高分子防水卷材，以达到屋面防水的效果。

6. 着色剂

在高分子防水卷材铺贴完成、质量验收合格后，可在卷材表面涂刷着色剂，起到保护卷材和美化环境的作用。

7.1.3　涂膜防水屋面施工

涂膜防水屋面是在屋面基层上涂刷防水涂料，经固化后形成一层有一定厚度和弹性的整体涂膜从而达到防水目的的一种防水屋面形式。涂料按其稠度有厚质涂料和薄质涂料之分，施工时有加胎体增强材料和不加胎体增强材料之别，具体做法视屋面构造和涂料本身性能要求而定。其典型的构造如图 7.4 所示，具体施工层次根据设计要求确定。

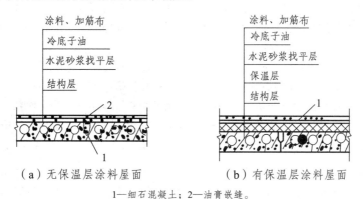

（a）无保温层涂料屋面　　　　（b）有保温层涂料屋面

1—细石混凝土；2—油膏嵌缝。

图 7.4　涂膜防水屋面构造示意图

特别需要指出的是，对于涂膜防水层，它是紧密地依附于基层形成具有一定厚度和弹性的整体防水膜而起到防水作用的。与卷材防水屋面相比，找平层的平整度对涂膜防水层质量影响更大，平整度要求更严格，否则涂膜防水层的厚度得不到保证，必将造成涂膜防水层的防水可靠性、耐久性降低。涂膜防水层是满黏于找平层的，按剥离区理论，找平层开裂容易引起防水层的开裂，因此涂膜防水层的找平层应有足够的强度，尽可能避免裂缝的发生，出现裂缝应作修补，通常涂膜防水层的找平层宜采用掺膨胀剂的细石混凝土，强度等级不低于 C15，厚度不小于 30 mm，宜为 40 mm。

1. 沥青基涂料施工

以沥青为基料配制成的水乳型或溶剂型防水涂料称为沥青基防水涂料。常见的有石灰乳化沥青涂料、膨胀土乳化沥青涂料和石棉乳化沥青涂料。其施工过程如下：

1）涂布前的准备工作

（1）基层表面的气孔、凹凸不平、蜂窝、缝隙、起砂等，应修补处理，基层必须干净、无浮浆、无水珠、不渗水。

（2）涂料施工前，基层阴阳角应做成圆弧形，阴角直径宜大于 50 mm，阳角直径宜大于 10 mm。

（3）涂料施工前，还应对阴阳角、预埋件、穿墙管等部位进行密封或加强处理。

（4）涂料使用前应搅拌均匀，因为沥青基涂料大都属厚质涂料，含有较多填充料，如搅拌不匀，不仅涂刮困难，而且未拌匀的杂质颗粒残留在涂层中会成为隐患。

（5）涂层厚度控制试验采用预先在刮板上固定铁丝或木条的办法，也可在屋面上做好标志控制。

（6）涂布时间间隔控制以涂层涂布后干燥并能上人操作为准，脚踩不黏脚、不下陷时即可进行后一涂层的施工，一般干燥时间不少于 12 h。

2）涂刷基层处理

基层处理剂一般采用冷底子油，涂刷时应做到均匀一致、覆盖完全。石灰乳化沥青防水涂料，夏季可采用石灰乳化沥青稀释后作为冷底子油涂刷一道；春秋季宜采用汽油沥青冷底子油涂刷一道。膨润土、石棉乳化沥青防水涂料涂布前可不涂刷基层处理剂。

3）涂　布

涂布时，一般先将涂料直接分散倒在屋面基层上，用胶皮刮板来回刮涂，使它厚薄均匀一致，不露底、不存在气泡、表面平整，然后待其干燥。

自流平性能差的涂料刮平待表面收水尚未结膜时，用铁抹子进行压实抹光。抹压时间应适当，过早抹压，起不到作用；过晚抹压，会使涂料粘住抹子，出现月牙形抹痕。因此，为了便于抹压，加快施工进度，可以分条间隔施工，待阴影处涂层干燥后，再抹空白处。分条宽度一般为 0.8～1.0 m，并与胎体增强材料宽度一致，以便抹压操作。

涂膜应分层分遍涂布。待前一遍涂层干燥成膜后，检查表面是否有气泡、皱折不平、凹坑、刮痕等弊病，合格后才能进行后一遍涂层的涂布，否则应进行修补。第二遍的涂刮方向应与前一遍相垂直。

立面部位涂层应在平面涂刮前进行，视涂料自流平性能好坏而确定涂布次数。自流平性好的涂料应薄而多次进行，否则会产生流坠现象，使上部涂层变薄，下部涂层变厚，影响防水性能。

4）胎体增强材料的铺设

胎体增强材料的铺设可采用湿铺法或干铺法进行，但宜用湿铺法。铺贴胎体增强材料，铺贴应平整。湿铺法应在头遍涂层表面刮平后，立即不起翘，但也不能拉伸过紧。铺贴后用刮板或抹子轻轻压紧。

2. 高聚物改性沥青涂料及合成高分子涂料的施工

以沥青为基料，用合成高分子聚合物进行改性，配制成的水乳型或溶剂型防水涂料称为高聚物改性沥青防水涂料。与沥青基涂料相比，高聚物改性沥青防水涂料在柔韧性、抗裂性、强度、耐高低温性能、使用寿命等方面都有了较大的改进，常用的品种有氯丁橡胶改性沥青涂料、SBS 改性沥青涂料及 APP 改性沥青涂料等。

以合成橡胶或合成树脂为主要成膜物质，配制成的水乳型或溶剂型防水涂料称之为高分子防水涂料。由于合成高分子材料本身的优异性能，以此为原料制成的合成高分子防水涂料具有高弹性、防水性、耐久性和优良的耐高低温性能。常用的品种有聚氨酯防水涂料、丙烯胶防水涂料、有机硅防水涂料等。

胎体增强材料（也叫加筋材料、加筋布、胎体）是指在涂膜防水层中增强用的化纤无纺布、玻璃纤维网格布等材料。

高聚物改性沥青防水涂料和高分子防水涂料在涂膜防水屋面使用时其设计涂膜总厚度在 3 mm 以下的，称之为薄质涂料。

1）涂刷前的准备工作

（1）基层干燥程度要求。

基层的检查、清理、修整应符合前述要求。基层的干燥程度应视涂料特性而定，对高聚物改性沥青涂料，为水乳型时，基层干燥程度可适当放宽；为溶剂型时，基层必须干燥。对合成高分子涂料，基层必须干燥。

（2）配料和搅拌。

采用双组分涂料时，每份涂料在配料前必须先搅匀。配料应根据材料的配合比配制，严禁任意改变配合比。配料时要求计量准确，主剂和固化剂的混合偏差不得大于 ±5%。

涂料混合时，应先将主剂放入搅拌容器或电动搅拌器内，然后放入固化剂，并立即开始搅拌，并搅拌均匀，搅拌时间一般在 3 ~ 5 min。

搅拌的混合料以颜色均匀一致为标准。如涂料稠度太大涂布困难时，可掺加稀释剂，切忌任意使用稀释剂稀释，否则会影响涂料性能。

双组分涂料每次配置数量应根据每次涂刷面积计算确定，混合后的材料存放时间不得超过规定的可使用时间。不应一次搅拌过多以免使涂料发生凝聚或固化而无法使用，夏天施工时要尤其注意。

单组分涂料一般由铁桶或塑料桶密闭包装，打开桶盖后即可施工，但由于涂料桶装量大（一般为 100 ~ 200 kg），易沉淀而产生不均匀现象，故使用前还应进行搅拌。

（3）涂层厚度控制试验。

涂层厚度是影响涂膜防水质量的一个关键问题，但要手工准确控制涂层厚度是比较困难的。因为涂刷时每个涂层要涂刷几遍才能完成，而每遍涂膜不能太厚，如果涂膜过厚，会出现涂膜表面已干燥成膜，而内部涂膜的水分或溶剂却不能蒸发或挥发的现象。但涂膜也不宜过薄，否则就要增加涂刷遍数，增加劳动力及拖延施工工期。因此，涂膜防水施工前，必须根据设计要求的每平方米涂料用量、涂膜厚度及涂料材性事先试验确定每道涂料涂刷的厚度以及每个涂层需要涂刷的遍数。

（4）涂刷间隔时间试验。

在涂刷厚度及用量试验的同时，可测定每遍涂层的间隔时间。

各种防水涂料都有不同的干燥时间，因此涂刷前必须根据气候条件经试验确定每遍涂刷的涂料用量和间隔时间。

薄质涂料施工时，每遍涂刷必须待前遍涂膜实干后才能进行。薄质涂料每遍涂层表干时实际上已基本达到了实干。因此，可用表干时间来控制涂刷间隔时间。涂膜的干燥快慢与气候有较大关系，气温高，干燥就快；空气干燥、湿度小，且有风时，干燥也快。

2）涂刷基层处理剂

基层处理剂的种类有以下三种：

（1）若使用水乳型防水涂料，可用掺加 0.2% ~ 0.5%乳化剂的水溶液或软化水将涂料稀释，其用量比例一般为：防水涂料：乳化剂水溶液或软水 = 1：（0.5 ~ 1）。如无软水可用冷开水代替，切忌加入一般自来水或天然水。

（2）若使用溶剂型防水涂料，由于其渗透能力比水乳型防水涂料强，可直接用涂料薄涂作基层处理，如溶剂型氯丁胶沥青防水涂料或溶剂型再生胶沥青防水涂料等。若涂料较稠，可用相应的溶剂稀释后使用。

（3）高聚物改性沥青防水涂料也可用沥青溶液（即冷底子油）作为基层处理剂，或在现场以煤油：30 号石油沥青 = 60：40 的比例配置而成的溶液作为基层处理剂。

基层处理剂涂刷时，应用刷子用力薄涂，使涂料尽量刷进基层表面的毛细孔中，并使基层可能留下来的少量灰尘等无机杂质，像填充料一样混入基层处理剂中，使之与基层牢固结合。这样即使屋面上灰尘不能完全清理干净，也不会影响涂层与基层的牢固黏结。特别在较为干燥的屋面上做溶剂型涂料时，使用基层处理剂打底后再进行防水涂料的涂刷，效果相当明显。

3）涂刷防水涂料

涂料涂刷可采用棕刷、长柄刷、胶皮刷、圆滚刷等进行人工涂布，也可采用机械喷涂。

用刷子涂刷一般采用蘸刷法，也可边倒涂料边用刷子刷匀。涂布时应先涂立面，后涂平面，涂布立面最好采用蘸涂法，涂刷应均匀一致。倒料时应注意控制涂料的均匀倒洒，不可在一处倒得过多，否则涂料很难刷开，会造成薄厚不均匀现象。涂刷时不能将气泡裹进涂料层中，如遇起泡应立即消除。涂刷遍数必须按事先试验确定的遍数进行。同时，前一遍涂层干燥后应将涂层上的灰尘、杂质清理干净后再进行后一遍涂层的涂刷。

涂料涂布应分条或按顺序进行，分条进行时，每条宽度应与胎体增强材料宽度相一致，以免操作人员踩踏刚涂好的涂层。每次涂布前，应严格检查前遍涂层是否有缺陷，如气泡、露底、漏刷、胎体增强材料皱折、翘边、杂物混入等现象，如发现上述问题，应先进行修补再涂布后遍涂层。

应当注意，涂料涂布时，涂刷致密是保证质量的关键。刷基层处理剂时要用力薄涂，涂刷后续涂料时则应按规定的涂层厚度均匀、仔细地涂刷。各道涂层之间的涂刷方向相互垂直，以提高防水层的整体性和均匀性。涂层间的接槎，在每遍涂刷时应退槎 50～100 mm，接槎时也应超过 50～100 mm，避免在搭接处发生渗漏。

4）铺设胎体增强材料

在涂料第二遍涂刷时，或第三遍涂刷前，即可加铺胎体增强材料。

由于涂料与基层黏结力较强，涂层又较薄，胎体增强材料不容易滑移，因此，胎体增强材料应尽量顺屋脊方向铺贴，以方便施工、提高劳动效率。

胎体增强材料可采用湿铺法或干铺法铺贴。

湿铺法就是边倒料、边涂刷、边铺贴的操作方法。施工时，先在已干燥的涂层上，用刷子将涂料仔细刷匀，然后将成卷的胎体增强材料平放在屋面上，逐渐推滚铺贴于刚刷上涂料的屋面上，用滚刷液压一遍，务必使全部布眼浸满涂料，使上下两层涂料能良好结合，确保其防水效果。

干铺法就是在上道涂层干燥后，边干铺胎体增强材料，边在已展平的表面上用橡皮刮板均匀满刮一道涂料。也可将胎体增强材料按要求在已干燥的涂层上展平后，先在边缘部位用涂料点黏固定，然后再在上面满刮一道涂料，使涂料浸入网眼渗透到已固化的涂膜上。当渗透性较差的涂料与比较密实的胎体增强材料配套使用时不宜采用干铺法。

胎体增强材料铺设后，应严格检查表面是否有缺陷或搭接不足等现象。如发现上述情况，应及时修补完整，使它形成一个完整的防水层，然后才能在其上继续涂刷涂料。面层涂料应至少涂刷两遍以上，以增加涂膜的耐久性。如面层做粒料保护层，可在涂刷最后一遍涂料时，随时撒铺覆盖粒料。

5）收头处理

为防止收头部位出现翘边现象，所有收头均用密封材料压边，压边宽度不得小于 10 mm。收头处的胎体增强材料应裁剪整齐，如有凹槽时应压入凹槽内不得出现翘边皱折、露白等现象，否则应先进行处理后再涂封密封材料。

7.2　地下防水工程

地下建筑埋置在土中，皆不同程度地受到地下水或土体中水分的作用。一方面，地下水对地下建筑有着渗透作用，而且地下建筑埋置越深，渗透水压就越大；另一方面，地下水中的化学成分复杂，有时会对地下建筑造成一定的腐蚀和破坏作用。因此，地下建筑应选择合理有效的防水措施，以确保地下建筑的安全耐久和正常使用。

7.2.1　地下工程的防水等级和防水方案选择

地下工程的防水等级标准按维护结构允许渗漏水量的多少划分为 4 级，见表 7.4。

表 7.4　地下工程防水等级标准

防水等级	标　　准
Ⅰ级	不允许渗水，结构表面无湿渍
Ⅱ级	不允许漏水，结构表面可有少量湿渍。 工业与民用建筑：总湿渍面积不应大于总防水面积（包括顶板、墙面、地面）的 1/1 000；任意 100 m² 防水面积上的湿渍不超过 2 处，单个湿渍的最大面积不大于 0.1 m²。 其他地下工程：总湿渍面积不应大于总防水面积的 2/1 000；任意 100 m² 防水面积上的湿渍不超过 3 处，单个湿渍的最大面积不大于 0.2 m²。其中，隧道工程还要求平均渗漏量不大于 0.05 L/（m²·d）；任意 100 m² 防水面积上的渗漏量不大于 0.15 L/（m²·d）
Ⅲ级	有少量漏水点，不得有线流和漏泥砂； 任意 100 m² 防水面积上的漏水或湿渍点数不超过 7 处，单个漏水点的最大漏水量不大于 2.5 L/d，单个湿渍的最大面积不大于 0.3 m²
Ⅳ级	有漏水点，不得有线流和漏泥砂； 整个工程平均漏水量不大于 2 L/（m²·d），任意 100 m² 防水面积上的平均漏水量不大于 4 L/（m²·d）

各类地下工程的防水等级见表 7.5。

目前，地下工程的防水方案有以下几种：

（1）采用防水混凝土结构，它是利用提高混凝土结构本身的密实性来达到防水要求的。防水混凝土结构既能承重又能防水，应用较广泛。

（2）排水方案，即利用盲沟、渗排水层等措施，把地下水排走，以达到防水要求，此法多用于重要的、面积较大的地下防水工程。

表 7.5　不同防水等级适用范围

防水等级	适用范围
Ⅰ级	人员长期停留的场所；因有少量湿渍会使物品变质、失效的贮物场所及严重影响设备正常运转和危及工程安全运营的部位；极重要的战备工程、地铁车站
Ⅱ级	人员经常活动的场所；在有少量湿渍的情况下不会使物品变质、失效的贮物场所及基本不影响设备正常运转和工程安全运营的部位；重要的战备工程
Ⅲ级	人员临时活动的场所；一般战备工程
Ⅳ级	对渗漏水无严格要求的工程

（3）在地下结构表面设附加防水层，如在地下结构的表面抹水泥砂浆防水层，贴卷材防水层或刷涂料防水层等。

在进行地下工程防水设计时，应遵循"防、排、截、堵结合，刚柔并济，因地制宜，综合治理"原则，并根据建筑物的使用功能及使用要求，结合地下工程的防水等级，选择合理的防水方案。

7.2.2　卷材防水层

地下卷材防水层是一种柔性防水层，是用沥青胶将几层卷材粘贴在地下结构基层的表面上而形成的多道防水层。它具有较好的防水性和良好的韧性，能够适应结构振动和微小变形，并能抵抗酸碱盐等溶液的侵蚀，但卷材吸水率大、机械强度低、耐久性差，发生渗漏后难以修补。因此，卷材防水层只适用于形式简单的整体钢筋混凝土结构基层和以水泥砂浆、沥青砂浆或沥青混凝土为找平层的基层。

地下卷材防水层宜采用耐腐蚀的卷材，如胶油沥青卷材、沥青玻璃布卷材、再生胶卷材等。铺贴石油沥青卷材必须用石油沥青胶结材料，铺贴胶油沥青卷材必须用胶油沥青胶结材料。

防水层所用沥青，其软化点应比基层及防水层周围介质可能达到的最高温度高出 20～25 ℃，且不低于 40 ℃。

地下结构采用卷材防水方案时，一般将防水卷材铺贴在地下需防水的结构的外表面，称为外防水。此种防水方案，卷材防水层可借助土压力压紧，并可与承重结构一起抵抗有压地下水的渗透和侵蚀作用，防水效果好。外防水的卷材防水层按照铺贴方式和其与防水结构施工的先后顺序，可分为外防外贴法和外防内贴法两种。

1. 外防外贴法施工

外防外贴法，简称外贴法，是在垫层上先铺好底板卷材防水层，进行混凝土底板与墙体施工，待墙体模板拆除后，再将卷材防水层直接铺贴在墙面上，然后砌筑保护墙，如图 7.5 所示。

外防外贴法的施工顺序：

（1）在混凝土底板垫层上做 1∶3 水泥砂浆找平层。

（2）水泥砂浆找平层干燥后，铺贴底板卷材防水层，并在四周伸出一定长度，以便与墙身卷材防水层搭接。

（3）四周砌筑保护墙，保护墙分为两部分，下部为永久保护墙，高度不小于底板厚度 + 100 mm，上部为临时保护墙，高度一般为 300 mm，用石灰砂浆砌筑，以便铲除。

（4）将伸出四周的卷材搭接接头临时贴在保护墙上，并用两块木板或其他合适材料将接头压于其间，进行保护，从而防止接头断裂、损伤、弄脏。

（5）底板与墙身混凝土施工。

（6）混凝土养护，墙体拆除。

（7）在墙面上抹水泥砂浆找平层并刷冷底子油。

（8）拆除临时保护墙，找出各层卷材搭接接头，并将其表面清理干净。

（9）接长卷材进行墙体卷材铺贴，卷材应错槎接缝，依次逐层铺贴。

（10）砌筑永久保护墙。

2. 外防内贴法施工

外防内贴法是在垫层四周先砌筑保护墙，然后将卷材防水层铺贴在垫层与保护墙上，最后进行混凝土底板与墙体施工，如图 7.6 所示。

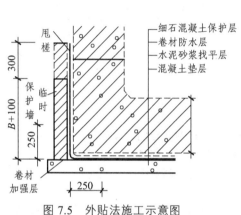

图 7.5　外贴法施工示意图

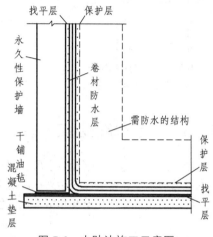

图 7.6　内贴法施工示意图

外防内贴法的施工顺序是：

（1）在混凝土底板垫层四周砌筑永久性保护墙。

（2）在垫层表面及保护层墙面上抹 1∶3 水泥砂浆找平层。

（3）找平层干燥后，满涂冷底子油，沿保护墙及底板铺贴防水卷材。

（4）在立面上，在涂刷防水层最后一道沥青胶时，趁热黏上干净的热砂或散麻丝，待其冷却后，立即抹一层 10～20 mm 厚的 1∶3 水泥砂浆保护层，在平面上铺设一层 30～50 mm 厚的 1∶3 水泥砂浆或细石混凝土保护层。

（5）底板和墙体混凝土施工。

内贴法和外贴法相比，优点是卷材防水层施工较简单，底板与墙体防水层可一次铺贴完成，不必留接槎，施工占地面积小；缺点是结构不均匀沉降对防水层影响大，易出现漏水现象，竣工后出现漏水修补困难。

3. 油毡铺贴要求及结构缝的施工

保护墙每隔 5～6 m 及转角处必须留缝，在缝内用油毡条或沥青麻丝填塞，以免保护墙伸缩时拉裂防水层。地下防水层及结构施工时，地下水位要设法降到底部最低标高以下至少 300 mm，并防止地面水流入。

沥青卷材防水层施工时，气温不宜低于 5 ℃，最好在 10～25 ℃ 时进行。沥青胶的刷涂厚度一般为 1.5～2.5 mm，最大不超过 3 mm。卷材长、短边的接头宽度不小于 100 mm；上下两幅油毡压边应错开 1/3 幅油毡宽；各层油毡接头应错开 300～500 mm。两垂直面交角处的油毡要互相交叉搭接。应特别注意阴阳角部位，穿墙管（图 7.7）以及变形缝（图 7.8）部位的油毡铺贴，这是防水的薄弱环节，铺贴比较困难，操作要仔细，并增贴附加油毡层及采取必要的加强构造措施。

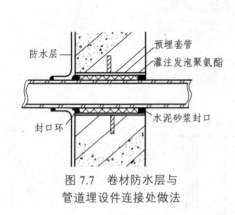

防水层
预埋套管
灌注发泡聚氨酯

封口环
水泥砂浆封口

图 7.7　卷材防水层与
管道埋设件连接处做法

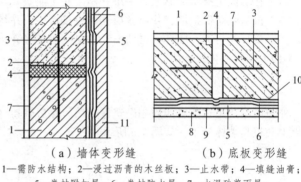

（a）墙体变形缝　　　　（b）底板变形缝

1—需防水结构；2—浸过沥青的木丝板；3—止水带；4—填缝油膏；
5—卷材附加层；6—卷材防水层；7—水泥砂浆面层；
8—混凝土垫层；9—水泥砂浆找平层；
10—水泥砂浆保护层；11—保护墙。

图 7.8　变形缝处防水做法

7.2.3　水泥砂浆防水层

水泥砂浆防水层是一种刚性防水层，即在结构的底面和侧面分别涂抹一定厚度的水泥砂浆，利用砂浆本身的憎水性和密实性来达到抗渗防水的效果。其防水原理是分层闭合，构成一个多层整体防水层，各层的残留毛细孔道互相堵塞住，使水分不可能透过其毛细孔，从而具有较好的抗渗防水性能。

这种防水层抵抗变形能力差，不适于受振动荷载影响的工程或结构易产生不均匀沉陷的工程，也不适于受腐蚀、高温及反复冻融的砖砌体工程。

常用的水泥砂浆防水层主要有刚性多层防水层、掺外加剂的防水砂浆防水层和膨胀水泥或无收缩性水泥砂浆防水层等类型。

1. 刚性多层防水层

刚性多层防水层是利用素灰和水泥砂浆分层交替抹压均匀密实，构成的一个多层防水层。这种防水层，做在迎水面时，宜采用 5 层交叉抹面；做在背水面时，宜采用 4 层交叉抹面，将第 4 层表面抹平压光即可。

1）材料要求

水泥砂浆防水层所用的水泥宜采用不低于 32.5 级的普通硅酸盐水泥或膨胀水泥，也可以用矿渣硅酸盐水泥。砂浆用砂应控制其含泥量和杂质含量。配合比按工程需要确定。水泥净浆的水灰比宜控制在 0.37 ~ 0.40 或 0.55 ~ 0.60。水泥砂浆灰砂比宜用 1：2.5，其水灰比为 0.6 ~ 0.65，稠度宜控制在 70 ~ 80 mm。如掺外加剂或采用膨胀水泥时，其配合比应执行专门的技术规定。

2）多层刚性防水层施工

施工前，必须对基层表面进行严格而细致的处理，包括清理、浇水、凿槽和补平等工作，保证基层表面潮湿、清洁、坚实、大面积平整而表面粗糙，可增强防水层与结构表面的黏结力。

防水层的第 1 层是在基面抹素灰，厚 2 mm，分两次抹成；第 2 层抹水泥砂浆，厚 4 ~ 5 mm，在第 1 层初凝时抹上，以增强两层黏结；第 3 层抹素灰，厚 2 mm，在第 2 层凝固并有一定强度，表面适当洒水湿润后进行；第 4 层抹水泥砂浆，厚 4 ~ 5 mm，同第 2 层操作。

若采用 4 层防水，则此层应表面抹平压光。若用 5 层防水，则第 5 层刷水泥浆一遍，随第 4 层抹平压光。

刚性多层防水层，由于素灰与水泥砂浆层相互交替施工，各层粘贴紧密，密实性好。当外界温度发生变化时，每层的收缩变形均受到其他层的约束，不易发生裂缝。同时，各层的配合比、厚度和施工时间均不同，毛细孔形成也不一致，后一层施工能对前一层的毛细孔起到堵塞作用，所以具有较高的抗渗能力，防水效果良好。每层防水层施工要连续进行，不设施工缝。若不需留施工缝，则应留成阶梯坡形槎，接槎要依照层次顺序操作，层层搭接紧密。接槎一般宜留在地面上，也可留在墙面上，但均需离开阴阳角处 200 mm，接头方法如图 7.9 所示。

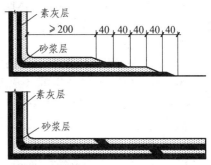

图 7.9　刚性防水层施工缝的处理

2. 掺外加剂的防水砂浆防水层

这种防水层是在普通水泥砂浆中掺入一定量的防水剂形成防水砂浆，防水砂浆在结构表面多层涂膜形成封闭防水系统，以达到防水目的。由于防水剂与水泥水化作用而形成不溶性物质或憎水性薄膜，可填充堵塞或封闭水泥砂浆中的毛细管道，从而获得较高的密实性，提高渗透能力。

常用的防水剂有防水浆、壁水浆、防水粉、氯化铁防水剂、硅酸钠防水剂等。

3. 膨胀水泥或无收缩性水泥砂浆防水层

这种防水层主要利用水泥的膨胀和无收缩特性来提高砂浆的密实性和抗渗性，涂抹方法和防水砂浆相同，需多层涂抹。但由于砂浆凝结块，故在常温下配制的砂浆必须在 1 h 内用完。

7.2.4　防水混凝土

防水混凝土是以调整混凝土配合比或掺外加剂等方法，来提高混凝土本身的密实性和抗渗性，使其具有一定防水能力的特殊混凝土。防水混凝土具有取材容易、施工简单、工期短、耐久性好、工程造价低等优点，因此，在地下工程防水中的到了广泛的应用。目前，常用的防水混凝土主要有普通防水混凝土、外加剂防水混凝土等。

1. 防水混凝土的性能与配制

普通防水混凝土除满足设计强度外，还须根据设计抗渗等级来配制。在普通防水混凝土中，水泥砂浆除满足填充、黏结作用外，还要求在石子周围形成一定数量和质量良好的砂浆包裹层，减少混凝土内部毛细作用及缝隙的形成，切断石子间相互连通的渗水通道，满足结构抗渗防水的要求。

普通防水混凝土宜采用普通硅酸盐水泥、火山灰硅酸盐水泥、粉煤灰硅酸盐水泥，水泥强度等级应不低于 42.5 级。如掺外加剂，也可用矿渣硅酸盐水泥。石子粒径不宜大于 40 mm，吸水率不大于 1.5%，含泥量不大于 1%。普通防水混凝土的配合比应通过试验选定。选定配合比时，应按设计要求的抗渗等级提高 0.2 MPa，其他各项技术指标应符合下列规定：每立方米混凝土的水泥用量不少于 320 kg；含砂率以 35% ~ 40% 为宜；灰砂比应为 1∶2.5 ~ 1∶2；水灰比不大于 0.6；坍落度不大于 60 mm，如掺外加剂或用泵送混凝土时，不受此限制。

外加剂防水混凝土是在混凝土中加入一定量的外加剂，如减水剂、加气剂、防水剂及膨胀剂等，以改善混凝土性能和结构的组成，提高其密实性和抗渗性，达到防水要求。

2. 防水混凝土的施工

防水混凝土工程质量除精心设计、合理选材外，关键还要保证施工质量。对施工中的各主要环节，如混凝土的搅拌、运输、浇筑、振捣、养护等，均应严格遵循施工及验收规范和操作规程的规定进行施工，以保证防水混凝土工程的质量。

1）施工重点

防水混凝土工程的模板应平整且拼缝严密不漏浆，并有足够的强度和刚度，吸水率要小。一般不宜用螺栓或铁丝贯穿混凝土墙固定模板，当墙高需要用螺栓贯穿混凝土墙固定模板时，应采取止水措施。一般可在螺栓中间加焊一块 100 mm×100 mm 的止水钢板，阻止渗水通路。

为了防止钢筋的引水作用，迎水面防水混凝土的钢筋保护层厚度不得小于 30 mm，底板钢筋不能接触混凝土垫层。墙体的钢筋不能用铁钉或铁丝固定在模板上。严禁用钢筋充当保护层垫块，以防止水沿钢筋浸入。

防水混凝土应用机械搅拌、机械振捣，浇筑时应严格做到分层连续浇筑，每层厚度不宜超过 300～400 mm。两层浇筑时间间隔不应超过 2 h，夏季适当缩短。混凝土进入终凝（浇筑完成 4～6 h）即应覆盖，浇水湿润养护不少于 14 d。

2）施工缝

施工缝是防水薄弱部位之一，施工中应尽量不留或少留。底板的混凝土应连续浇筑，墙体不得留垂直施工缝。墙体水平施工缝不应留在剪力与弯矩最大处或底板与墙体交接处，最低水平施工缝距底板面不小于 200 mm，距穿墙孔洞边缘不小于 300 mm。施工缝的形式有平口缝、凸缝、高低缝、金属止水缝等，如图 7.10 所示。

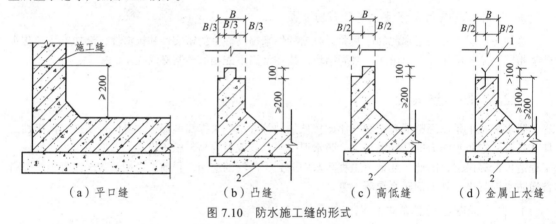

（a）平口缝　　　（b）凸缝　　　（c）高低缝　　　（d）金属止水缝

图 7.10　防水施工缝的形式

在施工缝上继续浇筑混凝土前，应将施工缝处松散的混凝土凿除，清除浮料和杂物，用水清洗干净，保持湿润，铺上 10～20 mm 厚水泥砂浆，再浇筑上层混凝土。

复习思考题

1. 试述沥青卷材屋面防水层的施工过程。
2. 常用防水卷材有哪些种类？
3. 试述高聚物改性沥青卷材的冷粘法和热熔法的施工过程。
4. 简述合成高分子卷材防水施工的工艺过程。
5. 卷材屋面保护层有哪几种做法？
6. 试述涂膜防水屋面的施工过程。
7. 刚性防水屋面的隔离层如何施工？分格缝如何处理？
8. 地下防水工程有哪几种防水方案？
9. 防水混凝土是如何分类的？各有哪些特点？
10. 在防水混凝土施工中应注意哪些问题？

第8章　装饰装修工程

　　建筑装饰装修是整个建筑工程中的重要组成部分。概括地说，建筑装饰的主要作用是：保护主体，延长其使用寿命；增强和改善建筑物的保温、隔热、防潮、隔音等使用功能；美化建筑物及周围环境，给人创造一个良好的生活、生产空间。

　　装饰装修工程的特点是：工程量大，工期长，一般装饰装修工程占项目总工期的 30%～50%；机械化施工的程度差，生产效率较低；工程资金投入大，民用建筑中可占土建部分总造价的 35%～45%；施工质量对建筑物使用功能和整体建筑效果影响很大。

　　装饰装修工程包装抹灰工程、门窗工程、玻璃工程、吊顶工程、隔断工程、饰面板（砖）工程、涂料工程、裱糊工程、刷浆工程、花饰工程，本章只重点介绍其中的部分内容。

8.1　抹灰工程

　　抹灰工程按工种部位可分为室内抹灰和室外抹灰，按抹灰的材料和装饰效果可分为一般抹灰和装饰抹灰。

　　一般抹灰采用石灰砂浆、混合砂浆、水泥砂浆、麻刀灰、纸筋灰和石膏灰等材料。装饰抹灰按所使用的材料、施工方法和表面效果可分为拉条灰、拉毛灰、洒毛灰、水刷石、水磨石、干黏石、斧剁石及弹涂、滚涂、喷砂等。

8.1.1　一般抹灰施工

1. 抹灰的组成及质量要求

1）抹灰层的组成

抹灰层一般由底层、中层及面层组成，见图 8.1。

底层主要起与基体牢固黏结和初步的找平作用。底层所用材料随着基体不同而异，对室内砖墙面多用石灰砂浆和水泥混合砂浆；混凝土墙面采用水泥混合砂浆或水泥砂浆。对外墙面和有防潮、防水要求的内墙面则应采用水泥砂浆或掺有防水剂的防水砂浆。

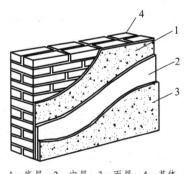

1—底层；2—中层；3—面层；4—基体。

图 8.1　抹灰层的组成

中层主要起找平作用，所用材料与底层基本相同。

面层主要起装饰作用。内墙面及顶棚面层抹灰材料一般多用纸筋灰、麻刀灰、石膏灰等，也可用混合砂浆压实抹光；外墙面应采用水泥砂浆表面压光。

2）一般抹灰质量要求

一般抹灰按质量要求分为以下两个等级：

（1）普通抹灰。抹灰层一般由一层底层、一层中层和一层面层组成。

外观质量要求：表面光滑、洁净、接槎平整，分格缝应清晰。

（2）高级抹灰。抹灰层一般由一层底层、数层中层和一层面层组成。

外观质量要求：表面光滑、洁净，颜色均匀、无抹纹，分格缝和灰线应清晰美观。高级抹灰用于重要的大型公共建筑、高级宾馆或纪念性建筑物等。

抹灰层厚度视基体材料及所在部位、所用砂浆品种及抹灰质量要求等情况而定。

抹灰层的施工是分层进行的，涂抹水泥砂浆时，每遍厚度宜为 5～7 mm；涂抹石灰砂浆和混合砂浆时，每遍厚度宜为 7～9 mm。抹灰厚度必须严格控制，因为抹灰层过厚，自重增大，灰浆易下坠脱离基体，也易出现空鼓，而且由于砂浆内外干燥速度相差过大，表面易产生收缩裂缝。还有，当抹灰总厚度大于或等于 35 mm 时，还应采取加强措施。

2. 材料质量要求

1）石灰膏

抹灰用的石灰膏熟化时间，常温下一般不少于 15 d；使用时，石灰膏内不得含有未熟化的颗粒和其他杂质。罩面用的磨细石灰粉的熟化期不应少于 30 d。

2）砂

抹灰用的砂最好用中砂，细度模数大于 2.5，砂的颗粒坚硬洁净，含泥量不得超过 3%，砂在使用前需过筛。

3. 基体表面处理

为了保证抹灰层与基体之间能牢固黏结，抹灰层不致出现脱落、空鼓和裂缝等现象，在抹灰前，应将砖石、混凝土基体表面上的尘土、污垢和油渍等清除干净并洒水湿润。基体表面凹凸明显的部位，应事先剔平或用水泥砂浆补平。对砖墙灰缝应勾成凹缝式，使抹灰砂浆能嵌入灰缝内与砖墙基体牢固黏结；对较为光滑的混凝土墙面，应适当凿毛后涂抹一层混凝土表面处理剂，或采用 1∶1 水泥砂浆喷毛。喷毛点应均匀，墙面粗糙，使之能与抹灰层牢固黏结。

在砖墙和混凝土墙或木板墙等不同材料基体交接处的抹灰，为防止因两种不同基体材料胀缩不同而出现裂缝，应采取防止开裂的加强措施。当采用加强网时，加强网与各基体的搭接宽度不应小于 100 mm。

4. 抹灰施工

1）抹灰施工顺序

抹灰施工顺序，对整体来说，考虑到施工过程合理组织和成品保护，室内抹灰一般采用自下而上，室外抹灰采用自上而下。高层建筑抹灰在采取成品保护措施后，可采用分段进行施工。对单个房间的室内抹灰顺序，通常是先做墙面和顶棚，后做地面，而且是在自上而下完成外墙抹灰的同时，紧跟着自上而下完成各层地面施工。

此外，室内抹灰应待钢木门框及上下水、煤气等管道安装完毕，并将管道穿越的墙洞和楼板洞等填嵌密实后进行。外墙抹灰前，应先安装好钢、木或铝合金窗框、阳台栏杆和预埋铁件等，并将外墙上各种施工孔洞按防水要求堵塞密实。

2）抹灰施工方法

（1）设置标志或标筋。为了控制墙面抹灰层的厚度和垂直、平整度，抹灰前先在墙面上设置与抹灰层相同的砂浆做成的约 40 mm×40 mm 的灰饼（图 8.2）作为标志，在上下灰饼间用砂浆涂抹一条宽约 70～80 mm 的垂直灰埂,以灰饼面为准用刮尺刮平即为标筋。标志或标筋设置完成后即可进行底层抹灰。

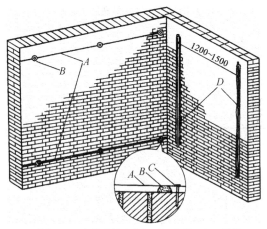

A—引线;*B*—灰饼(标志块);*C*—钉子;*D*—标筋。

图 8.2 挂线做标志块及标筋

(2)做护角。室内墙面、柱面和门洞口的阳角,宜用 1∶2 水泥砂浆做护角,以防止碰坏,护角高度不应低于 2 m,每侧宽度不应小于 50 mm。

(3)抹灰层涂抹。墙面抹灰,如前所述应分层进行。分层涂抹时,对水泥砂浆和水泥混合砂浆的抹灰层,应待前一层抹灰层凝结后,方可涂抹后一层;石灰砂浆的抹灰层,应待前一层有七八成干后,方可涂抹后一层,使抹灰层之间加强黏结。

顶棚抹灰,是在靠近顶面四周的墙面上弹一条水平线,以控制抹灰层厚度,并作为抹灰找平的依据。涂抹时要求表面平顺,无抹纹及接槎现象,特别要注意抹灰层与基层之间必须黏结牢固,严防顶棚抹灰层脱落伤人。

不同抹灰层的砂浆强度不同,选用时应注意中层砂浆强度不宜高于底层,以免砂浆在凝结过程中产生较大的收缩应力,破坏强度较低的抹灰底层,导致抹灰层产生空鼓、脱落或裂缝。另外,底层砂浆强度与基体强度相差过大时,由于收缩变形性能相差悬殊,也容易产生开裂和脱落,故混凝土基体上不能直接抹石灰砂浆。还有水泥砂浆不得抹在石灰砂浆层上,罩面石灰膏不得抹在水泥砂浆层上。

为便于抹灰操作,对砂浆稠度的要求一般为:底层抹灰砂浆为 100～200 mm;中层抹灰砂浆为70～90 mm;面层抹灰砂浆为 70～80 mm。

面层施工时,室内抹灰常用麻刀灰、纸筋灰、石膏灰或白水泥罩面。面层施工也应分层涂抹,每遍厚度为 1～2 mm,一般抹两边,最后用钢抹子压光,不得留抹纹。室外抹灰常用水泥砂浆罩面。由于面积大,为了不显露接槎,防止水泥砂浆抹面层收缩开裂,除要求认真细致操作,掌握好面层压抹时间,加强在潮湿条件下养护外,还应设置分格缝,留槎位置应留在分格缝处。水泥砂浆罩面通常多用木抹子抹成细毛面。这种做法,外墙面比较美观。为防止色泽不匀,应采用同一品种与规格的原材料,采用统一的配合比,固定专人进行配料。

一般抹灰工程质量的允许偏差应符合表 8.1 的要求。

8.1.2 装饰抹灰施工

装饰抹灰其底层和中层的做法与一般抹灰相同,面层则根据所用的装饰材料和施工方法的不同而有多种多样,现将主要几种叙述如下:

表 8.1　一般抹灰的允许偏差和检验方法

项　目	允许偏差/mm		检查方法
	普通抹灰	高级抹灰	
立面垂直度	4	3	用 2 m 垂直检测尺检查
表面平整度	4	3	用 2 m 垂直检测尺检查
阴阳角方正	4	3	用直角检测尺检查
分格条（缝）直线度	4	3	拉 5 m 线，不足 5 m 拉通线，用钢尺检查
墙裙、勒脚上口直线度	4	3	拉 5 m 线，不足 5 m 拉通线，用钢尺检查

注：① 普通抹灰，本表第 3 项阴角方正可不检查。
　　② 顶棚抹灰，本表第 2 项表面平整度可不检查，但应平顺。

1. 水刷石面层施工

水刷石面层主要用于外墙装饰抹灰。为防止面层开裂，需设置分格缝。施工时，按设计要求在中层面上弹线分格，粘贴分格条。分格条目前多用塑料条，完工后不取出，施工较方便。

面层抹灰前，先在已硬化的中层上浇水湿润，并刮素水泥浆一遍（水灰比为 0.37～0.4），以便面层与中层牢固黏结，随后即抹水泥石子浆面层，面层厚度为 10～15 mm。石子除采用彩色石粒外，也可用小石子或石屑等。水泥石子浆的配合比视石子粒径而定，如所用的石子粒径为 6 mm，则水泥∶石子 = 1∶1.25；稠度宜为 50～70 mm。抹水泥石子浆面层时，必须分遍抹平压实，石子应分布均匀、紧密。待面层开始终凝时，先用棕刷蘸水自上而下将表面一层水泥浆洗刷掉，使彩色石子面外露 1～2 mm 为度。每个分格面层刷洗应一次完成，不宜留施工缝。需留施工缝时，应留在分格条处。

水刷石的外观质量要求为：石粒清晰，分布均匀，紧密平整，色泽一致，不得有掉粒和接槎痕迹。

2. 斩假石面层施工

斩假石也叫斧剁石，是仿天然石料的一种建筑饰面，在传统做法中属于中高档外墙饰面。
面层施工前，对中层的处理要求及分格缝的设置等与做水刷石时相同。
斩假石面层采用厚度为 10 mm 的水泥石子涂抹，用粒径为 6 mm 的石子，内掺30%石屑，配合比为水泥∶石子 = 1∶1.25。

面层涂抹宜分两遍进行，即先抹一薄层，稍收水后再抹一层，待收水后用木抹子抹平压实。面层抹完后注意养护，防止烈日暴晒或遭受冻结，养护时间在常温下一般为 2～3 d，当面层强度约 5 MPa 时即可进行试剁，以石子不脱落为准。

剁石时一般自上而下，先剁转角和四周边缘，后剁中间墙面。在墙角、柱子等边棱部位，宜横向剁出边条或留出窄小边条不剁。剁完后用钢丝刷将墙面刷干净。

斩假石的外观质量要求是：剁纹均匀顺直，深浅一致，不得有漏剁处。阳角处横剁或留出不剁的边条，应宽窄一致，棱角不得有损坏。

3. 水磨石面层施工

水磨石面层多用于室内门厅、过道等地面装饰。按装饰效果要求，水磨石可分为普通水磨石和美术水磨石。其差别在于美术水磨石是以白水泥或彩色水泥为胶结料，掺入不同色彩的石粒所制成，二者施工工艺基本相同。水磨石面层厚度一般为 12～18 mm，视石粒粒径大小而定。

1）材料要求

（1）水泥。水泥强度等级不小于 42.5 级，白色或浅色的水磨石面层应采用白水泥；同颜色的面层应使用同一批水泥，以保证面层色泽一致。

（2）石粒。水磨石面层所用石粒应由质地密实、磨面光亮的大理石及白云石等岩石加工而成。其粒径一般为 4 ~ 14 mm，使用前应用水冲洗干净，晾干待用。

（3）颜料。应采用耐光、耐碱和着色力强的矿物颜料，不得使用酸性颜料，否则面层易产生变色、褪色现象。颜料的掺入量宜为水泥重量的 3% ~ 6%。同一彩色面层应使用同厂同批的颜料，以求色光和着色力一致。

（4）分格条。水磨石面层的分格条，常用玻璃条或铜条，也可用彩色的塑料条。钢条主要用于美术水磨石面层。

2）施工要点

（1）镶嵌分格条。在基层上按设计要求的分格和图案设置分格嵌条。一般分格采用 1 m × 1 m，从中间向四周分格，非整块地设在周边。嵌条时应用靠尺与分格线对齐，用水泥稠浆在嵌条两侧予以黏埋固定，分格条应横平竖直、顶面标高一致，并作为铺设面层的标准。

（2）铺设水泥石粒浆。分格条镶嵌养护后，在基层表面上刷一遍素水泥浆作为结合层。随刷随铺设面层的水泥石粒浆。其配合比为水泥：石粒 = 1 : 1 ~ 1 : 1.25（体积比）。先将水泥与颜料过筛干拌，再掺入石粒，拌和后加水搅拌，拌和物稠度为 60 mm。水磨石拌和物的铺设厚度要比嵌条高出 1 ~ 2 mm。用滚筒滚压密实，待表面出浆后，再用钢抹子抹平压光；次日浇水养护。

（3）磨光。磨光是将面层的水泥浆磨掉，石粒抹平，使表面平整光滑。开磨前应先试磨，表面石粒不松动方可开磨。一般开磨时间：当平均温度 10 ~ 20 ℃ 时，从面层磨光后算起为 3 ~ 4 d。水磨石面层应使用磨石机分遍磨光，一般分 3 遍进行，即粗磨、中磨、细磨。每次磨光后，用同色水泥浆涂抹，以填补砂眼、磨痕，经养护 2 ~ 3 d 后再磨。最后，表面用草酸水溶液擦洗，使石子表面残存的水泥浆分解，石子清晰显露，晾干后进行打蜡，使其光亮如镜。

水磨石面层外观质量要求：表面平整光滑，石子显露均匀，无砂眼、磨纹和漏磨处，分格条位置准确且全部露出。

水磨石地面具有整体性能好、耐磨不起灰、光滑美观及可根据设计要求做成各种彩色图案、装饰效果好等优点，但最大的缺点是湿作业量大、工序多、工期也较长等。

装饰抹灰工程质量的允许偏差应符合施工质量验收规范的规定，例如水刷石与斩假石的立面垂直度允许偏差分别为 5 mm 和 4 mm；而表面平整度与阳角方正等的允许偏差均为 3 mm。

在抹灰工程中，材料质量是保证抹灰工程质量的基础，因此，抹灰工程所用的材料应有产品合格证书和性能检测报告，材料的品种、规格和性能应符合设计要求和国家现行产品标准的规定，材料进场时应进行现场验收，对影响抹灰工程质量与安全的主要材料性能进行现场抽样复验，不合格的材料不得用在抹灰工程上。

抹灰工程质量的关键是要确保抹灰层与基体黏结牢固，无空鼓，无开裂，无脱落。工程实践表明，抹灰层之所以出现空鼓、开裂、脱落等质量问题，主要原因是基体表面的尘土、污垢、油渍等清理不干净；基体表面光滑，抹灰前未作毛化处理或没有处理好；抹灰前基体表面浇水湿润不透；一次抹灰层过厚等。这些都会影响抹灰层与基体的黏结牢固程度。

8.2　饰面工程

饰面工程是指将天然石饰面板、人造石饰面板和饰面砖以及装饰混凝土板、金属饰面板等安装或粘贴到室内外墙面、柱面与地面上，以形成装饰面层的施工工作。由于饰面板与饰面砖表面平整，边角整体，具有各种不同色彩和光泽，故装饰效果好，多用于较高级建筑物的装饰和一般建筑物的局部装饰。

8.2.1　饰面板安装

1. 材料质量要求

1）天然石饰面板

天然石饰面板常用的主要有大理石与花岗岩饰面板两种。

大理石饰面板是由荒料经锯、磨、切等多道工序加工而成的板材。表面磨光后纹理雅致，质感细腻，色泽鲜艳，绚丽悦目，是一种高级饰面材料。

对大理石饰面板的质量要求是：石质细密，无隐伤，无腐蚀斑点，棱角齐全，表面平整，光泽度高，色泽美丽。

花岗岩饰面板是由荒料经锯解加工而成的。花岗岩具有质感粗犷，岩质坚硬密实，强度高，耐久性好，坚固不宜风化，色泽经久不变，装饰效果好等优点，是一种高级装饰材料。

对花岗岩饰面板的质量要求是：表面平整，棱角方正，颜色一致，无裂纹、砂眼、隐伤和缺角等现象。

2）人造石饰面板

人造石饰面板常用的主要有仿天然大理石、仿天然花岗岩及预制水磨石、水刷石饰面板等。

人造石饰面板材料是用天然大理石、花岗岩之碎石、石屑与石粉作为填充材料，由不饱和聚酯树脂为黏结剂，经搅拌、成型、研磨、抛光等工序制成的与天然大理石、花岗岩相似的板材。

人造石饰面板不仅花纹图案可由设计控制确定，而且其重量轻，强度高，厚度薄，耐腐蚀，抗污染，有较好的加工性，能制作成弧形、曲面，施工方便，装饰效果好，是现代建筑室内墙面、柱面装饰的理想材料。

对人造石饰面板的质量要求是：板材表面平整，几何尺寸准确，面层石粒均匀、洁净，颜色一致。

3）配　件

安装饰面板用的铁制锚固件、连接件应镀锌或经防锈处理。镜面和光面的大理石、花岗岩饰面板应用铜制或不锈钢制的连接件。

各种饰面板均应具有产品合格证书、性能检测报告、进场验收记录和复验报告。对后置埋件应有现场拉拔强度检测报告。饰面板的品种、规格、颜色和性能必须符合设计要求。

2. 饰面板安装方法

对于面积不大于 1.2 m²、不小于 0.5 m² 的饰面板，其安装方法通常有湿挂安装法和干挂安装法两种。

1）湿挂安装法

（1）安装饰面板的墙面、柱面抄平后，分块弹线，并按弹线尺寸及花纹图案在平地上进行预拼并编号，以便安装时对号入座。

（2）剔凿出事先预埋在墙面或柱面内的锚固件，绑扎或焊接作为锚固面板用的钢筋网，并将钢筋网与预埋的锚固件连接牢固。

（3）将已选定的饰面板侧面和背面清洗干净后，进行修边钻孔，每块饰面板的上下边钻孔数量一般不少于 2 个，孔位宜在板宽的两端 1/4 处，中心距板材背面约 8 mm，孔径为 5 mm，深度为 15 mm，然后孔眼穿出板材背面。板材钻孔后即穿入防锈金属丝备用。

（4）饰面板安装时从最下一层的中间或一端开始，按部位编号将饰面板就位，用防锈金属丝将饰面板与墙或柱表面的预埋钢筋网绑扎固定（图 8.3）。对较大的饰面板在扶正吊直后还应采取临时固定措施，防止灌注水泥浆时板面位置移动。在安装固定过程中，要随时用拖线板靠直靠平，接缝宽度可垫木楔调整，并应确保板材外表面平整、垂直及上沿平顺，板与板接缝较平整。

（5）饰面板与基层间的间隙一般为 20 ~ 50 mm，灌注水泥砂浆前应用石膏灰将饰面板之间的缝隙封严，并浇水将板材背面和基层表面湿润，再分层灌注 1 : 2.5 水泥砂浆，每层灌注高度为 150 ~ 200 mm，插捣密实。待初凝后，经检查板面位置无移动时，再灌注上层面砂浆，直至距板上口 50 ~ 100 mm 为止。砂浆终凝后，将饰面板上口清理干净，按同样方法以此自上而下进行饰面板安装。

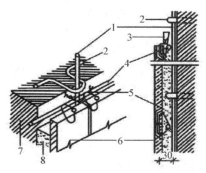

1—立筋；2—铁环；3—定位木楔；
4—横筋；5—铜丝或不锈钢丝绑牢；
6—大理石板；7—墙体；8—水泥砂浆。

图 8.3　湿挂法安装固定示意图

（6）饰面板安装完毕后，表面应清洗干净，接缝处宜用与板材相同颜色的水泥浆填抹，边抹边擦，使缝隙嵌浆密实，颜色一致。光面和镜面的饰面板，经清洗晾干后，方可打蜡擦亮。

当采用湿挂安装法时，石材应进行防碱背涂处理，使石材表面无泛碱等污染。

2）干挂安装法

干挂安装法是利用高强度和耐腐蚀的连接固定件，将饰面板挂在建筑物结构的外表面上，饰面板与基层之间留出 40 ~ 50 mm 空腔（图 8.4）。

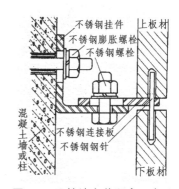

图 8.4　干挂法安装固定示意图

干挂法安装饰面板多采用上下边支承方式，其所用的连接固定件由托板、舌板和钢针组成，并均用不锈钢制成。托板与舌板厚度为 6 mm，两者通过椭圆孔用螺栓连接，钢针直径为 4 mm，长度为 50 mm。按所用钢针规格要求，在每块饰面板上下各钻两个垂直孔，孔径取 6 mm，孔深取 30 mm。饰面板安装时，托板竖向边紧贴混凝土基体表面，通过不锈钢膨胀螺栓将托板固定在混凝土基体上。钢针穿过舌板，两端插入上下两块饰面板的直孔内，并用 1 : 1.5 的白水泥环氧树脂灌孔加以固定。由于托板和舌板上所开孔洞均为椭圆形，故连接件可作三向移动，以调整饰面板的位置。

干挂安装法的优点是安装精度高，墙面平整。由于取消了砂浆黏结层，因此，除饰面板不受砂浆析碱污染影响外，还可减轻结构自重，提高施工效率；同时，因饰面板与基层之间留有空腔，还具有保温隔热和节能效果。此法多用于钢筋混凝土结构，不适宜用于砖墙结构。

此外，花岗岩薄板或厚度为 10 ~ 12 mm 的镜面大理石宜采用挂钩或胶黏法施工。对于小规格饰面板（变长小于 400 mm）可采用镶贴施工方法。

饰面板安装的质量要求为：饰面板安装用的预埋件、连接件的数量、规格、位置、连接方法和防腐处理必须符合设计要求。饰面板安装必须牢固。饰面板表面应平整、洁净、色泽一致、无裂痕和缺损。嵌缝应密实、平直，嵌缝材料色泽应一致，缝宽度和深度应符合设计要求。饰面板安装的允许偏差必须符合施工质量验收规范的规定。

8.2.2 饰面砖粘贴

1. 材料质量要求

饰面砖常用的主要有釉面砖和外墙面砖等。

1）釉面砖

釉面砖又叫釉面瓷砖或瓷砖，是用瓷土或优质陶土烧制而成的。颜色有白色、彩色、印花、图案等多样品种，表面光滑美观，易于清洗，且防潮耐碱，具有较好的装饰效果。常用的规格有 152 mm×200 mm、152 mm×152 mm 等，厚度为 5 mm 或 6 mm，另外，还有阳角条、阴角条、压顶条等配件砖，多用于厨房、卫生间、游泳池等的饰面材料。

对釉面砖的质量要求是：表面光洁，质地坚固，尺寸、色泽一致，不得有暗痕和裂纹，无缺角、掉棱、缺釉、脱釉及扭曲不平现象，吸水率不得大于 10%。

2）外墙面砖

外墙面砖通常以陶土为原料，经压制成型后煅烧而成，分为外墙釉面砖和无釉面砖两类。颜色有白、乳白、米黄、深黄、粉红、浅蓝和绿色等。常用的规格有 200 mm×100 mm、150 mm×75 mm 等，厚度为 12 mm。外墙面砖具有质地坚固、耐水抗冻、吸水率不大于 8%、经久耐用等性能，适用于建筑物外饰面，对外墙、柱起保护作用，并有良好的装饰效果。

对外墙面砖的质量要求是：表面平整光洁，边缘整齐，色泽一致，棱角不得损坏等。

各种饰面砖均应具有产品合格证书、性能检测报告和复验报告、进场验收记录。外墙饰面砖还应具有样板件的黏结强度检测报告。饰面砖的品种、规格、图案、颜色和性能必须符合设计要求。

2. 饰面砖的粘贴方法

1）粘贴前的准备工作

（1）饰面砖应粘贴在湿润、干净、平整的找平层上，为了保证找平层与基体黏结牢固，根据不同的基体，应进行不同的基体表面处理，其具体的处理方法与抹灰工程基体表面处理基本相同。

（2）粘贴饰面砖前应预排、弹线、立标志，以使接缝均匀，符合图案要求。

（3）饰面砖的接缝宽度应符合设计的要求。如粘贴釉面砖时，接缝宽度为 1~1.5 mm。

（4）粘贴前，应将饰面砖清扫干净，并浸水 2 h 以上，待表面晾干后方可使用。

2）饰面砖的粘贴

（1）粘贴面砖宜用 1:1.5~1:2 的水泥砂浆，厚度为 6~10 mm。将黏结砂浆铺满在瓷砖背面，逐块进行粘贴。此外，还可采用胶黏剂贴饰面砖的方法。

（2）粘贴面砖必须按弹线和标志自下而上逐行进行。每行粘贴宜从阳角开始，把非整砖留在阴角处。一面墙不宜一次粘贴到顶，以防塌落。

（3）粘贴釉面砖和外墙面砖接缝时，室外接缝应用水泥浆或水泥砂浆勾缝，室内接缝宜用与饰面砖相同颜色的石膏灰或水泥浆嵌缝。但潮湿的房间不得用石膏灰嵌缝。

饰面砖粘贴的质量要求是：饰面砖粘贴必须牢固，表面应平整、洁净、色泽一致，不得有歪斜翘曲、空鼓、缺棱、掉角和裂缝等缺陷。饰面砖接缝应平直、光滑、宽度一致，嵌缝应连续、密实、宽度和深度应符合设计要求。饰面砖粘贴允许的偏差必须符合施工质量验收规范的规定。

8.3 涂饰工程

涂饰工程是指将涂料施涂于建筑物的基层表面上，以形成装饰面层的一种饰面工程。

建筑涂料品种很多，通常可按下列几种方法进行分类：

（1）按涂料使用的部位分，有外墙涂料、内墙涂料、顶棚涂料、地面涂料和门窗涂料等。

（2）按涂料分散介质分，有溶剂型涂料、水溶性涂料和乳液型涂料（乳胶漆）等。

（3）按涂料成膜的质感分，有薄涂料、厚涂料和符合建筑涂料。

复层建筑涂料，原称喷塑涂料，又称浮雕型涂料。它由封底涂料、主层涂料和罩面涂料组成。封底涂料的作用是封闭基层，抗碱并增加基层与主层涂料的黏结力；主层涂料又称骨料，是用喷涂方法将骨料喷涂在封底涂层上，其喷点大小和疏密应均匀，不得连成片状，然后用滚涂方法滚压出带有立体质感、自然型的花纹图案，同时具有增加涂层黏结力和耐久性的作用；罩面涂料是涂膜的表面层，一般施涂两遍，用以保护主涂层和提高复层涂料耐候性、耐污染性，并使饰面层带有符合设计要求的色彩和光泽，起美化涂层的作用。

对建筑标准要求比较高的外墙涂料，除可用浮雕型涂料外，还可选用喷砂涂料、弹性涂料等。弹性涂料具有良好的抗裂性能，但造价高。

使用时，应在充分了解各种建筑涂料性能和实际使用效果的基础上，根据建筑标准和建筑物所处的环境条件等进行合理、正确的选择。

8.3.1 材料质量要求

（1）涂饰工程所用的建筑涂料必须有品名、种类、颜色、制作时间、储存有效期限、产品合格证书、产品性能检测报告和复验报告。

（2）用于外墙的涂料应具有耐水、耐碱、耐老化和黏结力强等性能，并使用具有耐碱和耐光性能的颜料。

（3）用于厨房、厕所、浴室等内墙的涂料，应具有耐水、耐碱和耐洗刷等性能。

（4）涂饰工程所用腻子的塑性与易涂性应满足施工操作要求，干燥后应坚实牢固，不得粉化、起皮。应根据基层、底层涂料和面层涂料的性能配套选用相应的腻子。

（5）涂料干燥时间，最好不大于 2 h。

8.3.2 基层处理

当基层为混凝土及砂浆抹灰表面时，为保证涂层与基层表面黏结牢固，基层表面的灰尘、污垢、溅沫和黏附砂浆等应清除干净，对疏松的表面应予铲除。对基层缺棱掉角处应采用 1：3 水泥砂浆修补，表面麻面、缝隙及凹陷处应用腻子补平，或者在基层上满批腻子。基层腻子应平整牢固，无粉化、起皮和裂缝；厨房、卫生间墙面必须使用耐水腻子。

在混凝土或抹灰基层上涂刷溶剂型涂料时，基层的含水率不得大于 8%；涂刷水溶性和乳液型涂料时，含水率不得大于 10%。

当基层为木材表面时，应将木料表面的灰尘、污垢等清除干净，并将表面的缝隙、毛刺、掀岔和脂囊修整后，用腻子填补，再用砂纸磨光。较大的脂囊应用木纹相同的材料用胶镶嵌。木材基层缺陷处理后，表面还要作打底处理，使基层表面具有均匀吸收涂料的性能，保证面层色泽均匀一致。涂料施涂前，木材制品含水率不得大于 12%。

当基层为金属表面时，应将金属表面的灰尘、油渍、鳞皮、锈斑、焊渣和毛刺等认真清除干净。对潮湿的基层表面不得施涂涂料。

8.3.3 涂饰施工

1. 基本要求

（1）涂料工程施工时，施工环境应清洁干净，环境温度一般不宜低于 5 ℃，因为乳液型和水溶性涂料气温过低不宜成膜。因此，涂料施涂时的环境温度，应按涂料产品说明书的温度严格控制。

（2）涂料施涂时应注意气候条件的变化，当遇到大风、雨雾天气时，不可施工。

（3）涂料的工作黏度或稠度，应调整适当，使其在施涂时不流坠、不显刷纹。所有涂料在施涂前和施涂过程中均应充分搅拌。

（4）外墙涂料工程分段进行时，应以分格缝、墙的阴角处或水落管等为分界线。同一墙面应用同一批号的涂料；每遍涂料不宜施涂过厚；涂层应均匀，颜色一致。

（5）涂料的施涂遍数应根据涂料工程的质量等级而定。施涂溶剂型涂料时，后一遍涂料必须在前一遍涂料干燥后进行；施涂水溶性和乳液型涂料时，后一遍涂料必须在前一遍涂料表干后进行。每遍涂料应施涂均匀，各层必须结合牢固。

2. 施涂方法

涂料的施涂方法主要有刷涂、滚涂和喷涂等。

1）刷　涂

刷涂是人工用漆刷、排笔等将涂料刷涂在物体表面上的一种方法。此法工具简单，操作技术较易掌握，适用性强，大部分薄质涂料或云母片状厚质涂料均可采用。

涂刷顺序是先左后右、先上后下，先刷小面后刷大面。刷涂时，蘸料应适量均匀，涂料方向和行程长短均应一致，施涂垂直面时，最后一道涂料应由上向下刷。刷涂水平面时，最后一道涂料应顺光线照射方向刷。刷涂木材表面时，最后一道涂料应顺木纹方向刷。

刷涂质量要求：涂膜厚薄均匀，平整光滑，色泽一致，无漏刷、流挂、刷纹和起皮等。

2）滚　涂

滚涂是人工用滚筒蘸取涂料，再施加轻微压力，将其涂布在物体表面上的一种方法。滚筒表面可粘贴合成纤维长毛绒或其他多孔性吸附材料。滚涂施工时，滚筒在墙面上应轻缓平稳地来回滚动，直上直下，避免歪扭蛇行，以保证涂层厚度均匀一致，色泽、质感一致。此法适用于室内外墙面涂料施工，一般涂布比较均匀，无流挂现象。但边角处不易滚涂到位，仍须用刷涂配合完成。

3）喷　涂

喷涂是利用喷枪通过压缩空气将涂料喷涂于物体表面上的一种方法。涂料在高速喷射的空气流带动下，呈雾状小液滴喷到基层表面上形成喷层。喷涂的涂层较均匀，颜色也较一致，施工效率高，适用于大面积墙面施工。各种涂料均可使用，尤其是外墙涂料用得较多。

喷涂施工时，涂料稠度要适中，太稠不便施工，太稀易流淌，影响涂层厚度。喷枪与喷涂表面应保持垂直，喷射距离一般为 400～600 mm，过近涂层厚度难以控制，过远则涂料损耗大。空气压力在 0.5～0.8 MPa 选择确定，压力过低涂层质感差，过高涂料损耗大。喷枪移动时，应与喷涂墙面平行，运行速度应保持一致，以使涂层厚度不致变化太大。

采用机械喷涂时，应将门窗等不喷涂的部位认真遮盖好，以防玷污，做好成品保护。万一有污染，务必在涂料未干时就揩干净。

涂饰工程在涂层养护期满后，方可进行质量验收。

检查数量：室外涂饰工程 100 m² 应至少检查一处，每处不得少于 10 m²；室内涂饰工程每个检验批应至少抽查 10%，并不得少于 3 间。应检查所用的材料品种、颜色是否符合设计选定的样品要求。对各种涂料施涂的涂饰质量，必须符合施工质量验收规范的要求。

复习思考题

1. 一般抹灰层的组成、作用与要求是什么？
2. 论述一般抹灰工程的施工工艺流程。
3. 镶贴大理石的主要施工工序及相关要求是什么？
4. 饰面砖的工艺程序及相关要求是什么？
5. 试述一般抹灰工程对基体表面的处理方法。

第 9 章　路面工程施工

9.1　路面等级与类型

9.1.1　路面等级

路面等级按面层材料的组成、结构强度、路面所能承担的交通任务和使用的品质划分为高级路面、次高级路面、中级路面和低级路面等 4 个等级。

9.1.2　路面类型

1. 路面基层的类型

按照现行规范，基层（包括底基层）可分为无机结合料稳定类和粒料类。无机结合料稳定类有水泥稳定土、石灰稳定土、石灰工业废渣稳定土及综合稳定土；粒料类分级配型和嵌锁型，前者有级配碎石（砾石），后者有填隙碎石等。

（1）水泥稳定土基层。在粉碎或原来松散的土中，掺入足量的水泥和水，经拌和得到的混合料在压实养生后，当其抗压强度符合规定要求时，称为水泥稳定土。其可适用于各种交通类别的基层和底基层，但水泥土不应用作高级沥青路面的基层，只能作底基层。在高速公路和一级公路的水泥混凝土面板下，水泥土也不应用作基层。

（2）石灰稳定土基层。在粉碎或原来松散的土中掺入足量的石灰和水，经拌和、压实及养生得到的混合料，当其抗压强度符合规定要求时，称为石灰稳定土。其适用于各级公路路面的底基层，可作二级和二级以下公路的基层，但不应用作高级路面的基层。

（3）石灰工业废渣稳定土基层。一定数量的石灰和粉煤灰或石灰和煤渣与其他集料相配合，加入适量的水，经拌和、压实及养生后得到的混合料，当其抗压强度符合规定要求时，称为石灰工业废渣稳定土，简称石灰工业废渣。其适用于各级公路的基层与底基层，但其中的二灰土不应用作高级沥青路面及高速公路和一级公路上水泥混凝土路面的基层。

（4）级配碎（砾）石基层。由各种大小不同粒径碎（砾）石组成的混合料，当其颗粒组成符合技术规范的密实级配要求时，称其为级配碎（砾）石。级配碎石可用于各级公路的基层和底基层，可用作较薄沥青面层与半刚性基层之间的中间层。级配砾石可用于二级和二级以下公路的基层及各级公路的底基层。

（5）填隙碎石基层。用单一尺寸的粗碎石作主骨料，形成嵌锁作用，用石屑填满碎石间的空隙，增加密实度和稳定性，这种结构称为填隙碎石。其可用于各级公路的底基层和二级以下公路的基层。

2. 路面面层类型

根据路面的力学特性，可把路面分为沥青路面、水泥混凝土路面和其他类型路面。

（1）沥青路面。沥青路面是指在柔性基层、半刚性基层上，铺筑一定厚度的沥青混合料面层的路面结构。沥青面层分为沥青混合料、乳化沥青碎石、沥青贯入式、沥青表面处治等 4 种类型。

沥青混合料可分为沥青混凝土混合料和沥青碎石混合料。沥青混凝土混合料是由适当比例的粗、细集料及填料组成的符合规定级配的矿料，与沥青拌和而制成的符合技术标准的沥青混合料，简称沥青混凝土，用其铺筑的路面称为沥青混凝土路面。而沥青碎石路面是由几种不同粒径大小的级配矿料，掺有少量矿粉或不加矿粉，用沥青作结合料，按一定比例配合，均匀拌和，经压实成型的路面。热拌热铺沥青混合料路面是指沥青与矿料在热态下拌和、热态下铺筑施工成型的沥青路面。热拌热铺沥青混合料适用于各种等级公路的沥青面层。高速公路、一级公路沥青面层均应采用沥青混凝土混合料铺筑，沥青碎石混合料仅适用于过渡层及整平层。其他等级公路的沥青面层的上面层，宜采用沥青混凝土混合料铺筑。

当沥青碎石混合料采用乳化沥青作结合料时，即为乳化沥青碎石混合料。乳化沥青碎石混合料适用于三级及三级以下公路的沥青面层、二级公路的罩面层施工以及各级公路沥青路面的联结层或整平层。乳化沥青碎石混合料路面的沥青面层宜采用双层式，单层式只宜在少雨干燥地区或半刚性基层上使用。

沥青贯入式路面是在初步压实的碎石（或轧制砾石）上，分层浇洒沥青、撒布嵌缝料，经压实而成的路面结构，厚度通常为 4~8 cm；当采用乳化沥青时称为乳化沥青贯入式路面，其厚度为 4~5 cm。沥青贯入式路面适用于二级及二级以下公路，也可作为沥青混凝土路面的联结层。

沥青表面处治是用沥青和集料按层铺法或拌和方法裹覆矿料，铺筑成厚度一般不大于 3 cm 的一种薄层路面面层。其适用于三级及三级以下公路、城市道路支路、县镇道路、各级公路施工便道以及在旧沥青面层上加铺的罩面层或磨耗层。

（2）水泥混凝土路面。水泥混凝土路面指以水泥混凝土面板和基（垫）层组成的路面，亦称刚性路面。

（3）其他类型路面。其他类型路面主要是指在柔性基层上用有一定塑性的细粒土稳定各种集料的中低级路面。

路面还可以按其面层材料分类，如水泥混凝土路面、黑色路面（指沥青与粒料构成的各种路面）、砂石路面、稳定土与工业废渣路面以及新材料路面。这种分类用于路面施工和养护工作以及定额管理等方面。表 9.1 列出了各级路面所具有的面层类型及其所适用的公路等级。

表 9.1　各级路面所具有的面层类型及其所适用的公路等级

公路等级	采用的路面等级	面层类型
高速，一、二级公路	高级路面	沥青混凝土
		水泥混凝土
二、三级公路	次高级路面	沥青灌入式
		沥青碎石
		沥青表面处治
四级公路	中级路面	碎、砾石（泥结或级配）
		半整齐石块
		其他粒料
四级公路	低级路面	粒料加固土
		其他当地材料加固或改善土

9.2　沥青混凝土和沥青碎石混凝土路面

9.2.1　沥青混凝土路面

沥青路面是采用沥青材料做结合料，用黏结矿物材料或混合料修筑面层的路面结构。沥青路面由于使用了黏结力较强的沥青材料作为结合料，不仅增强了矿料颗粒的黏结力，而且提高了路面的技术品质。由于沥青具有较好的弹性、黏性和塑性，使路面具有平整、耐磨、不扬尘、不透水、耐久、平稳舒适等特点。

沥青路面的缺点是：易被履带式车辆和坚硬物体所破坏；表面易被磨光而影响安全；温度稳定性差，夏天容易变软，冬天易脆开裂。

沥青路面属于柔性路面，其力学强度和稳定性主要依赖于基层和土层的特性。

1. 沥青混合料的分类

沥青混合料是由适当比例的粗集料、细集料及填料组成的矿质混合料与黏结材料沥青经拌和而成的混合材料。

沥青混合料按强度形成机理可分为嵌挤型和密实型两种。

（1）嵌挤型。嵌挤型沥青混合料的矿料颗粒较粗、尺寸较均匀，形成骨架空隙结构，强度主要由矿料间的嵌挤力和内摩擦力组成，沥青与矿料的黏附力及沥青自身的黏聚力次之。这种沥青混合料的剩余空隙较大，但高温稳定性较好，矿料为半开级配或开级配的沥青碎石即属于此类沥青混合料。

（2）密实型。若沥青混合料的矿料具有连续级配、沥青用量较大，则形成密实骨架结构，强度主要由沥青与矿料的黏聚力及沥青自身的黏聚力组成，矿料间的摩擦力次之。这种沥青混合料的剩余空隙率较小，防渗性能较好，但强度受温度影响比较大，沥青混凝土即属于此类混合料。

2. 材料质量要求

1）沥　青

道路用沥青材料包括道路石油沥青、煤沥青、乳化石油沥青、液体石油沥青等。高速公路、一级公路的沥青路面，应选用符合"重交通道路石油沥青技术要求"的沥青以及改性沥青；二级及二级以下公路的沥青路面可采用符合"中、轻交通道路石油沥青技术要求"的沥青或改性沥青；乳化沥青应符合"道路乳化石油沥青技术要求"的规定；煤沥青不宜用于沥青面层，一般仅作为透层沥青使用。

2）矿　料

沥青混合料的矿料包括粗集料、细集料及填料。粗、细集料形成沥青混合料的矿质骨架，填料与沥青组成的沥青胶浆填充于骨料间的空隙中并将矿料颗粒黏结在一起，使沥青混合料具有抵抗行车荷载和环境因素作用的能力。

（1）粗集料。粗集料形成沥青混合料的主骨架，对沥青混合料的强度和高温稳定性影响很大。沥青混合料的粗集料有碎石、筛选砾石、破碎砾石、矿渣，粗集料不仅应洁净、干燥、无风化、无杂质，还应具有足够的强度和耐磨耗能力以及良好的颗粒形状。

（2）细集料。细集料指粒径小于 5 mm 的天然砂、机制砂、石屑。热拌沥青混合料的细集料宜采用天然砂或机制砂，在缺少天然砂的地区，也可使用石屑，但高速公路和一级公路的沥青混凝土面层及抗滑表层的石屑用量不宜超过天然砂及机制砂的用量，以确保沥青混凝土混合料的施工和易性及压实性。细集料应洁净、干燥、无风化、无杂质并有一定级配，与沥青有良好的黏附能力。

（3）填料。沥青混合料的填料宜采用石灰岩或岩浆岩中的强基性岩石磨细而得到的矿粉。经试验确认为碱性、与沥青黏结良好的粉煤灰可作为填料的一部分，应具有与矿粉同样的质量。由于填料的粒径很小，比表面积很大，使混合料中的结构沥青增加，从而提高沥青混合料的黏结力，因此填料是构成沥青混合料强度的重要组成部分。矿粉应干燥、洁净，无团粒。

3. 热拌沥青混合料路面施工

沥青混凝土是一种优良的路面用材料，主要用于高速公路和一级公路的面层。热拌沥青碎石适用于高速公路和一级公路路面的过渡层或整平层以及其他等级公路和面层。选择沥青混合料类型应在综合考虑公路所在地区自然条件、公路等级、沥青层位、路面性能要求、施工条件及工程投资等因素的基础上，按要求确定。对于双层式或三层式沥青混凝土路面，其中至少应有一层是 I 型密级配沥青混凝土。多雨潮湿地区的高速公路和一级公路，上面层宜选用抗滑表层混合料；干燥地区的高速公路和一级公路，宜采用 I 型密级配沥青混合料作上面层。高速公路的硬路肩也宜采用 I 型密级配沥青混合料作表层。

热拌沥青混合料路面采用厂拌法施工，集料和沥青均在拌和机内进行加热和拌和，并在热的状态下摊铺碾压成型。热拌沥青混合料路面施工按下列顺序进行。

1）施工准备

（1）原材料质量检查。沥青、矿料的质量应符合前述有关的技术要求。

（2）施工机械的选型和配套。根据工程量大小、工期要求、施工现场条件、工程质量要求，按施工机械应互相匹配的原则，确定合理的机械类型、数量及组合方式，使沥青路面的施工连续、均衡，施工质量高，经济效益好。施工前应检修各种施工机械，以便它们在施工时能正常运行。

（3）拌和厂址与备料。由于拌和机工作时会产生较大的粉尘、噪声等污染，再加上拌和厂内的各种油料及沥青均为可燃物，因此拌和厂的设置应符合国家有关环境保护、消防安全等规定，一般应设置在空旷、干燥、运输条件良好的地方。拌和厂应配备实验室及足够的试验仪器和设备，并有可靠的电力供应。拌和厂内的沥青应分品种、分标号密闭储存。各种矿料应分别堆放，不得混杂，矿粉等填料不得受潮。

拌和站的面积不小于 12 000 m²，应包括生活区、拌和作业区、集料堆放区、材料库、运输车辆停放区等。拌和站堆料场的硬化厚度不小于 20 cm，排水坡度不小于 1.5%。集料统一规划，分批堆放，不同规格及不同料源之间设置高度不低于 2 m 的分隔墙。

（4）试验路铺筑。高等级路面在大面积施工前应铺筑试验路；其他等级公路在施工经验或初次使用重要设备时，也应铺筑试验路段。通过铺筑试验路段，主要研究合适的拌和时间与温度，摊铺温度与速度，压实机械的合理组合、压实温度和压实方法，松铺系数，合适的作业段长度等，为大面积路面铺筑提供标准方法和质量检查标准。试验路的长度根据试验目的确定，通常在 100～200 m。

2）沥青混合料拌和

热拌沥青混合料必须在沥青拌和厂采用专用拌和机拌和。

拌和机拌和沥青混合料时，先将矿料粗配、烘干、加热、筛分、精确计量，然后加入矿粉和热沥青，最后强制拌和成沥青混合料。拌和时应严格控制各种材料的用量和拌和温度，确保沥青混合料的拌和质量。沥青与矿料的加热温度应调节到能使混合料出厂温度符合要求；超过规定加热温度的沥青混合料已部分老化，应禁止使用。沥青混合料的拌和时间以混合料拌和均匀、所有矿料颗粒全部被沥青均匀裹敷为准，拌和机拌和的沥青混合料应色泽均匀一致、无花白料、无结团块或粗细料严重离析现象。不符合要求的混合料应废弃，并需要对拌和工艺进行调整。

3）沥青混合料运输

热拌沥青混合料宜采用吨位较大的自卸汽车运输，汽车车厢应清扫干净并在内壁涂上一层薄的油水混合液。从拌和机向放料车上放料时应每放一斗挪动一下车位，以减小集料离析现象。运料车应用篷布覆盖以保温、防雨、防污染，夏季运输时间短于 0.5 h 时可不覆盖。运到摊铺现场的沥青混合料应符合摊铺温度要求，已结成团块、遭雨淋湿的混合料不得使用。

4）沥青混合料摊铺

摊铺沥青混合料前应按要求在下承层上浇洒透层、黏层或铺筑下封层。基层表面应平整、密实，高程及路拱横坡符合要求且与沥青面层结合良好。下承层表面受到泥土污染时应清理干净。

摊铺时应尽量采用全路幅铺筑，以免出现纵向施工缝。通常采用两台以上摊铺机成梯队进行联合作业，相邻两幅摊铺带重叠 50~100 mm，相邻两台摊铺机相距 10~30 m，以免前面已摊铺的混合料冷却形成冷接缝。摊铺机在开始受料前应在料斗内涂刷防止黏结的柴油，避免沥青混合料冷却后黏附在料斗上。

沥青混合料的松铺系数由试铺试验路确定，也可结合以往实践经验选用。摊铺过程中应随时检查摊铺层厚度及路拱横坡，并及时进行调整。摊铺速度一般为 2~6 m/min，面层下层的摊铺速度可稍快，而面层上层的摊铺速度应稍慢。

在沥青混合料摊铺过程中，若出现横断面不符合设计要求、构造物接头部位缺料、摊铺带边缘局部缺料、表面明显不平整、局部混合料明显离析及摊铺机后有明显拖痕时，可用人工局部找补或更换混合料，但不应由人工反复修整。

控制沥青混合料的摊铺温度是确保摊铺质量的关键之一，摊铺时应根据沥青品种、标号、稠度、气温、摊铺厚度等选用。高速公路和一级公路的施工气温低于 10 ℃，其他等级公路施工气温低于 5 ℃ 时，不宜摊铺热拌沥青混合料，必须摊铺时，应提高沥青混合料拌和温度，并符合低温摊铺要求。运料车必须覆盖以保温，尽可能采用高密度摊铺机摊铺并在熨平板加热摊铺后紧接着碾压，缩短碾压长度。

5）压 实

碾压是热拌沥青混合料路面施工的最后一道工序，沥青混合料的分层压实厚度不得大于 100 mm，温度应符合要求。碾压程序包括初压、复压和终压三道工序。

初压的目的是整平和稳定混合料，同时为复压制造有利条件。初压常用轻型钢筒压路机或关闭振动装置的振动压路机碾压两遍，碾压时必须将驱动轮朝向摊铺机，以免使温度较高处摊铺层产生推移和裂缝。压路机应从路面两侧向中间碾压，相邻碾压轮迹重叠，最后碾压中心部分，压完全幅为一遍。初压后检查平整度、路拱，必要时予以修复。

复压的目的是使混合料密实、稳定、成型，是使混合料的密实度达到要求的关键。初压后紧接着进行复压，一般采用重型压路机，碾压遍数经试压确定，应不少于 4 遍，达到要求的压实度为止。用于复压的轮胎式压路机的压实质量应不小于 15 t，用于碾压较厚的沥青混合料时，总质量应不小于 22 t，轮胎充气压力不小于 0.5 MPa，相邻轮带重叠 1/3~1/2 轮宽。当采用三轮钢筒压路机时，总质量不应低于 15 t。当采用振动压路机时，应根据混合料种类、温度和厚度选择振动压路机的类型，振动频率取 35~50 Hz，振幅取 0.3~0.8 mm，碾压层较厚时选用较大的振幅和频率，碾压时相邻轮带重叠 200 mm 宽。

终压的目的是消除碾压产生的轮迹，最后形成平整的路面。终压应紧接在复压后用 6~8 t 的振动压路机（关闭振动装置）进行，碾压 2~4 遍，直至无轮迹为止。

6）接缝处理

施工过程中应尽可能避免出现接缝，不可避免时做成垂直接缝，并通过碾压尽量消除接缝痕迹，以提高接缝处沥青路面的传荷能力。对接缝进行处理时，压实的顺序为先压横缝，后压纵缝。横向接缝可用小型压路机横向碾压，碾压时使压路机轮宽的 10 ~ 20 cm 置于新铺的沥青混合料上，然后边碾边移动直至整个碾压轮进入新铺混合料层上。对于热料与冷料相接的纵缝，压路机可置于热沥青混合料上振动压实，将热混合料挤压入相邻的冷结合边内，从而产生较高的密实度；也可以在碾压开始时，将碾压轮宽的 10 ~ 20 cm 置于热料层上，压路机其余部分置于冷却层上进行碾压，效果也较好。对于热料层相邻的纵缝，应先压实距接缝约 20 cm 以外的地方，最后压实中间剩下的一条窄混合料层，这样可获得良好的结合。

7）开放交通

压实后的沥青路面在冷却前，任何机械不得在其上停放或行驶，并防止矿料、油料等杂物的污染。热拌沥青混合料路面应待摊铺层完全自然冷却，混合料表面温度不高于 50 ℃（石油沥青）或45 ℃（煤沥青）后开放交通。需提早开放交通时，可洒水冷却降低混合料温度。

9.2.2　沥青碎石混凝土路面

用乳化沥青与矿料在常温下拌和而成，压实后剩余空隙率在10%以上的常温冷却混合料，称为沥青碎石混凝土。由这类沥青混合料铺筑而成的路面称为沥青碎石混合料路面，也叫乳化沥青碎石混合料路面。

沥青碎石混合料适用于三级及三级以下公路的路面、二级公路的罩面以及各级公路的整平层。沥青的品种、规格、标号应根据混合料用途、气候条件、矿料类别等按规定选用，混合料配合比可按经验确定。

沥青碎石混凝土路面施工工序如下：

1. 混合料的制备

当采用阳离子乳化沥青时，矿料在拌和前需先用水湿润，使集料含水量达 5%左右，气温较高时可多加水，低温潮湿时少加水。矿料与乳液应充分拌和均匀，适宜的拌和时间应根据集料级配情况、乳液裂解速度、拌和机性能、气候条件等通过试拌确定。机械拌和时间不宜超过 30 s，人工拌和时间不宜超过 60 s。拌和的混合料应具有良好的施工和易性，以免在摊铺时出现离析。

2. 摊铺和碾压

拌和、运输和摊铺应在乳液破乳前结束，摊铺前已破乳的混合料不得使用。机械摊铺的松铺系数为 1.15 ~ 1.20，人工摊铺时松铺系数为 1.20 ~ 1.45。混合料摊铺完毕，厚度、平整度、路拱横坡等符合设计和规范要求，即可进行碾压。通常先采用 6 t 左右的轻型压路机匀速初压一两遍，使混合料初步稳定，然后用轮胎压路机或轻型钢筒式压路机碾压一两遍。当乳化沥青破乳（混合料由褐色转变为黑色）时，用 12 ~ 15 t 轮胎压路机或 10 ~ 12 t 钢筒式压路机复压两三遍，立即停止，待晾晒一段时间，水分蒸发后，再补充复压至密实。

3. 养护及开放交通

压实成型后，待水分蒸发完即可加铺上封层，铺加压实成型后的路面应做好早期养护工作，封闭交通 2 ~ 6 h 以上。开放交通初期控制车速不超过 20 km/h，并不得刹车或掉头。

9.2.3　沥青混凝土施工质量控制与验收

沥青路面施工质量控制的内容包括材料的质量检验、铺筑试验路、施工过程中的质量控制及交工质量检查与验收。

1. 材料质量检验

施工中的材料检查是指在每批材料进场时已进行过检查及批准的基础上，再抽查其质量稳定性。施工单位在施工过程中必须经常对各种施工材料进行抽样试验，对于沥青材料可根据实际情况只做针入度、软化点、延度的试验；检测粗集料的抗压强度、磨耗率、磨光值、压碎值、级配等指标和细集料的级配组成、含水量、含土量等指标；对于矿粉，应检验其相对密度和含水量并进行筛析。材料的质量以同一料源、同一次购入并运至生产现场为一"批"进行检查。

材料质量检查的内容和标准应符合前述有关的要求。

材料检查的另一项重要内容是矿料级配精度和油石比计量精度。例如，对于间歇式沥青混合料搅拌设备，二次筛分后砂石料再分别予以精确计量，是这种设备可以获得较高级配精度和油石比精度的重要保证。因为这种配料方式是将集料、矿粉和沥青分别予以计量，它们的配合比精度仅仅取决于各自称量系统的精度，排除了相互之间的制约。

2. 铺筑试验路

高等级道路在施工前应铺筑试验段。通过试拌、试铺为大面积施工提供标准方法和质量检查标准。

3. 施工过程中的质量控制

施工过程中的质量控制包括工程质量及外形尺寸两部分，其检查内容、频度、质量控制标准应符合规范规定要求。当检查结果达不到规定要求时，应追加检测数量，查找原因，作出处理。

4. 交工质量检查与验收

（1）施工单位自检自评。沥青路面施工完成后，施工单位将全线以 1 ~ 3 km 作为一个评定路段，按规定频率，随机选取测点，对沥青面层进行全线自检，计算平均值、标准差及变异系数，向主管部门提供全线检测结果及施工总结报告，申请交工验收。

（2）工程建设单位检查验收。工程建设单位或监理工程师、工程质量监督部门在接到施工单位交工验收报告并确认施工资料齐全后，应立即对施工质量进行交工检查与验收。检查验收应按随机抽样的方法，选择一定数量的评定路段进行实测检查，每一检查段的检查频度、试验方法及检测结果应符合规定要求。检查、实测项目由建设单位组织实施或委托有资质的专业检测单位提供检测结果。

9.3　水泥混凝土路面

9.3.1　水泥混凝土路面概述

水泥混凝土路面是指以素混凝土或钢筋混凝土板与基、垫层所组成的路面。水泥混凝土路面具有刚度大、强度高、整体性和稳定性好、耐久、抗侵蚀能力强、抗滑性好、利于夜间行车且养护费用少等优点；但缺点也比较明显，接缝多、对超载敏感性强，且行车噪声大，需养护一段时间才能开放交通；如有破损，修复较困难。

1. 材料质量要求

组成水泥混凝土路面的原材料包括水泥、集料、水、外加剂、接缝材料及局部使用的钢筋。

（1）水泥。混凝土的性能在很大程度上取决于水泥的质量。施工时应选用质量符合我国现行国家标准规定技术要求的水泥。通常应选用强度高、干缩性小、抗磨性能及耐久性能好的水泥，其强度以 42.5 MPa 为宜。

（2）粗集料。为了保证水泥混凝土具有足够的强度，良好的耐磨性、抗滑及耐久性能，应按规定选用质地坚硬、洁净、具有良好级配的粗集料，水泥混凝土集料的粒径宜在 5~40 mm。粗集料的颗粒组成可采用连续级配，也可采用间断级配。

（3）细集料。细集料的粒径宜为 0.15~5 mm。细集料尽量采用天然砂，也可采用人工砂。细集料要求颗粒坚硬耐磨，具有良好的级配，表面粗糙有棱角，清洁和有害杂质含量少，细度模数在 2.5 以上。

（4）水。用于清洗集料、拌和混凝土及养护用水，不应含有影响混凝土质量的油、酸、碱、盐类及有机物等。

（5）外加剂。常用的改善水泥混凝土技术性能的外加剂有流变剂、调凝剂及引气剂等三大类。

（6）接缝材料。接缝材料用于填塞混凝土路面板的各类接缝，按使用性能的不同，分为接缝板和填缝料两类。接缝板应能适应混凝土路面板的膨胀与收缩，施工时不变形，耐久性好。填缝料应与混凝土路面板缝壁黏附力强，回弹性好，能适应混凝土路面的胀缩，不溶于水，高温不挤出，低温不脆裂，耐久性好。

（7）钢筋。素混凝土路面的各类接缝需要设置钢筋制成的拉杆、传力杆，在板边、板端及角隅需要设置边缘钢筋和角隅钢筋，钢筋混凝土路面和连续配筋混凝土路面则要使用大量的钢筋。用于混凝土路面的钢筋应符合设计规定的品种和规格要求。

2. 混凝土配合比设计

混凝土配合比设计的主要工作是确定混凝土的水灰比、砂率及用水量等组成参数，按照相应规范要求进行。

9.3.2　施工准备工作

（1）选择混凝土拌和场地。拌和场地的选择首先应考虑使运送混合料的运距最短，同时拌和场地要接近水源和电源；此外，拌和场地应具有足够的面积，以供堆放砂石料和搭建水泥库房。

（2）做好混凝土各组成材料的试验，进行混凝土各组成材料的配合比设计。

（3）混凝土路面施工前，应对混凝土路面板下的基层进行强度、密实度及几何尺寸等方面的质量进行检验。基层质量检查项目及标准应符合基层施工规范要求。基层宽度应比混凝土路面板宽 30~35 cm 或与路基同宽。

（4）施工放样是混凝土路面施工的重要准备工作。首先根据设计图纸恢复路中心线和混凝土路面边线，在中心线上每隔 20 m 设一中桩；同时，布设曲线主点桩及纵坡边坡点、路面板胀缝等施工控制点，并在路边设置相应的边桩，重要的中心桩要进行拴桩。每隔 100 m 左右应设置一临时水准点，以便复核路面标高。由于混凝土路面一旦浇筑成功就很难拆除，所以测量放样必须经常复核，在浇捣过程中也要随时进行复核，确保混凝土路面的平面位置和高程符合设计要求。

9.3.3 机械摊铺法

1. 轨道式摊铺机施工

轨道式摊铺机施工是机械化施工中最普遍的一种方法。

1）轨道和模板的安装

轨道式摊铺机的整套机械在轨模上前后移动，并以轨模为基准控制路面的高程。摊铺机的轨道与模板同时进行安装，轨道固定在模板上，然后统一调整定位，形成的轨模既是路面边模又是摊铺机的行走轨道，如图 9.1 所示。轨道模板必须安装牢固，并校对高程，在摊铺机行驶过程中不得出现错位现象。

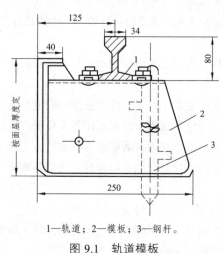

1—轨道；2—模板；3—钢杆。

图 9.1　轨道模板

2）摊铺及振捣

轨模式摊铺机有刮板式、箱式或螺旋式 3 种类型，摊铺时将卸在基层上或摊铺箱内的混凝土拌和物按摊铺厚度均匀地充满轨模范围内。

摊铺过程中应严格控制混凝土拌和物的松铺厚度,确保混凝土路面的厚度和标高符合设计要求。

摊铺机摊铺时，振捣机跟在摊铺机后面对拌和料做进一步的整平和捣实。振捣机的构造如图 9.2 所示。在振捣梁前方设置一道长度与铺筑宽度相同的复平梁，用于纠正摊铺机初平的缺陷并使松铺的拌和物在全宽范围内达到正确的高度，复平梁的工作质量对振捣密实度和路面平整度影响很大。复平梁后面是一道弧面振动梁，以表面平板式振动将振动力传到全宽范围内。振捣机械的工作行走速度一般控制在 0.8 m/min，但随拌和物坍落度的增减可适当变化，混凝土拌和物坍落度较小时可适当放慢速度。用平板振捣器振捣时不宜少于 30 s，用插入式振捣器振捣时不宜少于 20 s。

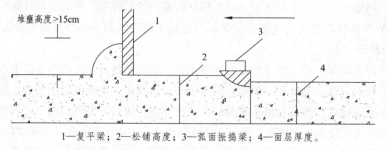

1—复平梁；2—松铺高度；3—弧面振捣梁；4—面层厚度。

图 9.2　振捣机的构造

3）表面整修

它分为表面平整、精光及纹理制作两个工序。

（1）表面整平。振捣密实的混凝土表面用能纵向移动或斜向移动的表面整修机整平。纵向表面整修机工作时，整平梁在混凝土表面纵向往返移动，通过机身的移动将混凝土表面整平。斜向表面整修机通过一对与机械行走轴线成 10°左右的整平梁做相对运动来完成整平作业，其中一根整平梁为振动梁。机械整平的速度取决于混凝土的易整修性和机械特性。

机械行走的轨模顶面应保持平顺，以便整修机械能顺畅通行。整平时应使整平机械前保持高度为 10～15 cm 的壅料，并使壅料向较高的一侧移动，以保证路面板的平整，防止出现麻面及空洞等缺陷。

（2）精光及纹理制作。精光是对混凝土路面进行最后的精平，使混凝土表面更加致密、平整、美观，此工序是提高混凝土路面外观质量的关键工序之一。混凝土路面整修机配置有完善的精光机械，只要在施工过程中加强质量检查和校核，便可保证精光质量。

在混凝土表面制作纹理，是提高路面抗滑性能的有效措施之一。制作纹理时用纹理制作机在路面上拉毛、压槽或刻纹，纹理深度控制在 2～3 mm；在不影响平整度的前提下提高混凝土路面的构造深度，可提高表面的抗滑性能。纹理应与行车方向垂直，相邻板的纹理应相互沟通以利排水。适宜的纹理制作时间以混凝土表面无波纹水迹开始，过早或过晚均会影响纹理制作质量。

4）养　生

混凝土表面整修完毕半小时后，应立即进行湿治养生，以防止混凝土板水分蒸发或风干过快而产生缩裂，保证混凝土水化过程的顺利进行。当气温低于 5 ℃ 时，不得浇水养生，改用覆膜养生。在养护初期，可用活动三角形罩棚覆盖混凝土，以减少水分蒸发，避免阳光照晒，防止风吹、雨淋等。混凝土泌水消失后，在表面均匀喷洒薄膜养护剂。喷洒时在纵横方向各喷一次，养护剂用量应足够，一般为 0.33 kg/m³ 左右。在高温、干燥、大风时，喷洒后应及时用草帘、麻袋、塑料薄膜、湿砂等遮盖混凝土表面并适时均匀洒水。养护时间由试验确定，以混凝土达到 28 d 强度的 80% 以上为准。

5）接缝施工

混凝土面层是由一定厚度的混凝土板组成的，它具有热胀冷缩的性质，温度变化时，混凝土板会产生不同程度的膨胀和收缩，这些变形会受到板与基础之间的摩擦力和黏结力以及板的自重和车轮荷载的约束，致使板内产生过大的应力，造成板的断裂或拱胀等破坏。为了避免这些缺陷，混凝土路面必须设置纵、横向接缝。横向接缝垂直于行车方向，共有三种，即胀缝、缩缝和施工缝；纵向接缝平行于行车方向。

（1）胀缝施工。胀缝应与混凝土路面中心线垂直，缝壁必须垂直于板面，缝宽均匀一致，缝中心不得有黏浆、坚硬杂物，相邻板的胀缝应设在同一横断面上。缝隙上部应灌填缝料，下部设置胀缝板。胀缝传力杆的准确定位是胀缝施工成败的关键，传力杆固定端可设在缝的一侧或交错布置。施工过程中固定传力杆位置的支架应准确、可靠地固定在基层上，使固定后的传力杆平行于板面和路中线，误差不大于 5 mm。

施工结束时设置胀缝，按图 9.3 所示安装、固定传力杆和接缝板。先浇筑传力杆以下的混凝土拌和物，用插入式振捣器振捣密实，并注意校正传力杆的位置，然后再摊铺传力杆以上的混凝土拌和物。摊铺机摊铺胀缝另一侧的混凝土时，先拆除端头钢挡板及钢钎，然后按要求铺筑混凝土拌和物。填缝时必须将接缝板以上的临时插入物清除。

胀缝两侧相邻板的高差应符合如下要求：高速公路和一级公路应不大于 3 mm，其他等级公路不大于 5 mm。

（2）横向缩缝施工。混凝土面板的横向缩缝一般采用锯缝的办法形成。当混凝土强度达到设计强度的 25%～30%时，用切割机切割，缝的深度一般为板厚的 1/4～1/3。合适的锯缝时间应控制在混凝土已达到足够的强度，而收缩变形受到约束时产生的拉应力仍未将混凝土面板拉断的时间范围内。锯缝时间以施工温度与施工后时间的乘积为 200～300 ℃·h 或混凝土抗压强度为 8～10 MPa 较为合适，也可按表 9.2 规定的时间来控制或通过试锯确定适宜的锯缝时间。

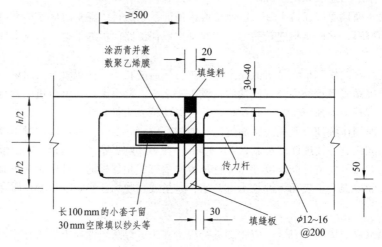

图 9.3　胀缝施工示意图

表 9.2　混凝土路面锯缝时间

昼夜平均气温/℃	5	10	15	20	25	30 以上
抹平至开始锯缝的最短时间/h	45～50	30～35	22～26	10～21	15～18	13～15

（3）施工缝设置。施工中断形成的横向施工缝尽可能设置在胀缝或缩缝处，多车道路面的施工缝应避免设在同一横断面上。施工缝设在缩缝处应增设一半锚固、另一半涂刷沥青的传力杆，传力杆必须垂直于缝壁，平行于板面。

（4）纵向接缝。纵缝一般做成平缝，施工时在已浇筑混凝土板的缝壁上涂刷沥青，并注意避免涂在拉杆上；然后浇筑相邻的混凝土板。在板缝上部应压成或锯成规定深度 3～4 cm 的缝槽，并用填缝料灌缝。

假缝型纵缝的施工应预先用门型支架将拉杆固定在基层上或用拉杆置放机在施工时置入。假缝顶面的缝槽采用锯缝机切割，深 6～8 cm，使混凝土在收缩时能从切缝处规则开裂。

2. 滑模式摊铺机施工

滑模式摊铺机施工混凝土路面作业过程如图 9.4 所示。铺筑混凝土时，首先由螺旋式摊铺器将堆积在基层上的混凝土拌和物横向铺开，刮平器进行初步刮平，然后振捣器进行捣实，随后刮平板进行振捣后的整平，形成密实而平整的表面，再使用振动式振捣板对拌和物进行振实和整平，最后用光面带进行光面。其余工序作业与轨道式摊铺机施工基本相同，但轨道式摊铺机与之配套的施工机械较复杂，工序多，不仅费工，而且成本高；而滑模式摊铺机由于整机性能好，操纵采用电子液压系统控制，生产效率高。

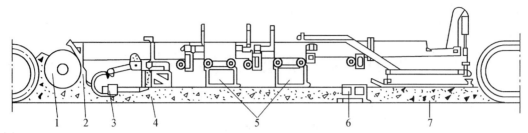

1—螺旋摊铺器；2—刮平器；3—振捣器；4—刮平板；5—振动振平板；6—光面带；7—混凝土面层。

图 9.4　滑模式摊铺机摊铺工艺过程图

9.3.4　施工质量控制与竣工验收

1. 施工质量控制

（1）原材料质量检验。施工前，应对各种原材料进行质量检验，以检验结果作为材料质量是否符合要求的依据。在施工过程中，当材料规格和来源发生变化时，应及时对材料进行质量检验。材料质量检验的内容包括材料质量是否满足设计和规范要求，数量供应能否满足工程进度，材料来源是否稳定可靠，材料堆放和储存是否满足要求等。

（2）钢筋安装质量检查。混凝土钢筋网和传力杆的允许误差应符合《公路桥涵施工技术规范》JTG/T 3650—2020 的规定。

（3）混凝土工作性测试。为反映混凝土的工作性，一般用坍落度试验、维勃稠度试验和捣实因素试验来对其进行测定。

（4）混凝土强度检测。混凝土的强度检验应以 28 d 龄期的抗弯拉强度为标准。一般采用梁式试件测定抗弯拉强度；可用圆柱劈裂强度测定结果，由经验公式推算小梁抗弯拉强度；也可用蒸压法、超声-回弹法和射钉法等方法快速检测混凝土强度。

（5）表面功能检测。表面功能测定主要是针对抗滑性与舒适性、耐磨性检测。抗滑性采用表面构造深度来衡量其抗滑性，并用铺砂法进行检测。耐磨性是用磨耗机圆盘旋转 6 000 转后，混凝土表面环形轨道上均匀 6 点的平均磨耗深度作为磨耗指标来检测的。

2. 竣工验收

混凝土路面完工后，应根据设计文件、交工资料和施工单位提出的交工验收报告，按国家建设工程竣工验收的办法组织验收。

复习思考题

1. 路面基层有哪些类型？不同的基层类型有哪些特点？
2. 根据力学特性分类，路面有哪几种类型？各有什么优缺点？
3. 沥青混凝土路面对材料有哪些具体要求？
4. 沥青混合料在摊铺过程中对气候条件有哪些要求？
5. 沥青碎石混凝土路面的压实要求有哪些？
6. 沥青混凝土施工质量控制要点有哪些？
7. 水泥混凝土路面的施工准备工作有哪些？
8. 水泥混凝土路面的摊铺方法有哪些？各自有什么技术要求？

第 10 章　桥梁结构工程施工

10.1　桥梁结构施工常用施工机具与设备

10.1.1　常备式机具设备

（1）横撑式支撑。横撑式支撑多用于狭窄的基坑或沟槽开挖施工。根据放置挡土板方式的差异，横撑式支撑有四种：断续式水平支撑、连续式水平支撑、垂直支撑、锚拉支撑。

（2）钢板桩。钢板桩是一种挡土防水的支护结构。在开挖的基坑较深、地下水位较高或在水中进行基础施工时，采用钢板桩平衡坑壁的土压力和水压力。钢板桩由带锁口或钳口的热轧型钢制成。钢板桩互相连接就形成钢板桩墙或钢板桩围堰。

（3）脚手架及万能杆件。脚手架是工程构筑物修建过程中大量使用的施工辅助结构的统称。根据制作材质的不同，脚手架分为木制和钢制脚手架。目前，木制脚手架因重复使用率低、木材消耗多而应用较少，大量使用的是钢制脚手架。常用的钢管脚手架为扣件式连接方式。

另一种钢制脚手架是钢制万能杆件。铁道系统生产的万能杆件的类型有 M 型和 N 型。公路系统西安筑路机械厂生产的西乙型万能杆件，其规格基本与 N 型相同，材质为 16Mn 钢，由 24 种大小构件组成。

（4）常备模板结构。模板结构由模板和支架两部分组成。根据材质的不同，常备模板有钢模、木模和钢木结合模板三种，整套模板均由底模、侧模和端模三部分组成。

（5）贝雷桁架。贝雷桁架部件轻巧，各部件间以销子或螺栓相连，装拆方便，适用在非常时刻的紧急抢修。贝雷桥构件除桥面板和护轮木用松木或杉木外，都为合金钢制造，焊条用 T505X 型。

主梁可以数排并列或双层叠置以增加桥梁的承载能力。并列或叠置的一节梁统称为一格。加强弦杆是指在桁架上下弦杆处另加设的弦杆。设有加强弦杆的贝雷桥前面冠以"加强"二字，以示区别。各种组合的装配式公路钢桥习惯以先"排"后"层"来称呼，例如双排单层、加强的双排单层。贝雷桁架的组合形式计有十种。

10.1.2　桥梁施工主要起重机具设备

（1）钢丝绳。钢丝绳（简称钢绳）因具有强度高、自重轻、挠性好、运行平稳、极少突然断裂等优点而被广泛用于吊装作业，同时可作为悬索桥、斜拉桥的主要抗拉构件。

钢丝绳根据捻绕的次数，可分为单绕、双绕和三绕钢丝绳；根据钢丝绳捻绕的方向，可分为顺绕、交绕和混绕钢丝绳；根据钢丝在股中的互相接触状态，分为点接触、线接触和面接触钢丝绳。

（2）千斤顶。千斤顶适用于起落高度不大的起重，按其构造不同可分为螺旋式千斤顶、液压式千斤顶和齿条式千斤顶三大类。

（3）卡环。卡环也称卸扣或开口销环，一般用圆钢锻制而成，用于联结钢丝绳与吊钩、环链条之间及用于千斤绳捆绑物件时固定绳套。卸扣装卸方便，较为安全可靠。卡环分螺旋式、销子式和半自动式三种。弯环部分又分为直形和圆形两种。半自动式卸扣又称为半自动脱钩器，是根据普通卸扣改制的，使用很方便，只需在地面上拽一下拉绳，止动销就被弹盘压缩而缩入导向管内，吊绳则因自重而脱出扣环。

（4）滑轮。滑轮又称滑车或葫芦。滑轮种类很多，按制作材料不同可分为铁滑轮和木滑轮，后者只是外壳为木制，轮和轴仍是铁的，仅用于麻绳滑轮组。按转轮的多少，滑轮可分为单轮、双轮及多轮几种。

（5）滑轮组。滑轮组由定滑轮和动滑轮组成，它既能省力又可改变力的方向。定滑轮与动滑轮的数目可以相同，也可以相差一个。绳的死头可以固定在定滑轮上，也可固定在动滑轮上；绳的单头（又称跑头）可以由定滑轮引出，也可以由动滑轮上引出，一般用于吊重时，跑头均由定滑轮引出；有时跑头还穿过导向滑轮；为了减少拉力，有时采用双联滑轮组。

（6）卷扬机。卷扬机亦称绞车，绞车分手摇绞车与电动绞车。

（7）链滑车。常用链滑车分蜗杆传动与齿轮传动两种，前者效率较低，工作速度也不如后者。链滑车可在垂直、水平和倾斜方向的短距离内起吊和移动重物或绞紧构件以控制方向。

（8）锚碇。锚碇的种类按构造形式可分为地垄、钢筋锚环、水中锚碇和其他锚固点等。

（9）滑道。常用的滑道有滚辊滑道与滑板滑道两种。

（10）扒杆。扒杆可以用来提升重物、移梁和架梁等，是一种简易的起吊工具。施工单位一般根据工程的需要自行设计和加工制作。常用的扒杆种类有独脚扒杆、人字扒杆、摇臂扒杆和悬臂扒杆。

（11）龙门架（龙门起重机）。龙门架是一种"门"字形的垂直起吊设备。在龙门架两腿脚处设有轮子并置于铁轨上时，可沿轨道纵向移物；在龙门架顶横梁上设天车时，可横向移物。大型龙门架通常设于构件预制场吊移构件；或设在桥墩顶、墩旁安装大梁构件。

（12）浮吊。在通航河流上建桥，浮吊船是重要的工作船。常用的浮吊有铁驳轮船浮吊和用木船、型钢及人字扒杆等拼成的简易浮吊。

（13）缆索起重机。缆索起重机适用于高差较大的垂直吊装和架空纵向运输，吊运量从几吨至几十吨，纵向运距从几十米至几百米。缆索起重机是由主索、天线滑车、起重索、牵引索、起重及牵引绞车、主索地锚、塔架、风缆、主索平衡滑轮、电动卷扬机、手摇绞车、链滑车及各种滑轮等部件组成。在吊装拱桥时，缆索吊装系统除了上述各部件外，还有扣索、扣索排架、扣索地锚、扣索绞车等部件。

（14）架桥机。目前在我国使用的架桥机类型很多，其构造和性能也各不相同，最常用的有单梁式架桥机和双梁式架桥机两种类型。单梁式架桥机主要为胜利型 1 300 kN 架桥铺轨机（SL-130）。双梁式架桥机主要为红旗-130 型架桥机。它是在总结分析我国已有架桥机优缺点的基础上设计制造的。目前使用的架桥机还有长征-160 改进型，该机可吊装 40 m 预应力铁路简支梁。此外，在公路部门也经常使用万能杆件或贝雷梁拼装而成的各式架桥机。

（15）造桥机。造桥机是为适应建造更大跨度桥梁而开发研制的架设设备。原铁道部建筑设计研究院承担并成功试制了架设 40～60 m 跨度梁的造桥机，并在南（宁）昆（明）线上架设使用。

10.2 混凝土结构桥梁施工方法

10.2.1 就地浇筑法

1. 支架与拱架

1）支　架

支架按其构造分为支柱式、梁式和梁-柱式支架；按材料可分为木支架、钢支架、钢木混合支架和万能杆件拼装的支架等。支架通常按其构造划分。

（1）立柱式支架。立柱式支架构造简单，可用于陆地或不通航河道以及桥墩不高的小跨径桥梁施工。支架通常由排架和纵梁等构件组成。排架由枕木或桩、立柱和盖梁组成。一般排架间距 4 m，桩的入土深度按施工设计要求设置，但不小于 3 m。当水深大于 3 m 时，桩要用拉杆加强。一般需在纵梁下布置卸落设备。

（2）梁式支架。根据跨径不同，梁可采用工字钢、钢板梁或钢桁梁。一般工字钢用于跨径小于 10 m、钢板梁用于跨径小于 20 m、钢桁梁用于跨径大于 20 m 的情况。梁可以支承在墩旁支柱上，也可支承在桥墩预留的托架上或支承在桥墩处的横梁上。

（3）梁-柱式支架。当桥梁较高、跨径较大或必须在支架下设孔通航或排洪时可用梁-柱式支架。梁支承在桥墩台以及临时支柱或临时墩上，形成多跨的梁-柱式支架。

2）拱　架

拱架按结构分有支柱式、撑架式、扇形、桁式拱架、组合式拱架等；按材料分有木拱架、钢拱架、竹拱架和土牛拱胎。所谓土牛拱胎是在缺乏钢、木材的地区，先在桥下用土或砂、卵石填筑一个土胎（俗称土牛），然后在上面砌筑拱圈，待拱圈完成后将填土清除。

木拱架的加工、制作简单，架设方便，但耗材较多，在当前已不多用。目前多采取钢、木混合拱架，以减少木材用量。钢拱架多用常备构件拼装，虽一次投资大，但可多次周转使用，宜在多跨拱桥中选用。

（1）支柱式木拱架。其支柱间距小、结构简单且稳定性好，适于干岸河滩和流速小、不受洪水威胁、不通航的河道上使用。拱架一般可分为上下两部分，上部为拱架，下部为支架，上下部之间设置卸落设备。

（2）撑架式木拱架。其构造较为复杂，但支点间距可较大，对于较大跨径且桥墩较高时，可节省木材并可适应通航。

（3）扇形拱架。它是从桥中的一个基础上设置斜杆，并用横木联成整体的扇形，用以支承砌筑的施工荷载。扇形拱架比撑架式拱架更加复杂，但支点间距可以比撑架式拱架更大些，尤宜在拱度很大时采用。

（4）钢木组合拱架。它是在木支架上用钢梁代替木斜梁，可以加大支架的间距，减少材料用量。在钢梁上可设置变高的横木形成拱度，并用以支承模板。

也有用钢桁梁或贝雷梁与钢管脚手架组拼的拱架，它是在钢桁梁形成的平台上搭设立柱式钢管组成的。

（5）钢桁式拱架。通常用常备拼装式桁架拼成拱形拱架，即拱架由标准节段、拱顶段、拱脚段和连接杆等以钢销或螺栓连接而成。为使拱架能适应施工荷载产生的变形，一般拱架采用三铰拱。

桁式钢拱架也可用装配式公路钢桥桁架节段拼装组成或用万能杆件拼装组成。

2. 梁式桥的就地浇筑法

1）准备工作

现场浇筑施工的梁式桥，在浇混凝土前要进行周密的准备工作和严格的检查。一般来说，就地浇筑施工在正常情况下一次灌注的混凝土工作量较大，且需要连续作业，因此准备工作相当重要，不可疏忽大意。

在浇筑混凝土前，应会同监理部门对支架、模板、钢筋、预留管道和预埋件进行检查，合格后方可进行浇筑混凝土工作。

2）梁式桥混凝土的浇筑顺序

无论对任何一种形式的梁式桥，在考虑主梁混凝土浇筑顺序时，不应使模板和支架产生有害的下沉。为了对浇筑的混凝土进行振捣，浇筑混凝土应采用相应的分层厚度；当在斜面或曲面上浇筑混凝土时，一般从低处开始。

（1）简支梁混凝土的浇筑。

① 水平分层浇筑。对于跨径不大的简支梁桥，可在一跨全长内分层浇筑，在跨中合龙。分层的厚度视振捣器的能力而定，一般选用 15～30 cm；当采用人工捣实时，可选取 15～20 cm。为避免支架不均匀沉陷的影响，浇筑速度应尽量快，以便在混凝土失去塑性之前完成。

② 斜层浇筑。简支梁桥的混凝土浇筑应从主梁的两端用斜层法向跨中浇筑，在跨中合龙；当采用梁式支架，支点不设在跨中时，则应在支架下沉量大的位置先浇混凝土，使应该发生的支架变形及早完成。采用斜层浇筑时，混凝土的倾斜角与混凝土的稠度有关，一般可用 20°～25°。

③ 单元浇筑法。当桥面较宽且混凝土数量较大时，可分成若干纵向单元分别浇筑。每个单元可沿其长度分层浇筑，在纵梁间的横梁上设置连接缝，并在纵横梁浇筑完成后填缝连接。之后桥面板可沿桥全宽一次浇筑完成。桥面与纵横梁间设置水平工作缝。

（2）悬臂梁、连续梁混凝土的浇筑。悬臂梁和连续梁桥的上部结构在支架上浇筑时，由于桥墩为刚性支点，桥跨下的支架为弹性支撑，在浇筑时支架会产生不均匀沉降，因此在浇筑混凝土时应从跨中向两端墩台进行。

3. 拱桥的就地浇筑和砌筑施工

1）混凝土、钢筋混凝土拱桥的就地浇筑施工

在支架上就地浇筑上承式拱桥可分三个阶段进行：第一阶段浇筑拱圈或拱肋混凝土；第二阶段浇筑拱上立柱、连系梁及横梁等；第三阶段浇筑桥面系。后一阶段混凝土浇筑应在前一阶段混凝土强度达到设计要求后进行。拱圈或拱肋的拱架，可在拱圈混凝土强度达到设计强度的70%以上时，在第二阶段或第三阶段开始施工前拆除，但应对拆架后的拱圈稳定进行验算。

在浇筑主拱圈混凝土时，立柱的底座应与拱圈或拱肋同时浇筑，钢筋混凝土拱桥应预留与立柱的联系钢筋。主拱圈的浇筑方法主要根据桥梁跨径选定，其浇筑方法有：连续浇筑、分段浇筑和分环、分段浇筑法。

2）在拱架上砌筑圬工砌体

在拱架上砌筑的拱桥主要是石拱桥和混凝土预制块拱桥。石拱桥按其材料规格分有粗料石拱、块石拱和浆砌片石拱等。

（1）拱圈放样与备料。石拱桥的拱石要按照拱圈的设计尺寸进行加工，为了能合理划分拱石，保证结构尺寸准确，通常需要在样台上将拱圈按 1∶1 的比例放出大样，然后用木板或镀锌铁皮在样台上按分块大小制成样板，进行编号，以利加工。

（2）拱圈的砌筑。

① 连续砌筑。跨径<16 m，当采用满布式拱架施工时，可以从两拱脚同时向拱顶依次按顺序砌筑，在拱顶合龙；跨径≤10 m，当采用拱式拱架时，应在砌筑拱脚的同时，预压拱顶以及拱跨 1/4 部位。

预加压力砌筑是在砌筑前在拱架上预压一定重量，以防止或减少拱架弹性和非弹性下沉的砌筑方法。它可以有效地预防拱圈产生的不正常变形和开裂。预压物可采取拱石，随撤随砌，也可采用砂袋等其他材料。

砌筑拱圈时，常在拱顶预留一龙口，最后在拱顶合龙。刹尖封顶应在拱圈砌缝砂浆强度达到设计规定强度后进行。

② 分段砌筑。当跨径在 16~25 m 采用满布式拱架，或跨径在 10~25 m 并采用拱式拱架时，可采用半跨分成三段的分段对称砌筑方法。分段砌筑时，各段间可留空缝，空缝宽 3~4 cm。在空缝处砌石要规则，为保持砌筑过程中不改变空缝形状和尺寸，同时也为拱石传力，空缝可用铁条或水泥砂浆预制块作为垫块，待各段拱石砌完后填塞空缝。填塞空缝应在两半跨对称进行，各空缝同时填塞，或从拱脚依次向拱顶填塞。当用力夯填空缝砂浆时，可使拱圈拱起，宜在小跨径拱使用。

砌筑大跨径拱圈时，在拱脚至 1/4 段，当其倾斜角大于拱石与模板间的摩擦角时，拱段下端必须设置端模板并用撑木支撑。闭合楔应设置在拱架挠度转折点处，宽约 1.0 m，撑木三脚架应支撑在模板上。砌筑闭合楔时，必须拆除三脚架，可分两三次进行，先拆一部分，随即用拱石填砌，一般先在桥宽的中部填砌，再拆第二部分。

③ 分环分段砌筑。较大跨径的拱桥，当拱圈较厚、由三层以上拱石组成时，可将拱圈分成几环砌筑，砌一环合龙一环。当下环砌筑完并养护数日后，砌缝砂浆达到一定强度时，再砌筑上环。

④ 多跨连拱的砌筑。多跨连拱的拱圈砌筑时，应考虑与邻孔施工的对称均匀，以免桥墩承受过大的单向推力。因此，当为拱式拱架时，应适当安排各孔的砌筑程序；当采用满布式支架时，应适当安排各孔拱架的卸落程序。

（3）拱上建筑施工。拱上砌体必须在拱圈砌筑合龙并达到设计强度30%以后进行。拱圈一般要求不少于 3 d 的养护时间。

拱上建筑的施工，应掌握对称均衡地进行，避免使主拱圈产生过大的不均匀变形。

10.2.2 桥梁预制安装法

1. 构件预制

1）预制方法分类

（1）立式预制与卧式预制。构件的预制方法按构件预制时所处的状态分立式预制和卧式预制两种。等高度的 T 梁和箱梁在预制时采用立式预制。对于变高度的梁，宜采用卧式预制，这时可在预制平台上放样布置底模，侧模高度由梁宽度决定，便于绑扎钢筋和浇筑混凝土，构件尺寸和混凝土质量也易得到保证。卧制的构件需在预制后翻身竖起。

（2）固定式预制与活动台车预制。构件预制方法按作业线布置不同分固定式预制和活动台车上预制两种。固定式预制，是构件在整个预制过程中一直在一个固定底座上，立模、扎筋、浇筑和养护混凝土等各个作业挨次在同一地点进行，直至构件最后制成被吊离底座（即所谓"出坑"）。一般规模桥梁工程的构件预制大多采用此法。在活动台车上预制构件时，台车上具有活动模板（一般为钢模板），能快速地装拆，当台车沿着轨道从一个地点移动到另一个地点时，作业也就按顺序一个接一个地进行。

2）预制基本作业

构件是在预制场（或厂）内预制的，预制场地和各种车间的布置必须合理。预制场（厂）内布置的原则是使各工序能密切配合，便于流水作业，缩短运输距离和占地面积尽量少。

2. 装配式梁桥的安装

1）预制梁的出坑和运输

（1）出坑。预制构件从预制场的底座上移出来，称为"出坑"。钢筋混凝土构件在混凝土强度达到设计强度 70%以上，预应力混凝土构件在预应力张拉以后才可出坑。

（2）运输。预制梁从预制场至施工现场的运输称为场外运输，常用大型平板车、驳船或火车运至桥位现场。

预制梁在施工现场内运输称为场内运输，常用龙门轨道运输、平车轨道运输、平板汽车运输，也可采用纵向滚移法运输。

2）预制梁的安装

在岸上或浅水区预制梁的安装可采用龙门起重机、汽车式起重机及履带式起重机安装；水中梁跨常采用穿巷吊机、浮吊安装及架（造）桥机安装等方法。

（1）用跨墩龙门起重机安装。跨墩龙门起重机安装适用于岸上和浅水滩以及不通航浅水区域安装预制梁。

在水深不超过 5 m、水流平缓、不通航的中小河流上的小桥孔，采用跨墩龙门起重机架梁。这时必须在水上桥墩的两侧架设龙门起重机轨道便桥，便桥基础可用木桩或钢筋混凝土桩。在水浅流缓而无冲刷的河上，也可用木笼或草袋筑岛来做便桥的基础。便桥的梁可用贝雷桁架组拼。

（2）用穿巷起重机安装。穿巷起重机可支承在桥墩和已架设的桥面上，不需要在岸滩或水中另搭脚手架与铺设轨道，因此，它适用于在水深流急的大河上架设水上桥孔。

穿巷起重机根据导梁主桁架间净距的大小，可分为宽、窄两种。

（3）自行式汽车起重机安装。陆地桥梁、城市高架桥预制梁安装常采用自行式汽车起重机安装。一般先将梁运到桥位处，采用一台或两台自行式汽车起重机或履带式起重机直接将梁片吊起就位，方法便捷，履带式起重机的最大起吊能力达 40 000 kN。

（4）浮吊安装。预制梁由码头或预制厂直接由运梁驳船运到桥位，浮吊船宜逆流而上，先远后近安装。浮吊船吊装前应下锚定位，航道要临时封锁。

采用浮吊安装预制梁，施工速度快，高空作业较少，是航运河道上架梁常用的办法。广东省在使用浮吊安装时，其最大起重能力达 80 000 kN。

（5）架桥机安装。架桥机架设桥梁一般在长大河道上采用，公路上采用贝雷梁构件拼装架桥机；铁路上采用 800 kN、1 300 kN、6 000 kN 架桥机。公路斜拉式双导梁架桥机，50/150 型可架设跨径 50 m T 梁，40/100 型架设 40 m T 梁，XMQ 型可架设 30 m T 梁，BX-25 型为贝雷轻型架桥机。目前国内架桥机最大起吊能力 3 MN。

3. 装配式拱桥的安装

1）缆索吊装施工

（1）概述。在峡谷或水深流急的河段上，或在通航的河流上需要满足船只的顺利通行，缆索吊装由于具有跨越能力大，水平和垂直运输机动灵活，适应性广，施工比较稳妥方便等优点，在拱桥施工中被广泛采用。缆索吊装由单跨发展到双跨连续缆索。在采用缆索吊装的拱桥上，为了充分发挥缆索的作用，拱上建筑也可以采用预制装配施工。

（2）吊装方法和要点。缆索吊装施工工序为：在预制场预制拱肋（箱）和拱上结构，将预制拱肋和拱上结构通过平车等运输设备移运至缆索吊装位置，将分段预制的拱肋吊运至安装位置，利用扣索对分段拱肋进行临时固定，然后吊装合龙段拱肋，对各段拱肋进行轴线调整，最后合龙主拱圈，安装拱上结构。

2）桁架拱桥与刚架拱桥的安装

桁架拱桥与刚架拱桥，由于构件预制装配，具有构件重量轻、安装方便、造价低等优点。

（1）桁架拱桥安装。

① 施工安装要点。桁架拱桥的施工吊装过程包括：吊运桁架拱片的预制段构件至桥孔，使之就位合龙，处理接头，与此同时随时安装桁架拱片之间的横向联结系构件，使各片桁架拱片联成整体。然后在其上铺设预制的微弯板或桥面板，安装人行道悬臂梁和人行道板。

桁架拱片的桁架段预制构件一般采用卧式预制，实腹段构件采用立式预制。

安装工作分为有支架安装和无支架安装。

② 有支架安装。有支架安装时，需在桥孔下设置临时排架。桁架拱片的预制构件由运输工具运到桥孔后，用浮吊或龙门起重机等安装就位，然后进行接头和横向联结。常采用的有塔架斜缆安装、多机安装、缆索吊机安装和悬臂拼装等。

施工时，构件由运输工具或由龙门起重机本身运至桥孔，然后由龙门起重机起吊、横移和就位。跨间在相应于桁架拱片构件接头的部位，设有排架，以临时支承构件重力。

③ 无支架安装。无支架安装是指桁架拱片预制段在用吊机悬吊着的状态下进行接头和合龙的安装过程。塔架斜缆安装，就是在墩台顶部设一塔架，桁架拱片边段吊起后用斜向缆索（亦称扣索）和风缆稳住再安中段。一般合龙后即松去斜缆，接着移动塔架，进行下一片的安装。

用无支架安装方法时，须特别注意桁架拱片在施工过程中的稳定性。

（2）刚架拱桥安装。刚架拱桥上部结构的施工分有支架安装和无支架安装两种。安装方法在设计中确定内力图式时即已决定，施工时不得随便更改。

采用无支架施工时（浮吊安装或缆索吊装），首先将主拱腿一端插入拱座的预留槽内，另一端悬挂，合龙实腹段，形成裸拱，电焊接头钢板；安装横系梁，组成拱形框架；再将次拱腿插入拱座预留槽内，安放次梁，焊接腹孔的所有接头钢筋和安装横系梁，立模浇接头混凝土，完成裸肋安装；将肋顶部分凿毛，安装微弯板及悬臂板，浇筑桥面混凝土，封填拱脚。

3）钢筋混凝土箱形拱桥

钢筋混凝土箱形拱桥主要的施工步骤为：拱箱预制；吊装设备的布置；拱箱吊装。

4）桁式组合拱桥

桁式组合拱桥由两个悬臂桁架支承一个桁架拱组成，它除保持桁式拱结构的用料省、跨越能力大、竖向刚度大等特点外，更具有桁梁的特性和可以采用无支架悬臂安装的方法施工，使桁式组合拱桥具有一定的竞争能力。

（1）桁式组合拱桥构造特点。为了减轻自重，保证截面的强度和整体刚度，桁式组合拱桥的上下弦杆和腹杆及实腹段的截面，一般均采用闭合箱形截面，并按照吊装顺序，分次拼装组合而成。为了增强构件的整体性，在所有箱形杆件内均设有隔板加强，隔板间距为 4～5 m。

（2）桁式组合拱桥施工。桁式组合拱桥能迅速得到发展，除结构受力的合理性带来材料的节省外，其主要原因是它可采用无支架悬臂安装进行施工，这是最突出的优点。

10.2.3　悬臂施工法

悬臂施工法也称为分段施工法。悬臂施工法是以桥墩为中心向两岸对称、逐节悬臂接长的施工方法。预应力混凝土桥梁采用悬臂施工法是从钢桥悬臂拼装发展而来的。

1. 悬臂施工法的分类

悬臂施工法主要有悬臂拼装法及悬臂浇筑法两种。

（1）悬臂拼装法。悬臂拼装法利用移动式悬拼吊机将预制梁段起吊至桥位，然后采用环氧树脂胶及钢丝束预应力连接成整体。采用逐段拼装，一个节段张拉锚固后，再拼装下一节段。悬臂拼装的分段，主要取决于悬拼起重机的起重能力，一般节段长 2~5 m。节段过长则自重大，需要悬拼吊机起重能力大；节段过短则拼装接缝多，工期也延长。一般在悬臂根部，因截面面积较大，节段长度采用较短，以后向端部逐渐增长。

（2）悬臂浇筑法。悬臂浇筑采用移动式挂篮作为主要施工设备，以桥墩为中心，对称向两岸利用挂篮逐段浇筑梁段混凝土，待混凝土达到要求强度后，张拉预应力束，再移动挂篮，进行下一节段的施工。悬臂浇筑每个节段长度一般为 2~6 m，节段过长，将增加混凝土自重及挂篮结构重力，而且要增加平衡重及挂篮后锚设施；节段过短，影响施工进度。

2. 悬臂拼装法施工

悬臂拼装施工包括块件的预制、运输、拼装及合龙。下面主要介绍预应力混凝土箱形 T 构采用悬臂拼装法施工。

1）块件预制

（1）预制方法。箱梁块件通常采用长线浇筑法或短线浇筑的立式预制方法。桁架梁段采用卧式预制方法。

① 长线预制。长线预制是在预制厂或施工现场按桥梁底缘曲线制作固定的底座，在底座上安装底模进行块件预制工作。图 10.1 所示为预应力混凝土 T 形刚构桥的箱梁预制台座构造。箱梁节段的预制在底板上进行。为加快施工进度，保证节段之间密贴，常采用先浇筑奇数节段，然后利用奇数节段混凝土的端面弥合浇筑偶数节段。也可以采用分阶段的预制方法。当节段混凝土强度达到设计强度 70%以上后，可吊出预制场地。

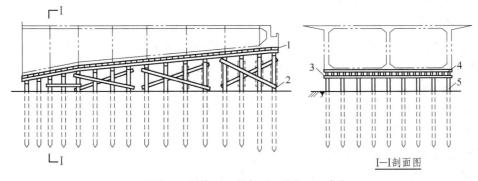

1—底板；2—斜撑；3—帽木；4—纵梁；5—木桩。

图 10.1　预应力混凝土 T 形刚构桥的箱梁预制台座构造

② 短线预制。短线预制箱梁块件的施工，是由可调整外部及内部模板的台车与端模架来完成的（图 10.2）。

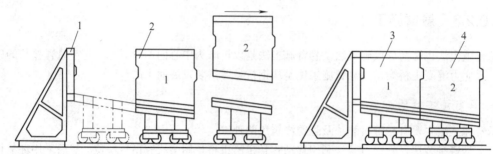

1—封闭端；2—配合单元；3—灌筑单元；4—配合单元；5—运往贮存。

图 10.2　台车与端模架

（2）定位器和孔道形成器。设置定位器的目的是使预制梁块在拼装时能准确而迅速地安装就位。有的定位器不仅能起到固定位置的作用，而且能承受剪力。这种定位装置称抗剪楔或防滑楔。

2）块件运输

箱梁块件自预制底座上出坑后，一般先存放于存梁场，拼装时块件由存梁场至桥位处的运输方式，一般可分为场内运输、块件装船和浮运三个阶段。

（1）场内运输。当存梁场或预制台座布置在岸边，又有大型悬臂浮吊时，可用浮吊直接从存梁场或预制台座将块件吊放到运梁驳船上浮运。

块件的起吊应该配有起重扁担。每块箱梁 4 个吊点，使用两个横扁担用两个吊钩起吊。如用一个主钩以人字千斤起吊时，还必须配一根纵向扁担以平衡水平分力。

（2）块件装船。块件装船在专用码头上进行。码头的主要设施是施工栈桥和块件装船起重机。栈桥的长度应保证在最低施工水位时驳船能进港起运，栈桥的高度要考虑在最高施工水位时栈桥主梁不应被水淹，栈桥宽度要考虑到运梁驳船两侧与栈桥之间需有不少于 0.5 m 的安全距离。栈桥起重机的起重能力和主要尺寸（净高和跨度）应与预制场上的起重机相同。

（3）浮运。浮运船只应根据块件重量和高度来选择，可采用铁驳船、坚固的木趸船、水泥驳船或用浮箱装配。

为了保证浮运安全，应设法降低浮运重心。开口舱面的船应尽量将块件置于船舱底板上。必须置放在甲板面上时，要在舱内压重。

3）悬臂拼装

（1）悬拼方法。预制块件的悬臂拼装可根据现场布置和设备条件采用不同的方法来实现。当靠岸边的桥跨不高且可在陆地或便桥上施工时，可采用自行式汽车起重机、门式起重机来拼装。对于河中桥孔，也可采用水上浮吊进行安装。

① 悬臂起重机拼装法。悬臂起重机由纵向主桁架、横向起重桁架、锚固装置、平衡重、起重系、行走系和工作吊篮等部分组成，如图 10.3 所示。

纵向主桁架为起重机的主要承重结构，可由贝雷片、万能杆件、大型型钢等拼制。一般由若干桁片构成两组，用横向联结系联成整体，前后用两根横梁支承。

横向起重桁架是供安装起重卷扬机直接起吊箱梁块件之用的构件。纵向主桁的外荷载就是通过横向起重桁架传递给它的。横向起重桁支承在轨道平车上，轨道平车搁置于铺设在纵向主桁架上弦的轨道上，起重卷扬机安置在横向起重桁架上弦。

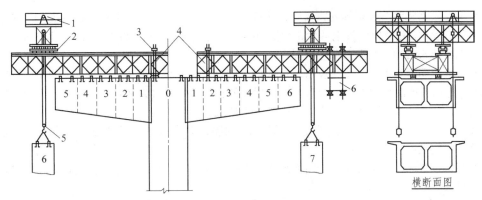

图 10.3　悬臂起重机拼装示意图

设置锚固装置和平衡重的目的是防止主桁架在起吊块件时倾覆翻转，保持其稳定状态。对于拼装墩柱附近块件的双悬臂起重机，可用锚固横梁及吊杆将起重机锚固于 0 号块上。对称起吊箱梁块件，不需要设置平衡重。单悬臂起重机起吊块件时，也可不设平衡重，而将起重机锚固在块件吊环上或竖向预应力筋的螺丝端杆上。

起重系一般由 50 kN 电动卷扬机、吊梁扁担及滑车组等组成。起重系的作用是将由驳船浮运到桥位处的块件提升到拼装高度以备拼装。滑车组要根据起吊块件的重量来选用。

起重机的整体纵移可采用钢管滚筒在木走板上滚移，由电动卷扬机牵引。牵引绳通过转向滑车系于纵向主桁前支点的牵引钩上。横向起重桁架的行走采用轨道平车，用倒链滑车牵引。

工作吊篮悬挂于纵向主桁前端的吊篮横梁上，吊篮横梁由轨道平车支承以便工作吊篮的纵向移动。工作吊篮供预应力钢丝穿束、千斤顶张拉、压注灰浆等操作之用，可设上、下两层，上层供操作顶板钢束用，下层供操作肋板钢束用；也可只设一层，此时，工作吊篮可用倒链滑车调整高度。

② 连续桁架（闸式起重机）拼装法。连续桁架悬拼施工可分移动式和固定式两类。移动式连续桁架的长度大于桥的最大跨径，桁架支承在已拼装完成的梁段和待拼墩顶上，由起重机在桁架上移运块件进行悬臂拼装。固定式连续桁架的支点均设在桥墩上，而不增加梁段的施工荷载。

③ 起重机拼装法。尚可采用伸臂起重机、缆索起重机、龙门起重机、人字扒杆、汽车式起重机、履带式起重机、浮吊等进行悬臂拼装。根据起重机的类型和桥孔处具体条件的不同，起重机可以支承在墩柱上、已拼好的梁段上或处在栈桥上、桥孔下。

（2）接缝处理及拼装程序。梁段拼装过程中的接缝有湿接缝、干接缝和胶接缝等几种。不同的施工阶段和不同的部位，将采用不同的接缝形式。

① 1 号块和调整块用湿接缝拼装。1 号块件即墩柱两侧的第 1 块，一般与墩柱上的 0 号块以湿接缝相接。1 号块是 T 形刚构两侧悬臂箱梁的基准块件。T 形刚构悬拼施工时，防止上翘和下挠的关键在于 1 号块定位准确，因此，必须采用各种定位方法确保 1 号块定位的精度。定位后的 1 号块可由起重机悬吊支承，也可用下面的临时托架支承。为便于进行接缝处管道接头操作、接头钢筋的焊接和混凝土振捣作业，湿接缝一般宽 0.1 ~ 0.2 m。

② 环氧树脂胶。块件接缝采用环氧树脂胶，厚 1.0 mm 左右。环氧树脂胶接缝可使块件连接密贴，可提高结构抗剪能力、整体刚度和不透水性。

（3）穿束及张拉。

① 穿束。T 形刚构桥纵向预应力钢筋的布置有两个特点：较多集中于顶板部位；钢束布置对称于桥墩。因此拼装每一对对称于桥墩块件用的预应力钢丝束须按锚固这一对块件所需长度下料。

明槽钢丝束通常为等间距排列,锚固在顶板加厚的部分上(这种板俗称"锯齿板")。加厚部分在预制时留有管道。穿束时先将钢丝束在明槽内摆放平顺,然后再分别将钢丝束穿入两端管道之内。钢丝束在管道两头的伸出长度要相等。

暗管穿束比明槽难度大。经验表明,60 m 以下的钢丝束穿束一般均可采用人工推送。较长钢丝束穿入端,可点焊成箭头状缠裹黑胶布。60 m 以上的长束穿束时可先从孔道中插入一根钢丝与钢丝束引丝连接,然后一端以卷扬机牵引,一端以人工送入。

② 张拉。钢丝束张拉前要首先确定合理的张拉次序,以保证箱梁在张拉过程中每批张拉合力都接近于该断面钢丝束总拉力重心处。

钢丝束张拉次序的确定与箱梁横断面形式、同时工作的千斤顶数量、是否设置临时张拉系统等因素关系很大。

4)悬臂挠度控制

(1)悬拼挠度计算。悬拼施工过程中所产生的挠度,涉及梁体自重、预应力、混凝土徐变、施工荷载等的作用。鉴于施工挠度与许多不定因素有关(例如各段混凝土间材料性能、温度、湿度以及养护等方面的差异,各段的工期也很难准确估计),并由于施工中荷载的随时间变化以及梁体截面组成也随施工进程中预应力筋的增多而发生变化等,故要精确计算施工挠度是非常困难的。

为使悬臂梁在恒载、活载、预应力及混凝土徐变等的综合挠度下,保持良好的行车条件,就需设置一定的预拱度。

(2)安装误差的控制和纠正。在悬臂拼装阶段,影响挠度的因素主要是预应力、自重力和在接缝上引起的弹性和非弹性变形,还有块件拼装的几何尺寸误差。当前,有不少采用悬臂拼装施工的 T 构桥上挠值大大超过计算值。这种情况主要是由安装误差引起的。

5)合龙段施工

箱梁 T 构在跨中合龙时初期常用剪力铰,使悬臂能相对位移和转动,但挠度连续。现在箱梁 T 构和桁架 T 构的跨中多用挂梁连接。预制挂梁的吊装方法与装配式简支梁的安装相同。但需注意安装过程中对两边悬臂加荷的均衡性问题,以免墩柱受到过大的不均衡力矩。有两种方法:采用平衡量;采用两悬臂端部分批交替架梁,以尽量减少墩柱所受的不平衡力矩。

3.悬臂浇筑法施工

悬臂浇筑法施工是桥梁施工中难度较大的施工工艺,需要一定的施工设备及一支熟悉悬臂浇筑工艺的技术队伍。由于 80%左右的大跨径桥梁均采用悬臂浇筑法施工,通过大量实桥施工,使悬臂浇筑施工工艺日趋成熟。下面按悬浇施工程序、0 号块施工、梁墩临时固结、施工挂篮、浇筑梁段混凝土、结构体系转换、合龙段施工及施工控制几个方面进行较详细介绍。

1)悬臂浇筑施工程序

连续梁桥采用悬臂浇筑施工时,因施工程序不同,有以下 3 种基本方法:逐跨连续悬臂施工法、T 构—单悬臂梁—连续梁施工法、T 构—双悬臂梁—连续梁施工法。

(1)逐跨连续悬臂施工法(图 10.4)。

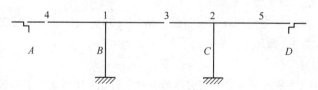

图 10.4 逐跨连续悬臂施工法

首先从 B 墩开始将梁墩临时固结，进行悬臂施工；岸跨边段合龙，A 墩临时固结释放后形成单悬臂梁；从 C 墩开始，梁端临时固结，进行悬臂浇筑施工；BC 跨中间合龙，释放 C 墩临时固结，形成带悬臂的两跨连续梁；从 D 墩开始，D 墩进行梁墩固结悬臂施工；CD 跨中间合龙，释放 D 墩临时固结，形成带悬臂的 3 跨连续梁。按上述方法以此类推进行，最后岸跨边段合龙，完成多跨 1 联的连续梁施工。

上述逐跨连续悬臂法施工，从一端向另一端逐跨进行，逐跨经历了悬臂施工阶段，施工过程中进行了体系转换。该法每完成一个新的悬臂并在跨中合龙后，结构稳定性、刚度不断加强，所以逐跨连续悬臂法常在多跨连续梁及大跨长桥上采用。

（2）T 构—单悬臂梁—连续梁施工法（图 10.5）。

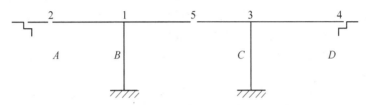

图 10.5　T 构—单悬臂梁—连续梁施工法

首先从 B 墩开始，梁墩固结，进行悬臂施工；岸跨边段合龙，释放 B 墩临时固结，形成单悬臂梁；C 墩进行施工，梁墩固结，进行悬臂施工；岸跨边段合龙，释放 C 墩临时固结，形成单悬臂梁；BC 跨中段合龙，形成三跨连续梁结构。

本法也可以采用多增设两套挂篮设备，B、C 墩同时悬臂浇筑施工，再两岸跨边段合龙，释放 B、C 墩临时固结，最后中间合龙，形成三跨连续梁，以加速施工进度，达到缩短工期的目的。

多跨连续梁施工时可以采取几个合龙段同时施工，以加速施工进度，也可以逐个进行。本法在 3～5 跨连续梁施工中是常用的施工方法。

（3）T 构—双悬臂梁—连续梁施工法（图 10.6）。

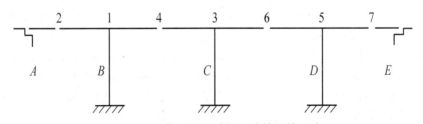

图 10.6　T 构—双悬臂梁—连续梁施工法

首先从 B 墩开始，梁墩固结后，进行悬臂施工；再从 C 墩开始，梁墩固结后，进行悬臂施工；BC 跨中间合龙，释放 B、C 墩的临时固结，形成双悬臂梁；A 端岸跨边段合龙；D 端岸跨边段合龙，完成三跨连续梁施工。

本方法当结构呈双悬臂梁状态时，结构稳定性较差，所以一般遇大跨径或多跨连续梁时不采用上述方法。

上述连续梁采用的三种悬臂施工方法是悬臂施工的基本方法，遇到具体桥梁施工时，可选择合适的一种方法，也可综合各种方法优点选用合适的施工程序。

2）悬臂梁段 0 号块施工

采用悬臂浇注法施工时，墩顶 0 号块梁段采用在托架上立模现浇，并在施工过程中设置临时梁墩锚固，使 0 号块梁段能承受两侧悬臂施工时产生的不平衡力矩。

施工托架有扇形、门式等形式，托架可采用万能杆件、贝雷梁、型钢等构件拼装，也可采用钢筋混凝土构件作临时支撑。托架总长度视拼装挂篮的需要而决定。横桥向托架宽度要考虑箱梁外侧主模的要求。托架顶面应与箱梁底面纵向线形一致。

由于考虑到在托架上浇筑梁段 0 号块混凝土，托架变形对梁体质量影响很大，在作托架设计时，除考虑托架强度要求外，还应考虑托架的刚度和整体性；采用万能杆件、贝雷梁、板梁、型钢等做托架时，可采取预压、抛高或调整等措施，以减少托架变形。上海吴淞大桥采用扇形钢筋混凝土立柱作托架支撑于承台上，并设置竖向预应力索作梁墩临时锚固用，减小了托架变形。

3）梁墩临时固结措施

大跨径预应力混凝土桥梁采用悬臂施工法施工，如结构采用 T 形刚构，因墩身与梁本身采用刚性连接，所以不存在梁墩临时固结问题。悬臂梁桥及连续梁桥采用悬臂施工法，为保证施工过程中结构的稳定可靠，必须采取 0 号块梁段与桥墩间临时固结或支承措施。

临时梁墩固结要考虑两侧对称，施工时有一个梁段超前的不平衡力矩，应验算其稳定性，稳定性系数不小于 1.5。

当采用硫黄水泥砂浆块作临时支承的卸落设备，要采取高温熔化撤除支承时，必须在支承块之间设置隔热措施，以免损坏支座部件。

4）施工挂篮

挂篮是悬臂浇筑施工的主要机具。挂篮是一个能沿着轨道行走的活动脚手架，挂篮悬挂在已经张拉锚固的箱梁梁段上，悬臂浇筑时箱梁梁段的模板安装、钢筋绑扎、管道安装、混凝土浇筑、预应力张拉、压浆等工作均在挂篮上进行。当一个梁段的施工程序完成后，挂篮解除后锚，移向下一梁段施工。所以挂篮既是空间的施工设备，又是预应力筋未张拉前梁段的承重结构。

（1）挂篮形式。挂篮主要有梁式挂篮、斜拉式挂篮及组合斜拉式挂篮三种。

① 梁式挂篮。梁式挂篮由底模板、悬吊系统、承重结构、行走系统、平衡重、锚固系统、工作平台等部分组成。

用梁式挂篮施工初始几对梁段时，由于墩顶位置限制，施工中常将两侧挂篮的承重结构临时联结在一起，待梁段浇筑到一定长度后，再将两侧承重结构分开。

② 斜拉式挂篮。斜拉式挂篮也称为轻型挂篮。随着桥梁跨径越来越大，为了减轻挂篮自重，以达到减少施工阶段增加的临时钢丝束，在梁式挂篮的基础上研制了斜拉式挂篮。

斜拉式挂篮承重结构由纵梁、立柱、前后斜拉杆组成，杆件少，结构简单，受力明确，承重结构轻巧。其他构造系统与梁式挂篮相似。斜拉式挂篮构造如图 10.7 所示。

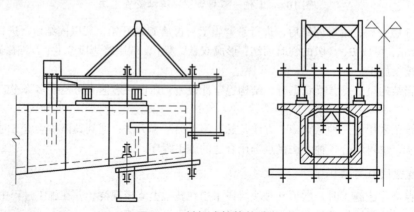

图 10.7　斜拉式挂篮构造

③ 组合斜拉式挂篮。组合斜拉式挂篮是在斜拉式挂篮的基础上加以改进的一种新的结构形式。挂篮自重更轻，其承重比不大于 0.4，最大变形量不大于 20 mm，走行方便，箱梁段施工周期更短。

（2）挂篮的安装。

① 挂篮组拼后，应全面检查安装质量，并做载重试验，以测定其各部位的变形量，并设法消除其永久变形。

② 在起步长度内梁段浇筑完成并获得要求的强度后，在墩顶拼装挂篮。有条件时，应在地面上先进行试拼装，以便在墩顶熟练有序地开展拼装挂篮工作。拼装时应对称进行。

③ 挂篮的操作平台下应设置安全网，防止物件坠落，以确保施工安全。挂篮应呈全封闭，四周设围护，上下应有专用扶梯，方便施工人员上下挂篮。

④ 挂篮行走时，须在挂篮尾部压平衡重，以防倾覆。浇筑混凝土梁段时，必须在挂篮尾部将挂篮与梁进行锚固。

5）悬臂浇筑梁段混凝土

悬臂浇筑梁段混凝土时需注意以下几点：

（1）挂篮就位后，安装并校正模板吊架，此时应对浇筑预留梁段混凝土进行抛高，以使施工完成的桥梁符合设计标高。抛高值包括施工期结构挠度、因挂篮重力和临时支承释放时支座产生的压缩变形等。

（2）模板安装应核准中心位置及标高，模板与前一段混凝土面应平整密贴。如上一节段施工后出现中线或高程误差需要调整时，应在模板安装时予以调整。

（3）安装预应力预留管道时，应与前一段预留管道接头严密对准，并用胶布包贴，防止灰浆渗入管道。管道四周应布置足够定位钢筋，确保预留管道位置正确，线形和顺。

（4）浇筑混凝土时，可以从前端开始，应尽量对称平衡浇筑。浇筑时应加强振捣，并注意对预应力预留管道的保护。

（5）为提高混凝土早期强度，以加快施工速度，在设计混凝土配合比时，一般加入早强剂或减水剂。混凝土梁段浇筑一般以 5~7 d 为一个周期。为防止混凝土出现过大的收缩、徐变，应在配合比设计时按规范要求控制水泥用量。

（6）梁段拆模后，应对梁端的混凝土表面进行凿毛处理，以加强接头混凝土的连接。

（7）箱梁梁段混凝土浇筑，一般采用一次浇筑法，在箱梁顶板中部留一窗口，混凝土由窗口注入箱内，再分布到底模上。当箱梁断面较大时，考虑梁段混凝土数量较多，每个节段可分二次浇筑，先浇筑底板到肋板倒角以上，待底板混凝土达一定强度后，再支内模，浇筑肋板上段和顶板。其接缝按施工缝要求进行处理。

（8）箱梁梁段分次浇筑混凝土时，为了不使后浇混凝土的重力引起挂篮变形，导致先浇混凝土开裂，要有消除后浇混凝土引起挂篮变形的措施。当挂篮就位后，即可在上面进行梁段悬臂浇筑施工的各项作业。

6）结构体系转换

悬臂梁桥及连续梁桥采用悬臂施工法，在结构体系转换时，为保证施工阶段的稳定，一般边跨先合龙，释放梁墩锚固，结构由双悬臂状态变成单悬臂状态，最后跨中合龙，成连续梁受力状态。这中间就存在体系转换。

7）合龙段施工

合龙段施工时通常由两个挂篮向一个挂篮过渡，所以先拆除一个挂篮，用另一个挂篮走行跨过合龙段至另一端悬臂施工梁段上，形成合龙段施工支架。也可采用吊架的形式形成支架。

在合龙段施工过程中，由于存在昼夜温差影响，现浇混凝土的早期收缩、水化热影响，已完成梁段混凝土的收缩、徐变影响，结构体系的转换及施工荷载等因素影响，因此，需采取必要措施，以保证合龙段的质量。

8）施工控制

悬臂浇筑施工控制是桥梁施工中的一个难点，控制不好，两端悬臂浇筑至合龙时，梁底高程误差会大大超出允许范围（公路桥梁挠度允许误差为 20 mm，轴线允许偏位 10 mm），既对结构受力不利，且因梁底曲线产生转折点而影响美观，形成永久性缺陷。

悬臂浇筑大跨径桥梁施工过程中，由于有许多因素的影响，施工中的实际结构状态将偏离预定的目标，这种偏差严重时将影响结构的使用。为了使悬臂浇筑状态尽可能达到预定的目标，必须在施工过程中逐段进行跟踪控制和调整。采用计算机程序控制，可提高控制速度和精度。

4. 拱桥的悬拼施工

悬拼施工方法仍属无支架施工，它是利用一具简易的钢制人字吊架进行拱肋拼装。吊架先支承在桥墩上，吊装第一组框架就位后用临时钢拉杆与墩顶的混凝土锚固墙联结牢固，即可拆除吊架（图10.8（a）），然后把吊架移到第一框架的前端吊装第二组框架（图 10.8（b））。采用这种悬拼方法，框架稳定性好，操作安全可靠。

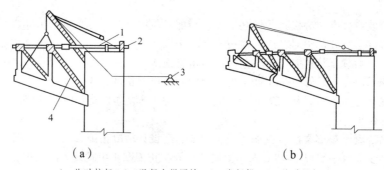

（a）   （b）

1—临时拉杆；2—混凝土锚固墙；3—卷扬机；4—临时压杆。

图 10.8　悬拼吊架示意图

5. 预应力混凝土斜拉桥悬臂施工

预应力混凝土斜拉桥悬臂拼装施工法是先在塔柱区现浇一段放置起吊设备的起始梁段，然后用适宜的起吊设备从塔柱两侧依次对称安装预制节段，使悬臂不断伸长直到合龙。非塔、梁、墩固结的斜拉桥采用悬臂拼装法施工时，需采取临时固结措施，方法与悬臂浇筑法相同。

1）特点及适用条件

悬臂拼装法由于主梁是预制的，墩塔与梁可平行施工，因此可以缩短施工周期，加快施工速度，减少高空作业。主梁预制混凝土龄期较长，收缩和徐变影响小，梁段的断面尺寸和浇筑质量容易得到保证。但该法需配备一定的吊装设备和运输设备，要有适当的预制场地和运输方式，安装精度要求较高。

2）梁段的预制、移运及整修

主梁在预制场的预制应考虑安装顺序，以便于运输。预制台座按设计要求设置预拱度，各梁段依次串联预制，以保证各梁段相对位置及斜拉索与预应力管道的相对尺寸。预制块件的长度划分以梁上水平索距为标准，并根据起吊能力决定，采用一个索距或将一个索距梁段分为有索块和无索块两个节段预制安装。块件的预制工序、移运和整修均与一般预制构件相同。

　　3）块件拼装基本程序

（1）主梁预制块件按先后顺序，从预制场通过轨道或驳船运至桥下吊装位置。

（2）通过起吊工具将块件提升至安装标高。

（3）进行块件连接与接缝处理，接头有干接头和湿接头两种，与一般梁式桥悬拼类似。

（4）张拉纵向预应力筋。

（5）进行斜拉索的挂索与张拉，并调整标高。

　　对于一个索段主梁分两个节段预制拼装的，一般情况下，安装有索块后，挂索并初张至主梁基本返回设计线，再安装无索块。

　　4）块件拼装施工方法

　　斜拉桥主梁悬臂拼装常用的起重设备为悬臂起重机、缆索起重机、大型浮吊、千斤顶及各种自制起重机，并可结合挂篮进行悬臂拼装工作。

　　由于斜拉桥主梁相对于一般梁桥主梁的高度较小，有些自重较大的起重机难以满足施工荷载的要求，因此在选用悬拼起吊设备时需遵循自重轻、结构强度高、稳定性好的原则。

　　5）质量保证措施

（1）严格按照设计和规范要求进行悬拼施工。

（2）悬拼施工时主要控制主梁悬拼块件和相邻已成梁段的相对高差，使之与设计给定的相对高差吻合，以保持主梁线形与设计相符。控制办法采用标高和索力双控，当标高和索力与设计值不符时，以标高控制为主，依靠斜拉索索力使主梁的标高与设计值吻合。

10.2.4　转体施工法

　　桥梁转体施工是在河流的两岸或适当的位置，利用地形或使用简便的支架先将半桥预制完成，之后以桥梁结构本身为转动体，使用一些机具设备，分别将两个半桥转体到桥位轴线位置合龙成桥。转体施工一般适用于单孔或三孔的桥梁。

　　转体的方法可以采用平面转体、竖向转体或平竖结合转体。平面转体可分为有平衡重转体和无平衡重转体。

　　1. 拱桥竖向转体施工

　　现以某大桥施工为例介绍竖向转体的施工方法。

　　该大桥全长 341.9 m，桥面宽 18.5 m，主桥跨径为 48.3 m + 114 m + 48.3 m 的三跨钢管混凝土系杆拱桥。中跨为中承式无铰拱，两边跨为上承式一端固定另一端铰支拱。拱肋断面为哑铃形，由直径为 1.2 m 的上、下钢管和腹板构成，拱肋高为 3 m。两拱肋之间设有钢管混凝土横斜撑联系。半跨拱肋的拼装就在桥轴线位置立架安装。

　　1）钢管拱肋竖转扒杆吊装的计算

　　钢管拱肋竖转扒杆吊装的工作内容为：将中拱分成两个半拱在地面胎架上焊接完成，经过对焊接质量、几何尺寸、拱轴线形等验收合格后，由竖在两个主墩顶部的两副扒杆分别将其拉起，在空中对接合龙。

　　由于两边拱处地形较高，故边拱拱肋直接由吊车在胎架上就位拼装。扒杆吊装系统设计的主要工作为：起吊及平衡系统的计算；扒杆的计算；扒杆背索及主地锚的计算；设置拱脚旋转装置等。以下分别给予介绍。

（1）起吊过程中扒杆系统最大受力计算。扒杆吊装系统的计算，以起吊左侧半拱为准，计算简图如图 10.9 所示。

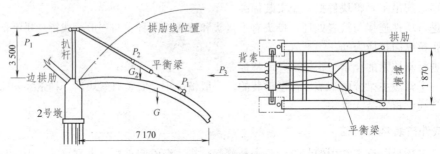

图 10.9　拱桥计算简图

图中 G_1 为半拱拱肋和横斜撑及附件等的重力，共 2 522 kN，G_2 为平衡梁重力 53 kN。考虑到施工荷载以及起吊过程中的冲击荷载，起吊荷载为 2 880 kN。

由图 10.9 可计算出各部钢丝绳的受力：吊索受力 $P_1 = 3 122$ kN；起重索受力 $P_2 = 3 455$ kN；扒杆背索受力 $P_3 = 2 919$ kN。经计算知，由起始位置计算出的上述各力均为最大值。

（2）起吊及平衡系统的计算。

起吊系统包括卷扬机、起重索、滑轮组等；平衡系统包括平衡梁、吊索、吊扣等。

① 起吊系统的计算。根据起重索受力 P_2 的值，起吊系统选用两对 2 000 kN 的滑轮组，起重索选用 $\phi 39$ mm 的钢丝绳，采用双联穿法，通过平衡梁上的导向滑轮将两对滑轮组串联起来。每对滑轮组绕 8 圈钢丝绳，共有 34 道钢丝绳受力。经计算得到两个跑头的拉力均为 $T = 142$ kN，故选用两台 200 kN 的卷扬机。起重索的安全系数为 $K = 5.55$。

② 平衡系统的计算。平衡梁采用 36 mm 厚的 16Mn 钢板焊接而成，上下端的吊耳通过轴销分别与起重索和吊索的滑轮相连。经计算，平衡梁具有足够的强度，并具有较大的刚度，在起吊过程中起到一个刚性扁担的作用。根据 P_1 的值，吊索选用 $\phi 56$ mm 的钢丝绳，每边走 6 道，两边等长且在起吊过程中保持定长。吊索与拱轴线之间的水平夹角为 14°。经计算吊索的安全系数为 $K = 6.12$。

（3）扒杆的计算。

扒杆的结构如图 10.9 所示，两根立柱采用钢板卷制的钢管，钢管直径为 $\phi 800$ mm，顶部横梁为钢板箱梁。扒杆的计算高度为 35 m，顶部立柱中距 2.7 m，底部为 16.8 m。扒杆底部为一块 1 400 mm × 1 200 mm × 36 mm 的钢板，并与立柱焊连。扒杆面内设有横撑和剪刀撑，面外设有槽钢，以加强其刚度。扒杆属于偏心受压构件，因此按偏心受压进行整体稳定性检算。由于扒杆底脚板是放置于墩顶的，且脚板下铺设 5 cm 厚的木板，在起吊拱肋时允许其有微小转动，故按铰支考虑。

（4）扒杆背索及主地锚的计算。

已知背索所承受的最大总拉力为 2 919 kN，每副扒杆有 4 副背索，每副背索承受 730 kN 的拉力。考虑到起吊过程中 4 副背索可能张力不均匀，取 0.85 的不均匀折减系数，故每副背索按 860 kN 受力计算。每副背索分为上下两段，上段用 $\phi 56$ mm 的钢丝绳走 2 道，下段用一对 1 000 kN 的滑轮组，以便调整背索的受力。钢丝绳采用 $\phi 26$ mm，走 12 道。主地锚按 3 100 kN 承载能力计算，采用 L 形卧式钢筋混凝土地锚，长 15 m、高 2.8 m，底板宽 4.5 m、厚 55 cm，背墙厚 35 cm。地锚的抗滑、抗倾覆、抗拔安全系数均大于 2。

（5）拱脚旋转装置。

拱肋在竖转吊装过程中，拱肋需绕拱脚旋转。旋转装置采用厚度为 36 mm 的钢板在工厂进行配对冲压而成，这样使两个弧形钢板较密贴。在两弧形钢板之间涂上黄油，以减小摩阻力。

2）钢管拱肋竖转吊装

（1）竖转吊装的工作顺序。安装拱肋胎架，安装拱脚旋转装置，安装地锚，安装扒杆及背索，拼装钢管拱肋，安装起吊及平衡系统，起吊左侧半拱，起吊右侧半拱，拱肋合龙，拱肋标高调整，焊接合龙接头，拆除扒杆，封固拱脚。

（2）扒杆安装。为了便于安装，扒杆分段接长，立柱钢管以 9 m 左右为一节，两节之间用法兰连接。安装时先在地面将两根立柱拼装好，用吊车将其底部吊于墩顶扒杆底座上，并用临时轴销锁定，待另一端安装完扒杆顶部横梁后，由吊车抬起扒杆头至一定高度，再改用扒杆背索的卷扬机收紧钢丝绳将扒杆竖起。

（3）拱肋吊装。起吊采用两台 200 kN 同步慢速卷扬机，待拱肋脱离胎架 10 cm 左右，停机检查各部运转是否正常，并根据对扒杆的受力与变形、钢丝绳的行走、卷扬机的电流变化等情况的观测结果，判断能否正常起吊。当一切正常时，即进行拱肋竖向转体吊装。拱肋吊装完成后，进行拱肋轴线调整和跨中拱肋接头的焊接。

2. 拱桥平面转体施工

1）有平衡重平面转体施工

其特点是转体重量大，施工的关键是转体。要把数百吨重的转动体系顺利、稳妥地转到设计位置，主要依靠以下两项措施实现：正确的转体设计；制作灵活可靠的转体装置，并布设牵引驱动系统。

目前国内使用的转体装置有两种：第一种是以四氟乙烯作为滑板的环道平面承重转体；第二种是以球面转轴支承辅以滚轮的轴心承重转体（图 10.10）。

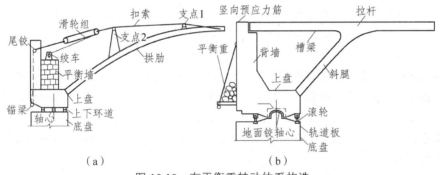

图 10.10　有平衡重转动体系构造

第一种转体装置是利用了四氟材料摩擦系数特别小的物理特性，使转体成为可能。根据试验资料，四氟板之间的静摩擦系数为 0.035～0.055，动摩擦系数为 0.025～0.032，四氟板与不锈钢板或镀铬钢板之间的摩擦系数比四氟板间的摩擦系数要小，一般静摩擦系数为 0.032～0.051，动摩擦系数为 0.021～0.032，而且随着正压力的增大而减小。

第二种转体装置是用混凝土球面铰作为轴心承受转动体系重力，四周设保险滚轮，转体设计时要求转动体系的重心落在轴心上。这种装置一方面由于铰顶面涂了二硫化钼润滑剂，减小了牵引阻力（根据几座桥实测，动摩擦系数约为 0.06），另一方面由于牵引转盘直径比球铰的直径大许多倍，而且又用了牵引增力滑轮组，因而转体也是十分方便可靠的。

（1）转动体系的构造。从图 10.10 中可知，转动体系主要由底盘、上盘、背墙、桥体上部构造、拉杆（或拉索）组成。

转动体系最关键的部位是转体装置，它是由固定的底盘和能旋转的上转盘构成的。底盘就是桥台的下部。

① 聚四氟乙烯滑板环道。这是一种平面承重转体装置，它由设在底盘和上转盘间的轴心和环形滑道组成。环形滑道构造与轴心构造之间由扇形板联结。

Ⅰ. 环形滑道。这是一个以轴心为圆心，直径为 7~8 m 的圆环形混凝土滑道，宽 0.5 m，上、下滑道高度约 0.5 m。下环道混凝土表面要既平整又粗糙，以利铺放 80 mm 宽的环形四氟板；上环道底面嵌设宽 100 mm 的镀铬钢板。

Ⅱ. 转盘轴心。它由混凝土轴座、钢轴心和轴帽等组成。轴座是一个直径在 1.0 m 左右的 25 号钢筋混凝土矮墩，它不但对固定钢轴心起着定位作用，而且支承上转盘部分重量。合金钢轴心直径 0.1 m、长 0.8 m，下端 0.6 m 固定在混凝土轴座内，上端露出 0.2 m 车光镀铬，外套 10 mm 厚的聚四氟乙烯管，然后在轴座顶面铺四氟板，在四氟板上放置直径为 0.6 m 的不锈钢板，再套上外钢套。钢套顶端封固，下缘与钢板焊牢，浇筑混凝土轴帽，凝固脱模后轴帽即可绕钢轴心旋转自如。

② 球面铰辅以轨道板和钢滚轮。这是一种以铰为轴心承重的转动装置。它的特点是整个转动体系的重心必须落在轴心铰上，球面铰既起定位作用，又承受全部转体重力，钢滚轮只起稳定保险作用。

球面铰可以分为半球形钢筋混凝土铰、球面形钢筋混凝土铰、球面形钢铰。前两种由于直径较大，故能承受较大的转体重力。

（2）转体拱桥的施工。有平衡重平面转体拱桥的主要施工程序如下：制作底盘；制作上转盘；试转上转盘到预制轴线位置；浇筑背墙；浇筑主拱圈上部结构；张拉拉杆，使上部结构脱离支架，并且和上转盘、背墙形成一个转动体系，通过配重基本把重心调到磨心处；牵引转动体系，使半拱平面转动合龙；封上下盘，夯填桥台背土，封拱顶，松拉杆，实现体系转换。

2）无平衡重的平面转体施工

无平衡重转体施工是把有平衡重转体施工中的拱圈扣索拉力锚在两岸岩体中，从而节省了庞大的平衡重。锚碇拉力由尾索预加应力传给引桥桥面板（或平撑、斜撑），以压力的形式储备。桥面板的压力随着拱箱转体的角度变化而变化，当转体到位时达到最小。

根据桥位两岸的地形，无平衡重转体可以把半跨拱圈分为上、下游两个部件，同步对称转体；或在上、下游分别在不对称的位置上预制，转体时先转到对称位置，再对称同步转体，以使扣索产生的横向力互相平衡；或直接做成半跨拱体（桥全宽），一次转体合龙。

无平衡重转体施工需要有一个强大牢固的锚碇，因此宜在山区地质条件好或跨越深谷急流处建造大跨桥梁时选用。

（1）构造与设计。

① 设计构思与构造。拱桥无平衡重转体施工具有锚固、转动、位控三大体系。

Ⅰ. 锚固体系。锚固体系由锚碇、尾索、平撑、锚梁（或锚块）及立柱组成。锚碇设在引道或边坡岩石中，锚梁（或锚块）支承于立柱上，两个方向的平撑及尾索形成三角形稳定体，使锚块和上转轴为一确定的固定点。拱箱转至任意角度，由锚固体系平衡拱箱扣索力。

Ⅱ. 转动体系。转动体系由上转动构造、下转动构造、拱箱及扣索组成。上转动构造由埋入锚梁（或锚块）中的轴套、转轴和环套组成，扣索一端与环套连接，另一端与拱箱顶端连接，转轴在轴套与环套间均可转动。

下转动构造由下转盘、下环道与下转轴组成。拱箱通过拱座铰支承在转盘上，马蹄形的转盘中部卡套在下转轴上，并支承在下环道上，转盘下设有安装了许多四氟小板块的千岛走板，转盘的走板可在下环道上沿下转轴作弧形滑动，转盘与转轴的接触面涂有四氟粉黄油，以使拱箱转动。

Ⅲ. 位控体系。位控体系由系在拱箱顶端扣点的缆风索与无级调速自控卷扬机、光电测角装置、控制台组成，用以控制在转动过程中转动体的转动速度和位置。

② 无平衡重转体的施工设计。

Ⅰ. 锚固体系的设计包括以下几部分：

锚碇设计：锚碇处岩体的抗剪强度、抗滑稳定性，其计算值应分别大于使用值，并有足够的安全储备。锚碇是无平衡重转体施工的关键部位，必须绝对稳妥可靠。

平撑、尾索的设计：在双箱对称同步转体时，一般可只设轴向平撑或用引桥的桥面板代替。但在双箱不对称同步转体，或对称同步转体，当考虑施工中可能出现拱箱自重误差和转体速度差而引起的锚梁上的横向水平力时，还应增设斜向平撑和尾索，或上、下游斜向尾索，以平衡其横向水平力。

设计中，确定平撑及尾索的预加应力大小及锚块位移极为重要，设计的原则是：应满足上转轴铰点的内力平衡与平撑的变形协调条件。平撑要有足够的压力储备，才能防止在转体过程中，锚块可能产生的较大位移。

立柱设计：桥台拱座上的立柱在转体阶段是用来支承锚块（锚梁）的。对于跨径 100～200 m 的拱桥而言，桥台上立柱高度可达 30～50 m，下端要承受拱箱的水平推力，构件长细比大，上下端受力大，经过计算比较，立柱按桅杆体系进行设计更合理。当立柱中部设置平撑与岩体相连，立柱顶端变形可控制在较小范围内时，也可按刚架计算。

如拱座上无立柱，或立柱位置不符合施工要求时，通常需在转体所要求的位置上临时设置立柱，柱顶上支承锚块和平撑。临时立柱在转体完成后拆除。

锚梁及锚块设计：锚梁是一个短梁；锚块是一个节点实体，用以联系立柱、轴平撑及斜平撑，并作为扣索与尾索的锚固点。锚梁及锚块可以用钢筋混凝土制作，也可用钢结构作为工具，多次重复使用。

Ⅱ. 转动体系的设计包括以下几部分：

拱箱：转体施工过程中，拱箱的设计关键在于结构体系的选择。为了使拱箱受力状态良好和易于操作控制，只在拱箱顶端设一扣点并调整扣点高程便可以使拱箱在整个转体过程中完全处于受压状态，不出现拉应力。

上转轴：埋于锚梁中的轴套采用铸钢，内圆表面光洁度为▽5，环套外端与扣索连接，在连接端加焊 $t=20$ mm 的钢板和三角板加强。设计时其弯应力与焊缝剪应力均应满足荷载要求。转轴采用空心钢管，其外圆表面光洁度用▽5，设计时其弯应力与局部应力应满足荷载要求。

下转盘：转盘采用 3～4 层半环形钢带弯制成马蹄形，内弧与下转轴接触处表面光洁度采用▽5，钢带间灌注混凝土，除考虑拱箱水平推力所产生的拉力外，还应考虑拱座处的剪应力与铰座的局部应力。转盘下设走板，走板前后均设倒角，走板开了许多小孔嵌设聚四氟乙烯蘑菇头，称千岛走板，使其滑动时摩阻力较小。

下转轴：它是锚固体系的立柱上端呈圆截面的钢筋混凝土柱。除与转盘接触外，外套一个钢环，高 0.2 m，外圆表面光洁度用▽5，并垫有摩擦系数较小的滑道材料。设计时应考虑轴能承受拱箱水平推力所产生的剪应力、弯应力和局部应力。

下环道：在基础顶面、下转轴四周设置宽 50 cm 经机械加工的圆环形钢制下环道，为减少安装变形，最好与下转轴上套的钢环焊在一起加工制作。

扣索：通常选用 ϕ32 mm 精轧螺纹钢筋，使用应力为设计强度的 30%～45%。

③ 位控体系设计。位控体系的设计原则是预先设置的上转轴与下转轴的偏心值 e 所产生的自转力矩（$M=T\cdot e$）应大于上、下转轴及转盘转动的摩阻力矩（$M_摩$）。

自转力矩：当张拉扣索至设计吨位拱箱离架时，因拱箱预制角度的不同，自转力矩 M 较小。而当拱箱转至顺河方向与桥轴线垂直时，M 值最大。而摩阻力矩 $M_摩$ 启动前为静摩擦，此时 $M_摩$ 值最大，而一经启动，即为动摩擦，$M_摩$ 值减小。特别是以四氟板作滑道材料，静、动摩擦阻力相差较大，因

此设计时应使最小的自转力矩大于最大的摩阻力矩，即

$$M_{min} > M_{摩max} \tag{10.1}$$

缆风索及卷扬机系统的选择：应用所求得的自转分力（F），再考虑风缆不同角度的因素而定。设若单偏心值，当拱箱转至 160°以后，则应设反向缆风索，帮助转动，或者在下转盘前后用千斤顶顶推，辅助转体。

通过以上计算，可以确定上、下转轴顶设的偏心值，并选定控制拱箱转体速度的缆风索直径和卷扬机的规格。

（2）无平衡重转体施工。拱桥无平衡重转体施工的主要内容和工艺有以下各项：

① 转动体系施工，包括以下内容：

设置下转轴、转盘及环道；设置拱座及预制拱箱（或拱肋），预制前需搭设必要的支架、模板；设置立柱；安装锚梁、上转轴、轴套、环套；安装扣索。

这一部分的施工主要保证转轴、转盘、轴套、环套的制作安装精度及环道的水平高差的精度，并要做好安装完毕到转体前的防护工作。

② 锚碇系统施工，包括以下内容：

制作桥轴线上的开口地锚；设置斜向洞锚；安装轴向、斜向平撑；尾索张拉；扣索张拉。

这一部分的施工对锚碇部分应绝对可靠，以确保安全。

③ 转体施工：正式转体前应再次对桥体各部分进行系统、全面的检查，检查通过后方可转体。拱箱的转体是靠上、下转轴事先预留的偏心值形成的转动力矩来实现的。启动时放松外缆风索，转到距桥轴线约 60°时开始收紧内缆风索，索力逐渐增大，但应控制在 20 kN 以下，如转不动则应以千斤顶在桥台上顶推马蹄形下转盘。为了使缆风索受力角度合理，可设置两个转向滑轮。缆风索走速，启动时宜选用（0.5 ~ 0.6）m/min，一般行走时宜选用（0.8 ~ 1.0）m/min。

④ 合龙卸扣施工：拱顶合龙后的高差，通过张紧扣索提升拱顶、放松扣索降低拱顶来调整到设计位置。封拱宜选择低温时进行。先用 8 对钢楔楔紧拱顶、焊接主筋、预埋铁件，然后先封桥台拱座混凝土，再浇封拱顶接头混凝土。当混凝土达到 70%设计强度后，即可卸扣索，卸索应对称、均衡、分级进行。

10.2.5　顶推施工法

顶推法是预应力混凝土连续梁桥常用的施工方法，适应于中等跨径、等截面的直线或曲线桥梁。顶推法施工是沿桥轴方向，在台后开辟预制场地，分节段预制梁身并用纵向预应力筋将各节段连成整体，然后通过水平液压千斤顶施力，借助不锈钢板与聚四氟乙烯模压板组成的滑动装置，将梁段向对岸推进。这样分段预制，逐段顶推，待全部顶推就位后，落梁、更换正式支座，即完成桥梁施工。

1. 顶推施工时梁的内力分析、力筋布置与施工验算

1）顶推施工时梁的内力

预应力混凝土连续梁桥在营运状态下的内力为支点截面有一个最大的负弯矩峰值，在跨中附近出现最大正弯矩；而在顶推施工中，由于梁的内力控制截面的位置在不断地变化，因此梁的每一个截面内力也在不断地变化。虽然在施工时的荷载仅为梁的自重和施工荷载，其内力峰值没有桥梁在营运状态时的峰值大，但每一截面的内力为正、负弯矩交叉出现，其中在第一孔出现较大的正、负弯矩峰值，之后各孔的正负弯矩值较稳定，而到顶推的末尾几孔的弯矩值较小。图 10.11 所示为一座六孔连续梁顶推施工中梁的弯矩包络图。

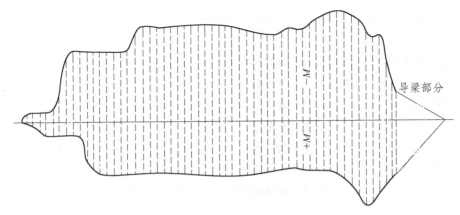

图 10.11　六孔连续梁顶推施工梁弯矩包络图

2）力筋布置

预应力混凝土连续梁桥的纵向力筋可分三种类型：一种是兼顾营运与施工要求所需的力筋；第二是为施工阶段要求配置的力筋；第三是在施工完成之后，为满足营运阶段需要而增加的力筋。

3）施工验算的内容与要求

采用顶推法施工，需要进行的施工验算主要有：

（1）各截面的施工内力计算和强度验算。将每跨梁分为 10～15 等份，计算各截面在不同施工状态所产生的内力。验算的荷载有梁的自重、机具设备重力、预加力、顶推力和地震力等，同时还要考虑对梁施加的上顶力、顶推时梁底不平以及临时墩的弹性压缩对梁产生的内力影响。在施工验算时，可不考虑混凝土的收缩、徐变二次力、温度内力等。如果在顶推施工中使用钢导梁，应计入钢导梁的叠合作用，按变刚度梁进行内力计算。

梁的施工内力计算可结合梁在营运阶段的内力计算同时进行，按不同阶段计算各截面的内力。需注意的是：施工阶段内力计算的截面要多些。当桥梁的纵向力筋布置之后，可同时进行施工阶段和营运阶段的强度验算。

（2）顶推过程中的稳定计算。

① 主梁顶推时的倾覆稳定计算：施工时可能发生倾覆失稳的最不利状态发生在顶推初期，导梁或箱梁尚未进入前方桥墩，呈最大悬臂状态时。要求在最不利状态下的倾覆安全系数要大于等于 1.2。当不能保证有足够的安全系数时，应考虑采取加大锚固长度或在跨间增设临时墩的措施。

② 主梁顶推时的滑动稳定计算：在顶推初期，由于顶推滑动装置的摩擦系数很小，抗滑能力很弱，当梁受到一个不大的水平力时，很可能发生滑动失稳。特别是地震区的桥梁和具有较大纵坡的桥梁，更要注意计算各阶段的滑动稳定，满足大于等于 1.2 的安全系数。

（3）钢索引伸量的计算。在各施工阶段，张拉预应力筋采用"双控"，需要验算各钢索张拉后的引伸量，用以控制钢索的张拉应力。

（4）施工中临时结构的设计与计算。采用顶推法施工，可能在梁的前端设置钢导梁；在桥墩间设置临时支墩，或是其他临时设施，如预制台座、拉索等。这些临时结构均需要进行设计和内力计算，确定结构形式、材料规格、数量以及连接的方式。对于多次周转使用的临时结构，其容许应力和强度不予提高。

（5）确定顶推设备、计算顶推力。根据施工的各阶段计算顶推力。计算时应按实际的摩擦系数、桥梁纵坡和施工条件进行计算。

在计算顶推力时，如果顶推梁段在桥台后连有台座、台车等需同时顶推向前时，也应计入这一部分影响。

有了所需的顶推力，即可根据所采用的顶推施工方法，确定施工中所需的机具、设备（规格、型号和数量）和滑道设计，并进行立面、平面布置，确定顶推时的支承。

（6）顶推过程中，桥墩台的施工验算。在顶推过程中，对桥墩台将产生水平力及瞬时水平冲击力，需要计算各施工阶段墩台所承受的水平力。在顶推施工时，加在墩台和基础上的荷载与营运阶段不同，桥墩台的静力计算图式也不相同。顶推时，主梁在桥墩上滑动，作用在桥墩上的水平力取决于桥梁上部结构的重力、顶推坡度与滑动支座的摩擦系数。

对桥墩除进行强度和稳定验算外，在结构构造上还要满足布置滑移设备、顶推和导向设备所需的位置。

（7）顶推施工时梁的挠度计算。在顶推施工时，桥梁的结构图式在不断地变化，要求计算各施工阶段梁的挠度，用以校核施工精度和调整施工时梁的标高。这项工作十分重要。当计算结果与施工观测结果出现较大不符时，必须要查明原因，确定对策，以保证施工顺利进行。

2. 顶推施工的方法

顶推法施工的关键是顶推作业，核心的问题在于应用有限的顶力将梁顶推就位。根据聚四氟乙烯的材性，摩擦系数与垂直压强成反比，与滑动速度成正比。初始的静摩擦系数大于稳定后的静摩擦系数，静摩擦系数大于动摩擦系数。摩擦系数大小与四氟板厚度及不锈钢板的光洁度有关。顶推施工中所用的滑移设备与在转体施工中采用的聚四氟乙烯转动设备相似。

顶推的施工方法多种多样，主要依照顶推的施工方式分类，同时也可由支承系统和顶推的方向来区分顶推的施工方法。

1）单点顶推

顶推的装置集中在主梁预制场附近的桥台或桥墩上，前方墩各支点上设置滑动支承。顶推装置又可分为两种：一种是由水平千斤顶通过沿箱梁两侧的牵动钢杆给预制梁一个顶推力；另一种是由水平千斤顶与竖直千斤顶联合使用，顶推预制梁前进，如图 10.12 所示。它的施工程序为顶梁、推移、落下竖直千斤顶和收回水平千斤顶的活塞杆。

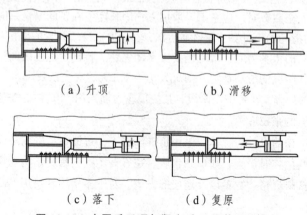

（a）升顶　　　　　　　　（b）滑移

（c）落下　　　　（d）复原

图 10.12　水平千斤顶与竖直千斤顶联用顶推

滑道支承设置在墩上的混凝土临时垫块上，它由光滑的不锈钢板与组合的聚四氟乙烯滑块组成，其中的滑块由四氟板与具有加劲钢板的橡胶块构成，外形尺寸有 420 mm × 420 mm、200 mm × 400 mm、500 mm × 200 mm 等数种，厚度也有 40 mm、31 mm、21 mm 之分。顶推时，组合的聚四氟乙烯滑块在不锈钢板上滑动，并在前方滑出，通过在滑道后方不断喂入滑块，带动梁身前进，如图 10.13 所示。

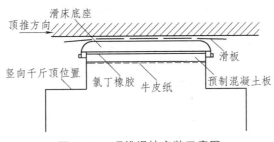

图 10.13　顶推滑块安装示意图

顶推时，升起竖直顶活塞，使临时支承卸载，开动水平千斤顶去顶推竖直顶，由于竖直顶下面设有滑道，顶的上端装有一块橡胶板，即竖直千斤顶在前进过程中带动梁体向前移动。当水平千斤顶达到最大行程时，降下竖直顶活塞，使梁体落在临时支承上，收回水平顶活塞，带动竖直顶后移，回到原来位置，如此反复不断地将梁顶推到设计位置。

2）多点顶推

在每个墩台上设置一对小吨位（400～800 kN）的水平千斤顶，将集中的顶推力分散到各墩上。由于利用水平千斤顶传给墩台的反力来平衡梁体滑移时在桥墩上产生的摩阻力，从而使桥墩在顶推过程中承受较小的水平力，因此可以在柔性墩上采用多点顶推施工。同时，多点顶推所需的顶推设备吨位小，容易获得。在顶推设备方面，国内一般较多采用拉杆式顶推方案，每个墩位上设置一对液压穿心式水平千斤顶，每侧的拉杆使用一根或两根 ϕ25 mm 高强螺纹钢筋，它的前端通过锥形楔块固定在水平顶活塞杆的头部，另一端使用特制的拉锚器、锚碇板等连接器与箱梁连接，水平千斤顶固定在墩身特制的台座上，同时在梁位下设置滑板和滑块。当水平千斤顶施顶时，带动箱梁在滑道上向前滑动，拉杆式顶推装置如图 10.14 所示。

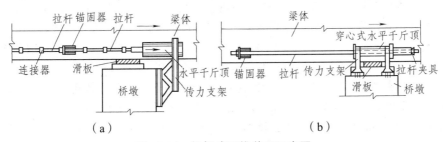

图 10.14　拉杆式顶推装置示意图

多点顶推装置由竖向千斤顶、水平千斤顶和滑移支承组成。施工程序为落梁、顶推、升梁和收回水平千斤顶的活塞，拉回支承块，如此反复作业。多点顶推施工的关键在于同步。

10.2.6　逐孔施工法

逐孔施工法从施工技术方面可分为三种类型。

第一种类型：用临时支承组拼预制节段逐孔施工。它是将每一桥跨分成若干节段，预制完成后在临时支承上逐孔组拼施工。

第二种类型：使用移动支架逐孔现浇施工。此法亦称移动模架法，它是在可移动的支架、模板上完成一孔桥梁的全部工序，即从模板工程、钢筋工程、浇筑混凝土到张拉预应力筋等工序，待混凝土有足够强度后，张拉预应力筋，移动支架、模板，进行下一孔梁的施工。

第三种类型：采用整孔吊装或分段吊装逐孔施工。这种施工方法是早期连续梁桥采用逐孔施工的唯一方法。近年来，由于起重能力增强，使桥梁的预制构件向大型化方向发展，从而更能体现逐孔施工速度快的特点，可用于混凝土连续梁和钢连续梁桥的施工中。

1. 使用临时支承组拼预制节段逐孔施工

对于多跨长桥，在缺乏较大能力的起重设备时，可将每跨梁分成若干段，在预制场生产。架设时采用一套支承梁临时承担组拼节段的自重，在支承梁上张拉预应力筋，并将安装跨的梁与施工完成的桥梁结构按照设计的要求联结，完成安装跨的架梁工作。之后，移动临时支承梁，进行下一桥跨的施工。

1）节段划分

采用节段组拼逐孔施工的桥梁，为了便于组拼，通常组拼的梁跨在桥墩处接头，即每次组拼长度为桥梁的跨径。

对于桥宽在 10～12 m，采用单箱截面的桥梁，分节段时在横向不再分隔。节段长一般取 4～6 m，每跨内的节段通常可分两种类型。

（1）桥墩顶节段。由于桥墩节段要与前一跨连接，需要张拉钢索或钢索接长，为此对墩顶节段构造有一定要求。此外，在墩顶处桥梁的负弯矩较大，梁的截面还要符合受力要求。

（2）标准节段。除两端桥墩顶节段外，其余节段均可采用标准节段，以简化施工。

2）支承梁的类型

（1）钢桁架导梁。导梁长取用桥墩间跨长，支承在设置于桥墩上的横梁或横撑上，钢桁架导梁的支承处设有液压千斤顶用于调整标高。为便于节段在导梁上移动，可在导梁上设置不锈钢轨与放在节段下面的聚四氟乙烯板形成滑动面。钢梁需设置预拱度，要求每跨箱梁节段全部组拼之后，钢导梁上弦应符合桥梁纵断面标高要求。同时还需准备一些附加垫片，用于临时调整标高。

（2）下挂式高架钢桁架。采用一副高架桁架吊挂节段组拼时，为了加强桁架的刚度，可采用一对或数对斜缆索加劲。高架桁架长度大于两倍桥梁跨径，由三个支点支撑，支点分别设置在已完成孔和安装孔的桥墩上。高架桁架可独立设有行走系统，由支脚沿桥面轨道自行驱动。吊装时，支脚落下，用液压千斤顶锚固于桥墩处桥面上。预制节段由平板车沿已安装的桥孔或由驳船运至桥位后，借助架桥机前部斜缆悬臂梁吊装，并将第一跨梁的各节段分别悬吊在架桥机的吊杆上。当各节段位置调整准确后，完成该跨设计的预应力张拉工艺。并在张拉过程中，逐步顶高架桥机的后支腿，使梁底落在桥墩上的油压千斤顶上。千斤顶高出支座顶面 100 mm，在拆移千斤顶的前一天将支座周围加设模板并压注膨胀砂浆，凝固后，再卸千斤顶使支座受力。

2. 使用移动支架逐孔现浇施工（移动模架法）

逐孔现浇施工与在支架上现场浇筑施工的不同点在于逐孔现浇施工仅在一跨梁上设置支架，当预应力筋张拉结束后移动支架，再进行下一跨逐孔施工，而在支架上现浇施工通常需在连续梁的一联桥跨上布设支架连续施工。因此，前者在施工过程中有结构的体系转换问题，混凝土徐变对结构产生次内力。

对中小跨径连续梁桥或建造在陆地上的桥跨结构,可以使用落地式或梁式移动支架,如图 10.15 所示。梁式支架的承重梁支承在锚固于桥墩的横梁上,也可支承在已施工完成的梁体上,现浇施工的接头最好设在弯矩较小的部位,常取离桥墩较远较远处。

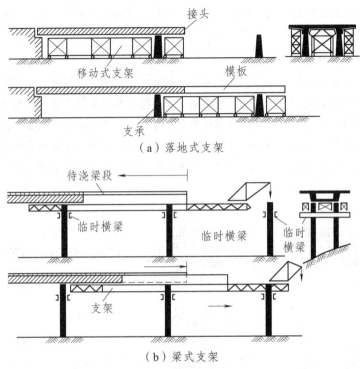

（a）落地式支架

（b）梁式支架

图 10.15　使用移动支架逐孔现浇施工

逐孔就地浇筑施工需要一定数量的支架,但比起在支架上现场浇筑施工所需的支架数量要少得多,而且周转次数多,利用效率高。

采用落地式或轨道移动式支架逐孔施工,可用于预应力混凝土连续梁桥,也可在钢筋混凝土连续梁桥上使用,每跨梁施工周期约两周,支架的移动较方便,但在河中架设较为困难。

当桥墩较高,桥跨较长或桥下净空受到约束时,可以采用非落地支承的移动模架逐孔现浇施工,称为移动模架法。

常用的移动模架可分为移动悬吊模架与支承式活动模架两种类型。

1）移动悬吊模架施工

移动悬吊模架的形式很多,各有差异,其基本结构包括三部分:承重梁、从承重梁上伸出的肋骨状的横梁、吊杆和承重梁的固定及活动支承。承重梁也称支承梁,通常采用钢梁,采用单梁或双梁依桥宽而定。承重梁的前段作为前移的导梁,总长度要大于桥梁跨径的两倍。承重梁是承受施工设备自重、模板和脚手架系统重力和现浇混凝土重力的主要构件。承重梁的后段通过可移式支承落在已完成的梁段上,它将重力传给桥墩或直接坐落在墩顶。承重梁的前端支承在前方墩上,导梁部分悬出,因此其工作状态呈单悬臂梁。移动悬吊模架也称为上行式移动模架、吊杆式或挂模式移动模架。

承重梁除起承重作用外,在一孔梁施工完成后,作为导梁带动悬吊模架纵移至下一施工跨。承重梁的移位以及内部运输由数组千斤顶或起重机完成,并通过中心控制室操作。承重梁的设计挠度一般控制在 1/500～1/800。钢承重梁制作时要设置预拱度,并在施工中加强观测。

从承重梁两侧悬出的许多横梁覆盖桥梁全宽,横梁由承重梁上左右各 2~3 组钢束拉住,以增加其刚度。横梁的两端悬挂吊杆,下端吊住呈水平状态的模板,形成下端开口的框架并将主梁(待浇制的)包在内部。当模板支架处于浇混凝土的状态时,模板依靠下端的悬臂梁和锚固在横梁上的吊杆定位,并用千斤顶固定模板。当模板需要向前运送时,放松千斤顶和吊杆,模板固定在下端悬臂梁上,并转动该梁,使在运送时的模架可顺利地通过桥墩。

2)支承式活动模架施工

支承式活动模架的构造形式较多,其中一种构造形式由承重梁、导梁、台车和桥墩托架等构件组成。在混凝土箱形梁的两侧各设置一根承重梁,支撑模板和承受施工重力。承重梁的长度要大于桥梁跨径,浇筑混凝土时承重梁支承在桥墩托架上。导梁主要用于运送承重梁和活动模架,因此需要有大于两倍桥梁跨径的长度。当一孔梁施工完成后进行脱模卸架,由前方台车(在导梁上移动)和后方台车(在已完成的梁上移动)沿桥纵向将承重梁和活动模架运送至下一孔,承重梁就位后导梁再向前移动,如图 10.16 所示。

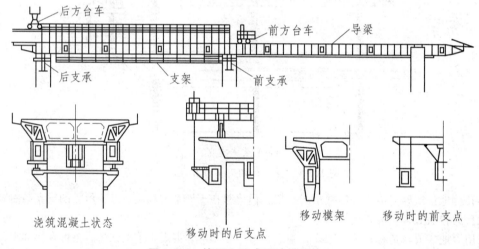

图 10.16 使用支承式活动模架施工

支承式活动模架的另一种构造是采用两根长度大于两倍跨径的承重梁分设在箱梁截面的翼缘板下方,兼有支承和移运模架的功能,因此不需要再设导梁。两根承重梁置于墩顶的临时横梁上,两根承重梁间用支承上部结构模板的钢螺栓框架连接起来,移动时为了跨越桥墩前进,需先解除连接杆件,承重梁逐根向前移动。

施工中的体系转换包括固定支座与活动支座的转换。如跨中为固定支座,但施工时为活动支座,施工完成后转为固定式。

3. 整孔吊装或分段吊装逐孔施工

整孔吊装和分段吊装需要先在工厂或现场预制整孔梁或分段梁,再进行逐孔架设施工。由于预制梁或预制段较长,需要在预制时先进行第一次预应力索的张拉,拼装就位后进行二次张拉,因此,在施工过程中需要进行体系转换。吊装的机具有桁式起重机、浮吊、龙门起重机、汽车式起重机等多种,可根据起吊物重力、桥梁所在的位置以及现有设备和掌握机具的熟练程度等因素决定。

整孔吊装和分段吊装施工与装配式桥的预制与安装雷同,不再赘述。逐孔吊装施工应注意以下几个问题。

（1）采用分段组装逐孔施工的接头位置可以设在桥墩处也可设在梁的附近，前者多为由简支梁逐孔施工连接成连续梁桥；后者多为悬臂梁转换为连续梁。在接头位置处可设有 0.5～0.6 m 现浇混凝土接缝，当混凝土达到足够强度后张拉预应力筋，完成连续。

（2）桥的横向是否分隔，主要根据起重能力和截面形式确定。在桥梁较宽，起重能力有限的情况下，可以采用 T 梁或工字梁截面，分片架设之后再进行横向整体化。为了加强桥梁的横向刚度，常采用梁间翼缘板有 0.5 m 宽的现浇接头。采用大型浮吊横向整体吊装将会简化施工和加快安装速度。

（3）对于先简支后连续的施工方法，通常在简支梁架设时使用临时支座，待连接和张拉后期钢索完成连续时拆除临时支座，放置永久支座。为使临时支座便于卸落，可在橡胶支座与混凝土垫块之间设置一层硫黄砂浆。

（4）在梁的反弯点附近设置接头，在有可能的情况下，可在临时支架上进行接头。结构各截面的恒载内力根据各施工阶段进行内力叠加计算。

10.3　钢桥施工

在桥梁施工装备方面，起重机的起重能力不断提高，伸臂拼装所使用的行走于桥上的起重机起重能力已经用到 1 000 kN，大型浮吊的起重能力也普遍达到 6 500 kN，并且也已经有一次起吊重力达 35 000 kN（整孔桥梁）的例子。为了将拼好的桥顶高或顶推就位，千斤顶的行程已扩大到 2.0 m。

在体系方面，一些营运不良、费工料的结构（如悬臂桁梁）已经淘汰，而代之以结构紧凑、线条简洁、造型美观、受力优越的结构。值得注意的是，钢结合梁（Composite Beam）已从中小跨度（40～80 m）的范围内越出，而走向大跨度领域。钢桥今后几十年的方向应以大跨、轻质、高强、美观、施工快速等为发展的特点。

10.3.1　钢构件的制作

钢构件的制作主要包括下列工艺过程：作样、号料、切割、零件矫正和弯曲、制孔、组装、焊接、杆件矫正、结构试拼装、除锈和涂漆等。

1. 作　样

（1）作样。根据施工图制作样板或样条的工作叫作样。利用样板或样条可在钢料上标出切割线及栓孔位置。

（2）样板。一般构件用普通样板，它可用薄铁皮或 0.3～0.5 mm 的薄钢板制作。对于精度要求高的桥梁，栓孔可采用机器样板钻制。

（3）样条。用 2～3 cm 宽的钢条做成的样板叫样条，它适用于较长的角钢、槽钢及钢板的号料。

2. 号　料

利用样板、样条在钢材上把零件的切割线画出，称为号料。号料使用样板、样条而不直接使用钢尺，这是为了避免出现不同的尺寸误差，而使钉孔错位。号料的精确度应和放样的精度相同。

3. 切　割

钢料的切割方法有剪切、焰切、联合剪冲和锯切四种。

剪切是使用剪切机进行的，对于 16Mn 钢板，目前可切厚度在 16～20 mm。

对于一般剪切机不能剪切的厚钢板，或因形状复杂不能剪切的板材都可采用焰切。焰切分手工切割、半自动切割和自动切割机切割。

联合剪冲用于角钢的剪切。目前联合剪冲机可剪切的最大角钢为 L125×125×12。

锯切主要用于槽钢、工字钢、管材及大型角钢，锯切的工具为圆锯机。

4. 矫　正

由于钢材在轧制、运输、切割等过程中可能会产生变形，因此需要进行矫正。

5. 制　孔

制孔是借助样板或样条，用样冲在钢料上打上冲点，以表示钉孔的位置。如果采用机器样板则不必进行制孔。

制孔的一般过程为：画线钻孔→扩孔套钻→机器样板钻孔→数控程序钻床钻孔。

6. 组　装

组装是按图纸把制备完成的半成品或零件拼装成部件、构件的工序。

构件组装前应对连接表面及焊缝边缘 30～50 mm 范围内进行清理，应将铁锈、氧化铁皮、油污、水分等清除干净。

7. 焊　接

钢桥采用的焊接方法有自动焊、半自动焊和手工焊 3 种。焊接质量在很大程度上取决于施焊状况。在焊接前，如无焊接工艺评定试验的，应做好焊接工艺评定试验，并据此确定焊接工艺。焊接完毕后应检查焊缝质量。

8. 试拼装

栓焊钢梁某些部件，由于运输和架设能力的限制，必须在工地进行拼装。

运送工地的各部件，在出厂之前应进行试拼装，以验证工艺装备是否精确可靠。

10.3.2　钢桥的安装

1. 悬臂拼装法

悬臂安装是在桥位上拼装钢梁时，不用临时膺架支承，而是将杆件逐根地依次拼装在平衡梁上或已拼好的部分钢梁上，形成向桥孔中逐渐增长的悬臂，直至拼至次一墩（台）上。这称为全悬臂拼装。

若在桥孔中设置一个或一个以上临时支承进行悬臂拼装，则称为半悬臂拼装。用悬臂法安装多孔钢梁时，第一孔钢梁多用半悬臂法进行安装。

钢梁在悬臂安装过程中，值得注意的关键问题是：降低钢梁的安装应力；伸臂端挠度的控制；减少悬臂孔的施工荷载；保证钢梁拼装时的稳定性。

（1）杆件预拼。由桥梁工厂按材料发送表发往工地的都是单根杆件和一些拼接件，为了减少拼装钢梁时桥上的高空作业，减少吊装次数，通常将各个杆件预先拼装成吊装单元，把能在桥下进行的工作尽量在桥下预拼场内进行，以期加快施工进度。

（2）钢梁杆件拼装。由预拼场预拼好的钢梁杆件经检查合格后，即可按拼装顺序先后运至提升站，由提升站起重机把杆件提运至在钢梁下弦平面运行的平板车上，由牵引车运至拼梁起重机下拼装就位。拼梁起重机通常安放在上弦，遇到上弦为曲弦时，也可安放在下弦平面。

在拼装工作中，应随时测量钢梁的立面和平面位置是否正确，钢梁安装偏差的容许值参见《铁路钢桁梁拼装及架设施工技术规则》。

（3）高强度螺栓施工。在高强度螺栓施工中，目前常用的控制螺栓预拉力的方法是扭角法和扭矩系数法。

安装高强螺栓时应设法保证各螺栓中的预拉力达到其规定值，避免超拉或欠拉。

（4）安装时的临时支承布置。临时支承的主要类型有临时活动支座、临时固定支座、永久活动支座、永久固定支座、保险支座、接引支座等，这些支座随拼梁阶段变化与作业程序的变化将互相更换、交替使用。

（5）钢梁纵移。钢梁在悬臂拼装过程中，由梁的自重引起的变形、温度变化的影响、制造误差、临时支座的摩阻力对钢梁变形的影响等因素所引起的钢梁纵向长度几何尺寸的偏差，致使钢梁各支点不能按设计位置落在各桥墩上，使桥墩偏载。为了调整这一误差至允许范围内，钢梁需要纵移。

（6）钢梁的横移。钢梁在伸臂安装过程中，由于受日光偏照和偏载的影响，加之杆件本身的制造误差，钢梁中线位置会随时改变，有时偏向上游侧，有时偏向下游侧，以致到达墩顶后，钢梁不能准确地落在设计位置上，造成对桥墩偏载。为此必须进行钢梁横移，使偏心在允许范围之内。

横移可用专用的横移设备，也可以根据情况采取临时措施。横移必须在拼装过程中逐孔进行。

2. 拖拉法架设钢梁

（1）半悬臂的纵向拖拉。根据被拖拉桥跨结构杆件的受力情况和结构本身稳定的要求，在拖拉过程中有时需要在永久性的墩（台）之间设置临时性的中间墩架，以承托被拖拉的桥跨结构。

在水流较深且水位稳定，又有浮运设备而搭设中间膺架不便时，可考虑采用中间浮运支承的纵向拖拉。必须指出的是，船上支点的标高不易控制，所以要十分注意。

（2）全悬臂的纵向拖拉。全悬臂的纵向拖拉指在两个永久性墩（台）之间不设置任何临时中间支承的情况下的纵向拖拉架梁方法。

拖拉钢桁梁的滑道，可以布置在纵梁下，也可以布置在主桁下。纵梁中心距通常为 2 m，主桁中心对单线梁通常为 5.75 m。

牵引滑轮组根据计算牵引力设置。两副牵引滑车组应选用同样设备，以便控制两侧牵引前进速度一致。

当梁拖到设计位置后，拆除临时连接杆件及导梁、牵引设备等。拆除时应先将导梁或梁的前端适当顶高或落低，使连接杆件处于不受力状态，然后拆除连接栓钉。

拆除临时连接杆件和导梁等后，可以落梁。落梁时钢梁每端至少用两台千斤顶顶梁，以便交替拆除两侧枕木垛。

3. 整孔架设

（1）用架桥机架梁。用架桥机架梁有既快又省的效果。目前常用的架桥机有胜利型架桥机、红旗型窄式架桥机。

（2）钓鱼法架梁。钓鱼法通过立在前方墩台上有效高度不小于梁长 1/3 的扒杆，用固定于扒杆顶的滑轮组牵引梁的前端（悬空）到前方墩台上。图 10.17 所示是用钓鱼法架设跨度 24 m 拆装式桁梁的示意图。图中后方桥台上也竖立了扒杆，供梁到位后落梁用。梁后端设制动滑轮组控制梁的前进速度。前后每端至少用两台千斤顶顶梁，以便交替拆除两侧枕木垛。

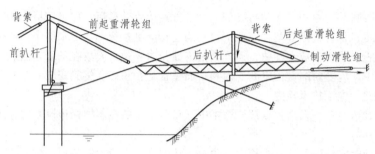

图 10.17　钓鱼法架设拆装式桁梁

（3）整孔架设。钢桥施工除小跨度的钢板梁可用整孔架设外，大跨度钢梁用整孔架设的例子较少。近年来，随着起重能力的提高，国外也曾有用浮吊整孔架设重达 35 000 kN 桥梁的例子。

4. 膺架法拼组钢梁

在满布支架上拼组钢梁和在场地上拼组钢梁的技术要求基本一致，其工序可分为杆件预拼、场地及支架布置、钢梁拼装、钢梁铆合或栓合等几部分。

（1）杆件预拼。首先应将工厂发送到工地的钢梁的单根杆件和有关的拼接件在场地上预拼，拼组成吊装单元。

（2）支架和拼装场地布置。支架最好用万能杆件拼装，如图 10.18 所示。支架基础可用木桩基础。在较密实的地层上，当施工过程中不受水淹时，可整平夯实后密铺方木或木枕，在方木或木枕上固定支架支承梁。

支架顶面铺木、铺板，板面标高应低于支承垫石面，以便于梁落到支座上为度。根据钢梁设计位置，在每个钢梁节点处设木垛。木垛间留有千斤顶的位置，可供设置千斤顶调整节点的标高。木垛的最上一层用木楔，以便调整钢梁节点标高。

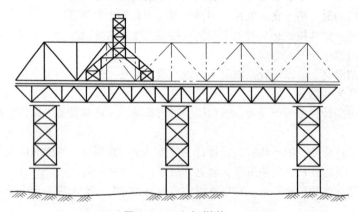

图 10.18　支架拼装

（3）钢梁拼装。钢梁拼装用的起重机类型很多，在支架上和场地上拼装钢梁可用万能杆件组成的龙门起重机，也可用轨道式起重机。

钢梁常用的拼装顺序有两种：一种是从梁的一端逐节向另一端拼装；另一种是先从一端拼装下弦桥面系和下平纵联到另一端，然后再从一端拼装桁架的腹杆、上弦杆、上平联及横联到另一端。

（4）钢梁栓合。钢梁拼装完毕后应根据精度的要求，经过复测检查调整后才能进行栓合。

栓合的要求与本节的悬臂法安装中的栓合相同。

钢梁在支架上拼装组合完毕后，可落梁到支座上。支座位置应十分正确，必要时应调整支座高度。

5. 横移法施工

有些旧桥改建工程，只需要更换桥跨结构，在采用横移法换梁时，对于运输繁忙的线路，如何缩短线路封锁时间，是极为重要的问题。

采取横移法的主要缺点是辅助结构工程量大，当孔数较多或桥高水深时，尤为显著。

6. 浮运法施工

浮运施工是在桥位下游侧的岸上将钢梁拼铆（或栓合）成整孔后，利用码头把钢梁滚移到浮船上，再浮运至预定架设的桥孔上落梁就位。

浮运支承主要由浮船、船上支架、浮船加固桁架以及各种系缚工具组成。

7. 有支架节段安装法

对曲线钢桥或异形钢桥，可采用分节段制造，在支架上拼装的施工方法。制造时把钢梁在其横截面方向划分成数个纵向节段，当桥宽时亦可再将纵向节段在桥梁纵向划分成横向分段。在现场则在钢梁纵向分段的横截面附近处设立临时支架，然后用吊机把梁节段按安装程序吊装就位，全部梁吊装固定后，即可落梁、卸架。纵向节段的划分主要由起重能力和运输条件决定，适当增长节段长度可减少临时支架数量。

复习思考题

1. 桥梁工程上部结构施工常用的起重机具有哪些？
2. 拱架的作用是什么？有哪些组成部分？
3. 试述梁式桥就地浇筑法的浇筑顺序。
4. 在拱架上采用分段砌筑法砌筑拱圈时有哪些注意要点？
5. 预制梁有哪些安装方法？各自有什么特点？
6. 试述桁式组合拱桥的构造特点。
7. 什么是悬臂施工法？有哪几种具体的施工形式？
8. 试述悬臂浇筑法的施工过程。
9. 什么是施工挂篮？施工挂篮在安装时有哪些安全要求？
10. 试述拱桥块件拼装的基本程序。
11. 什么是转体施工法？转体施工法的适用条件是什么？
12. 顶推施工的验算内容有哪些？
13. 钢桥施工前的钢构件制作有哪些步骤？
14. 钢桥的安装有哪些方法？各自的适用条件是什么？

参考文献

[1] 童华炜. 土木工程施工. 北京：科学出版社，2006.

[2] 应惠清. 土木工程施工. 上海：同济大学出版社，2007.

[3] 重庆大学，同济大学，哈尔滨工业大学. 土木工程施工. 北京：中国建筑工业出版社，2003.

[4] 张登良. 沥青路面工程手册. 北京：人民交通出版社，2003.

[5] 宁仁岐，郑传明. 土木工程施工. 北京：中国建筑工业出版社，2006.

[6] 李自光. 桥梁施工成套机械设备. 北京：人民交通出版社，2003.

[7] 范立础. 桥梁工程. 北京：人民交通出版社，2003.

[8] 《建筑施工手册》（第五版）编委会. 建筑施工手册. 5 版. 北京：中国建筑工业出版社，2012.

[9] 尹素花，常建立. 建筑施工技术. 北京：北京理工大学出版社，2016.

[10] 郭建营，宗翔. 土木工程施工技术. 武汉：武汉大学出版社，2015.

[11] 何夕平，刘吉敏. 土木工程施工组织. 武汉：武汉大学出版社，2016.

[12] 住房和城乡建设部. 建筑地基基础工程施工规范：GB 51004. 北京：中国建筑工业出版社，2015.

[13] 住房和城乡建设部. 建筑地基基础工程施工质量验收标准：GB 50202. 北京：中国建筑工业出版社，2018.

[14] 住房和城乡建设部. 建筑施工碗扣式钢管脚手架安全技术规范：JGJ 166. 北京：中国建筑工业出版社，2016.

[15] 住房和城乡建设部. 建筑施工脚手架安全技术统一标准：GB 51210. 北京：中国建筑工业出版社，2016.

[16] 住房和城乡建设部. 混凝土结构设计规范：GB 50010. 北京：中国建筑工业出版社，2015.

[17] 住房和城乡建设部. 混凝土结构工程施工规范：GB 50666. 北京：中国建筑工业出版社，2011.

[18] 住房和城乡建设部. 混凝土结构工程施工质量验收规范：GB 50204. 北京：中国建筑工业出版社，2015.

[19] 住房和城乡建设部. 大体积混凝土施工标准：GB 50496. 北京：中国建筑工业出版社，2018.

[20] 住房和城乡建设部. 建筑抗震设计规范：GB 50011. 北京：中国建筑工业出版社，2016.

[21] 住房和城乡建设部. 装配式住宅建筑检测技术标准：JGJ/T485. 北京：中国建筑工业出版社，2019.

[22] 住房和城乡建设部. 屋面工程质量验收规范：GB 50207. 北京：中国建筑工业出版社，2012.